復刊

数理統計学

鍋谷清治 著

共立出版株式会社

序

この講座の編集委員の先生から本書の執筆を勧められたのはだいぶ以前のことになる．その間もなく後で大学紛争が起こり，私自身も大学内の管理職に携わったりして，本書の執筆がたいへん遅れてしまったことを申し訳なく思っている．２年半ほど前にこれらの雑務から開放されて，本書の執筆の準備を始めた次第である．

本書で取り扱っているのは数理統計学の中でも最も原理的な分野である決定理論を中心としている．決定理論は，それまで別個に展開されていた推定や検定などの理論を統一的に扱うものとして，Wald (1939) によって始められ，その後主として米国在住の学者を中心として展開されてきた．

わが国で出版されている数理統計学の書物は，若干の例外は別として，なるべく少しの予備知識で読めるように書かれている．とくに Lebesgue 積分を用いれば明確な説明ができるのに，これを意識的に避けている場合が少なくない．そのような執筆方針は読者層を広くし，また数学的厳密性よりも基礎にある統計的な考え方を重視するという観点から一理あるけれども，本書ではこの講座で前提とする読者対象からして，Lebesgue 積分を既知のものと仮定した．本書で使用される範囲の測度と積分についての定理を第１章の冒頭にまとめてある．数理統計学については入門書程度の予備知識があれば十分であろう．

本書は６つの章から成っている．第１章には上述の積分論などについて後に使われることがらをまとめてある．第２章では十分統計量・十分加法族の理論を中心としている．第３章では不偏推定・不偏検定の基本的なことについて説明してある．第４章では Bayes 解・ミニマックス解・完備類などの概念を解説してある．第５章ではある変換群のもとで不変な決定問題や決定関数について述べてある．第６章では許容性の問題を扱っており，これが最近急速に進展している分野である．以上の章の構成は Zacks (1971) の推定に関する章の立て方に準拠したものである．

筆者が当初やや重点をおきたいと考えていたのは不変性と許容性に関連した部分であるが，筆者の未熟とページ数の制約のために十分その目的を達することができなかった．このほか逐次解析や経験的 Bayes 法などの理論も割愛せざるを得なかった．また例や反例をもう少し豊富に取り入れることができればよかったと思っている．

本書を執筆するに当たって多くの著書・論文の定理を引用した．引用に際しては1冊の書物として体裁を整えるうえから，原著の記号を変え，定理の条件や証明方法を変更したところも少なくない．筆者の行ったこれらの修正に誤りがなければ幸いである．参考文献は原則として私の目に触れた範囲で本書の定理やその証明になるべく近いものを，できるだけ多数の定理についてあげることにした．ただし巻末の文献表は本書の内容に関係するものに限定しており，完全な文献目録の作成を目指したものではない．

本書の刊行までの間に多くの人たちのお世話になった．東京大学の伊理正夫教授(編集委員)と一橋大学の刈屋武昭講師には，印刷に先立って原稿を読んでいただいて，いくつかのご意見を賜った．一橋大学の松江由美子・長野ミチ代両助手には，文献のコピーや文献表のタイプをしていただいた．出版および印刷については共立出版(株)と新日本印刷の方々に多くの苦労をおかけした．以上の人たちに深く感謝の意を表したい．

1977 年 12 月

鍋谷 清治

目　　次

第4章 Bayes 解とミニマックス解

第5章 不 変 性

第6章 許 容 性

第1章 序　　論

この章では，本書全体を通じて基礎になっている重要な諸概念について解説する．本書で述べる数理統計学の理論は Kolmogoroff (1933) による確率概念の上に築かれていて，その根本にあるのは測度や Lebesgue 積分の考え方である．そこで本章では，まず測度と積分の理論の復習から始めて，確率空間とか条件つき確率や条件つき平均値について説明する．その後で凸集合や凸関数の理論，および Laplace 変換や指数形分布族について簡単に解説した後で，統計的決定問題とか統計的決定関数がいかなるものであるかを説明する．本章の内容は主として第2章以後を読むための予備知識として書いてあるので，これらの内容に通じている読者は第2章から読み始めることにし，必要に応じて本章を参照すればよいであろう．

1.1 測度と積分

A. 測度空間

空でない集合 $\mathcal{X}$ の部分集合から成る集合族 $\mathcal{A}$ が次の3つの条件 (a)〜(c) を満足するものとする．

(a) 空集合 $\varnothing$ は $\mathcal{A}$ に属する，すなわち $\varnothing\in\mathcal{A}$ となる．

(b) $A\in\mathcal{A}$ ならば，その補集合も $\mathcal{X}-A\in\mathcal{A}$ となる．

(c) $A_i\in\mathcal{A}$ $(i=1,2,\cdots)$ ならば，その和集合も $\bigcup_i A_i\in\mathcal{A}$ となる．

このとき $\mathcal{A}$ を**完全加法族**または **σ 加法族**といい，$\mathcal{X}$ と $\mathcal{A}$ の組 $(\mathcal{X},\mathcal{A})$ を**可測空間**という．完全加法族 $\mathcal{A}$ については次の (d) も成り立つ．

(d) $A_i\in\mathcal{A}$ $(i=1,2,\cdots)$ ならば，その積集合も $\bigcap_i A_i\in\mathcal{A}$ となる．

もしも空でない集合 $\mathcal{X}$ の部分集合から成る集合族 $\mathcal{A}$ が上の (a),(b) と条件

(c′) $A_1\in\mathcal{A}$, $A_2\in\mathcal{A}$ ならば，その和集合も $A_1\cup A_2\in\mathcal{A}$ となる；

を満足すれば，$\mathcal{A}$ を**有限加法族**という．完全加法族はもちろん有限加法族である．

こんどは空でない集合 $\mathscr{X}$ の部分集合から成る集合族 $\mathscr{A}$ が次の2つの条件(e),(f) を満足するものとする.

(e) $A_i \in \mathscr{A}$ $(i=1,2,\cdots)$, $A_1 \subset A_2 \subset \cdots$ ならば, $\bigcup_i A_i \in \mathscr{A}$ となる.

(f) $A_i \in \mathscr{A}$ $(i=1,2,\cdots)$, $A_1 \supset A_2 \supset \cdots$ ならば, $\bigcap_i A_i \in \mathscr{A}$ となる.

このとき $\mathscr{A}$ を**単調族**という. 完全加法族は単調族でもある.

一般に空でない集合 $\mathscr{X}$ の部分集合から成る集合族 $\mathcal{C}$ が与えられたとき, $\mathcal{C}$ を含む最小の完全加法族を $\mathscr{B}(\mathcal{C})$ と書いて, $\mathcal{C}$ が**生成する**完全加法族という. 同様に, $\mathcal{C}$ を含む最小の単調族を $\mathscr{M}(\mathcal{C})$ と書いて, $\mathcal{C}$ が**生成する**単調族という.

定理 1.1.1 (伊藤 (1963) p.99) 集合族 $\mathcal{C}$ が空でない集合 $\mathscr{X}$ の部分集合から成る有限加法族であれば, $\mathscr{B}(\mathcal{C})=\mathscr{M}(\mathcal{C})$ となる.

証明 省略する. ▮

可測空間 $(\mathscr{X},\mathscr{A})$ が与えられたとき, 任意の集合 $A \in \mathscr{A}$ に対して関数値 $\mu(A)$ が定義されていて, 次の3つの条件 (g)～(j) を満足するものとする.

(g) 任意の $A \in \mathscr{A}$ に対して $0 \leqq \mu(A) \leqq \infty$ となる.

(h) 空集合に対して $\mu(\varnothing)=0$ である.

(j) $A_i \in \mathscr{A}$ $(i=1,2,\cdots)$ であって, これらが互いに共通点をもたなければ, $\mu(\bigcup_i A_i)=\sum_i \mu(A_i)$ となる.

このとき μ を $(\mathscr{X},\mathscr{A})$ で定義された**測度**といい, $(\mathscr{X},\mathscr{A},\mu)$ を**測度空間**という.

もしも $\mathscr{A}$ が $\mathscr{X}$ の有限加法族であって, μ が上の (g),(h) と条件

(j′) $A_1 \in \mathscr{A}$, $A_2 \in \mathscr{A}$ であって, これらが互いに共通点をもたなければ, $\mu(A_1 \cup A_2)=\mu(A_1)+\mu(A_2)$ となる;

を満足するならば, μ を $(\mathscr{X},\mathscr{A})$ で定義された**有限加法的測度**という. 測度はもちろん有限加法的測度である.

こんご測度空間を考えるときには,

$$0<\mu(\mathscr{X})\leqq\infty$$

と仮定する. $\mu(\mathscr{X})<\infty$ を満足する測度 μ を**有限測度**という. また

$$A_n \in \mathcal{A}, \quad \mu(A_n) < \infty \quad (n=1,2,\cdots)$$

$$A_1 \subset A_2 \subset \cdots, \quad \bigcup_n A_n = \mathcal{X}$$

を満足する集合列 $\{A_n\}$ が存在するとき，μ は **σ 有限**であるという．有限測度はもちろん σ 有限である．μ が有限測度，σ 有限測度であるのに従って，測度空間 $(\mathcal{X}, \mathcal{A}, \mu)$ を**有限測度空間**，**σ 有限な測度空間**という．

2 つの可測空間 $(\mathcal{X}, \mathcal{A}), (\mathcal{Y}, \mathcal{B})$ が与えられたものとする．このとき任意の $A \subset \mathcal{X}$，$B \subset \mathcal{Y}$ に対して**直積集合** $A \times B$ を

$$A \times B = \{(x,y) : x \in A, y \in B\}$$

によって定義する．とくに $\mathcal{Z} = \mathcal{X} \times \mathcal{Y}$ とおいて，これを $\mathcal{X}$ と $\mathcal{Y}$ の**直積空間**という．$\mathcal{Z}$ の部分集合から成る集合族

$$\{A \times B : A \in \mathcal{A}, B \in \mathcal{B}\}$$

を含む最小の完全加法族 $\mathcal{C}$ を，2 つの完全加法族 $\mathcal{A}$ と $\mathcal{B}$ の**直積**といって，$\mathcal{C} = \mathcal{A} \times \mathcal{B}$ と書く．

定理 1.1.2 (伊藤 (1963) p. 56)　$(\mathcal{X}, \mathcal{A}, \mu), (\mathcal{Y}, \mathcal{B}, \nu)$ を 2 つの σ 有限な測度空間として，$(\mathcal{Z}, \mathcal{C}) = (\mathcal{X} \times \mathcal{Y}, \mathcal{A} \times \mathcal{B})$ とおく．このとき任意の $A \in \mathcal{A}$，$B \in \mathcal{B}$ に対して

$$\lambda(A \times B) = \mu(A)\nu(B)$$

を満足するような測度 λ を $(\mathcal{Z}, \mathcal{C})$ の上で一意的に定義することができる．

証明　省略する． ∎

定理 1.1.2 で与えられる測度 λ を μ と ν の**直積測度**といい，測度空間 $(\mathcal{Z}, \mathcal{C}, \lambda)$ を $(\mathcal{X}, \mathcal{A}, \mu)$ と $(\mathcal{Y}, \mathcal{B}, \nu)$ の**直積測度空間**という．

同様にして，n 個の σ 有限な測度空間 $(\mathcal{X}_i, \mathcal{A}_i, \mu_i)$ $(i=1,\cdots,n)$ が与えられたとき，直積測度空間

$$(\mathcal{X}_1 \times \cdots \times \mathcal{X}_n,\ \mathcal{A}_1 \times \cdots \times \mathcal{A}_n,\ \mu_1 \times \cdots \times \mu_n)$$

を定義することができる．とくに，与えられた n 個の測度空間が同一のものであれば，この直積測度空間を $(\mathcal{X}_1^n, \mathcal{A}_1^n, \mu_1^n)$ と書く．

ここで数理統計学で重要な 2 つの測度空間の例をあげておく．

例 1.1.1 $\mathscr{X}$ を空でない任意の集合とし，$\mathscr{X}$ のすべての部分集合から成る完全加法族を $\mathscr{A}$ とする．任意の $A\in\mathscr{A}$ に対して，A に属する元の個数を $\mu(A)$ とするとき，μ を**計数測度**という．$\mathscr{X}$ が有限または可算集合であれば，μ は有限または σ 有限な測度となる．

本書では $\mathscr{X}$ が有限または可算集合のときには，とくに断りがなければ，$\mathscr{A}$ をこの例のようにとる．実際上よく現れるのは $\mathscr{X}$ が整数から成る集合の場合である． ▮

例 1.1.2 $\mathscr{X}$ は実数全体の集合でこれを $\mathscr{R}^1$ とおき，$\mathscr{R}^1$ の左開区間 $(a,b]$（ただし $a<b$）をすべて含む最小の完全加法族を $\mathscr{B}^1$ として，これを $\mathscr{R}^1$ の **Borel 集合族**という．任意の左開区間 $(a,b]$ に対して $\mu^1((a,b])=b-a$ を満足する測度 μ^1 を $(\mathscr{R}^1,\mathscr{B}^1)$ で定義することができて，これを **Lebesgue 測度**という．

$(\mathscr{R}^1,\mathscr{B}^1,\mu^1)$ の n 個の直積測度空間を

$$(\mathscr{R}^n,\mathscr{B}^n,\mu^n)=((\mathscr{R}^1)^n,(\mathscr{B}^1)^n,(\mu^1)^n)$$

と書いて，$\mathscr{B}^n$ を n 次元 Euclid 空間 $\mathscr{R}^n$ の **Borel 集合族**，μ^n を $(\mathscr{R}^n,\mathscr{B}^n)$ で定義された **Lebesgue 測度**という．本書ではとくに断りがなければ，$\mathscr{R}^n,\mathscr{B}^n,\mu^n$ をこの意味に用いることにする．また $\mathscr{X}$ が $\mathscr{R}^n$ かまたはその Borel 集合で，$\mathscr{A}$ が $\mathscr{X}$ の Borel 部分集合の全体であれば，可測空間 $(\mathscr{X},\mathscr{A})$ は **Borel 型**であるという．

一般に $\mathscr{X}$ に位相が与えられているときには，$\mathscr{X}$ の開集合をすべて含む最小の完全加法族を $\mathscr{X}$ の **Borel 集合族**という． ▮

B. 積　分

可測空間 $(\mathscr{X},\mathscr{A})$ が与えられたものとする．$\mathscr{A}$ に属する1つの集合 A を定義域とし，実数または $\pm\infty$ をとる関数 f が，任意の実数 α に対して

$$\{x\in A : f(x)\leqq\alpha\}\in\mathscr{A}$$

を満足するとき，f は A で定義された $\mathscr{A}$ **可測関数**であるという．とくに $(\mathscr{X},\mathscr{A})$ が Borel 型であれば，f は **Borel 可測**であるという．

次に測度空間 $(\mathscr{X},\mathscr{A},\mu)$ と $A\in\mathscr{A}$ で定義された $\mathscr{A}$ 可測関数 f とが与

えられたとき，$B\subset A$，$B\in\mathcal{A}$ を満たす集合 B の上での f の積分を順次定義していく．この積分を考えるときに，

$$f^*(x)=\begin{cases} f(x) & x\in B \text{ のとき} \\ 0 & x\in\mathcal{X}-B \text{ のとき}\end{cases}$$

によって f^* を定義すれば，f^* は $\mathcal{X}$ で定義された $\mathcal{A}$ 可測関数となるので，B の上での f の積分は，$\mathcal{X}$ の上での f^* の積分として定義する．よって以後，本節では主として積分範囲は $\mathcal{X}$ であるとする．

$A_0\subset\mathcal{X}$ のとき，集合 A_0 の**定義関数** I_{A_0} を

$$I_{A_0}(x)=\begin{cases} 1 & x\in A_0 \text{ のとき} \\ 0 & x\notin A_0 \text{ のとき}\end{cases}$$

によって定義する．また x に関係した命題 $C(x)$ に対して，関数 $I(C(\cdot))$ を

$$I(C(x))=\begin{cases} 1 & C(x) \text{ が真のとき} \\ 0 & C(x) \text{ が偽のとき}\end{cases}$$

によって定義する．とくに $I_{A_0}(x)=I(x\in A_0)$ となる．

(k)　$A_0\in\mathcal{A}$ とするとき，定義関数 I_{A_0} の積分を

$$\int_{\mathcal{X}} I_{A_0}(x)\,\mu(dx)=\mu(A_0)$$

によって定義する．

(l)　f が n 個の実数 a_i $(i=1,\cdots,n)$ と

$$A_i\in\mathcal{A}\ \ (i=1,\cdots,n),\quad A_i\cap A_j=\emptyset\ \ (i\neq j),\quad \mathcal{X}=A_1\cup\cdots\cup A_n$$

を満足する n 個の集合 A_i $(i=1,\cdots,n)$ により

$$f(x)=a_1I_{A_1}(x)+\cdots+a_nI_{A_n}(x)$$

と表されるとき，f を**単関数**という．f が非負の単関数のとき，

$$\int_{\mathcal{X}} f(x)\,\mu(dx)=\sum_{i=1}^{n} a_i\,\mu(A_i) \tag{1.1}$$

によって f の積分を定義する．ただし $0\cdot\infty=\infty\cdot 0=0$ と約束する．

(m)　f が非負の $\mathcal{A}$ 可測関数であれば，すべての $x\in\mathcal{X}$ に対して

$$0\leqq f_1(x)\leqq f_2(x)\leqq\cdots,\quad f_n(x)\to f(x) \tag{1.2}$$

を満足する単関数列 $\{f_n\}$ をとることができる．このとき，

$$\int_{\mathcal{X}} f(x)\,\mu(dx) = \lim_{n\to\infty}\int_{\mathcal{X}} f_n(x)\,\mu(dx) \tag{1.3}$$

によって f の積分を定義する．

(1.3) の右辺は (1.2) を満足する単関数列 $\{f_n\}$ のとり方に無関係である．(1.1), (1.3) の積分の値はいずれも非負の実数または ∞ である．

(n) f が実数値または $\pm\infty$ をとる $\mathcal{A}$ 可測関数のときには，

$$f^+(x) = \max\{f(x), 0\}, \quad f^-(x) = \max\{-f(x), 0\}$$

によって非負の $\mathcal{A}$ 可測関数 f^+, f^- を定義し，

$$\int_{\mathcal{X}} f(x)\,\mu(dx) = \int_{\mathcal{X}} f^+(x)\,\mu(dx) - \int_{\mathcal{X}} f^-(x)\,\mu(dx) \tag{1.4}$$

によって f の積分を定義する．

ここで右辺の 2 つの積分がともに有限のときに，f は $(\mathcal{A}, \mu)$ **積分可能**であるという．2つの積分のうちの一方が ∞ で他方が有限であれば，(1.4) の値は ∞ または $-\infty$ となるが，ともに ∞ のときには (1.4) の値を定義しない．(1.4) が定義されるとき，f は $(\mathcal{A}, \mu)$ **積分確定**である，あるいは f の**積分が確定する**という．

本書の中で可測関数に関係した定理を証明するときに，上の積分の定義と同じように，まず定義関数の場合，次に非負の単関数の場合，次に非負の可測関数の場合，あるいはさらに一般の可測関数の場合，という順序で証明したいことがしばしばある．これを単に **“*L* プロセスに従って”** ということにする．

上の積分の定義からわかるように，2つの $\mathcal{A}$ 可測関数 f, g について

$$\mu\{x \in \mathcal{X} : f(x) \neq g(x)\} = 0 \tag{1.5}$$

であれば，f の積分と g の積分は一致する．(1.5) が成り立つとき，f と g は**ほとんどいたるところ** $(\mathcal{A}, \mu)$ で一致する，あるいは a.e. $(\mathcal{A}, \mu)$ で一致するといい，

$$f(x) = g(x) \quad \text{a.e. } (\mathcal{A}, \mu)$$

と書く (a.e. は almost everywhere の略)．一般に x に関係した命題 $C(x)$

があって，$C(x)$ が成り立たない x 全体の集合が $\mathcal{A}$ に属して μ 測度0の集合であれば，

$$C(x) \quad \text{a.e.}\ (\mathcal{A},\mu)$$

と書いて，a.e. $(\mathcal{A},\mu)$ で C が成り立つという．

次に積分と極限の順序の交換に関する定理をいくつかあげておく．これらの定理で，“すべての $x\in\mathcal{X}$ について”というところを，“a.e. $(\mathcal{A},\mu)$ で”によっておきかえても，結論に変わりはない．

定理 1.1.3 （**Lebesgue の単調収束定理**，伊藤 (1963) p.88）　$\{f_n\}$ は非負の $\mathcal{A}$ 可測関数列で，すべての $x\in\mathcal{X}$ について

$$0\leqq f_1(x)\leqq f_2(x)\leqq\cdots,\quad f_n(x)\to f(x)$$

が成り立てば，

$$\lim_{n\to\infty}\int_{\mathcal{X}} f_n(x)\,\mu(dx)=\int_{\mathcal{X}} f(x)\,\mu(dx). \tag{1.6}$$

証明　省略する．　▮

定理 1.1.4 （**Fatou の補題**，伊藤 (1963) p.90）　$\{f_n\}$ は非負の $\mathcal{A}$ 可測関数列であるとすれば，

$$\int_{\mathcal{X}} \liminf_{n\to\infty} f_n(x)\,\mu(dx)\leqq\liminf_{n\to\infty}\int_{\mathcal{X}} f_n(x)\,\mu(dx).$$

証明　省略する．　▮

注意　liminf は下極限，limsup は上極限を表すものとする．

定理 1.1.5 （**Lebesgue の優収束定理**，伊藤 (1963) p.90）　$\{f_n\}$ は $\mathcal{A}$ 可測関数列，g は非負の $(\mathcal{A},\mu)$ 積分可能関数で，すべての $x\in\mathcal{X}$ について

$$|f_n(x)|\leqq g(x)\quad (n=1,2,\cdots),\quad f_n(x)\to f(x)$$

が成り立てば，(1.6) が成立する．

証明　省略する．　▮

系 （**Lebesgue の有界収束定理**，伊藤 (1963) p.91）　$\mu(\mathcal{X})<\infty$ と仮定する．$\{f_n\}$ は $\mathcal{A}$ 可測関数列，M は1つの正数で，すべての $x\in\mathcal{X}$ に対して

$$|f_n(x)|\leqq M\quad (n=1,2,\cdots),\quad f_n(x)\to f(x)$$

が成り立てば，(1.6) が成立する．

証明 定理において $g(x)=M$ とすればよい. ∎

定理 1.1.6 (Scheffé (1947), Lehmann (1959) p. 351) $\{f_n\}$ は非負の $\mathcal{A}$ 可測関数列で，すべての $x\in\mathcal{X}$ について $f_n(x)\to f(x)$ とし，さらに

$$\int_{\mathcal{X}} f_n(x)\,\mu(dx)=1 \quad (n=1,2,\cdots), \qquad \int_{\mathcal{X}} f(x)\,\mu(dx)=1 \tag{1.7}$$

が成り立つものとする. このとき

(i)
$$\lim_{n\to\infty}\int_{\mathcal{X}}|f_n(x)-f(x)|\,\mu(dx)=0.$$

(ii) $\mathcal{X}$ で $|\phi(x)|\leqq 1$ を満足するすべての $\mathcal{A}$ 可測関数 ϕ に関して一様に

$$\lim_{n\to\infty}\int_{\mathcal{X}}\phi(x)\,f_n(x)\,\mu(dx)=\int_{\mathcal{X}}\phi(x)\,f(x)\,\mu(dx).$$

(iii) すべての $A\in\mathcal{A}$ に関して一様に

$$\lim_{n\to\infty}\int_A f_n(x)\,\mu(dx)=\int_A f(x)\,\mu(dx).$$

証明 (i) $g_n(x)=f_n(x)-f(x)$ とおけば，すべての $x\in\mathcal{X}$ に対して

$$0\leqq g_n^-(x)\leqq f(x) \quad (n=1,2,\cdots), \qquad g_n^-(x)\to 0$$

となるので，$\{g_n^-\}$ に対して定理 1.1.5 を適用すると，

$$\lim_{n\to\infty}\int_{\mathcal{X}} g_n^-(x)\,\mu(dx)=0. \tag{1.8}$$

他方で仮定 (1.7) により g_n $(n=1,2,\cdots)$ の積分は0となるから，

$$\lim_{n\to\infty}\int_{\mathcal{X}} g_n^+(x)\,\mu(dx)=\lim_{n\to\infty}\left(\int_{\mathcal{X}} g_n(x)\,\mu(dx)+\int_{\mathcal{X}} g_n^-(x)\,\mu(dx)\right)=0. \tag{1.9}$$

ここで $|g_n(x)|=g_n^+(x)+g_n^-(x)$ であるから，(1.8), (1.9) により (i) が得られる.

(ii)
$$|\phi(x)\,f_n(x)-\phi(x)\,f(x)|\leqq|f_n(x)-f(x)|$$

を用いれば，(i) より明らかである.

(iii) $\phi(x)=I_A(x)$ とおけば，(ii) より明らかである. ∎

このほか Pratt (1960) も数理統計学への応用上便利な極限定理をあげてい

る.

次に σ 有限な2つの測度空間の直積空間が与えられたとき，直積測度に関する積分を反復積分に還元する Fubini の定理をあげておく.

定理 1.1.7 (Fubini の定理, 伊藤 (1963) p.100) 2つの σ 有限な測度空間 $(\mathcal{X},\mathcal{A},\mu),(\mathcal{Y},\mathcal{B},\nu)$ の直積空間を $(\mathcal{Z},\mathcal{C},\lambda)$ とする. $\mathcal{Z}$ の点を (x,y) で表し，f は $\mathcal{Z}$ で定義された $\mathcal{C}$ 可測関数であるとする. このとき

(i) 任意の $y\in\mathcal{Y}$ に対して $f(\cdot,y)$ は $\mathcal{A}$ 可測，任意の $x\in\mathcal{X}$ に対して $f(x,\cdot)$ は $\mathcal{B}$ 可測である.

(ii) すべての $(x,y)\in\mathcal{Z}$ に対して $f(x,y)\geqq 0$ であれば,

$$\int_{\mathcal{Z}} f(x,y)\,\lambda(d(x,y))=\int_{\mathcal{Y}}\left(\int_{\mathcal{X}} f(x,y)\,\mu(dx)\right)\nu(dy)$$
$$=\int_{\mathcal{X}}\left(\int_{\mathcal{Y}} f(x,y)\,\nu(dy)\right)\mu(dx). \tag{1.10}$$

(iii) f は $(\mathcal{C},\lambda)$ 積分可能であるとすれば，$\mathcal{Y}$ の a.e. $(\mathcal{B},\nu)$ で $f(\cdot,y)$ は $(\mathcal{A},\mu)$ 積分可能，また $\mathcal{X}$ の a.e. $(\mathcal{A},\mu)$ で $f(x,\cdot)$ は $(\mathcal{B},\nu)$ 積分可能であって，(1.10) が成り立つ. ただし (1.10) の2つの辺で内側の積分が値をもたない場合には，その積分を便宜上0とおくものとする.

証明 省略する. ∎

C. Radon-Nikodym の定理

可測空間 $(\mathcal{X},\mathcal{A})$ が与えられたとき，任意の集合 $A\in\mathcal{A}$ に対して関数値 $\lambda(A)$ が定義されていて，次の2つの条件 (o),(p) を満足するものとする.

(o) 任意の $A\in\mathcal{A}$ に対して $-\infty<\lambda(A)<\infty$ となる.

(p) $A_i\in\mathcal{A}$ $(i=1,2,\cdots)$ であって，これらが互いに共通点をもたなければ，$\lambda(\bigcup_i A_i)=\sum_i \lambda(A_i)$ となる.

このとき λ は $(\mathcal{X},\mathcal{A})$ で定義された**加法的集合関数**であるという.

μ は $(\mathcal{X},\mathcal{A})$ で定義された測度，λ は $(\mathcal{X},\mathcal{A})$ で定義された測度または加法的集合関数であるとする. このとき,

$$A\in\mathcal{A},\ \mu(A)=0 \quad ならば \quad \lambda(A)=0$$

が成り立てば，λ は μ に関して**絶対連続**であるという．

定理 1.1.8 (**Radon-Nikodym の定理**，伊藤 (1963) p. 130) λ は可測空間 $(\mathcal{X},\mathcal{A})$ で定義された σ 有限測度または加法的集合関数，μ は $(\mathcal{X},\mathcal{A})$ で定義された σ 有限測度であって，λ は μ に関して絶対連続であるとする．このとき

（i） 適当な $\mathcal{A}$ 可測関数 f をとれば，すべての $A\in\mathcal{A}$ に対して

$$\lambda(A)=\int_A f(x)\,\mu(dx). \tag{1.11}$$

（ii） （i）の条件を満たす2つの関数 f_1, f_2 は a.e. $(\mathcal{A},\mu)$ で一致する．逆に（i）の条件を満たす1つの関数 f が与えられると，f と a.e. $(\mathcal{A},\mu)$ で一致する任意の $\mathcal{A}$ 可測関数も（i）の条件を満足する．

証明 省略する． ∎

定理 1.1.8 の（i）の条件を満足する関数 f の任意の1つを λ の μ に関する **Radon-Nikodym の導関数**あるいは**密度関数**といって，

$$\frac{d\lambda}{d\mu}=f, \quad \frac{\lambda(dx)}{\mu(dx)}=f(x), \quad \lambda(dx)=f(x)\,\mu(dx) \tag{1.12}$$

などの記号で表す．λ が σ 有限測度の場合には，(ii) によって（i）の条件を満足する<u>非負の</u> $\mathcal{A}$ 可測関数 f が存在する．

一般に λ は $(\mathcal{X},\mathcal{A})$ で定義された測度（σ 有限とは限らない）または加法的集合関数，μ は $(\mathcal{X},\mathcal{A})$ で定義された測度（σ 有限とは限らない）であるとして，任意の $A\in\mathcal{A}$ に対して (1.11) が成り立つならば，f を λ の μ に関する**導関数**または**密度関数**といい，この場合にも (1.12) の記号を用いる．

定理 1.1.9 (Halmos (1950) p. 134) 可測空間 $(\mathcal{X},\mathcal{A})$ で定義された測度 μ が ν に関して密度関数をもてば，任意の $\mathcal{A}$ 可測関数 g に対して

$$\int_{\mathcal{X}} g(x)\,\mu(dx)=\int_{\mathcal{X}} g(x)\,\frac{\mu(dx)}{\nu(dx)}\,\nu(dx). \tag{1.13}$$

ただし両辺のどちらかの積分が確定するものとする．

証明 $A\in\mathcal{A}$, $g=I_A$ であれば (1.13) は (1.11) で λ,μ をそれぞれ μ,ν におきかえたものに帰着する．あとは L プロセスに従えばよい． ∎

定理 1.1.10 (Halmos (1950) p. 133) λ は可測空間 $(\mathcal{X}, \mathcal{A})$ で定義された σ 有限測度または加法的集合関数，μ および ν は $(\mathcal{X}, \mathcal{A})$ で定義された測度であって，λ は μ に関して，μ は ν に関して密度関数をもつとすると，

$$\frac{\lambda(dx)}{\nu(dx)}=\frac{\lambda(dx)}{\mu(dx)}\frac{\mu(dx)}{\nu(dx)} \quad \text{a.e. } (\mathcal{A}, \nu).$$

証明 任意の $A\in\mathcal{A}$ をとって (1.13) において $g=I_A\cdot(d\lambda/d\mu)$ とおけばよい． ∎

定理 1.1.11 可測空間 $(\mathcal{X}_i, \mathcal{A}_i)$ $(i=1, \cdots, n)$ で定義された 2 つの σ 有限測度 μ_i, ν_i があって，μ_i は ν_i に関して絶対連続であるとする．このとき

$$(\mathcal{X}, \mathcal{A})=(\mathcal{X}_1\times\cdots\times\mathcal{X}_n,\ \mathcal{A}_1\times\cdots\times\mathcal{A}_n)$$

で定義された σ 有限測度 $\mu=\mu_1\times\cdots\times\mu_n$ は $\nu=\nu_1\times\cdots\times\nu_n$ に関して絶対連続で，

$$\frac{d\mu}{d\nu}=\frac{d\mu_1}{d\nu_1}\cdots\frac{d\mu_n}{d\nu_n} \quad \text{a.e. } (\mathcal{A}, \nu).$$

証明 任意の $A=A_1\times\cdots\times A_n\in\mathcal{A}$ に対して

$$\mu(A)=\prod_{i=1}^{n}\mu_i(A_i)=\int_A\frac{d\mu_1}{d\nu_1}\cdots\frac{d\mu_n}{d\nu_n}\nu(dx)$$

が成り立つことによる． ∎

1.2 確　率　空　間

A. 確率空間と統計量

ある種の観測を行ったときに生じうる結果をすべて元としてもつ集合を $\mathcal{X}$ とし，$\mathcal{X}$ の部分集合から成る完全加法族 $\mathcal{A}$ が定義されたものとする．このとき可測空間 $(\mathcal{X}, \mathcal{A})$ を**標本空間**といい，$\mathcal{X}$ の点を**標本点**という．可測空間 $(\mathcal{X}, \mathcal{A})$ で定義された測度 P が $P(\mathcal{X})=1$ を満足するとき，測度空間 $(\mathcal{X}, \mathcal{A}, P)$ を**確率空間**といい，P を**確率測度**または**確率分布**という．

標本空間 $(\mathcal{X}, \mathcal{A})$ と可測空間 $(\mathcal{Y}, \mathcal{B})$ が与えられて，$\mathcal{X}$ から $\mathcal{Y}$ の中への写像 t が，任意の $B\in\mathcal{B}$ に対して

$$t^{-1}B=\{x\in\mathcal{X} : t(x)\in B\}\in\mathcal{A} \tag{2.1}$$

を満足するとき，t は $\mathcal{A}\to\mathcal{B}$ **可測**である，あるいは t は $(\mathcal{X},\mathcal{A})$ から $(\mathcal{Y},\mathcal{B})$ への**統計量**であるという．

確率空間 $(\mathcal{X},\mathcal{A},P)$ と $(\mathcal{X},\mathcal{A})$ から $(\mathcal{Y},\mathcal{B})$ への統計量 t とが与えられたとき，任意の $B\in\mathcal{B}$ に対して

$$Q(B)=P(t^{-1}B)$$

とおけば，Q は $(\mathcal{Y},\mathcal{B})$ で定義された確率測度となる．Q を t によって P から**誘導された**確率測度といい，$(\mathcal{Y},\mathcal{B},Q)$ を t によって $(\mathcal{X},\mathcal{A},P)$ から**誘導された**確率空間という．

応用上は，観測結果 X が集合 $A\in\mathcal{A}$ にはいるという事象 $X\in A$ に対して，多数回の試行のうちで $X\in A$ が生じる相対度数の極限として確率 $P(A)$を考え，これを $P(X\in A)$ とも書く．このとき $X\in t^{-1}B$ は $t(X)\in B$ と同等であるから，$Q(B)$ を $P(t(X)\in B)$ と書くことができる．純数学的な観点からは，記号 X や $t(X)$ を使わずに議論を進めることもできるが，これらの記号を使うと便利なことが多い．X を確率空間 $(\mathcal{X},\mathcal{A},P)$ の**確率標本**という．

$(\mathcal{Y},\mathcal{B})=(\mathcal{R}^n,\mathcal{B}^n)$ のときには $t(X)$ を $\boldsymbol{n}$ **次元の確率変数**といい，

$$t(X)=(t_1(X),\cdots,t_n(X))$$

とおけば，$t_i(X)$ $(i=1,\cdots,n)$ は1**次元の確率変数**となる．さらに一般的に t_i が $\pm\infty$ をとるときにも，これが $\mathcal{A}$ 可測であれば，$t_i(X)$ を1次元の確率変数といい，上の $t(X)$ を n 次元の確率変数という．$(\mathcal{X},\mathcal{A})=(\mathcal{R}^n,\mathcal{B}^n)$ ならば，X 自身が n 次元の確率変数である．

$(\mathcal{X},\mathcal{A})$ から $(\mathcal{Y},\mathcal{B})$ への統計量 t が与えられたとき，(2.1) により $\{t^{-1}B : B\in\mathcal{B}\}$ は $\mathcal{A}$ に含まれる集合族である．これが完全加法族になることは容易に証明される．これを t によって**誘導された** $\mathcal{A}$ **の部分加法族**（部分完全加法族の略）といって，$\mathcal{A}_t$ で表す．

逆に，$\mathcal{A}$ の部分加法族 $\mathcal{A}_0$ が任意に与えられたとき，すべての $x\in\mathcal{X}$ に対して $t(x)=x$ として恒等写像 t を定義すれば，この t は $(\mathcal{X},\mathcal{A})$ から $(\mathcal{Y},\mathcal{B})=(\mathcal{X},\mathcal{A}_0)$ への統計量となって，このとき $\mathcal{A}_t=\mathcal{A}_0$ が成り立つ．本書では部分加法族を中心に議論を進めるが，次の定理はそれを統計量に関

する議論に翻訳するのに役立つ．

定理 1.2.1 (Lehmann (1959) p. 37) 標本空間 $(\mathcal{X}, \mathcal{A})$ から可測空間 $(\mathcal{Y}, \mathcal{B})$ への統計量 t と，$\mathcal{X}$ で定義された $\mathcal{A}$ 可測関数 f とが与えられたものとする．このとき f が $\mathcal{A}_t$ 可測となるための必要十分条件は，$\mathcal{Y}$ で定義された $\mathcal{B}$ 可測関数 g を適当にとれば，すべての $x \in \mathcal{X}$ に対して

$$f(x) = g(t(x)) \tag{2.2}$$

が成り立つことである．

証明　十分性．明らかであるので省略する．

必要性．f が $\mathcal{A}_t$ 可測であると仮定する．このとき

$$A_+ = \{x \in \mathcal{X} : f(x) = +\infty\}, \qquad A_- = \{x \in \mathcal{X} : f(x) = -\infty\}$$

とおき，さらに任意の自然数 n に対して

$$A_{ni} = \left\{x \in \mathcal{X} : \frac{i}{2^n} < f(x) \leqq \frac{i+1}{2^n}\right\} \quad (i = 0, \pm 1, \pm 2, \cdots)$$

とおけば，仮定により $A_+, A_-, A_{ni} \in \mathcal{A}_t$ となるので，

$$A_+ = t^{-1}B_+, \quad A_- = t^{-1}B_-, \quad A_{ni} = t^{-1}B_{ni}$$

を満たす $B_+, B_-, B_{ni} \in \mathcal{B}$ が存在する．n を固定して

$$B_{n+}^* = B_+ - B_- - \bigcup_j B_{nj}, \quad B_{n-}^* = B_- - B_+ - \bigcup_j B_{nj}$$

$$B_{ni}^* = B_{ni} - B_+ - B_- - \bigcup_{j \neq i} B_{nj} \quad (i = 0, \pm 1, \pm 2, \cdots)$$

をつくれば，これらはいずれも $\mathcal{B}$ に属して互いに共通点がない．そこで $\mathcal{B}$ 可測関数 g_n を

$$g_n(y) = \begin{cases} +\infty & y \in B_{n+}^* \text{ のとき} \\ -\infty & y \in B_{n-}^* \text{ のとき} \\ i/2^n & y \in B_{ni}^* \text{ のとき} \quad (i = 0, \pm 1, \pm 2, \cdots) \\ 0 & \text{その他のとき} \end{cases}$$

によって定義する．さらに

$$g(y) = \begin{cases} \lim_{n \to \infty} g_n(y) & \text{この極限が確定するとき} \\ 0 & \text{上の極限が確定しないとき} \end{cases}$$

によって g を定義すれば，g も $\mathcal{Y}$ で定義された $\mathcal{B}$ 可測関数となって，この g に対して (2.2) が成り立つことは容易にわかる． ▮

定理 1.2.2 (Lehmann (1959) p.38) 確率空間 $(\mathcal{X},\mathcal{A},P)$ から統計量 t によって誘導された確率空間 $(\mathcal{Y},\mathcal{B},Q)$ をつくる．このとき任意の $\mathcal{B}$ 可測関数 g に対して

$$\int_{\mathcal{X}} g(t(x))P(dx)=\int_{\mathcal{Y}} g(y)Q(dy). \tag{2.3}$$

ただし両辺のどちらかの積分が確定するものとする．

証明 $B\in\mathcal{B}$ として $g=I_B$ のときには，(2.3) は $P(t^{-1}B)=Q(B)$ となって，等号が成り立つ．あとは L プロセスに従えばよい． ▮

系 確率空間 $(\mathcal{X},\mathcal{A},P)$ に対して，$\mathcal{A}$ の1つの部分加法族を $\mathcal{A}_0$ とする．f は $\mathcal{X}$ で定義された $\mathcal{A}_0$ 可測関数であるとすれば，積分 $\int_{\mathcal{X}} f(x)P(dx)$ を $(\mathcal{X},\mathcal{A},P)$ 上の積分と考えても $(\mathcal{X},\mathcal{A}_0,P)$ 上の積分と考えても，この積分は同じ値をもつ．

証明 t として $(\mathcal{X},\mathcal{A})$ から $(\mathcal{Y},\mathcal{B})=(\mathcal{X},\mathcal{A}_0)$ への恒等写像 $t(x)=x$ をとればよい． ▮

B. 平 均 値

確率空間 $(\mathcal{X},\mathcal{A},P)$ で定義された（1次元の）確率変数 $f(X)$ に対して

$$Ef(X)=\int_{\mathcal{X}} f(x)P(dx) \tag{2.4}$$

とおいて，これを $f(X)$ の**平均値**という．ただし右辺の積分が確定するものとする．

確率空間 $(\mathcal{X},\mathcal{A},P)$ から統計量 t によって確率空間 $(\mathcal{Y},\mathcal{B},Q)$ が誘導されているとき，定理 1.2.2 によれば，

$$Eg(t(X))=Eg(Y).$$

ただし X は $(\mathcal{X},\mathcal{A},P)$ の確率標本，Y は $(\mathcal{Y},\mathcal{B},Q)$ の確率標本を表し，両辺のどちらかの平均値が確定するものと仮定する．

P が $(\mathcal{X},\mathcal{A})$ 上のある測度 μ に関して密度関数

$$\frac{P(dx)}{\mu(dx)}=p(x)$$

をもてば，p を P の μ に関する**確率密度関数**という．ただしすべての $x\in\mathcal{X}$ に対して $p(x)\geqq 0$ と仮定する．このとき，定理 1.1.9 により

$$Ef(X)=\int_{\mathcal{X}} f(x)\,p(x)\,\mu(dx).$$

とくに測度空間 $(\mathcal{X},\mathcal{A},\mu)$ が例 1.1.1 の計数測度空間であれば，

$$Ef(X)=\sum_{x\in\mathcal{X}} f(x)\,p(x)=\sum_{x\in\mathcal{X}} f(x)\,P(X=x).$$

また例 1.1.2 の $(\mathcal{R}^n,\mathcal{B}^n,\mu^n)$ の場合には，$\mu^n(dx)$ を dx で表すことにして，

$$Ef(X)=\int_{\mathcal{X}} f(x)\,p(x)\,dx.$$

$Ef(X)=\xi$ とおき，ξ が有限であれば

$$\mathrm{Var}\,f(X)=E(f(X)-\xi)^2$$

とおいて，これを $f(X)$ の**分散**という．

$f(X)$ が n 次元の確率変数のとき，これを列ベクトルで表して*)

$$f(X)=(f_1(X),\cdots,f_n(X))'$$

とおく．$'$ は転置行列を示す．もしも $Ef_i(X)=\xi_i$ $(i=1,\cdots,n)$ がすべて有限であれば，

$$Ef(X)=(\xi_1,\cdots,\xi_n)' \tag{2.5}$$

とおいて，これを $f(X)$ の**平均値ベクトル**という．平均値ベクトルに対しても (2.4) の積分表示を用いるが，その場合に (2.4) の右辺は $f(x)=(f_1(x),\cdots,f_n(x))'$ の成分ごとの積分を縦に並べて書いたものとみればよい．

また

$$\mathrm{Cov}\,(f_i(X),f_j(X))=E(f_i(X)-\xi_i)(f_j(X)-\xi_j) \tag{2.6}$$

とおいて，これを $f_i(X)$ と $f_j(X)$ の**共分散**という．とくに $i=j$ であればこれは $\mathrm{Var}\,f_i(X)$ と一致する．(2.6) を第 i 行，第 j 列にもつ $n\times n$ 行列を

*) 本書では $\mathcal{R}^n$ の点 x を位置ベクトルとみなして演算を行うときには，これを列ベクトルで表す．演算の必要がないときには行ベクトルで表すこともある．

$f(X)$ の分散行列といって $\mathrm{Var}\, f(X)$ で表す．これは (2.5) にならって

$$\mathrm{Var}\, f(X)=E(f(X)-\xi)(f(X)-\xi)'$$

と書くことができる．

C. 独 立 性

確率空間 $(\mathcal{X},\mathcal{A},P)$ から2つの可測空間 $(\mathcal{Y},\mathcal{B}),(\mathcal{Z},\mathcal{C})$ への統計量 t,u が与えられたものとする．任意の $B\in\mathcal{B}$, $C\in\mathcal{C}$ に対して

$$P(t^{-1}B\cap u^{-1}C)=P(t^{-1}B)\,P(u^{-1}C) \tag{2.7}$$

が成り立つとき，t と u は独立であるという．$(\mathcal{X},\mathcal{A},P)$ の確率標本 X を用いると，(2.7) は

$$P(t(X)\in B \text{ and } u(X)\in C)=P(t(X)\in B)\,P(u(X)\in C)$$

と書くこともできる．とくに $(\mathcal{Y},\mathcal{B})$, $(\mathcal{Z},\mathcal{C})$ がともに Borel 型であれば，2つの確率変数 $t(X)$ と $u(X)$ が独立であるという．

$\mathcal{A}$ の2つの部分加法族 $\mathcal{A}_1,\mathcal{A}_2$ が与えられたとき，任意の $A_1\in\mathcal{A}_1$, $A_2\in\mathcal{A}_2$ に対して

$$P(A_1\cap A_2)=P(A_1)\,P(A_2)$$

が成り立てば，$\mathcal{A}_1$ と $\mathcal{A}_2$ は独立であるという．上の統計量 t,u が $\mathcal{A}$ の中に誘導する部分加法族を $\mathcal{A}_t,\mathcal{A}_u$ とすれば，t と u が独立のことと $\mathcal{A}_t$ と $\mathcal{A}_u$ が独立のことは同等である．

確率空間 $(\mathcal{X},\mathcal{A},P)$ から n 個の可測空間 $(\mathcal{Y}_i,\mathcal{B}_i)$ $(i=1,\cdots,n)$ への統計量 t_i が与えられたとき，任意の $B_i\in\mathcal{B}_i$ $(i=1,\cdots,n)$ に対して

$$P\left(\bigcap_{i=1}^{n} t_i^{-1}B_i\right)=\prod_{i=1}^{n} P(t_i^{-1}B_i)$$

が成り立てば，$t_1,\cdots,t_n$ は互いに独立であるという．とくに $(\mathcal{Y}_i,\mathcal{B}_i)$ $(i=1,\cdots,n)$ が Borel 型であれば，$(\mathcal{X},\mathcal{A},P)$ の確率標本を X で表して，確率変数 $t_1(X),\cdots,t_n(X)$ が互いに独立であるという．

同様にして $\mathcal{A}$ の n 個の部分加法族 $\mathcal{A}_1,\cdots,\mathcal{A}_n$ の独立性を定義することもできる．

数理統計学でよく起こるのは

$$(\mathcal{X}, \mathcal{A}) = (\mathcal{R}^n, \mathcal{B}^n), \quad P = P_1 \times \cdots \times P_n$$

のときである．このとき $\mathcal{X}$ の点 x からその第 i 座標への写像を $t_i(x)=x_i$ $(i=1,\cdots,n)$ で表せば，$t_1,\cdots,t_n$ は互いに独立な統計量となり，$t_i(X)=X_i$ $(i=1,\cdots,n)$ とおけば，$X_1,\cdots,X_n$ は互いに独立な確率変数となる．とくに $P_1,\cdots,P_n$ が同じ確率分布 P_0 であれば，$X=(X_1,\cdots,X_n)$ を分布 P_0 をもつ**母集団**からの**大きさ** n の**確率標本**という．

1.3 主要な確率分布

本書の中の例題などに現れる $(\mathcal{R}^k, \mathcal{B}^k)$ 上の主要な確率分布をあげておこう．$\mathcal{R}^k$ の中で k 個の座標がすべて正である点の全体の集合を $\mathcal{R}^k_+$ とし，k 個の座標がすべて整数である点の全体の集合を $\mathcal{I}^k$ で表す．また $\mathcal{N}$ は自然数全体の集合を表すものとする．

A. 離散的な確率分布

ここにあげるのは $\mathcal{I}^k$ で定義された計数測度に関して絶対連続な確率分布（例 1.3.3 以外は $k=1$）であって，このような分布は**離散的**であるという．

例 1.3.1 2 項分布 $Bi(n,p)$——$n\in\mathcal{N}$，$p\in(0,1)$ のとき

$$P(X=x)=\binom{n}{x}p^x(1-p)^{n-x}I(0\leqq x\leqq n,\ x\in\mathcal{I}^1)$$

で与えられる分布を 2 項分布 $Bi(n,p)$ という．この分布に対して

$$EX=np, \quad \mathrm{Var}\,X=np(1-p). \qquad \blacksquare$$

例 1.3.2 Poisson 分布 $Po(\lambda)$——$\lambda\in\mathcal{R}^1_+$ のとき

$$P(X=x)=e^{-\lambda}\frac{\lambda^x}{x!}I(0\leqq x\in\mathcal{I}^1)$$

で与えられる分布を Poisson 分布 $Po(\lambda)$ という．この分布に対して

$$EX=\lambda, \quad \mathrm{Var}\,X=\lambda. \qquad \blacksquare$$

例 1.3.3 多項分布 $M(n,p_1,\cdots,p_k)$ —— $n\in\mathcal{N}$，$1<k\in\mathcal{N}$，$p_i>0$ $(i=1,\cdots,k)$，$\sum p_i=1$ のとき

$$P(X_1=x_1, \cdots, X_k=x_k)=\frac{n!}{x_1!\cdots x_k!}p_1^{x_1}\cdots p_k^{x_k}I_C(x_1, \cdots, x_k)$$

で与えられる $X=(X_1, \cdots, X_k)$ の分布を多項分布 $M(n, p_1, \cdots, p_k)$ という．ただし

$$C=\{x=(x_1, \cdots, x_k)\in \mathcal{J}^k : x_i\geqq 0 \ (i=1, \cdots, k), \ \sum_i x_i=n\}.$$

このとき $i, j=1, \cdots, k$；$i\neq j$ に対して

$$EX_i=np_i, \quad \mathrm{Var}\,X_i=np_i(1-p_i), \quad \mathrm{Cov}\,(X_i, X_j)=-np_ip_j. \qquad \blacksquare$$

B. 絶対連続な確率分布

ここにあげるのは $(\mathcal{R}^k, \mathcal{B}^k)$ で定義された Lebesgue 測度 μ^k に関して絶対連続な確率分布（例 1.3.13 以外は $k=1$）であって，このような分布は単に**絶対連続**であるともいう．これらの分布を表すのに μ^k に関する確率密度関数 p を用いる．

例 1.3.4 一様分布 $U(\alpha, \beta)$——$-\infty<\alpha<\beta<\infty$ のとき

$$p(x)=\frac{1}{\beta-\alpha}I(\alpha\leqq x\leqq\beta)$$

で与えられる分布を一様分布 $U(\alpha, \beta)$ という．この分布に対して

$$EX=(\alpha+\beta)/2, \quad \mathrm{Var}\,X=(\beta-\alpha)^2/12. \qquad \blacksquare$$

例 1.3.5 指数分布 $Exl(\xi, \sigma)$——$\xi\in\mathcal{R}^1$, $\sigma\in\mathcal{R}^1_+$ のとき

$$p(x)=\frac{1}{\sigma}e^{-(x-\xi)/\sigma}I(x\geqq\xi)$$

で与えられる分布を指数分布 $Exl(\xi, \sigma)$ という．この分布に対して

$$EX=\xi+\sigma, \quad \mathrm{Var}\,X=\sigma^2. \qquad \blacksquare$$

例 1.3.6 ガンマ分布 $\Gamma(\alpha, \sigma)$——$\alpha\in\mathcal{R}^1_+$, $\sigma\in\mathcal{R}^1_+$ のとき

$$p(x)=\frac{1}{\sigma^\alpha\Gamma(\alpha)}x^{\alpha-1}e^{-x/\sigma}I(x>0)$$

で与えられる分布をガンマ分布 $\Gamma(\alpha, \sigma)$ という．この分布に対して

$$EX=\alpha\sigma, \quad \mathrm{Var}\,X=\alpha\sigma^2. \qquad \blacksquare$$

例 1.3.7 ベータ分布 $Be(\alpha, \beta)$——$\alpha\in\mathcal{R}^1_+$, $\beta\in\mathcal{R}^1_+$ のとき

$$p(x)=\frac{\Gamma(\alpha+\beta)}{\Gamma(\alpha)\Gamma(\beta)}x^{\alpha-1}(1-x)^{\beta-1}I(0<x<1)$$

で与えられる分布をベータ分布 $Be(\alpha,\beta)$ という．この分布に対して

$$EX=\frac{\alpha}{\alpha+\beta},\qquad \mathrm{Var}\,X=\frac{\alpha\beta}{(\alpha+\beta)^2(\alpha+\beta+1)}.$$ ∎

例 1.3.8　Cauchy 分布 $C(\xi,\sigma)$——$\xi\in\mathcal{R}^1$, $\sigma\in\mathcal{R}^1_+$ のとき

$$p(x)=\frac{1}{\pi}\frac{\sigma}{\sigma^2+(x-\xi)^2}$$

で与えられる分布を Cauchy 分布 $C(\xi,\sigma)$ という．この分布に対して X の平均値，分散はいずれも存在しない． ∎

例 1.3.9　正規分布 $N(\xi,\sigma^2)$——$\xi\in\mathcal{R}^1$, $\sigma\in\mathcal{R}^1_+$ のとき

$$p(x)=\frac{1}{\sqrt{2\pi}\sigma}e^{-(x-\xi)^2/2\sigma^2}$$

で与えられる分布を正規分布 $N(\xi,\sigma^2)$ という．この分布に対して

$$EX=\xi,\quad \mathrm{Var}\,X=\sigma^2.$$ ∎

例 1.3.10　χ^2 分布 $\chi^2(n)$ **と非心 χ^2 分布** $\chi^2(n,\alpha^2)$——$n\in\mathcal{N}$ とし，$X_1,\cdots,X_n$ は互いに独立で，X_i $(i=1,\cdots,n)$ の分布が $N(\xi_i,1)$ で与えられるとき，$\alpha^2=\sum_i\xi_i^2$ とおけば $X=\sum_i X_i^2$ の分布は

$$p(x)=\sum_{l=0}^{\infty}e^{-\alpha^2/2}\frac{(\alpha^2/2)^l}{l!}\frac{1}{2^{n/2+l}\Gamma(n/2+l)}x^{n/2+l-1}e^{-x/2}I(x>0).$$

この分布を非心 χ^2 分布 $\chi^2(n,\alpha^2)$ といい，とくに $\alpha=0$ ならば χ^2 分布 $\chi^2(n)$ という． ∎

例 1.3.11　t 分布 $t(n)$ **と非心 t 分布** $t(n,\alpha)$——$n\in\mathcal{N}$, $\alpha\in\mathcal{R}^1$ とし，Y と Z は互いに独立で，Y の分布が $N(\alpha,1)$ で Z の分布が $\chi^2(n)$ であれば，$X=Y/\sqrt{Z}$ の分布は

$$p(x)=\sum_{l=0}^{\infty}\frac{e^{-\alpha^2/2}}{l!}\frac{\Gamma((n+l+1)/2)}{\sqrt{\pi}\Gamma(n/2)}\frac{(\sqrt{2}\alpha x)^l}{(1+x^2)^{(n+l+1)/2}}.$$

このとき $\sqrt{n}X$ の分布を非心 t 分布 $t(n,\alpha)$ といい，とくに $\alpha=0$ ならば t 分布 $t(n)$ という． ∎

例 1.3.12 $\boldsymbol{F}$ 分布 $F(m,n)$ と非心 $\boldsymbol{F}$ 分布 $F(m,n,\alpha^2)$——$m,n\in\mathcal{N}$, $0\leqq\alpha^2<\infty$ とし, Y と Z は互いに独立で, Y の分布が $\chi^2(m,\alpha^2)$, Z の分布が $\chi^2(n)$ であれば, $X=Y/Z$ の分布は

$$p(x)=\sum_{l=0}^{\infty}e^{-\alpha^2/2}\frac{(\alpha^2/2)^l}{l!}\frac{\Gamma((m+n)/2+l)}{\Gamma(m/2+l)\Gamma(n/2)}\frac{x^{m/2+l-1}}{(1+x)^{(m+n)/2+l}}I(x>0).$$

このとき nX/m の分布を非心 F 分布 $F(m,n,\alpha^2)$ といい, とくに $\alpha=0$ ならば F 分布 $F(m,n)$ という. ▌

例 1.3.13 多変量正規分布 $N(\xi,\Sigma)$——$k\in\mathcal{N}$, $\xi\in\mathcal{R}^k$ とし, Σ を k 次の正値対称行列とするとき

$$p(x)=\left(\frac{1}{2\pi}\right)^{k/2}\frac{1}{\sqrt{\det\Sigma}}\exp\left(-\frac{1}{2}(x-\xi)'\Sigma^{-1}(x-\xi)\right)$$

で与えられる分布を k 変量正規分布 $N(\xi,\Sigma)$ という. ただし $\det\Sigma$ は Σ の行列式, Σ^{-1} は Σ の逆行列を表す. この分布に対して

$$EX=\xi,\quad \mathrm{Var}\,X=\Sigma.$$ ▌

1.4 条件つき確率と条件つき平均値

A. 条件つき確率と条件つき平均値

確率空間 $(\mathcal{X},\mathcal{A},P)$ の確率標本を X とし, f は $\mathcal{X}$ で定義された $\mathcal{A}$ 可測関数で, 平均値 $Ef(X)$ が有限であると仮定する. 他方で $(\mathcal{X},\mathcal{A})$ から可測空間 $(\mathcal{Y},\mathcal{B})$ への統計量 t によって, 確率空間 $(\mathcal{Y},\mathcal{B},Q)$ と $\mathcal{A}$ の部分加法族 $\mathcal{A}_t$ とが誘導されるものとする.

そこで, 任意の $B\in\mathcal{B}$ に対して

$$R(B)=\int_{t^{-1}B}f(x)P(dx)$$

とおけば, R は $(\mathcal{Y},\mathcal{B})$ で定義された加法的集合関数となって, しかも Q に関して絶対連続である. したがって Radon-Nikodym の定理により, $\mathcal{B}$ 可測な導関数 $g=dR/dQ$ が存在する. このような g の任意の1つを, 統計量 t が与えられたときの $f(X)$ の**条件つき平均値**といって,

$$E(f(X)|y)$$

で表す．この定義からすると，条件つき平均値 $E(f(X)|y)$ は，任意の $B\in\mathscr{B}$ に対して

$$\int_{t^{-1}B} f(x)\,P(dx)=\int_B E(f(X)|y)\,Q(dy) \tag{4.1}$$

を満足する1つの $\mathscr{B}$ 可測関数であって，定理 1.1.8 の (ii) と同様な意味で a.e. $(\mathscr{B},Q)$ で一意的に確定する．

次に $\mathscr{A}$ の1つの部分加法族 $\mathscr{A}_0$ が与えられたものとする．このとき任意の $A\in\mathscr{A}_0$ に対して

$$S(A)=\int_A f(x)\,P(dx)$$

とおけば，S は $(\mathscr{X},\mathscr{A}_0)$ で定義された加法的集合関数となって，しかも P に関して絶対連続である．したがって $\mathscr{A}_0$ 可測な導関数 $h=dS/dP$ が存在する．このような h の任意の1つを，部分加法族 $\mathscr{A}_0$ が与えられたときの $f(X)$ の**条件つき平均値**といって，

$$E(f(X)|\mathscr{A}_0,x)$$

で表す．これは任意の $A\in\mathscr{A}_0$ に対して

$$\int_A f(x)\,P(dx)=\int_A E(f(X)|\mathscr{A}_0,x)\,P(dx) \tag{4.2}$$

を満足する1つの $\mathscr{A}_0$ 可測関数であって，定理 1.1.8 の (ii) と同様な意味で a.e. $(\mathscr{A}_0,P)$ で一意的に確定する．

とくに $\mathscr{A}_0$ が統計量 t から誘導された部分加法族 $\mathscr{A}_t$ のときには，定理 1.2.1，定理 1.2.2 により

$$E(f(X)|\mathscr{A}_t,x)=E(f(X)|t(x)) \quad \text{a.e. } (\mathscr{A}_t,P).$$

またとくに $A\in\mathscr{A}$，$f=I_A$ のときには

$$P(A|y)=E(I_A(X)|y) \tag{4.3}$$

$$P(A|\mathscr{A}_0,x)=E(I_A(X)|\mathscr{A}_0,x) \tag{4.4}$$

とおいて，これらを A の**条件つき確率**という．このとき (4.1)，(4.2) は任意の $B\in\mathscr{B}$，$A_0\in\mathscr{A}_0$ に対して次のようになる．

$$P(A\cap t^{-1}B)=\int_B P(A|y)Q(dy) \tag{4.5}$$

$$P(A\cap A_0)=\int_{A_0} P(A|\mathscr{A}_0,x)P(dx). \tag{4.6}$$

例 1.4.1 σ 有限な2つの測度空間 $(\mathscr{X},\mathscr{A},\mu)$, $(\mathscr{Y},\mathscr{B},\nu)$ の直積空間 $(\mathscr{X}\times\mathscr{Y},\mathscr{A}\times\mathscr{B},\mu\times\nu)$ が与えられたものとし, $(\mathscr{X}\times\mathscr{Y},\mathscr{A}\times\mathscr{B})$ 上の確率分布 P が $\mu\times\nu$ に関して確率密度関数 $p(x,y)$ をもつとする. $(\mathscr{X}\times\mathscr{Y},\mathscr{A}\times\mathscr{B},P)$ の確率標本を (X, Y) で表し, f は $\mathscr{X}\times\mathscr{Y}$ で定義された $\mathscr{A}\times\mathscr{B}$ 可測関数で, 平均値 $Ef(X, Y)$ が有限であると仮定する.

ここで $t(x,y)=y$ とおけば t は $\mathscr{A}\times\mathscr{B}\to\mathscr{B}$ 可測であって, 任意の $B\in\mathscr{B}$ に対して $Q(B)=P(t^{-1}B)$ は

$$Q(B)=\int_{\mathscr{X}\times B} p(x,y)(\mu\times\nu)(d(x,y))=\int_B\left(\int_{\mathscr{X}} p(x,y)\,\mu(dx)\right)\nu(dy)$$

と表される. よって $Q(dy)/\nu(dy)$ の1つが

$$q(y)=\int_{\mathscr{X}} p(x,y)\,\mu(dx)$$

によって与えられる. この q は非負の $\mathscr{B}$ 可測関数であって,

$$\nu\{y\in\mathscr{Y}:q(y)=\infty\}=Q\{y\in\mathscr{Y}:q(y)=\infty\}=0$$
$$Q\{y\in\mathscr{Y}:q(y)=0\}=0.$$

そこで

$$E(f(X, Y)|y)=\begin{cases}\dfrac{1}{q(y)}\displaystyle\int_{\mathscr{X}} f(x,y)\,p(x,y)\,\mu(dx) & 0<q(y)<\infty \text{ で右辺の積分が有限のとき}\\ Ef(X, Y) & \text{その他のとき}\end{cases}$$

が条件つき平均値になることは定義から容易にわかる. とくに $C\in\mathscr{A}\times\mathscr{B}$, $f=I_C$ のときには

$$P(C|y)=\begin{cases}\dfrac{1}{q(y)}\displaystyle\int_{C_y} p(x,y)\,\mu(dx) & 0<q(y)<\infty \text{ のとき}\\ P(C) & \text{その他のとき.}\end{cases}$$

ただし任意の $y\in\mathscr{Y}$ に対して $C_y=\{x\in\mathscr{X}:(x,y)\in C\}\in\mathscr{A}$ であって, C_y は C の y での切り口を $\mathscr{X}$ 上に射影したものである. ∎

例 1.4.2 f は確率空間 $(\mathcal{X}, \mathcal{A}, P)$ で定義された $\mathcal{A}$ 可測関数で，平均値 $Ef(X)$ が有限であるとする．このとき，

（i） $\mathcal{A}_0=\{\emptyset, \mathcal{X}\}$ であれば，

$$E(f(X)|\mathcal{A}_0, x)=Ef(X).$$

（ii） $A_0\in\mathcal{A}$, $\mathcal{A}_0=\{\emptyset, A_0, \mathcal{X}-A_0, \mathcal{X}\}$, $0<P(A_0)<1$ であれば，

$$E(f(X)|\mathcal{A}_0, x)=\begin{cases}\displaystyle\int_{A_0} f(x)P(dx)\Big/P(A_0) & x\in A_0 \text{ のとき} \\ \displaystyle\int_{\mathcal{X}-A_0} f(x)P(dx)\Big/P(\mathcal{X}-A_0) & x\in\mathcal{X}-A_0 \text{ のとき}.\end{cases}$$

∎

定理 1.4.1 (Lehmann (1959) p. 42) 確率空間 $(\mathcal{X}, \mathcal{A}, P)$ の確率標本を X とし，$\mathcal{A}_0$ は $\mathcal{A}$ の 1 つの部分加法族であるとする．f, g などはいずれも $\mathcal{A}$ 可測と仮定する．このとき

（i） a, b は定数で $Ef(X)$, $Eg(X)$ が有限であれば，

$$E(af(X)+bg(X)|\mathcal{A}_0, x)=aE(f(X)|\mathcal{A}_0, x)+bE(g(X)|\mathcal{A}_0, x)$$
$$\text{a.e. } (\mathcal{A}_0, P).$$

（ii） a, b は定数ですべての $x\in\mathcal{X}$ に対して $a\leqq f(x)\leqq b$ が成り立てば，

$$a\leqq E(f(X)|\mathcal{A}_0, x)\leqq b \quad \text{a.e. } (\mathcal{A}_0, P).$$

（iii） g は $\mathcal{A}_0$ 可測で $Ef(X)$, $Ef(X)g(X)$ が有限であれば，

$$E(g(X)f(X)|\mathcal{A}_0, x)=g(x)E(f(X)|\mathcal{A}_0, x) \quad \text{a.e. } (\mathcal{A}_0, P).$$

（iv） すべての $x\in\mathcal{X}$ に対して

$$0\leqq f_1(x)\leqq f_2(x)\leqq\cdots, \quad f_n(x)\to f(x)$$

が成り立って $Ef(X)$ が有限であれば，

$$E(f_n(X)|\mathcal{A}_0, x)\to E(f(X)|\mathcal{A}_0, x) \quad \text{a.e. } (\mathcal{A}_0, P).$$

（v） すべての $x\in\mathcal{X}$ に対して

$$|f_n(x)|\leqq g(x) \quad (n=1, 2, \cdots), \quad f_n(x)\to f(x)$$

が成り立って $Eg(X)$ が有限であれば，

$$E(f_n(X)|\mathcal{A}_0, x)\to E(f(X)|\mathcal{A}_0, x) \quad \text{a.e. } (\mathcal{A}_0, P).$$

証明 (i), (ii), (iv), (v) は簡単であるから，(iii) だけを証明する．

まず $A_0 \in \mathcal{A}_0$, $g=I_{A_0}$ とすれば，任意の $A \in \mathcal{A}_0$ に対して

$$\int_A I_{A_0}(x) E(f(X)|\mathcal{A}_0, x) P(dx) = \int_{A \cap A_0} E(f(X)|\mathcal{A}_0, x) P(dx)$$

$$= \int_{A \cap A_0} f(x) P(dx) = \int_A I_{A_0}(x) f(x) P(dx)$$

が成り立つので，(iii) が成立する．次に $f=f^+-f^-$ として，f^+, f^- のおのおのに対する上の等式から出発して，g に対して L プロセスを適用し，最後に (i) を用いればよい． ▮

定理 1.4.2 (Lehmann (1959) p. 42) 確率空間 $(\mathcal{X}, \mathcal{A}, P)$ の確率標本を X とし，$\mathcal{A}_0, \mathcal{A}_1$ は $\mathcal{A}_1 \subset \mathcal{A}_0$ を満足する $\mathcal{A}$ の部分加法族であるとする．f は $\mathcal{A}$ 可測で $Ef(X)$ が有限のとき，$g(x)=E(f(X)|\mathcal{A}_0, x)$ とおけば，

(i) $E(g(X)|\mathcal{A}_1, x) = E(f(X)|\mathcal{A}_1, x)$ a.e. $(\mathcal{A}_1, P)$.

(ii) $Eg(X) = Ef(X)$.

証明 (i) を証明するには，任意の $A_1 \in \mathcal{A}_1$ をとって，両辺の A_1 上の積分を考えればよい．(ii) は (i) で $\mathcal{A}_1 = \{\emptyset, \mathcal{X}\}$ の場合である． ▮

定理 1.4.3 確率空間 $(\mathcal{X}, \mathcal{A}, P)$ の確率標本を X とし，$\mathcal{A}$ の2つの部分加法族 $\mathcal{A}_1, \mathcal{A}_2$ は独立であると仮定する．f は $\mathcal{A}_1$ 可測で $Ef(X)$ が有限であれば，

$$E(f(X)|\mathcal{A}_2, x) = Ef(X) \quad \text{a.e. } (\mathcal{A}_2, P). \tag{4.7}$$

証明 $A_1 \in \mathcal{A}_1$, $f=I_{A_1}$ とすれば，任意の $A_2 \in \mathcal{A}_2$ に対して

$$\int_{A_2} EI_{A_1}(X) P(dx) = P(A_1)P(A_2) = P(A_1 \cap A_2) = \int_{A_2} I_{A_1}(x) P(dx).$$

ここで $EI_{A_1}(X)$ は定数，したがって $\mathcal{A}_2$ 可測であるから，(4.7) が成り立つ．あとは定理 1.4.1 を用いて L プロセスに従えばよい． ▮

定理 1.4.4 (Lehmann (1959) p. 43) 確率空間 $(\mathcal{X}, \mathcal{A}, P)$ に対して，$\mathcal{A}_0$ は $\mathcal{A}$ の部分加法族であるとし，$A, A_1, A_2, \cdots$ は $\mathcal{A}$ に属するものとする．このとき，

(i) $0 \leqq P(A|\mathcal{A}_0, x) \leqq 1$, $P(\emptyset|\mathcal{A}_0, x)=0$, $P(\mathcal{X}|\mathcal{A}_0, x)=1$
a.e. $(\mathcal{A}_0, P)$.

(ii) $A_1 \subset A_2$ のとき $P(A_1|\mathcal{A}_0, x) \leqq P(A_2|\mathcal{A}_0, x)$ a.e. $(\mathcal{A}_0, P)$.

(iii) $A_1, A_2, \cdots$ が互いに共通点をもたなければ,

$$P(\bigcup_i A_i|\mathcal{A}_0, x) = \sum_i P(A_i|\mathcal{A}_0, x) \quad \text{a.e. } (\mathcal{A}_0, P).$$

証明 定理 1.4.1 により明らかである. ∎

B. 正則な条件つき確率

これまで $A \in \mathcal{A}$ を固定して, (4.3) または (4.4) によって条件つき確率を定義してきた. その結果定理1.4.4が成立するが, ここでは各等式または不等式が a.e. $(\mathcal{A}_0, P)$ で成り立っているにすぎない. たとえば定理 1.4.4 の (ii) については, 除外集合が一般に A_1, A_2 によって変化して, それらすべての A_1, A_2 に対する除外集合の和集合をとると, P 測度 0 の集合になるという保証はない. そこで, すべての $x \in \mathcal{X}$ に対して $P(\cdot|\mathcal{A}_0, x)$ が $(\mathcal{X}, \mathcal{A})$ 上の確率測度となるように, 条件つき確率を定義できるかどうかという問題が生ずる.

確率空間 $(\mathcal{X}, \mathcal{A}, P)$ に対して, $\mathcal{A}$ の部分加法族 $\mathcal{A}_0$ が与えられ, $\mathcal{A} \times \mathcal{X}$ で定義された関数 $P^*(\cdot|\cdot)$ が次の 2 つの条件 (a), (b) を満足するものとする.

(a) 任意の $A \in \mathcal{A}$ に対して $P^*(A|\cdot)$ は1つの条件つき確率 $P(A|\mathcal{A}_0, \cdot)$ になっている.

(b) 任意の $x \in \mathcal{X}$ に対して $P^*(\cdot|x)$ は $(\mathcal{X}, \mathcal{A})$ 上の確率測度になっている.

このとき $P^*(\cdot|\cdot)$ を $\mathcal{A}_0$ が与えられたときの**正則な条件つき確率**という.

定理 1.4.5 (Breiman (1968) p. 77) 確率空間 $(\mathcal{X}, \mathcal{A}, P)$ の確率標本を X とし, $\mathcal{A}_0$ を $\mathcal{A}$ の部分加法族として, これに対して正則な条件つき確率 $P^*(\cdot|\cdot)$ が存在するものとする. f は $\mathcal{A}$ 可測で $Ef(X)$ が有限であれば,

$$E(f(X)|\mathcal{A}_0, x) = \int_{\mathcal{X}} f(s) P^*(ds|x) \quad \text{a.e. } (\mathcal{A}_0, P). \tag{4.8}$$

証明 $A \in \mathcal{A}$, $f = I_A$ のときには条件 (a) を用いて

$$E(I_A(X)|\mathcal{A}_0, x) = P(A|\mathcal{A}_0, x) = P^*(A|x) \quad \text{a.e. } (\mathcal{A}_0, P)$$

となるので (4.8) が成り立つ. あとは定理 1.4.1 を用いて L プロセスに従

って証明すればよい. ∎

ここでの主要な目的は $(\mathcal{X},\mathcal{A})$ が Borel 型のときに正則な条件つき確率の存在を証明することであるが，後の便宜のために，これを若干拡張した形の次の定理をあげておく.

定理 1.4.6 (Breiman (1968) p. 78) 確率空間 $(\mathcal{X},\mathcal{A},P)$ に対して，$\mathcal{A}_0$ を $\mathcal{A}$ の部分加法族とする. $(\mathcal{X},\mathcal{A})$ から $(\mathcal{R}^k,\mathcal{B}^k)$ への統計量 t が与えられたとき，次の 2 つの条件 (c), (d) を満足するように，$\mathcal{B}^k\times\mathcal{X}$ で $Q(\cdot|\cdot)$ を定義することができる.

(c) 任意の $B\in\mathcal{B}^k$ に対して $Q(B|\cdot)$ は 1 つの条件つき確率 $P(t^{-1}B|\mathcal{A}_0,\cdot)$ になっている.

(d) 任意の $x\in\mathcal{X}$ に対して $Q(\cdot|x)$ は $(\mathcal{R}^k,\mathcal{B}^k)$ 上の確率測度になっている.

証明 記号の簡単化のため，$k=1$ として証明する.

第1段 $P(\cdot|\mathcal{A}_0,\cdot)$ から出発して，定理の条件 (d) を満足するように，$\mathcal{B}^k\times\mathcal{X}$ で $Q(\cdot|\cdot)$ を定義する.

最初にすべての $A\in\mathcal{A}$ に対して 1 つの $\mathcal{A}_0$ 可測関数 $P(A|\mathcal{A}_0,\cdot)$ を決めて，任意の有理数 r と任意の $x\in\mathcal{X}$ に対して

$$F(r|x)=P(t^{-1}(-\infty,r]|\mathcal{A}_0,x) \tag{4.9}$$

と定義する. 定理 1.4.4 によれば，$r_1,r_2,\cdots$ で有理数の全体を表し，n を自然数とすると，

$$r_i<r_j \text{ のとき } F(r_i|x)\leqq F(r_j|x) \quad \text{a.e.}\ (\mathcal{A}_0,P)$$

$$n\to\infty \text{ のとき } F(n|x)\to 1,\ F(-n|x)\to 0 \quad \text{a.e.}\ (\mathcal{A}_0,P)$$

$$n\to\infty \text{ のとき } F(r_i+1/n|x)\to F(r_i|x) \quad \text{a.e.}\ (\mathcal{A}_0,P)$$

が成り立つので，

$$N_{ij}=\{x\in\mathcal{X}: F(r_i|x)>F(r_j|x)\}\ (r_i<r_j \text{ に対して})$$

$$N_+=\{x\in\mathcal{X}: F(n|x)\not\to 1\},\quad N_-=\{x\in\mathcal{X}: F(-n|x)\not\to 0\}$$

$$N_i=\{x\in\mathcal{X}: F(r_i+1/n|x)\not\to F(r_i|x)\}$$

とおけば，これらはいずれも $\mathcal{A}_0$ に属して P 測度 0 の集合となる.

したがって

$$N=\Bigl(\bigcup_{r_i<r_j} N_{ij}\Bigr)\cup\Bigl(\bigcup_i N_i\Bigr)\cup N_+\cup N_-$$

とおけば，$N\in\mathcal{A}_0$，$P(N)=0$ となって，任意の $x\in\mathcal{X}-N$ を固定すると，すべての有理数に対して定義された関数 $F(\cdot|x)$ が，単調増加，右連続で，$r\to\infty$ のとき $F(r|x)\to 1$，$F(-r|x)\to 0$ となる．よって $x\in\mathcal{X}-N$ のとき，任意の有理数 r に対して

$$Q((-\infty, r]|x)=F(r|x) \tag{4.10}$$

が成り立つように，$(\mathcal{R}^1, \mathcal{B}^1)$ 上の確率測度 $Q(\cdot|x)$ を定義することができる．$x\in N$ に対して $Q(\cdot|x)$ は $(\mathcal{R}^1, \mathcal{B}^1)$ 上の特定の確率測度とする．たとえば，$B\in\mathcal{B}^1$，$x\in N$ のとき

$$Q(B|x)=P(t^{-1}B) \tag{4.11}$$

とすればよい．こうして (d) を満足するように $Q(\cdot|\cdot)$ が定義された．

<u>第2段</u>　第1段で得られた $Q(\cdot|\cdot)$ が定理の条件 (c) を満足することを証明する．

それには，任意の $B\in\mathcal{B}^1$ に対して $Q(B|\cdot)$ が $\mathcal{A}_0$ 可測で，

$$Q(B|x)=P(t^{-1}B|\mathcal{A}_0, x) \quad \text{a.e.}\ (\mathcal{A}_0, P) \tag{4.12}$$

となることを示せばよい．そのために集合族

$$\mathcal{C}=\{B\in\mathcal{B}^1 : Q(B|\cdot)\ \text{は}\ \mathcal{A}_0\ \text{可測で (4.12) を満足する}\}$$

を考えて，$\mathcal{B}^1\subset\mathcal{C}$ となることを証明しよう．

有理数 r に対しては，$Q((-\infty, r]|x)$ が $x\in\mathcal{X}-N$, $x\in N$ に応じて (4.10), (4.11) によって定義されていることと (4.9) とから，$(-\infty, r]\in\mathcal{C}$ は明らかである．次に $r_i<r_j$ のとき，任意の $x\in\mathcal{X}$ に対して $Q(\cdot|x)$ が $(\mathcal{R}^1, \mathcal{B}^1)$ 上の確率測度になっていることと，定理 1.4.4 とから，

$$Q((r_i, r_j]|x)=Q((-\infty, r_j]|x)-Q((-\infty, r_i]|x)$$

$$P(t^{-1}(r_i, r_j]|\mathcal{A}_0, x)=P(t^{-1}(-\infty, r_j]|\mathcal{A}_0, x)-P(t^{-1}(-\infty, r_i]|\mathcal{A}_0, x) \quad \text{a.e.}\ (\mathcal{A}_0, P)$$

が成り立つので，$(r_i, r_j]\in\mathcal{C}$ となる．同様にして，有理数を端点とする左開

区間の任意の有限個の和集合も $\mathcal{C}$ に属することが証明される．このような和集合の全体と空集合とで有限加法族がつくられる．これを $\mathcal{C}_0$ とおく．

最後に $Q(\cdot|x)$ が確率測度のことと定理 1.4.4 とから $\mathcal{C}$ が単調族になることも容易に証明される．よって $\mathcal{M}(\mathcal{C}_0)\subset\mathcal{C}$ であるが，$\mathcal{C}_0$ が有限加法族であることから，定理 1.1.1 によって $\mathcal{B}^1=\mathcal{B}(\mathcal{C}_0)=\mathcal{M}(\mathcal{C}_0)\subset\mathcal{C}$ となる．以上で定理の証明は完結した．∎

系　$(\mathcal{X},\mathcal{A},P)$ が Borel 型の確率空間のとき，$\mathcal{A}$ の任意の部分加法族 $\mathcal{A}_0$ に対して正則な条件つき確率が存在する．

証明　定理において t を恒等写像 $t(x)=x$ にとり，すべての $x\in\mathcal{X}$ に対して $Q(\mathcal{X}|x)=1$ となるように Q を定義すればよい．∎

定理 1.4.7　(Breiman (1968) p. 79)　定理 1.4.6 の仮定のほか，さらに f は $\mathcal{R}^k$ で定義された $\mathcal{B}^k$ 可測関数で $Ef(t(X))$ が有限であるとする．このとき定理 1.4.6 の Q を用いれば，

$$E[f(t(X))|\mathcal{A}_0,x]=\int_{\mathcal{R}^k}f(s)\,Q(ds|x)\quad \text{a.e. }(\mathcal{A}_0,P).$$

証明　定理 1.4.5 と同様であるから省略する．∎

1.5　凸集合と凸関数

A.　凸　集　合

k 次元 Euclid 空間 $\mathcal{R}^k$ の点を列ベクトル $x=(x_1,\cdots,x_k)'$ で表し，ノルムを $\|x\|=\sqrt{x_1^2+\cdots+x_k^2}$ とする．

$\mathcal{R}^k$ の空でない部分集合 A が与えられたとき，任意の $\alpha\in[0,1]$, $x,y\in A$ に対して $\alpha x+(1-\alpha)y\in A$ となるならば，A は**凸集合**であるという．

$\mathcal{R}^k$ の有限個の点 $x^{(1)},\cdots,x^{(n)}$ に対して，

$$\alpha_i\geqq 0\quad(i=1,\cdots,n),\qquad \sum_i\alpha_i=1$$

を満足する実数の組 $\{\alpha_i\}$ を用いてつくられる点 $\sum_i\alpha_i x^{(i)}$ を $x^{(1)},\cdots,x^{(n)}$ の**凸結合**という．A が凸集合であれば，A の任意の有限個の点の凸結合がすべて A に属することは，n に関する数学的帰納法によって簡単に証明される．

他方で，$\mathcal{R}^k$ の空でない部分集合 A が与えられたとき，A に属する任意の有限個の点の凸結合の全体は，A を含む最小の凸集合となる．これを A の**凸包**という．

定理 1.5.1 (Blackwell and Girshick (1954) p. 33, Ferguson (1967) p. 71) A は $\mathcal{R}^k$ の閉凸集合であるとし，$x^{(0)} \notin A$ と仮定する．このとき $\mathcal{R}^k$ の超平面 $a'x=\gamma$ を適当につくれば，

$$a'x^{(0)}<\gamma; \qquad x \in A \quad \text{ならば} \quad a'x>\gamma. \tag{5.1}$$

証明 A は閉集合で $x^{(0)} \notin A$ であるから，A の中に $x^{(0)}$ との距離 $\|x-x^{(0)}\|$ が最短の点 $x^{(1)}$ が存在する．もちろん $x^{(1)} \neq x^{(0)}$ により $\|x^{(1)}-x^{(0)}\|>0$ となる．A は凸集合であるから，任意の点 $x \in A$ と実数 $\alpha \in [0,1]$ に対して $\alpha x+(1-\alpha)x^{(1)} \in A$ となる．そこで α の関数

$$\begin{aligned} f(\alpha) &= \|\alpha x+(1-\alpha)x^{(1)}-x^{(0)}\|^2 \\ &= \|x^{(1)}-x^{(0)}\|^2+2\alpha(x^{(1)}-x^{(0)})'(x-x^{(1)})+\alpha^2\|x-x^{(1)}\|^2 \end{aligned}$$

をつくれば，$x^{(1)}$ のとり方からして，$\alpha \in [0,1]$ のとき $f(\alpha) \geqq f(0)$ が成り立つ．したがって $f'(0+) \geqq 0$，よって

$$(x^{(1)}-x^{(0)})'(x-x^{(1)}) \geqq 0.$$

そこで $a=x^{(1)}-x^{(0)}$，$\gamma=a'(x^{(1)}+x^{(0)})/2$ とおけば，$x \in A$ のとき

$$a'x-\gamma \geqq a'x^{(1)}-\gamma=a'(x^{(1)}-x^{(0)})/2=\|a\|^2/2>0,$$

他方で

$$a'x^{(0)}-\gamma=-a'(x^{(1)}-x^{(0)})/2=-\|a\|^2/2<0$$

となるので，(5.1) が証明された． ∎

定理 1.5.2 (Blackwell and Girshick (1954) p. 35, Ferguson (1967) p. 73) A を $\mathcal{R}^k$ の凸集合とし，A の内点でない $\mathcal{R}^k$ の 1 つの点を $x^{(0)}$ とする．このとき $\mathcal{R}^k$ の超平面 $a'x=\gamma$ を適当につくれば，

$$a'x^{(0)}=\gamma; \qquad x \in A \quad \text{ならば} \quad a'x \geqq \gamma. \tag{5.2}$$

証明 A が凸集合であれば，A の閉包 $\bar{A}$ も凸集合になることは明らかである．もしも $x^{(0)}$ が A の外点であれば，$x^{(0)}$ と $\bar{A}$ に対して定理 1.5.1 を適用し，$\bar{A}$ の中で $x^{(0)}$ との距離が最短の点を $x^{(1)}$ として，$a=x^{(1)}-x^{(0)}$，$\gamma=$

$a'x^{(0)}$ とおけばよい．

次に $x^{(0)}$ を A の境界点とする．このとき背理法によって，$x^{(0)}$ の任意の近傍に A の外点が存在することをまず証明しよう．

$x^{(0)}$ のある近傍 C に A の外点が存在しないと仮定する．このとき C の中に同一超平面上にない $k+1$ 個の点 $y^{(i)}$ $(i=1, \cdots, k+1)$ を適当にとって，これらの点の正の係数をもった凸結合として $x^{(0)}$ を表すことができる．背理法の仮定により，$y^{(i)}$ はいずれも A の内点または境界点であるから，$y^{(i)}$ の任意の近傍に A の点が存在する．そこで $y^{(i)}$ の十分近くに A の点 $z^{(i)}$ $(i=1, \cdots, k+1)$ をとれば，これら $k+1$ 個の点も同一超平面上になく，しかも $x^{(0)}$ をこれらの点の正の係数をもった凸結合として表すことができる．ところが A は凸集合であったから，$z^{(i)}$ $(i=1, \cdots, k+1)$ の凸結合はすべて A に属する．よって $x^{(0)}$ が A の内点となって矛盾が生ずる．したがって $x^{(0)}$ の任意の近傍に A の外点が存在することが示された．

次に任意の $n \in \mathcal{N}$ に対して

$$\|x^{(n)}-x^{(0)}\|<1/n, \quad x^{(n)} \notin \bar{A}$$

となる点 $x^{(n)}$ を選ぶ．$x^{(n)}$ は A の外点であるから，本定理の証明の最初のパラグラフにより，$\mathcal{R}^k$ の超平面 $a^{(n)\prime}x=\gamma_n$ を適当にとると，

$$a^{(n)\prime}x^{(n)}=\gamma_n; \qquad x \in A \text{ ならば } a^{(n)\prime}x \geqq \gamma_n. \tag{5.3}$$

ここで $a^{(n)}, \gamma_n$ に適当な正数を掛けることにして，$\|a^{(n)}\|=1$ $(n=1, 2, \cdots)$ と仮定して一般性を失わない．$\{c \in \mathcal{R}^k : \|c\|=1\}$ はコンパクト集合であるから，$\{a^{(n)}\}$ のうちから収束する部分列 $\{a^{(n_i)}\}$ を選ぶことができる．その極限を a とすれば，$\|a\|=1$ となる．他方で $x^{(n_i)} \to x^{(0)}$ により (5.3) の第1式から $\gamma_{n_i} \to a'x^{(0)}$ となるので $\gamma=a'x^{(0)}$ とおく．(5.3) の n に n_i を代入して $i \to \infty$ とすれば，(5.2) が得られる． ∎

定理 1.5.3 (Blackwell and Girshick (1954) p. 33, 35, Ferguson (1967) p. 73) A, B は互いに共通点をもたない $\mathcal{R}^k$ の2つの凸集合であるとする．このとき

(i) $\mathcal{R}^k$ の超平面 $a'x=\gamma$ を適当につくると，

$$x \in A \quad ならば \quad a'x \geqq \gamma; \qquad x \in B \quad ならば \quad a'x \leqq \gamma. \tag{5.4}$$

（ii） さらに A, B が閉集合でその少なくとも一方が有界であれば，$\mathcal{R}^k$ の超平面 $a'x=\gamma$ を適当につくると，

$$x \in A \quad ならば \quad a'x > \gamma; \qquad x \in B \quad ならば \quad a'x < \gamma. \tag{5.5}$$

証明 （i） $$C=\{x-y \in \mathcal{R}^k : x \in A,\ y \in B\} \tag{5.6}$$

とおけば C は原点を含まない $\mathcal{R}^k$ の凸集合となる．よって C に対して定理 1.5.2 を適用すれば，適当に超平面 $a'z=0$ を選んで，すべての $z \in C$ に対して $a'z \geqq 0$ とすることができる．このことは任意の $x \in A$, $y \in B$ に対して $a'x \geqq a'y$ を意味するので，$\gamma = \inf_{x \in A} a'x$ とおけば (5.4) が成り立つ．

（ii） 与えられた条件のもとで (5.6) の C は原点を含まない閉凸集合になることが容易に証明される．よって定理 1.5.1 により，超平面 $a'z=\gamma$ （ただし $\gamma>0$）を適当につくれば，すべての $z \in C$ に対して $a'z>\gamma$ となる．このことは任意の $x \in A$, $y \in B$ に対して $a'x-a'y>\gamma>0$ を意味するので，$\inf_{x \in A} a'x - \gamma/2$ を改めて γ とおけば (5.5) が成り立つ． ∎

(5.4) の超平面 $a'x=\gamma$ を2つの凸集合 A と B の**分離超平面**という．とくに (5.5) が成り立つときにこれを**強い意味の分離超平面**という．

B. 凸関数

f は $\mathcal{R}^k$ の凸集合 A で定義されて実数値をとる関数であると仮定し，任意の $\alpha \in [0,1]$, $x, y \in A$ に対して

$$f(\alpha x+(1-\alpha)y) \leqq \alpha f(x)+(1-\alpha)f(y) \tag{5.7}$$

が成り立つものとする．このとき f は A で定義された**凸関数**であるという．とくに $0<\alpha<1$, $x \neq y$ ならば (5.7) で必ず不等号 $<$ が成り立つとき，f は**強い意味の凸関数**であるという．

f が凸集合 A で定義された凸関数のとき，任意の $n \in \mathcal{N}$ と $x^{(i)} \in A$, $\alpha_i \geqq 0$ $(i=1, \cdots, n)$, $\sum_i \alpha_i=1$ に対して

$$f\left(\sum_i \alpha_i x^{(i)}\right) \leqq \sum_i \alpha_i f(x^{(i)}) \tag{5.8}$$

が成り立つことは，数学的帰納法によって容易に証明される．

また f が凸集合 A で定義された凸関数のとき，任意の実数 α に対して，

$$\{x \in A : f(x) \leqq \alpha\}$$

が空でなければ凸集合になることは明らかである．

定理 1.5.4 (Donoghue (1969) p. 69) $\mathcal{R}^k$ の凸集合 A で定義された凸関数 f は A の内点で連続である．

証明 原点 o を A の内点とし，$f(o)=0$ と仮定して，f が $x=o$ で連続のことを証明すれば十分である．

第1段 f が原点の近傍で上から有界であることを証明する．

o は A の内点であるから，$k+1$ 個の点 $x^{(i)} \in A$ $(i=1, \cdots, k+1)$ を適当にとって開集合

$$C=\left\{\sum_{i=1}^{k+1} \alpha_i x^{(i)} \in \mathcal{R}^k : \alpha_i > 0 \ (i=1, \cdots, k+1),\ \sum_{i=1}^{k+1} \alpha_i = 1\right\} \subset A$$

をつくれば，$o \in C$ となる．任意の $x \in C$ に対して，(5.8) により

$$f(x)=f(\sum_i \alpha_i x^{(i)}) \leqq \sum_i \alpha_i f(x^{(i)}) \leqq \max_i f(x^{(i)})$$

となるので，f は o の近傍 C で上から有界である．

第2段 $x^{(n)} \in A$ $(n=1, 2, \cdots)$, $x^{(n)} \to o$, $f(x^{(n)}) \to \gamma$ (ただし $0<\gamma<\infty$) となる点列 $\{x^{(n)}\}$ が存在しないことを証明する．

もしもこのような点列 $\{x^{(n)}\}$ が存在するとすれば，正数 $\lambda>1$ に対して $\{\lambda x^{(n)}\}$ も o に収束する点列で，十分大きな $n \in \mathcal{N}$ に対して $\lambda x^{(n)} \in A$ となる．f は凸関数であるから，このとき

$$f(x^{(n)}) \leqq \frac{\lambda-1}{\lambda} f(o) + \frac{1}{\lambda} f(\lambda x^{(n)}) = \frac{1}{\lambda} f(\lambda x^{(n)}).$$

したがって $f(\lambda x^{(n)}) \geqq \lambda f(x^{(n)}) \to \lambda\gamma$ となる．$\gamma>0$ であって $\lambda>1$ はいくらでも大きくとれるので，これは第1段の結果に矛盾する．

第3段 $x^{(n)} \in A$ $(n=1, 2, \cdots)$, $x^{(n)} \to o$, $f(x^{(n)}) \to \gamma$ (ただし $-\infty \leqq \gamma < 0$) となる点列 $\{x^{(n)}\}$ が存在しないことを証明する．

もしもこのような点列 $\{x^{(n)}\}$ が存在するとすれば，十分大きな $n \in \mathcal{N}$ に対して $-x^{(n)} \in A$ となるので，

$$0=f(o)\leqq\frac{1}{2}f(x^{(n)})+\frac{1}{2}f(-x^{(n)}).$$

したがって $f(-x^{(n)})\geqq -f(x^{(n)})\to -\gamma>0$ となって，これは第1段と第2段の結果に矛盾する．

以上によって定理が証明された． ∎

系 f は $\mathcal{R}^k$ の凸集合 A で定義された凸関数であるとする．A を含む $\mathcal{R}^k$ の最低次元の線形部分空間を S とすれば，f は S の位相に関する A の内点で連続である．

証明 S の次元を l とすれば，S の点 $x=(x_1,\cdots,x_k)'$ の位置は，$x_1,\cdots,x_k$ のうちの適当な l 個，たとえば $x_1,\cdots,x_l$ によって表すことができて，$x_{l+1},\cdots,x_k$ は $x_1,\cdots,x_l$ のたかだか1次式となる．このとき $(x_1,\cdots,x_l)'$ のつくる空間を $\mathcal{R}^l$ として，A の $\mathcal{R}^l$ への射影の上で f が定義されていると考えればよい． ∎

定理 1.5.5 (Blackwell and Girshick (1954) p. 39) f は $\mathcal{R}^k$ の凸集合 A で定義された凸関数で，$x^{(0)}$ は A の1つの内点であるとする．このとき $x_1,\cdots,x_k$ のたかだか1次の関数 $a'x+\beta$ を適当にとれば，

$$f(x^{(0)})=a'x^{(0)}+\beta;\qquad x\in A \text{ ならば } f(x)\geqq a'x+\beta. \tag{5.9}$$

証明 f は凸集合 A で定義された凸関数であるから，$\mathcal{R}^{k+1}$ の点集合

$$C=\{(x',y)'\in\mathcal{R}^{k+1}: x\in A,\ y\geqq f(x)\}$$

が凸集合になることは容易に証明される．点 $(x^{(0)\prime},f(x^{(0)}))'$ は C の境界点であるから，定理 1.5.2 により，$\mathcal{R}^{k+1}$ の超平面 $c'x+\lambda y=\gamma$ を適当につくれば，

$$c'x^{(0)}+\lambda f(x^{(0)})=\gamma;\qquad (x',y)'\in C \text{ ならば } c'x+\lambda y\geqq\gamma. \tag{5.10}$$

ここで C の形から $\lambda<0$ ではありえない．また $\lambda=0$ とすると，

$$c\neq o;\qquad c'x^{(0)}=\gamma;\qquad x\in A \text{ ならば } c'x\geqq\gamma$$

となって，$x^{(0)}$ が A の内点であるという仮定に反する．よって $\lambda>0$ でなければならない．そこで，$a=(-1/\lambda)c$，$\beta=\gamma/\lambda$ とおけば，C の定義と (5.10) によって (5.9) が成り立つことがわかる． ∎

系 f は $\mathcal{R}^k$ の凸集合 A で定義された凸関数であるとする．A を含む $\mathcal{R}^k$ の最低次元の線形部分空間を S とし，S の位相に関する A の内点の 1 つを $x^{(0)}$ とする．このとき，(5.9) が成り立つようにたかだか 1 次の関数 $a'x+\beta$ を定義することができる．

証明 前定理の系と同様に考えればよい． ∎

次の定理は点推定論で利用される．

定理 1.5.6 (Ferguson (1967) p.79) f は $\mathcal{R}^k$ の凸集合 A で定義された凸関数で，$\|x\|\to\infty$ のとき $f(x)\to\infty$ と仮定する．このとき定数 $a\in\mathcal{R}^1_+$, $b\in\mathcal{R}^1$ を適当にとれば，すべての $x\in A$ に対して

$$f(x)\geqq a\|x\|+b. \tag{5.11}$$

証明 $o\in A$ の場合．$x\in\mathcal{R}^k-A$ のときに $f(x)=\infty$ と定義すれば，f は $\mathcal{R}^k$ で定義されて，任意の $\alpha\in[0,1]$, $x,y\in\mathcal{R}^k$ に対して (5.7) が成り立つ．

$o\in A$ ならば $f(o)<\infty$ であるから，$f(o)<c<\infty$ となる c をとる．仮定によれば，適当に $r>0$ をとると，$\|x\|\geqq r$ を満たすすべての $x\in\mathcal{R}^k$ に対して $f(x)\geqq c$ となる．このような x に対して $y=(r/\|x\|)x$ とおけば，(5.7) により

$$f(y)\leqq\left(1-\frac{r}{\|x\|}\right)f(o)+\frac{r}{\|x\|}f(x). \tag{5.12}$$

ここで $\|y\|=r$ により $c\leqq f(y)$ となるので，(5.12) により $\|x\|\geqq r$ のとき

$$f(x)\geqq\frac{c-f(o)}{r}\|x\|+f(o).$$

他方で定理 1.5.5 またはその系により f は $\|x\|\leqq r$ で下から有界である．よって $a=(c-f(o))/r$ とおき，適当な定数 b をとれば，すべての $x\in A$ に対して (5.11) が成り立つ．

$o\notin A$ の場合．任意の $x_0\in A$ をとって上の場合を適用する．このとき適当に定数 $a\in\mathcal{R}^1_+$, $b\in\mathcal{R}^1$ をとると，すべての $x\in A$ に対して

$$f(x)\geqq a\|x-x_0\|+b.$$

ここで $a\|x-x_0\|\geqq a\|x\|-a\|x_0\|$ であるから，$b-a\|x_0\|$ を改めて b とおけば，

すべての $x \in A$ に対して (5.11) が成り立つ. ∎

C. Jensen の不等式

ここでの主要な目的は定理 1.5.8, 定理 1.5.9 を証明することにある. その準備として次の定理 1.5.7 から始めよう.

定理 1.5.7 (Ferguson (1967) p. 74) 確率空間 $(\mathcal{R}^k, \mathcal{B}^k, P)$ の確率標本を X とし, 有限の平均値ベクトル EX が存在するものとする. このとき $A \in \mathcal{B}^k$ が $\mathcal{R}^k$ の凸集合で $P(A)=1$ であれば, $EX \in A$ となる. さらに $P(A \cap S)=1$ となる $\mathcal{R}^k$ の線形部分空間 S で最低次元のものをとれば, EX は S の位相に関する $A \cap S$ の内点になる.

証明 S の次元を l とする. $l=0$ のときは明らかであるので, $1 \leqq l \leqq k$ とする. もしも $l<k$ であれば, 定理 1.5.4 の系と同様に適当な l 個の座標について考えればよいので, 記号の簡単化のために $l=k$ と仮定する.

$x^{(0)}=EX$ とおいて $x^{(0)}$ が A の内点でないと仮定する. このとき定理 1.5.2 により, $\mathcal{R}^k$ の超平面 $a'x=\gamma$ を適当につくれば (5.2) が成り立つ. したがって仮定 $P(A)=1$ により

$$P(a'(X-x^{(0)}) \geqq 0)=1.$$

しかるに $Ea'(X-x^{(0)})=a'(EX-x^{(0)})=0$ となるので,

$$P(a'X=\gamma)=P(a'(X-x^{(0)})=0)=1.$$

これより $l<k$ となって矛盾が生ずる. よって $x^{(0)}$ は A の内点でなければならない. ∎

定理 1.5.8 (**Jensen の不等式**, Ferguson (1967) p. 76) 確率空間 $(\mathcal{R}^k, \mathcal{B}^k, P)$ の確率標本を X とし, 有限の平均値ベクトル EX が存在するものとする. $A \in \mathcal{B}^k$ は $\mathcal{R}^k$ の凸集合で $P(A)=1$ とし, f は A で定義された $\mathcal{B}^k$ 可測な凸関数であるとする. このとき,

$$f(EX) \leqq Ef(X).$$

証明 定理 1.5.7 の線形部分空間 S をとれば, $x^{(0)}=EX$ は S の位相に関する $A \cap S$ の内点である. よって定理 1.5.5 またはその系により, たかだか 1 次の関数 $a'x+\beta$ を適当にとれば,

$$f(x^{(0)})=a'x^{(0)}+\beta; \qquad x\in A\cap S \text{ ならば } f(x)\geqq a'x+\beta.$$

よって

$$f(EX)=f(x^{(0)})=a'x^{(0)}+\beta=E(a'X+\beta)\leqq Ef(X). \qquad \blacksquare$$

定理 1.5.9 (条件つき Jensen の不等式, Breiman (1968) p. 80) 確率空間 $(\mathcal{X},\mathcal{A},P)$ の確率標本を X とし，$\mathcal{A}_0$ は $\mathcal{A}$ の部分加法族であるとする. t は $(\mathcal{X},\mathcal{A})$ から $(\mathcal{R}^k,\mathcal{B}^k)$ への統計量で，有限の平均値ベクトル $Et(X)$ が存在するものとする．さらに $\mathcal{R}^k$ の凸集合 $C\in\mathcal{B}^k$ に対して $P(t(X)\in C)=1$ とし，f は C で定義された $\mathcal{B}^k$ 可測な凸関数で，$Ef(t(X))$ は有限であるとする．このとき

$$f[E(t(X)|\mathcal{A}_0,x)]\leqq E[f(t(X))|\mathcal{A}_0,x] \quad \text{a.e.} (\mathcal{A}_0,P). \tag{5.13}$$

証明 定理 1.4.6 により，$\mathcal{B}^k\times\mathcal{X}$ で $Q(\cdot|\cdot)$ を定義して，定理 1.4.6 の条件 (c), (d) を満足させることができる．このとき定理 1.4.7 により

$$E(t(X)|\mathcal{A}_0,x)=\int_{\mathcal{R}^k} sQ(ds|x) \quad \text{a.e.} (\mathcal{A}_0,P)$$

$$E[f(t(X))|\mathcal{A}_0,x]=\int_{\mathcal{R}^k} f(s)Q(ds|x) \quad \text{a.e.} (\mathcal{A}_0,P).$$

ここで $P(t^{-1}C)=1$ より $Q(C|x)=1$ a.e. $(\mathcal{A}_0,P)$ となり，さらに f は凸集合 $C\in\mathcal{B}^k$ で定義された $\mathcal{B}^k$ 可測な凸関数であるから，定理 1.5.8 により (5.13) が成り立つ. ∎

1.6 指数形分布族

A. Laplace 変換

$(\mathcal{X},\mathcal{A},\mu)$ は1つの測度空間，$t_j\ (j=1,\cdots,k)$ および ϕ は $\mathcal{X}$ で定義された $\mathcal{A}$ 可測関数であるとする．ここで積分

$$\int_{\mathcal{X}}\phi(x)\exp\left(\sum_{j=1}^{k}u_jt_j(x)\right)\mu(dx) \tag{6.1}$$

が有限の値をもつ $u=(u_1,\cdots,u_k)'\in\mathcal{R}^k$ の全体の集合を S とし，$u\in S$ に対して上の積分の値を $f(u)$ とおく．(6.1) は Laplace 積分の一般化である.

定理 1.6.1 (Lehmann (1959) p. 51) 上の記号を用いるとき，$S\neq\emptyset$ な

らば S は凸集合である.

証明 e^z は z の凸関数であるから，任意の $\alpha\in[0,1]$, $u,v\in S$ および $x\in\mathcal{X}$ に対して

$$|\phi(x)\exp[\sum_j(\alpha u_j+(1-\alpha)v_j)t_j(x)]|$$
$$\leqq\alpha|\phi(x)\exp(\sum_j u_jt_j(x))|+(1-\alpha)|\phi(x)\exp(\sum_j v_jt_j(x))|.$$

$u,v\in S$ により右辺の積分は有限であるから，左辺の積分も有限となり，したがって，$\alpha u+(1-\alpha)v\in S$ となる．よって S は凸集合である．▌

定理 1.6.2 (Lehmann (1959) p. 52) 上の記号を用いるとき，f は S の内点で連続で，しかも u_j $(j=1,\cdots,k)$ について偏微分可能であり，偏微分の計算を積分記号内で行うことができる．たとえば

$$\frac{\partial}{\partial u_1}f(u)=\int_{\mathcal{X}}\phi(x)t_1(x)\exp\left(\sum_{j=1}^k u_jt_j(x)\right)\mu(dx). \tag{6.2}$$

証明 S の開核を S° で表す．$u\in(u_1,\cdots,u_k)'\in S^\circ$ とし，ある $\eta>0$ に対して 2^k 個の点 $(u_1\pm\eta,\cdots,u_k\pm\eta)'$ がすべて S に属するものとする．このとき区間

$$(u_1-\eta,u_1+\eta)\times\cdots\times(u_k-\eta,u_k+\eta) \tag{6.3}$$

に属するすべての $v=(v_1,\cdots,v_k)'$ に対して

$$|\phi(x)\exp(\sum_j v_jt_j(x))|\leqq\sum|\phi(x)\exp(\sum_j(u_j\pm\eta)t_j(x))|.$$

ただし右辺の外側の和は複号 ± のすべての組み合わせにわたる 2^k 個の和である．右辺は (6.3) に属する v には無関係で，その積分は有限である．しかも (6.1) の被積分関数は u の連続関数であるから，Lebesgue の優収束定理によって f は S の内点 u で連続である．

次に $0<|h|<\eta$ として

$$\frac{1}{h}[f(u_1+h,u_2,\cdots,u_k)-f(u_1,u_2,\cdots,u_k)]$$
$$=\int_{\mathcal{X}}\phi(x)\frac{e^{ht_1(x)}-1}{h}\exp\left(\sum_{j=1}^k u_jt_j(x)\right)\mu(dx) \tag{6.4}$$

をつくる．ここで $0<|h|<\eta$ に対して

$$\left|\frac{e^{ht_1(x)}-1}{h}\right| \leqq \left|\frac{e^{|ht_1(x)|}-1}{h}\right| \leqq \frac{e^{\eta|t_1(x)|}-1}{\eta} \leqq \frac{e^{\eta|t_1(x)|}}{\eta}$$

が成り立つので，(6.4) の被積分関数の絶対値は

$$\frac{1}{\eta}\left|\phi(x)\exp\left((u_1-\eta)t_1(x)+\sum_{j=2}^{k}u_jt_j(x)\right)\right|$$
$$+\frac{1}{\eta}\left|\phi(x)\exp\left((u_1+\eta)t_1(x)+\sum_{j=2}^{k}u_jt_j(x)\right)\right| \tag{6.5}$$

を超えることがない．(6.5) は $0<|h|<\eta$ を満たす h には無関係で，その積分は有限である．よって (6.4) で $h\to0$ とすれば，Lebesgue の優収束定理により (6.2) が得られる． ▮

系 定理の条件のもとで f は S° において何回でも偏微分可能で，偏導関数はすべて連続である．しかも偏微分の計算は何回でも積分記号内で行うことができる．

証明 定理から明らかである． ▮

定理 1.6.3 (Lehmann (1959) p. 132) μ は $(\mathcal{R}^k, \mathcal{B}^k)$ で定義された測度，ϕ は $\mathcal{R}^k$ で定義された $\mathcal{B}^k$ 可測関数であるとする．このとき $\mathcal{R}^k$ のある開集合 $G\neq\emptyset$ に属するすべての点 u に対して

$$\int_{\mathcal{R}^k}\phi(x)e^{u'x}\mu(dx)=0 \tag{6.6}$$

が成り立てば，

$$\phi(x)=0 \quad \text{a. e. } (\mathcal{B}^k, \mu). \tag{6.7}$$

証明 G に属する1点 a をとり，$u-a=v$ とおく．また $\phi=\phi^+-\phi^-$ と分解すれば，(6.6) より

$$\int_{\mathcal{R}^k}\phi^+(x)e^{a'x}e^{v'x}\mu(dx)=\int_{\mathcal{R}^k}\phi^-(x)e^{a'x}e^{v'x}\mu(dx) \tag{6.8}$$

が原点の近傍の v に対して成り立つことが示される．(6.8) でとくに $v=0$ のときの値を c とおく．$c=0$ ならば $\phi^+(x)=\phi^-(x)=0$ a. e. $(\mathcal{B}^k, \mu)$ となるので，(6.7) が成り立つことは明らかである．$c>0$ ならば

$$\frac{\nu^+(dx)}{\mu(dx)}=\frac{1}{c}\phi^+(x)e^{a'x}, \qquad \frac{\nu^-(dx)}{\mu(dx)}=\frac{1}{c}\phi^-(x)e^{a'x}$$

によって2つの測度 ν^+, ν^- を定義すれば，これらが $(\mathcal{R}^k, \mathcal{B}^k)$ 上の確率分布となって，(6.8) の両辺を c で割れば，この2つの確率分布の積率母関数が原点の近傍で一致することがわかる．よって $\nu^+=\nu^-$ となるので，これより (6.7) が得られる (Widder (1946) p.243 参照)． ∎

B. 指数形分布族

Ω は空でない集合，c および $s_j\ (j=1, \cdots, k)$ は Ω で定義されて実数値をとる関数であって，とくにすべての $\theta\in\Omega$ に対して $c(\theta)>0$ とする．$(\mathcal{X}, \mathcal{A}, \mu)$ は1つの測度空間，$t_j\ (j=1, \cdots, k)$ は $\mathcal{X}$ で定義された $\mathcal{A}$ 可測関数であるとする．このとき任意の $\theta\in\Omega$ に対して定義された確率分布 P_θ が μ に関して確率密度関数

$$\frac{P_\theta(dx)}{\mu(dx)}=c(\theta)\exp\left(\sum_{j=1}^{k} s_j(\theta)t_j(x)\right) \tag{6.9}$$

をもつときに，確率分布族 $\mathcal{P}=\{P_\theta : \theta\in\Omega\}$ は**指数形分布族**であるという．とくに $\Omega\subset R^k$ であって，すべての $\theta=(\theta_1, \cdots, \theta_k)\in\Omega$ に対して $s_j(\theta)=\theta_j$ $(j=1, \cdots, k)$ のとき，(6.9) は

$$\frac{P_\theta(dx)}{\mu(dx)}=c(\theta)\exp\left(\sum_{j=1}^{k} \theta_j t_j(x)\right) \tag{6.10}$$

の形となって，このとき指数形分布族は**自然母数**をもつという．

例 1.6.1 正規分布 $N(\xi, \sigma^2)$ については，$\theta=(\xi, \sigma)$ とおくと Lebesgue 測度 μ^1 に関して確率密度関数が

$$\begin{aligned}\frac{P_\theta(dx)}{dx}&=\frac{1}{\sqrt{2\pi}\sigma}\exp\left(-\frac{(x-\xi)^2}{2\sigma^2}\right)\\&=\frac{1}{\sqrt{2\pi}\sigma}\exp\left(-\frac{\xi^2}{2\sigma^2}\right)\exp\left(-\frac{1}{2\sigma^2}x^2+\frac{\xi}{\sigma^2}x\right)\end{aligned} \tag{6.11}$$

となるので，$\mathcal{P}=\{P_\theta : \theta\in\mathcal{R}^1\times\mathcal{R}^1_+\}$ は指数形分布族である．$\theta_1=-1/2\sigma^2$, $\theta_2=\xi/\sigma^2$ とおいて (6.11) を (θ_1, θ_2) で表せば，$\mathcal{P}$ は自然母数 (θ_1, θ_2) をもつことになる．$\mathcal{P}$ の部分集合として，ξ または σ を特定の値に指定して得られる分布族も指数形分布族である． ∎

例 1.6.2 例 1.6.1 のほか次の分布族はいずれも指数形分布族である．

（i） 2項分布族 $\{Bi(n,p):0<p<1\}$，ただし n は一定とする．

（ii） Poisson 分布族 $\{Po(\lambda):\lambda\in\mathcal{R}^1_+\}$．

（iii） 多項分布族 $\{M(n,p_1,\cdots,p_k):p_i>0\ (i=1,\cdots,k),\ \sum_i p_i=1\}$，ただし n と k は一定とする．

（iv） ガンマ分布族 $\{\Gamma(\alpha,\sigma):(\alpha,\sigma)\in\mathcal{R}^2_+\}$．

（v） ベータ分布族 $\{Be(\alpha,\beta):(\alpha,\beta)\in\mathcal{R}^2_+\}$．

（vi） k 変量正規分布族 $\{N(\xi,\Sigma):\xi\in\mathcal{R}^k$, Σ は k 次の正値対称行列$\}$，ただし k は一定とする． ▌

(6.9) からわかるように，$P_\theta(dx)/dx>0$ となる x の全体の集合が θ とともに本質的に変化する分布族，たとえば一様分布族 $\{U(0,\theta):\theta\in\mathcal{R}^1_+\}$，指数分布族 $\{Exl(\xi,\sigma):(\xi,\sigma)\in\mathcal{R}^1\times\mathcal{R}^1_+\}$ などは指数形分布族ではない．

(6.10) において $\exp(\sum_j\theta_j t_j(x))$ の積分が有限であるような $\theta=(\theta_1,\cdots,\theta_k)'\in\mathcal{R}^k$ の全体の集合は定理 1.6.1 によって凸集合になる．これを Ω^* で表せば一般に $\Omega\subset\Omega^*$ である．次の定理は定理 1.6.2 から容易に証明される．

定理 1.6.4 $\mathcal{P}=\{P_\theta:\theta\in\Omega\}$ は，(6.10) によって確率密度関数が与えられている，自然母数をもつ指数形分布族であるとする．このとき

（i） $c(\theta)$ は Ω の内点で θ に関して連続で，しかも $\theta_1,\cdots,\theta_k$ に関して何回でも連続的偏微分可能である．

（ii） θ を Ω の内点とし，P_θ に基づく平均値を E_θ で表すなどとすれば，

$$E_\theta t_1(X)=-\frac{\partial}{\partial\theta_1}\log c(\theta),\qquad \mathrm{Var}_\theta\, t_1(X)=-\frac{\partial^2}{\partial\theta_1^2}\log c(\theta)$$

$$\mathrm{Cov}_\theta\,(t_1(X),t_2(X))=-\frac{\partial^2}{\partial\theta_1\partial\theta_2}\log c(\theta).$$

（iii） $\phi(X)$ が $\Omega_0\subset\Omega$ で有限の平均値 $E_\theta\phi(X)$ をもてば，$E_\theta\phi(X)$ は Ω_0 のすべての内点で連続で，θ の各成分について何回でも連続的偏微分可能である．とくに ϕ を有界可測関数とすれば，このことは Ω のすべての内点で成り立つ．

証明 （i）
$$\frac{1}{c(\theta)}=\int_{\mathcal{X}}\exp\left(\sum_{j=1}^k\theta_j t_j(x)\right)\mu(dx)>0 \tag{6.12}$$

であって，(6.12) の積分に対して定理 1.6.2 が適用される．その結果として (i) の結論が得られる．

(ii) (6.12) を θ_1 について偏微分すれば

$$-\frac{\partial c(\theta)}{\partial \theta_1}\Big/c^2(\theta)=\int_{\mathscr{X}} t_1(x)\exp\left(\sum_{j=1}^{k}\theta_j t_j(x)\right)\mu(dx) \tag{6.13}$$

となるので，この両辺に $c(\theta)$ を掛ければ $E_\theta t_1(X)$ が得られる．(6.13) をさらに θ_1 または θ_2 について偏微分したものを用いれば，$\mathrm{Var}_\theta\, t_1(X)$ および $\mathrm{Cov}_\theta\,(t_1(X), t_2(X))$ が得られる．

(iii) 定理 1.6.2 と本定理の (i) から明らかである． ∎

1.7 統計的決定問題

A. 統計的決定問題

観測の結果として標本空間 $(\mathscr{X}, \mathscr{A})$ の 1 点 x が得られるものとする．空でない 1 つの集合 Ω が与えられ，§1.6 B. のときと同様に，Ω の各元 θ に対して $(\mathscr{X}, \mathscr{A})$ 上の 1 つの確率分布 P_θ を対応させる．ここで X は未知のある $\theta\in\Omega$ に対する確率空間 $(\mathscr{X}, \mathscr{A}, P_\theta)$ の確率標本であるとする．このとき θ を**母数**，Ω を**母数空間**といい，確率分布族 $\{P_\theta : \theta\in\Omega\}$ を $\mathscr{P}$ で表す．x を X の実現値と考えて，x に基づいてなんらかの決定を行うものとする．

ここで行う決定は与えられたある可測空間 $(\mathscr{D}, \mathscr{F})$ の 1 点でなければならないとする．このとき $\mathscr{D}$ あるいは $(\mathscr{D}, \mathscr{F})$ を**決定空間**という．母数が $\theta\in\Omega$ のときに $d\in\mathscr{D}$ という決定を行えば，$W(\theta, d)$ だけの損失が生ずるものとする．W は与えられた非負の関数で，これを**損失関数**という．

観測値 x に基づいて決定を行う規則を定めたものを**（統計的）決定関数**という．これには 2 種類のものが考えられる．第 1 は**非確率的**な決定関数で，任意の $x\in\mathscr{X}$ に 1 つの $\varphi(x)\in\mathscr{D}$ を対応させたものである．これは x が観測されたときに $\varphi(x)$ という決定を行うという規則である．第 2 は**確率的**な決定関数で，任意の $x\in\mathscr{X}$ に $(\mathscr{D}, \mathscr{F})$ 上の 1 つの確率分布 $\delta(\cdot|x)$ を対応させたものである．これは x が観測されたときに，確率的な機構を使い，$\delta(\cdot|x)$ に従っ

てとるべき決定を選ぶという規則である．統計家の目的は与えられた決定関数の集合 Δ の中からなんらかの意味でよい決定関数を選ぶことである．

以上説明した8つの要素 $\mathcal{X}, \mathcal{A}, \Omega, \mathcal{P}, \mathcal{D}, \mathcal{F}, W, \Delta$ が与えられたとき，**統計的決定問題**が与えられたという．これらについての条件を正確に記述すると，次の (a)〜(d) のようになる．

(a) 母数空間 Ω は空でない集合で，$\mathcal{P}=\{P_\theta : \theta\in\Omega\}$ は標本空間 $(\mathcal{X}, \mathcal{A})$ で定義された確率分布族である．

(b) 決定空間 $(\mathcal{D}, \mathcal{F})$ は1つの可測空間である．

(c) 損失関数 W は $\Omega\times\mathcal{D}$ で定義されて $0\leqq W(\theta, d)<\infty$ を満足し，任意の $\theta\in\Omega$ に対して $W(\theta, \cdot)$ は $\mathcal{F}$ 可測である．

(d) Δ は決定関数の空でない与えられた集合である．ここで決定関数とは次のどちらかのタイプのものである．

(d_1) 非確率的な決定関数 $\varphi(\cdot)$ は $\mathcal{X}$ で定義されて $\mathcal{D}$ に属する値をとる $\mathcal{A}\to\mathcal{F}$ 可測関数である．

(d_2) 確率的な決定関数 $\delta(\cdot|\cdot)$ は $\mathcal{F}\times\mathcal{X}$ で定義されて区間 $[0,1]$ に属する値をとり，任意の $x\in\mathcal{X}$ に対して $\delta(\cdot|x)$ は $(\mathcal{D}, \mathcal{F})$ 上の確率分布，任意の $D\in\mathcal{F}$ に対して $\delta(D|\cdot)$ は $\mathcal{A}$ 可測関数である．

非確率的な決定関数 φ が与えられたとき，任意の $D\in\mathcal{F}$, $x\in\mathcal{X}$ に対して

$$\delta(D|x)=I(\varphi(x)\in D) \tag{7.1}$$

とおけば，δ が確率的な決定関数になることは明らかである．したがって非確率的な決定関数は確率的な決定関数のうちの特殊なものとみることにする．

注意 (7.1) による φ から δ への写像は必ずしも単射ではない．しかし任意の $d\in\mathcal{D}$ に対して $\{d\}\in\mathcal{F}$ であれば，この写像は単射となる．

確率的な決定関数 δ を用いれば，$x\in\mathcal{X}$ が観測されたときの損失の平均値は

$$\int_{\mathcal{D}} W(\theta, s)\,\delta(ds|x) \tag{7.2}$$

となる．一定の $\theta\in\Omega$ について W に対して L プロセスを適用すれば，(7.2) が非負の $\mathcal{A}$ 可測関数になることが容易にわかる．そこで P_θ 測度による (7.2)

の平均値を

$$R(\theta, \delta)=\int_{\mathcal{X}}\left(\int_{\mathcal{D}} W(\theta, s)\,\delta(ds|x)\right)P_\theta(dx)$$

とおいて，$R(\cdot, \delta)$ を δ の**危険関数**という．非確率的な決定関数 φ に対しては，(7.1) により (7.2) の値が $W(\theta, \varphi(x))$ となるので，

$$R(\theta, \varphi)=\int_{\mathcal{X}} W(\theta, \varphi(x))\,P_\theta(dx).$$

例 1.7.1 g は母数空間 Ω で定義されて $\mathcal{R}^k$ の値をとる関数，決定空間 $(\mathcal{D}, \mathcal{F})$ は k 次元の Borel 型であるとする．$\mathcal{D}$ は多くの場合 $\mathcal{R}^k$ の凸集合とする．損失関数 $W(\theta, d)$ は $g(\theta)\in\mathcal{R}^k$ と $d\in\mathcal{R}^k$ の関数の形に表されて，各 θ に対して $W(\theta, d)$ が $d=g(\theta)$ のとき最小になるのが通例である．この種の問題は母数の関数 $g(\theta)$ の**点推定**の問題であって，非確率的な決定関数 φ に対して $\varphi(X)$ を**推定量**という．よく使われる損失関数の1つは

$$W(\theta, d)=\|d-g(\theta)\|^2$$

であって，このとき非確率的な決定関数 φ に対して

$$R(\theta, \varphi)=E_\theta\|\varphi(X)-g(\theta)\|^2=\int_{\mathcal{X}}\|\varphi(x)-g(\theta)\|^2 P_\theta(dx),$$

確率的な決定関数 δ に対して

$$R(\theta, \delta)=\int_{\mathcal{X}}\left(\int_{\mathcal{D}}\|s-g(\theta)\|^2\,\delta(ds|x)\right)P_\theta(dx).$$ ∎

例 1.7.2 Ω は互いに共通点のない2つの真部分集合 Ω_0, Ω_1 の和集合であるとして，観測値に基づいて未知の母数 θ が Ω_0, Ω_1 のどちらに属するかを決定する問題を考える．ここで命題 $\theta\in\Omega_0$ を**仮説** H_0，命題 $\theta\in\Omega_1$ を**対立仮説** H_1 とすれば，この問題は H_0 を H_1 に対して**検定**する問題である．決定空間は $\mathcal{D}=\{0,1\}$ であって，0 は仮説をすてない（H_0 をとる）という決定，1 は仮説をすてる（H_1 をとる）という決定を表すものとする．損失関数は

$$\begin{cases}\theta\in\Omega_0 \quad \text{のとき} \quad W(\theta, 0)=0, \ \ W(\theta, 1)=1 \\ \theta\in\Omega_1 \quad \text{のとき} \quad W(\theta, 0)=1, \ \ W(\theta, 1)=0\end{cases} \tag{7.3}$$

であるとする．ここで確率的な決定関数 δ に対して，

$$\delta(0|x)=1-\varphi(x),\quad \delta(1|x)=\varphi(x)$$

とおいて，φ を**検定関数**という．φ は $\mathscr{X}$ で $0\leqq\varphi\leqq 1$ を満足する $\mathscr{A}$ 可測関数である．損失関数 (7.3) を用いれば，危険関数は，

$$R(\theta,\varphi)=\begin{cases}E_\theta\varphi(X) & \theta\in\Omega_0 \text{ のとき}\\ 1-E_\theta\varphi(X) & \theta\in\Omega_1 \text{ のとき}.\end{cases}$$

仮説検定の問題で，一般的な損失関数の場合には

$$\begin{cases}\theta\in\Omega_0 \text{ のとき} & W(\theta,0)=0,\ W(\theta,1)>0\\ \theta\in\Omega_1 \text{ のとき} & W(\theta,0)>0,\ W(\theta,1)=0\end{cases}$$

であって，しかも $W>0$ のときに定数であることを要しない．しかし本書でとくに断りがなければ，損失関数として (7.3) を用いる．(7.3) を **0-1 損失関数**という．

仮説検定の問題では決定空間が2点から成っていたが，一般に決定空間が有限集合であれば，その決定問題を**多重決定問題**という．多重決定問題で

$$\mathscr{D}=\{1,\cdots,k\},\quad \delta(i|x)=\varphi_i(x)\quad (i=1,\cdots,k)$$

とおけば，φ_i $(i=1,\cdots,k)$ はすべての $x\in\mathscr{X}$ に対して

$$\varphi_i(x)\geqq 0\quad (i=1,\cdots,k),\quad \sum_i\varphi_i(x)=1$$

を満足する $\mathscr{A}$ 可測関数である．▮

B.　よい決定関数

統計家の役割は，与えられた決定関数の集合 Δ の中で，危険関数の観点からできるだけよい決定関数を選ぶことであるとする．しかしながら，2つの決定関数 δ_1,δ_2 が与えられたとき，ある $\theta_1\in\Omega$ に対して $R(\theta_1,\delta_1)<R(\theta_1,\delta_2)$，別の $\theta_2\in\Omega$ に対して $R(\theta_2,\delta_1)>R(\theta_2,\delta_2)$ という状況が起こるのは極めて一般的なことである．

もしも

$$\text{すべての } \theta\in\Omega \text{ に対して}\quad R(\theta,\delta_1)\leqq R(\theta,\delta_2) \tag{7.4}$$

が成り立てば，δ_1 は δ_2 と**少なくとも同程度に優れている**という．(7.4) と

$$\text{ある } \theta_0\in\Omega \text{ に対して}\quad R(\theta_0,\delta_1)<R(\theta_0,\delta_2)$$

とが成り立てば，δ_1 は δ_2 より**優れている**という．また

$$\text{すべての } \theta\in\Omega \text{ に対して} \quad R(\theta,\delta_1)=R(\theta,\delta_2)$$

が成り立てば，δ_1 は δ_2 と**同等**であるという．

与えられた決定関数の集合 $\varDelta$ に属する1つの決定関数 δ_0 があって，任意の $\delta\in\varDelta$ に対して δ_0 が δ と少なくとも同程度に優れていれば，δ_0 は $\varDelta$ の中で**最良**な決定関数であるという．最良な決定関数は互いに同等である．最良な決定関数が存在すれば，そのうちの1つを選べばよい．

もしも $\delta_0\in\varDelta$ であって，$\varDelta$ の中に δ_0 より優れた決定関数が存在しなければ，δ_0 は $\varDelta$ の中で**許容的**であるという．

$\varDelta$ の部分集合 $\varDelta_0$ があって，任意の $\delta\in\varDelta-\varDelta_0$ に対して δ より優れた $\delta_1\in\varDelta_0$ が存在するならば，$\varDelta_0$ は $\varDelta$ の中の**完備類**であるという．$\varDelta_0$ は完備類であるが $\varDelta_0$ の真部分集合はどれも完備類にならないとき，$\varDelta_0$ を**最小完備類**という．もしも $\varDelta$ の最小完備類 $\varDelta_0$ が存在すれば，$\varDelta_0$ は $\varDelta$ の中で許容的な決定関数の全体の集合になることが，定理 4.3.1 として証明される．

$\varDelta$ の部分集合 $\varDelta_0$ があって，任意の $\delta\in\varDelta-\varDelta_0$ に対して δ と少なくとも同程度に優れた $\delta_1\in\varDelta_0$ が存在するならば，$\varDelta_0$ は $\varDelta$ の中の**本質的完備類**であるという．$\varDelta_0$ は本質的完備類であるが $\varDelta_0$ の真部分集合はどれも本質的完備類にならないとき，$\varDelta_0$ を**最小本質的完備類**という．$\varDelta$ の最小完備類 $\varDelta_1$ が存在するとき，$\varDelta_1$ に属する決定関数を同等なもののクラスに分ける．このとき各クラスからの代表を1つずつとってできる決定関数の集合 $\varDelta_0$ をつくれば，$\varDelta_0$ は最小本質的完備類になる．したがって最小完備類は一意的であるが，最小本質的完備類は一意的でないのが通例である．

$\varDelta$ の完備類または本質的完備類 $\varDelta_0$ が存在すれば，用いるべき決定関数を $\varDelta_0$ の中から選ぶことになるであろう．

次に δ の危険関数 $R(\theta,\delta)$ に対して $\sup_{\theta\in\Omega} R(\theta,\delta)$ をつくり，この値が有限の最小値になるような決定関数 $\delta_0\in\varDelta$，すなわち

$$\sup_{\theta\in\Omega} R(\theta,\delta_0)=\inf_{\delta\in\varDelta}\sup_{\theta\in\Omega} R(\theta,\delta)<\infty$$

を満足する $\delta_0\in\varDelta$ を**ミニマックス解**という．正しい θ の値について事前に何の情報もなければ，ミニマックス解が存在するときにその1つを利用すること

が考えられる．

次に A. で説明した仮定 (a)〜(d) のほかに，さらに次の仮定 (e) を追加する．

(e) 母数空間 Ω の部分集合から成る完全加法族 Λ が与えられていて，任意の決定関数 $\delta\in\Delta$ に対して危険関数 $R(\cdot,\delta)$ は Λ 可測である．

このときあらかじめ (Ω,Λ) 上の確率分布 Π が与えられていれば，Π を**事前分布**といい，任意の $\delta\in\Delta$ に対して

$$r(\Pi,\delta)=\int_{\Omega}R(\theta,\delta)\,\Pi(d\theta)$$

とおく．ここでこの値が有限の最小値になるような $\delta_0\in\Delta$，すなわち

$$r(\Pi,\delta_0)=\inf_{\delta\in\Delta}r(\Pi,\delta)<\infty$$

となる $\delta_0\in\Delta$ を事前分布 Π に関する **Bayes 解**という．

以上で説明した決定関数に関する許容的・ミニマックス解・Bayes 解などの諸概念については，そこで取り扱う統計的決定問題が検定問題であれば，ある検定関数 φ が許容的であるなどといい，非確率的な点推定を論ずるときには，ある推定量 $\varphi(X)$ がミニマックスであるなどという．

第2章以後では本節であげた統計的決定問題をいろいろな観点から論ずることにする．

第2章　十　分　性

§1.7 A. で説明した統計的決定問題が与えられたものとする．標本空間の点 $x\in\mathcal{X}$ が観測されたとき，そこで得られた点 x を知らなくても，x のある簡単な関数値 $t(x)$ を知りさえすれば，その決定問題にとって十分なことがある．この場合にはいわば元の観測値がもつ母数 $\theta\in\Omega$ に関する情報が，すべて $t(x)$ の中に含まれていると考えられ，このような統計量 t を十分統計量という．本章では若干の準備の後で，条件つき確率を用いて十分統計量を定義し，それが決定理論の中でもつ意味を説明する．またこのような十分統計量によるデータの簡約化がどこまで可能かといった最小十分性の概念などについて述べた後で，最後に自明でない十分統計量が存在する分布族に関する Dynkin の定理をあげてある．

2.1　可　分　性

A.　擬距離空間の可分性

空でない集合 $\mathcal{X}$ の任意の2点 x,y に対して非負の実数 $\rho(x,y)$ が定義されて，すべての点 $x,y,z\in\mathcal{X}$ に対して次の3つの条件 (a)～(c) が満足されるものとする．

（a）　$\rho(x,x)=0.$

（b）　$\rho(x,y)=\rho(y,x).$

（c）　$\rho(x,z)\leqq\rho(x,y)+\rho(y,z).$

このとき $\mathcal{X}$ を**擬距離空間**といい，$\rho(x,y)$ を2点 x,y の間の**擬距離**という．上の条件 (a) を

（a′）　$\rho(x,x)=0$，逆に $\rho(x,y)=0$ ならば $x=y$ となる；

におきかえたものが成り立つとき，$\mathcal{X}$ を**距離空間**といい，ρ を**距離**という．

距離空間はもちろん擬距離空間である．擬距離空間 $\mathcal{X}$ に対しては，$\rho(x,y)=0$ のときに2点 x と y は**同値**であるといい，点 x と同値な点全体の集合を x の属する**同値類**といって $\tilde{x}$ で表す．このとき同値類全体の集合を $\tilde{\mathcal{X}}$ と

すれば，任意の $x, y \in \mathcal{X}$ に対して

$$\tilde{\rho}(\tilde{x}, \tilde{y}) = \rho(x, y)$$

によって同値類の間で $\tilde{\rho}$ を定義することができて，$\tilde{\mathcal{X}}$ は距離 $\tilde{\rho}$ に関して距離空間となる．

例 2.1.1 確率空間 $(\mathcal{X}, \mathcal{A}, P)$ において，任意の $A_1, A_2 \in \mathcal{A}$ に対して

$$A_1 \ominus A_2 = (A_1 - A_2) \cup (A_2 - A_1)$$
$$\rho(A_1, A_2) = P(A_1 \ominus A_2) \tag{1.1}$$

とおけば，完全加法族 $\mathcal{A}$ が擬距離空間となる．この場合に A_1 と A_2 が同値であることは $P(A_1 - A_2) = P(A_2 - A_1) = 0$ と同じである． ∎

例 2.1.2 測度空間 $(\mathcal{X}, \mathcal{A}, \mu)$ が与えられたとき，$\mathcal{X}$ で定義された $(\mathcal{A}, \mu)$ 積分可能な関数の空でない集合 $\mathcal{K}$ は，任意の $f_1, f_2 \in \mathcal{K}$ に対して

$$\rho(f_1, f_2) = \int_{\mathcal{X}} |f_1(x) - f_2(x)| \mu(dx) \tag{1.2}$$

とおくことにより，擬距離空間となる．この場合に f_1 と f_2 が同値であることは $f_1(x) = f_2(x)$ a. e. $(\mathcal{A}, \mu)$ と同じである． ∎

例 2.1.3 可測空間 $(\mathcal{X}, \mathcal{A})$ で定義された確率分布族 $\mathcal{P}$ は，任意の $P_1, P_2 \in \mathcal{P}$ に対して

$$\rho(P_1, P_2) = \sup_{A \in \mathcal{A}} |P_1(A) - P_2(A)| \tag{1.3}$$

とおくことにより，距離空間となる．

また Ω を母数空間とする確率分布族 $\mathcal{P} = \{P_\theta : \theta \in \Omega\}$ が与えられたとき，任意の $\theta_1, \theta_2 \in \Omega$ に対して

$$\rho(\theta_1, \theta_2) = \sup_{A \in \mathcal{A}} |P_{\theta_1}(A) - P_{\theta_2}(A)|$$

とおけば，Ω が擬距離空間となる．この場合に θ_1 と θ_2 が同値であることは，すべての $A \in \mathcal{A}$ に対して $P_{\theta_1}(A) = P_{\theta_2}(A)$ が成り立つことと同じで，このとき $P_{\theta_1} = P_{\theta_2}$ と書く．$\theta_1 \neq \theta_2$ ならばつねに $P_{\theta_1} \neq P_{\theta_2}$ となるときに，分布族 $\mathcal{P}$ は**認定可能**であるという． ∎

擬距離空間 $\mathcal{X}$ について，その可算部分集合 $\mathcal{X}_0$ が存在して，任意の $\varepsilon > 0$,

$x \in \mathcal{X}$ に対して適当に $x_0 \in \mathcal{X}_0$ をとれば $\rho(x, x_0) < \varepsilon$ となるとき，$\mathcal{X}$ は ρ に関して**可分**であるといい，$\mathcal{X}_0$ を $\mathcal{X}$ の1つの**可算稠密集合**という．

定理 2.1.1 擬距離空間 $\mathcal{X}$ が擬距離 ρ に関して可分であれば，空でない任意の部分集合 $A \subset \mathcal{X}$ も ρ に関して可分な擬距離空間となる．

証明 $\mathcal{X}$ で定義された擬距離 ρ によって A が擬距離空間になることは明らかである．$\mathcal{X}$ の可算稠密集合を $\mathcal{X}_0 = \{x_1, x_2, \cdots\}$ とする．任意の $m, n \in \mathcal{N}$ に対して

$$U_{mn} = \{x \in \mathcal{X} : \rho(x, x_m) < 1/n\} \tag{1.4}$$

とおき，$A \cap U_{mn} \neq \emptyset$ ならばその1点を x_{mn} とし，$A \cap U_{mn} = \emptyset$ ならば x_{mn} を定義しない．こうして定義された点 x_{mn} の全体が A の可算稠密集合になることは明らかである．∎

B.　完全加法族の可分性

可測空間 $(\mathcal{X}, \mathcal{A})$ において $\mathcal{A}$ が可算個の集合より成る集合族 $\mathcal{A}_0$ から生成される完全加法族 $\mathcal{A} = \mathcal{B}(\mathcal{A}_0)$ であるとき，$\mathcal{A}$ は**可分**であるという．

例 2.1.4 $\mathcal{X}$ が ρ に関して可分な距離空間であるとして，$\mathcal{X}$ の可算稠密集合を $\mathcal{X}_0 = \{x_1, x_2, \cdots\}$ とする．このとき，$\mathcal{X}$ の Borel 集合族 $\mathcal{A}$ は，すべての $m, n \in \mathcal{N}$ に対して定義された (1.4) の形の近傍から生成される．よって $\mathcal{A}$ は可分である．

$(\mathcal{R}^n, \mathcal{B}^n)$ の $\mathcal{B}^n$ もその特殊な場合であるが，この場合には $\mathcal{A}_0$ として，端点のすべての座標が有理数であるような左開区間の全体をとってもよい．∎

定理 2.1.2 (Witting (1966) p.61) 標本空間 $(\mathcal{X}, \mathcal{A})$ において $\mathcal{A}$ は可分であるとする．このとき $(\mathcal{X}, \mathcal{A})$ で定義された任意の確率分布 P をとると，$\mathcal{A}$ は (1.1) の擬距離 ρ に関して可分である．

証明 仮定により，可算個の集合から成る集合族 $\mathcal{A}_0 \subset \mathcal{A}$ を適当にとれば $\mathcal{A} = \mathcal{B}(\mathcal{A}_0)$ となる．このとき $\mathcal{A}_0$ を含む最小の有限加法族を $\mathcal{A}_1$ とすれば，$\mathcal{A}_1$ も可算個の集合から成って，$\mathcal{A} = \mathcal{B}(\mathcal{A}_1)$ が得られる．ここで $\mathcal{A}_1$ が ρ に関して $\mathcal{A}$ の可算稠密集合になることを証明しよう．

さて $\mathcal{A} = \mathcal{B}(\mathcal{A}_1)$ であるから，$(\mathcal{X}, \mathcal{A})$ で定義された確率測度 P は，$\mathcal{A}_1$

で定義された有限加法的測度 P の $\mathcal{A}$ への拡張になっている．Hopf の拡張定理（伊藤 (1963) p. 52）によればその拡張は一意的で，任意の $A\in\mathcal{A}$ に対して

$$P(A)=\inf\sum_{i=1}^{\infty}P(B_i).$$

ただし右辺の inf は

$$B_i\in\mathcal{A}_1\quad(i=1,2,\cdots),\qquad A\subset\bigcup_i B_i \tag{1.5}$$

を満足するすべての集合列 $\{B_i\}$ に対する下限を表す．よって任意の $\varepsilon>0$ に対して (1.5) を満たす適当な $\{B_i\}$ をとれば，

$$\sum_{i=1}^{\infty}P(B_i)<P(A)+\frac{\varepsilon}{2}. \tag{1.6}$$

次に $m\in\mathcal{N}$ を適当にとって

$$\sum_{i=m+1}^{\infty}P(B_i)<\frac{\varepsilon}{2},\qquad A_1=\bigcup_{i=1}^{m}B_i \tag{1.7}$$

とすれば，$A_1\in\mathcal{A}_1$ であって，

$$P(A-A_1)\leqq P\left(\bigcup_{i=1}^{\infty}B_i-\bigcup_{i=1}^{m}B_i\right)\leqq P\left(\bigcup_{i=m+1}^{\infty}B_i\right)\leqq\sum_{i=m+1}^{\infty}P(B_i)<\frac{\varepsilon}{2}$$

$$P(A_1-A)\leqq P\left(\bigcup_{i=1}^{\infty}B_i-A\right)\leqq\sum_{i=1}^{\infty}P(B_i)-P(A)<\frac{\varepsilon}{2}.$$

よって $P(A\ominus A_1)<\varepsilon$ となる．

$\mathcal{A}_1$ は可算個の集合から成っていたので，これで定理が証明された． ∎

C. 積分可能な関数族の可分性

定理 2.1.3 (Witting (1966) p. 64) σ 有限な測度空間 $(\mathcal{X},\mathcal{A},\mu)$ において $\mathcal{A}$ は可分であるとする．このとき $\mathcal{X}$ で定義されて $(\mathcal{A},\mu)$ 積分可能な関数の空でない集合 $\mathcal{K}$ は (1.2) の擬距離 ρ に関して可分である．

証明 定理 2.1.1 により，$\mathcal{K}$ が $\mathcal{X}$ で定義されて $(\mathcal{A},\mu)$ 積分可能な関数全体の集合のときについて証明すればよい．

第1段 μ は確率測度であると仮定して一般性を失わないことを証明する．

μ は σ 有限であるから

$$A_n \in \mathcal{A}, \quad \mu(A_n)<\infty \quad (n=1,2,\cdots)$$
$$A_1 \subset A_2 \subset \cdots, \quad \bigcup_n A_n = \mathcal{X}$$

となる集合列 $\{A_n\}$ が存在する．ここで $\mu(A_1)>0$ と仮定して一般性を失わない．任意の $A\in\mathcal{A}$ に対して

$$\lambda(A)=\sum_{n=1}^{\infty}\frac{1}{2^n}\frac{\mu(A\cap A_n)}{\mu(A_n)}$$

とおけば，λ は $(\mathcal{X},\mathcal{A})$ で定義された確率測度となって，λ と μ は互いに絶対連続である．よって定理 1.1.8，定理 1.1.10 により，

$$\frac{d\lambda}{d\mu}\frac{d\mu}{d\lambda}=1 \quad \text{a.e.}\ (\mathcal{A},\mu), \qquad \frac{d\lambda}{d\mu}\frac{d\mu}{d\lambda}=1 \quad \text{a.e.}\ (\mathcal{A},\lambda).$$

また定理 1.1.9 により任意の $\mathcal{A}$ 可測関数 f, f_1, f_2 に対して

$$f \text{ が } (\mathcal{A},\mu) \text{ 積分可能} \iff f\frac{d\mu}{d\lambda} \text{ が } (\mathcal{A},\lambda) \text{ 積分可能}$$

$$\int_{\mathcal{X}}|f_1(x)-f_2(x)|\,\mu(dx)=\int_{\mathcal{X}}\left|f_1(x)\frac{d\mu}{d\lambda}-f_2(x)\frac{d\mu}{d\lambda}\right|\lambda(dx).$$

よって確率測度 λ に対して定理を証明すればよい．

第2段　μ を確率測度として，非負で $(\mathcal{A},\mu)$ 積分可能な関数全体の集合 $\mathcal{K}^+$ が可分のことを証明する．

定理 2.1.2 により，$\mathcal{A}$ は (1.1) の擬距離

$$\rho^*(A_1, A_2)=\mu(A_1\ominus A_2) \tag{1.8}$$

に関して可分であるから，ρ^* に関して可算稠密集合 $\mathcal{A}_0\subset\mathcal{A}$ をとることができる．そこで非負の有理数値をとる単関数族

$$\mathcal{K}_0^+=\left\{f\in\mathcal{K}^+ : f(x)=\sum_{i=1}^{n}a_i I_{A_i}(x),\ a_i\geqq 0\ (i=1,\cdots,n) \text{ は有理数}, \right.$$
$$\left. A_i\in\mathcal{A}_0\ (i=1,\cdots,n),\ n=1,2,\cdots\right\}$$

をつくれば，$\mathcal{K}_0^+$ が (1.2) の擬距離 ρ に関して可算稠密集合になることが次のように証明される．

$\mathcal{K}_0^+$ が可算集合のことは明らかである．そこで任意の $f\in\mathcal{K}^+$ と $\varepsilon>0$ が与

えられたものとする．まず $M\in\mathcal{N}$ を十分大きくとって

$$\int_{f(x)\geqq M} f(x)\,\mu(dx)<\frac{\varepsilon}{3}$$

とする．次に $2^{-n}<\varepsilon/3$ を満足する $n\in\mathcal{N}$ をとって

$$g(x)=\sum_{i=1}^{2^n M}\frac{i-1}{2^n}\,I\left(\frac{i-1}{2^n}\leqq f(x)<\frac{i}{2^n}\right)$$

とおく．最後に $\mathcal{A}_0$ が擬距離 ρ^* に関して可算稠密集合のことから，

$$\mu\left[\left\{x\in\mathcal{X}:\frac{i-1}{2^n}\leqq f(x)<\frac{i}{2^n}\right\}\ominus A_i\right]<\frac{\varepsilon}{3\cdot 2^n M^2}$$

となる $A_i\in\mathcal{A}_0$ $(i=1,2,\cdots,2^nM)$ を選んで

$$h(x)=\sum_{i=1}^{2^n M}\frac{i-1}{2^n}\,I_{A_i}(x)$$

と定義する．このとき $h\in\mathcal{K}_0^+$ であって，上の g,h のつくり方から

$$\int_{\mathcal{X}}|f(x)-h(x)|\,\mu(dx)\leqq\int_{f(x)\geqq M} f(x)\,\mu(dx)$$

$$+\int_{f(x)<M}|f(x)-g(x)|\,\mu(dx)+\int_{f(x)<M}|g(x)-h(x)|\,\mu(dx)$$

$$<\frac{\varepsilon}{3}+\frac{\varepsilon}{3}+\frac{\varepsilon}{3}=\varepsilon.$$

以上によって $\mathcal{K}_0^+$ が可算稠密集合になることが証明された．

第3段　μ を確率測度として第2段の結果を用いれば，$\mathcal{K}$ に対して

$$\mathcal{K}_0=\{f_1-f_2:f_1\in\mathcal{K}_0^+,\ f_2\in\mathcal{K}_0^+\}$$

が可算稠密集合になることは明らかである．これで定理の証明は完結した．∎

注意　第1段の証明は $\mathcal{A}$ が可分であるという仮定とは無関係である．

D. 確率分布族の絶対連続性と可分性

可測空間 $(\mathcal{X},\mathcal{A})$ で定義された確率分布族 $\mathcal{P}$ と1つの測度 μ が与えられたとき，すべての $P\in\mathcal{P}$ が μ に関して絶対連続であれば，$\mathcal{P}$ は μ に関して**絶対連続**であるという．$\mathcal{P}$ が μ に関して絶対連続であって，しかも集合 $A\in\mathcal{A}$ がすべての $P\in\mathcal{P}$ に対して $P(A)=0$ を満足するときつねに $\mu(A)=0$ が成り立てば，μ は $\mathcal{P}$ と**対等**であるという．確率分布族 $\mathcal{P}$ の絶対連続性と可

分性に関して次の定理が成り立つ.

定理 2.1.4 (Witting (1966) p.64)　標本空間 $(\mathcal{X}, \mathcal{A})$ で定義された確率分布族を $\mathcal{P}$ とする. このとき

(i) $\mathcal{A}$ は可分で, $\mathcal{P}$ が $(\mathcal{X}, \mathcal{A})$ で定義されたある σ 有限測度 μ に関して絶対連続であれば, $\mathcal{P}$ は距離 (1.3) に関して可分である.

(ii) $\mathcal{P}$ が距離 (1.3) に関して可分のとき, $\mathcal{P}$ の可算稠密集合を $\mathcal{P}_0=\{P_1, P_2, \cdots\}$ として, 任意の $A\in\mathcal{A}$ に対して

$$\mu(A)=\sum_n 2^{-n}P_n(A) \tag{1.9}$$

と定義すれば, μ は $\mathcal{P}$ と対等な確率測度である.

証明 (i) 仮定により, 任意の $P\in\mathcal{P}$ に対して μ に関する確率密度関数 $p=dP/d\mu$ が存在する. おのおのの P に対して1つの p を固定して議論を進める. このとき定理 2.1.3 により

$$\mathcal{K}=\{p : p=dP/d\mu,\ \ P\in\mathcal{P}\}$$

は擬距離 (1.2) に関して可分である. ところが任意の $P_1, P_2\in\mathcal{P}$ に対して $p_i=dP_i/d\mu$ $(i=1,2)$ とおけば

$$\rho(P_1, P_2)=\sup_{A\in\mathcal{A}}|P_1(A)-P_2(A)|=\frac{1}{2}\int_{\mathcal{X}}|p_1(x)-p_2(x)|\,\mu(dx) \tag{1.10}$$

となるので, $\mathcal{K}$ の可算稠密集合 $\mathcal{K}_0$ に対して,

$$\mathcal{P}_0=\{P\in\mathcal{P} : dP/d\mu\in\mathcal{K}_0\}$$

が $\mathcal{P}$ の可算稠密集合になることは明らかである.

(ii) μ の定義 (1.9) から, μ が $(\mathcal{X}, \mathcal{A})$ で定義された確率測度であることと, すべての $P\in\mathcal{P}$ に対して $P(A)=0$ であれば $\mu(A)=0$ となることは明らかである. そこで任意の $P\in\mathcal{P}$ が μ に関して絶対連続のことを証明すればよい.

いま $\mu(A_0)=0$ となる $A_0\in\mathcal{A}$ をとれば, (1.9) により $P_n(A_0)=0$ $(n=1,2,\cdots)$ となる. このとき任意の $P\in\mathcal{P}$ に対して $P(A_0)=0$ となることを証明する. $\mathcal{P}_0$ は $\mathcal{P}$ の可算稠密集合であったから, 任意の $\varepsilon>0$ に対して適当な $P_n\in\mathcal{P}_0$ をとれば $\rho(P, P_n)<\varepsilon$ となる. このとき $P_n(A_0)=0$ により

$$P(A_0)=|P(A_0)-P_n(A_0)|\leqq\sup_{A\in\mathcal{A}}|P(A)-P_n(A)|=\rho(P,P_n)<\varepsilon.$$

$\varepsilon>0$ は任意であったから $P(A_0)=0$ が証明された．以上で証明は完結した．∎

Bahadur (1954) は，ある確率測度に関して絶対連続であるが距離 (1.3) に関して可分でない確率分布族の例をあげている．可分性とは関係なく $\mathcal{P}$ が絶対連続であるための必要十分条件を述べたものとして，次の定理がある．

定理 2.1.5 (Halmos and Savage (1949), Lehmann (1959) p. 354) 標本空間 $(\mathcal{X},\mathcal{A})$ で定義された確率分布族 $\mathcal{P}$ がある σ 有限測度に関して絶対連続であるための必要十分条件は，

$$\lambda=\sum_i c_iP_i,\quad ただし\ P_i\in\mathcal{P},\ c_i>0\ (i=1,2,\cdots),\ \sum_i c_i=1 \tag{1.11}$$

の形の確率測度 λ を適当にとれば，λ が $\mathcal{P}$ と対等になることである．

証明 十分性．対等の定義から明らかである．

必要性．$\mathcal{P}$ がある σ 有限測度 μ に関して絶対連続であると仮定する．このとき定理 2.1.3 の証明の第 1 段と同様に，μ は確率測度であると仮定して一般性を失わない．そこで $(\mathcal{X},\mathcal{A})$ 上の確率分布族 $\mathcal{Q}$ を

$$\mathcal{Q}=\{Q=\sum_i c_iP_i : P_i\in\mathcal{P},\ c_i>0\ (i=1,2,\cdots),\ \sum_i c_i=1\}$$

によって定義し，各 $Q\in\mathcal{Q}$ に対して $dQ/d\mu$ の 1 つを固定して

$$\sup_{Q\in\mathcal{Q}}\mu\{x\in\mathcal{X} : Q(dx)/\mu(dx)>0\}=\alpha \tag{1.12}$$

とおく．このとき $\mathcal{Q}$ に属する分布列 $\{Q_n\}$ を適当にとれば，

$$\lim_{n\to\infty}\mu\{x\in\mathcal{X} : Q_n(dx)/\mu(dx)>0\}=\alpha. \tag{1.13}$$

そこで $\lambda=\sum_n 2^{-n}Q_n$ とおけば $\lambda\in\mathcal{Q}$ であって，

$$\mu\{x\in\mathcal{X} : \lambda(dx)/\mu(dx)>0\}=\alpha$$

となることが (1.12), (1.13) から容易に証明される．

この λ が $\mathcal{P}$ と対等であることを次に証明しよう．$\lambda\in\mathcal{Q}$ により，すべての $P\in\mathcal{P}$ に対して $P(A)=0$ となる $A\in\mathcal{A}$ が $\lambda(A)=0$ を満足することは明らかである．そこで $\lambda(A_1)=0$, $P(A_1)>0$ となる $A_1\in\mathcal{A}$, $P\in\mathcal{P}$ が存在すれば矛盾が生ずることを証明する．このような P に対して $Q_0=(\lambda+P)/2$ とおけ

ば $Q_0 \in \mathcal{Q}$ となる．このとき $\lambda(A_1)=0$ により A_1 で $\lambda(dx)/\mu(dx)=0$ a.e. $(\mathcal{A},\mu)$ が成り立つので，

$$
\begin{aligned}
&\mu\left\{x\in\mathcal{X}:\frac{Q_0(dx)}{\mu(dx)}>0\right\}\\
&=\mu\left\{x\in\mathcal{X}:\frac{\lambda(dx)}{\mu(dx)}>0 \quad \text{または} \quad \frac{P(dx)}{\mu(dx)}>0\right\}\\
&\geqq\mu\left\{x\in\mathcal{X}:\frac{\lambda(dx)}{\mu(dx)}>0\right\}+\mu\left\{x\in A_1:\frac{P(dx)}{\mu(dx)}>0\right\}\\
&>\mu\left\{x\in\mathcal{X}:\frac{\lambda(dx)}{\mu(dx)}>0\right\}=\alpha
\end{aligned}
$$

となって，α の定義 (1.12) に矛盾する．よって任意の $P\in\mathcal{P}$ が λ に関して絶対連続となるので，これで定理が証明された．∎

2.2 弱 収 束

本節では2つの弱収束について説明する．本節の結果は十分性の理論に直接使われるわけではないが，前節との関連でこの段階で説明しておくのが都合よい．

A. 一様有界な関数列の弱収束

測度空間 $(\mathcal{X},\mathcal{A},\mu)$ が与えられたとき，$\mathcal{X}$ で定義されて $\mathcal{A}$ 可測で一様有界な関数から成る空でない関数族 $\mathcal{G}$ をとる．$\phi_n\in\mathcal{G}$ $(n=1,2,\cdots)$ とするとき，適当な $\mathcal{A}$ 可測関数 ϕ_0 ($\phi_0\in\mathcal{G}$ とは限らない) が存在して，すべての $(\mathcal{A},\mu)$ 積分可能関数 f に対して，$n\to\infty$ のとき

$$\int_{\mathcal{X}}\phi_n(x)f(x)\mu(dx)\to\int_{\mathcal{X}}\phi_0(x)f(x)\mu(dx)$$

が成り立てば，ϕ_n は $n\to\infty$ のとき ϕ_0 に**弱収束**するという．もしも $\phi_n\in\mathcal{G}$ $(n=1,2,\cdots)$ を満足する任意の関数列 $\{\phi_n\}$ に対して，適当な部分列 $\{\phi_{n_i}\}$ と適当な $\phi_0\in\mathcal{G}$ をとれば ϕ_{n_i} が ϕ_0 に弱収束するとき，$\mathcal{G}$ は**弱コンパクト**であるという．

定理 2.2.1 (Witting (1966) p.64) σ 有限な測度空間 $(\mathcal{X},\mathcal{A},\mu)$ に対

して，すべての $x\in\mathcal{X}$ で $0\leqq\phi(x)\leqq 1$ を満足する $\mathcal{A}$ 可測関数 ϕ の全体の集合 $\mathcal{G}$ は弱コンパクトである．

証明 証明を4段に分けて行う．最初の3段までで $\mathcal{A}$ が可分の場合について証明し，第4段で一般の場合を取り扱う．定理2.1.3の証明の第1段と同様に，μ は確率測度であると仮定して一般性を失わない．

第1段 $\mathcal{A}$ は可分であるとし，$\mathcal{X}$ で定義されて $(\mathcal{A},\mu)$ 積分可能な関数の全体の集合を $\mathcal{K}$ とする．$\mathcal{G}$ に属する関数列 $\{\phi_n\}$ が与えられたとき，任意の $f\in\mathcal{K}$ に対して

$$\Phi_n(f)=\int_{\mathcal{X}}\phi_n(x)f(x)\mu(dx) \tag{2.1}$$

をつくる．このとき $\{\phi_n\}$ の適当な部分列 $\{\phi_{nn}\}$ をとれば，対応する (2.1) の部分列 $\{\Phi_{nn}(f)\}$ がすべての $f\in\mathcal{K}$ に対して収束することを証明する．

仮定により $\mathcal{A}$ は可分であるから，定理 2.1.3 により $\mathcal{K}$ は擬距離 (1.2) に関して可分になる．よって $\mathcal{K}$ の可算稠密集合 $\mathcal{K}_0=\{f_1,f_2,\cdots\}$ が存在する．$\phi_n\in\mathcal{G}$ $(n=1,2,\cdots)$ により任意の $f\in\mathcal{K}$ に対して $\{\Phi_n(f)\}$ は有界となるから，まず数列 $\{\Phi_n(f_1)\}$ の適当な部分列 $\{\Phi_{1n}(f_1)\}$ をとって，$n\to\infty$ のときに収束させることができる．次に $\{\Phi_{1n}(f_2)\}$ が有界となることから，その適当な部分列 $\{\Phi_{2n}(f_2)\}$ をとって，$n\to\infty$ のときに収束させることができる．以下順次，部分列をとる操作を続けていき，任意の $k\in\mathcal{N}$ に対して，$n\to\infty$ のとき $\{\Phi_{kn}(f_k)\}$ が収束するようにする．このとき対角線論法によれば，すべての $k\in\mathcal{N}$ に対して，$\{\Phi_{nn}(f_k)\}$ が $n\to\infty$ のときに収束する．

次に任意の $f\in\mathcal{K}$ に対して $\{\Phi_{nn}(f)\}$ が収束することを証明する．$\mathcal{K}_0$ の稠密性により，任意の $\varepsilon>0$ に対して適当に $f_k\in\mathcal{K}_0$ をとれば，

$$\int_{\mathcal{X}}|f(x)-f_k(x)|\mu(dx)<\frac{\varepsilon}{3}.$$

$\phi_n\in\mathcal{G}$ $(n=1,2,\cdots)$ により，このときすべての $n\in\mathcal{N}$ に対して

$$|\Phi_{nn}(f)-\Phi_{nn}(f_k)|<\frac{\varepsilon}{3}. \tag{2.2}$$

他方この k に対して $\{\Phi_{nn}(f_k)\}$ が収束することから，$n_0\in\mathcal{N}$ を適当にとれ

ば，$m \geqq n_0$, $n \geqq n_0$ を満足するすべての $m, n \in \mathcal{N}$ に対して

$$|\Phi_{mm}(f_k) - \Phi_{nn}(f_k)| < \frac{\varepsilon}{3}. \tag{2.3}$$

よって $m \geqq n_0$, $n \geqq n_0$ のとき，(2.2), (2.3) により

$$|\Phi_{mm}(f) - \Phi_{nn}(f)|$$
$$\leqq |\Phi_{mm}(f) - \Phi_{mm}(f_k)| + |\Phi_{nn}(f) - \Phi_{nn}(f_k)| + |\Phi_{mm}(f_k) - \Phi_{nn}(f_k)| < \varepsilon$$

となるので，$\{\Phi_{nn}(f)\}$ が収束することが証明された．この極限値を $\Phi(f)$ で表すことにする．

第2段　第1段と同じ仮定のもとで，任意の $A \in \mathcal{A}$ に対して $\lambda(A) = \Phi(I_A)$ とおけば，λ は $(\mathcal{X}, \mathcal{A})$ で定義されて非負の値をとる加法的集合関数で，λ が μ に関して絶対連続になることを証明する．

まず Φ_n の定義 (2.1) から $0 \leqq \Phi_{nn}(I_A) \leqq \mu(A)$ となるので，$n \to \infty$ として

$$0 \leqq \lambda(A) \leqq \mu(A). \tag{2.4}$$

次に $A_1, A_2 \in \mathcal{A}$, $A_1 \cap A_2 = \emptyset$ のとき $\Phi_{nn}(I_{A_1 \cup A_2}) = \Phi_{nn}(I_{A_1}) + \Phi_{nn}(I_{A_2})$ となるので，ここで $n \to \infty$ として

$$\lambda(A_1 \cup A_2) = \lambda(A_1) + \lambda(A_2).$$

よって λ は $\mathcal{A}$ で有限加法的になる．次に $A_k \in \mathcal{A}$ $(k = 1, 2, \cdots)$ は互いに共通点がないものとして，$A = \bigcup_k A_k$ とおき，

$$\lambda(A) = \sum_k \lambda(A_k) \tag{2.5}$$

を証明しよう．

そのため $B_m = A_1 \cup \cdots \cup A_m$ とおけば，$\{B_m\}$ は単調増加な集合列でその和集合が A となる．しかも $\mu(A) < \infty$ であるから，任意の $\varepsilon > 0$ に対して適当に $m_0 \in \mathcal{N}$ をとれば，$m \geqq m_0$ を満足するすべての $m \in \mathcal{N}$ に対して

$$\mu(A - B_m) < \varepsilon. \tag{2.6}$$

よって λ の有限加法性と (2.4), (2.6) とを用いれば，$m \geqq m_0$ のとき

$$0 \leqq \lambda(A) - \sum_{k=1}^{m} \lambda(A_k) = \lambda(A) - \lambda(B_m) = \lambda(A - B_m) \leqq \mu(A - B_m) < \varepsilon.$$

したがって (2.5) が証明された．よって λ は非負の値をとる加法的集合関数

となる．さらに (2.4) によれば，λ が μ に関して絶対連続のことは明らかである．

第3段 これまでと同じ仮定のもとで，$\phi_0=d\lambda/d\mu$ とおけば，すべての $f\in\mathcal{K}$ に対して

$$\lim_{n\to\infty}\int_{\mathcal{X}}\phi_{nn}(x)f(x)\mu(dx)=\int_{\mathcal{X}}\phi_0(x)f(x)\mu(dx) \tag{2.7}$$

が成り立つことを証明する．

(2.4) により $0\leqq d\lambda/d\mu\leqq 1$ a.e. $(\mathcal{A},\mu)$ が成り立つので，すべての $x\in\mathcal{X}$ に対して $0\leqq\phi_0(x)\leqq 1$ として一般性を失わない．$A\in\mathcal{A}$, $f=I_A$ のときには，(2.7) は $\Phi_{nn}(I_A)\to\lambda(A)$ となって確かに成り立つ．その結果，(2.7) が非負の単関数 f に対して成り立つことも容易にわかる．非負の $f\in\mathcal{K}$ が与えられたとき，任意の $\varepsilon>0$ に対して

$$\int_{\mathcal{X}}|f(x)-f_0(x)|\mu(dx)<\frac{\varepsilon}{3}$$

となる非負の単関数 f_0 をとれば，

$$\begin{aligned}
&\left|\int_{\mathcal{X}}\phi_{nn}(x)f(x)\mu(dx)-\int_{\mathcal{X}}\phi_0(x)f(x)\mu(dx)\right|\\
&\leqq\left|\int_{\mathcal{X}}\phi_{nn}(x)(f(x)-f_0(x))\mu(dx)\right|+\left|\int_{\mathcal{X}}\phi_0(x)(f(x)-f_0(x))\mu(dx)\right|\\
&\quad+\left|\int_{\mathcal{X}}(\phi_{nn}(x)-\phi_0(x))f_0(x)\mu(dx)\right|\\
&<\frac{\varepsilon}{3}+\frac{\varepsilon}{3}+\left|\int_{\mathcal{X}}\phi_{nn}(x)f_0(x)\mu(dx)-\int_{\mathcal{X}}\phi_0(x)f_0(x)\mu(dx)\right|.
\end{aligned} \tag{2.8}$$

ここで f_0 は非負の単関数であるから，$n_0\in\mathcal{N}$ を適当にとれば，$n\geqq n_0$ を満足するすべての $n\in\mathcal{N}$ に対して (2.8) の最後の項は $<\varepsilon/3$ となる．以上によって $f\in\mathcal{K}$ が非負のときに (2.7) が証明された．一般の $f\in\mathcal{K}$ に対しては $f=f^+-f^-$ を用いればよい．以上で $\mathcal{A}$ が可分のときに定理が証明された．

第4段 $\mathcal{A}$ が可分であるという仮定がないときについて定理を証明する．

$\mathcal{G}$ に属する関数列 $\{\phi_n\}$ が与えられたとき，有理数の全体を $\{r_1,r_2,\cdots\}$ で表して，任意の $n,i\in\mathcal{N}$ に対して

$$A_{ni}=\{x\in\mathcal{X}:\phi_n(x)\leqq r_i\}$$

とおく．このとき集合族

$$\mathcal{C}=\{A_{ni}:n\in\mathcal{N},\ i\in\mathcal{N}\}$$

は可算個の集合から成る集合族である．よって $\mathcal{A}_0=\mathcal{B}(\mathcal{C})$ とおけば，$\mathcal{A}_0$ は $\mathcal{A}$ の部分加法族で可分であり，しかも $\phi_n\ (n=1,2,\cdots)$ は $\mathcal{A}_0$ 可測となる．したがって第3段までの結果により，$\{\phi_n\}$ の適当な部分列 $\{\phi_{nn}\}$ と適当な $\mathcal{A}_0$ 可測関数 $\phi_0\in\mathcal{G}$ を選べば，$(\mathcal{A}_0,\mu)$ 積分可能なすべての f に対して (2.7) が成り立つ．

任意の $f\in\mathcal{K}$ に対して，確率測度 μ を用いてできる条件つき平均値

$$g(x)=E(f(X)|\mathcal{A}_0,x)$$

をつくれば，g は $(\mathcal{A}_0,\mu)$ 積分可能であるから，g に対して (2.7) が成り立つ．このとき定理 1.4.1 の (iii) と定理 1.4.2 の (ii) によれば，$\mathcal{A}_0$ 可測な任意の $\phi\in\mathcal{G}$ に対して

$$\int_{\mathcal{X}}\phi(x)f(x)\mu(dx)=\int_{\mathcal{X}}E(\phi(X)f(X)|\mathcal{A}_0,x)\mu(dx)$$

$$=\int_{\mathcal{X}}\phi(x)g(x)\mu(dx).$$

これより

$$\int_{\mathcal{X}}\phi_{nn}(x)f(x)\mu(dx)=\int_{\mathcal{X}}\phi_{nn}(x)g(x)\mu(dx)$$

$$\to\int_{\mathcal{X}}\phi_0(x)g(x)\mu(dx)=\int_{\mathcal{X}}\phi_0(x)f(x)\mu(dx)$$

となるので，これによって定理が完全に証明された．▮

B.　確率分布列の弱収束

ここでは $(\mathcal{R}^k,\mathcal{B}^k)$ で定義された確率分布列 $\{P_n\}$ の弱収束に関する結果をいくつかあげておく．証明は主として $k=2$ の場合について行う．

$P_n\ (n=1,2,\cdots)$ および P_0 は $(\mathcal{R}^k,\mathcal{B}^k)$ で定義された確率分布で，$0\leqq\gamma\leqq1$ とする．ここで γP_0 はすべての $A\in\mathcal{B}^k$ に対して

$$(\gamma P_0)(A)=\gamma\cdot P_0(A)$$

によって定義される加法的集合関数で，$\gamma>0$ ならば有限測度となる．$\mathcal{R}^k$ の有界な左開区間 J の閉包を $\bar{J}$，開核を J° で表すとき，J が

$$\gamma P_0(\bar{J}-J^\circ)=0$$

を満足すれば J を γP_0 の**連続区間**という．γP_0 のすべての連続区間 J に対して

$$\lim_{n\to\infty} P_n(J)=\gamma P_0(J)$$

が成り立てば，$\{P_n\}$ は γP_0 に**弱収束**するという．

例 2.2.1　$k=1$ で $P_n\ (n=1,2,\cdots)$ は

$$P_n\left(\left\{\frac{i}{n}\right\}\right)=\frac{1}{n}\quad (i=0,1,\cdots,n-1)$$

によって定義される確率分布，P_0 は一様分布 $U(0,1)$ であるとすれば，P_n は P_0 に弱収束するが，(1.3) の距離が $\rho(P_n,P_0)\to 0$ とはならない．なぜなら有理数全体の集合を A とすれば，$P_n(A)=1$, $P_0(A)=0$ によって $\rho(P_n,P_0)=1$ $(n=1,2,\cdots)$ となるからである．▮

例 2.2.2　$k=1$ で $P_n\ (n=1,2,\cdots)$ は $P_n(\{0\})=P_n(\{n\})=1/2$ で定義される確率分布であるとする．$\gamma=1/2$ とし，P_0 は $P_0(\{0\})=1$ を満足する確率分布とすれば，P_n は γP_0 に弱収束する．▮

$k=2$ のとき γP_0 に対して可算集合 $S_1, S_2\subset\mathcal{R}^1$ を適当にとれば，$a,b\in\mathcal{R}^1-S_1$, $c,d\in\mathcal{R}^1-S_2$, $a<b$, $c<d$ を満足するすべての a, b, c, d に対して，$(a,b]\times(c,d]$ は γP_0 の連続区間となる．このことを以下で利用する．

定理 2.2.2 (Billingsley (1968) p. 11, 14)　$(\mathcal{R}^k, \mathcal{B}^k)$ で定義された確率分布列 $\{P_n\}$ が γP_0 に弱収束するものとする．このとき

(i)　J を γP_0 の任意の連続区間とすれば，$P_n(\bar{J})$, $P_n(J^\circ)$ は $n\to\infty$ のとき $\gamma P_0(\bar{J})=\gamma P_0(J^\circ)=\gamma P_0(J)$ に収束する．

(ii)　任意の開集合 G に対して

$$\liminf_{n\to\infty} P_n(G)\geqq\gamma P_0(G). \tag{2.9}$$

(iii)　任意の有界閉集合 H に対して

$$\limsup_{n\to\infty} P_n(H) \leqq \gamma P_0(H). \tag{2.10}$$

証明　(i)　$k=2$ とし，$J=(a,b]\times(c,d]$ とおく．仮定により $\gamma P_0(\bar{J})=\gamma P_0(J^\circ)=\gamma P_0(J)$ が成り立つので，任意の $\varepsilon>0$ に対して $\eta>0$ を十分小さくとって γP_0 の連続区間 $J_\eta=(a-\eta,b]\times(c-\eta,d]$ をつくれば，

$$\gamma P_0(J_\eta)<\gamma P_0(\bar{J})+\varepsilon=\gamma P_0(J)+\varepsilon \tag{2.11}$$

となる．このとき任意の $n\in\mathfrak{N}$ に対して $P_n(J)\leqq P_n(\bar{J})\leqq P_n(J_\eta)$ となるので，ここで $n\to\infty$ とすれば，

$$\gamma P_0(J)\leqq \liminf_{n\to\infty} P_n(\bar{J})\leqq \limsup_{n\to\infty} P_n(\bar{J})\leqq \gamma P_0(J_\eta).$$

他方で (2.11) が成り立つので，ここで $\varepsilon\to 0$ として $\lim_{n\to\infty} P_n(\bar{J})=\gamma P_0(J)$ を得る．

J° については $J_\eta=(a,b-\eta]\times(c,d-\eta]$ を用いて同様の議論を行えばよい．

(ii)　互いに共通点のない γP_0 の可算個の連続区間 J_i の和集合 $G=\bigcup_i J_i$ として G を表すことができる．このとき任意の $\varepsilon>0$ に対して $l\in\mathfrak{N}$ を十分大きくとれば，

$$\sum_{i=1}^{l}\gamma P_0(J_i)=\gamma P_0\left(\bigcup_{i=1}^{l} J_i\right)>\gamma P_0(G)-\varepsilon. \tag{2.12}$$

他方で

$$P_n(G)\geqq P_n\left(\bigcup_{i=1}^{l} J_i\right)=\sum_{i=1}^{l} P_n(J_i) \tag{2.13}$$

であって，$n\to\infty$ のとき (2.13) の右辺は (2.12) の左辺に収束する．よって

$$\liminf_{n\to\infty} P_n(G)\geqq \gamma P_0(G)-\varepsilon$$

が成り立つので，ここで $\varepsilon\to 0$ とすれば (2.9) が得られる．

(iii)　γP_0 の連続区間 J であって $J^\circ\supset H$ となるものをとれば，$J^\circ-H$ は開集合となって，任意の $n\in\mathfrak{N}$ に対して $P_n(H)=P_n(J^\circ)-P_n(J^\circ-H)$ が成り立つ．ここで $n\to\infty$ として (i), (ii) を利用すれば，

$$\begin{aligned}\limsup_{n\to\infty} P_n(H)&=\lim_{n\to\infty} P_n(J^\circ)-\liminf_{n\to\infty} P_n(J^\circ-H)\\&\leqq \gamma P_0(J^\circ)-\gamma P_0(J^\circ-H)=\gamma P_0(H).\end{aligned}$$

∎

定理 2.2.3 (**Helly-Bray の定理**, Tucker (1967) p.84) $(\mathcal{R}^k, \mathcal{B}^k)$ で定義された確率分布列 $\{P_n\}$ が γP_0 に弱収束するものとし，さらにある閉集合 $H \subset \mathcal{R}^k$ に対して

$$P_n(H)=1 \quad (n=1,2,\cdots) \tag{2.14}$$

が成り立つものとする．ϕ は H で定義された連続関数であるとする．このとき

（i） γP_0 の任意の連続区間 J に対して

$$\lim_{n\to\infty}\int_{H\cap\bar{J}}\phi(x)\,P_n(dx)=\gamma\int_{H\cap\bar{J}}\phi(x)\,P_0(dx). \tag{2.15}$$

（ii） $\gamma=1$ でしかも ϕ が有界であれば，

$$\lim_{n\to\infty}\int_{H}\phi(x)\,P_n(dx)=\int_{H}\phi(x)\,P_0(dx). \tag{2.16}$$

証明 （i） ϕ は有界閉集合 $H\cap\bar{J}$ で連続であるから，$H\cap\bar{J}$ で有界でしかも一様連続である．ϕ の $H\cap\bar{J}$ での有界性から，定理 2.2.2 の (i) により (2.15) の両辺の積分範囲を $H\cap J$ と変更して等式 (2.15) を証明すればよい．次に一様連続性により，任意の $\varepsilon>0$ に対して適当に $\eta>0$ をとれば，$\|x-x'\|<\eta$ を満たす任意の $x, x'\in H\cap\bar{J}$ に対して $|\phi(x)-\phi(x')|<\varepsilon/3$ となる．そこで直径が η より小さい互いに共通点のない有限個の γP_0 の連続区間 J_i $(i=1,\cdots,l)$ の和集合として J を表すことにする．各 i に対して $H\cap J_i\neq\emptyset$ ならばその1点を x_i とし，$H\cap J_i=\emptyset$ ならば任意の点 $x_i\in J_i$ をとって $\phi(x_i)=0$ とおく．このとき

$$\left|\int_{H\cap J}\phi(x)\,P_n(dx)-\sum_{i=1}^{l}\phi(x_i)\,P_n(H\cap J_i)\right|<\frac{\varepsilon}{3} \quad (n=1,2,\cdots) \tag{2.17}$$

$$\left|\gamma\int_{H\cap J}\phi(x)\,P_0(dx)-\gamma\sum_{i=1}^{l}\phi(x_i)P_0(H\cap J_i)\right|<\frac{\varepsilon}{3}. \tag{2.18}$$

さて仮定 (2.14) によれば $P_n(H\cap J_i)=P_n(J_i)$ となる．また $\mathcal{R}^k-H$ は開集合であるから，定理 2.2.2 の (ii) によって $\gamma P_0(\mathcal{R}^k-H)=0$ となるので，$\gamma P_0(H\cap J_i)=\gamma P_0(J_i)$ も得られる．よって弱収束の定義により，$n_0\in\mathcal{N}$ を適当にとれば，$n\geqq n_0$ を満足するすべての $n\in\mathcal{N}$ に対して

$$\left|\sum_{i=1}^{l}\phi(x_i)P_n(H\cap J_i)-\gamma\sum_{i=1}^{l}\phi(x_i)P_0(H\cap J_i)\right|<\frac{\varepsilon}{3}. \qquad (2.19)$$

よって $n\geqq n_0$ のとき (2.17), (2.18), (2.19) から

$$\left|\int_{H\cap J}\phi(x)P_n(dx)-\gamma\int_{H\cap J}\phi(x)P_0(dx)\right|<\varepsilon$$

となるので，以上で（i）が証明された．

（ii）　任意の $\varepsilon>0$ に対して，P_0 の連続区間 J を十分大きくとれば，

$$P_0(\mathcal{R}^k-J)=1-P_0(J)<\varepsilon.$$

このとき $P_n(J)\to P_0(J)$ となるので，$n_0\in\mathcal{N}$ を適当にとれば，$n\geqq n_0$ を満足するすべての $n\in\mathcal{N}$ に対して

$$P_n(\mathcal{R}^k-J)=1-P_n(J)<\varepsilon.$$

ϕ は有界であるから $|\phi(x)|\leqq M<\infty$ とする．このとき（i）を用いて

$$\begin{aligned}&\limsup_{n\to\infty}\left|\int_H\phi(x)P_n(dx)-\int_H\phi(x)P_0(dx)\right|\\&\leqq\lim_{n\to\infty}\left(\left|\int_{H\cap J}\phi(x)P_n(dx)-\int_{H\cap J}\phi(x)P_0(dx)\right|\right.\\&\qquad\left.+M(P_n(\mathcal{R}^k-J)+P_0(\mathcal{R}^k-J))\right)\\&\leqq 2M\varepsilon.\end{aligned}$$

$\varepsilon>0$ は任意であったから (2.16) が成り立つ．∎

定理 2.2.4 (**Helly-Bray の定理**, Tucker (1967) p. 83)　$\{P_n\}$ は $(\mathcal{R}^k, \mathcal{B}^k)$ で定義された確率分布列であるとする．このとき $\{P_n\}$ の適当な部分列 $\{P_{nn}\}$ と，$(\mathcal{R}^k, \mathcal{B}^k)$ 上の適当な確率分布 P_0 および適当な実数 $\gamma\in[0,1]$ をとって，$\{P_{nn}\}$ を γP_0 に弱収束させることができる．

証明　$k=2$ として証明する．まず P_n に対して分布関数を

$$F_n(x,y)=P_n((-\infty,x]\times(-\infty,y])$$

によって定義する．$F_n(x,y)$ は一様有界でしかも $\{(r,s)\in\mathcal{R}^2 : r,s$ は有理数$\}$ は可算集合であるから，$\{F_n\}$ の適当な部分列 $\{F_{nn}\}$ をとって，すべての有理点 (r,s) に対して $F_{nn}(r,s)$ を収束させることができる．そこですべて

の有理点 (r, s) に対して

$$F(r, s)=\lim_{n\to\infty} F_{nn}(r, s)$$

と定義し，これを用いて任意の $(x, y)\in\mathcal{R}^2$ に対して

$$F_0(x, y)=\inf_{r>x,\, s>y} F(r, s)$$

と定義する．

このとき F_0 の任意の連続点 (x, y) において

$$\lim_{n\to\infty} F_{nn}(x, y)=F_0(x, y) \tag{2.20}$$

が成り立ち，また F_0 は x, y それぞれについて単調増加，右連続で，任意の左開区間 $J=(a, b]\times(c, d]$ に対して

$$F_0(b, d)-F_0(a, d)-F_0(b, c)+F_0(a, c)\geqq 0 \tag{2.21}$$

が成り立つことが容易に証明される．

そこで，もしも (2.21) がすべての左開区間に対して 0 となれば，$\{P_{nn}\}$ が $0P_0$ に弱収束することは明らかである．(2.21) が少なくとも 1 つの左開区間に対して正となれば，上にあげた F_0 の性質から任意の左開区間 $J=(a, b]\times(c, d]$ に対して

$$\lambda(J)=F_0(b, d)-F_0(a, d)-F_0(b, c)+F_0(a, c) \tag{2.22}$$

となる測度 λ を $(\mathcal{R}^2, \mathcal{B}^2)$ で定義することができる．このとき $\lambda(\mathcal{R}^2)=\gamma$ とおけば $0<\gamma\leqq 1$ となって，さらに $\lambda=\gamma P_0$ とおけば P_0 は確率分布となる．

さて $J=(a, b]\times(c, d]$ を γP_0 の任意の連続区間とすれば，任意の $\varepsilon>0$ に対して $\eta>0$ を十分小さくとって

$$J_{\eta+}=(a-\eta, b+\eta]\times(c-\eta, d+\eta], \quad J_{\eta-}=(a+\eta, b-\eta]\times(c+\eta, d-\eta]$$

をつくると，

$$\gamma P_0(J)-\varepsilon<\gamma P_0(J_{\eta-})\leqq\gamma P_0(J)\leqq\gamma P_0(J_{\eta+})<\gamma P_0(J)+\varepsilon.$$

しかも $J_{\eta+}, J_{\eta-}$ の端点がすべて F_0 の連続点になるようにとることができるので，(2.20) より $P_{nn}(J)\to\gamma P_0(J)$ となる．以上で定理の証明は完結した．▮

2.3 十　分　性

A.　十分統計量と十分加法族

標本空間 $(\mathcal{X}, \mathcal{A})$ で定義された確率分布族 $\mathcal{P}=\{P_\theta : \theta\in\Omega\}$ と $(\mathcal{X}, \mathcal{A})$ から可測空間 $(\mathcal{Y}, \mathcal{B})$ への統計量 t とが与えられたものとする．このとき任意の $A\in\mathcal{A}$ に対して条件つき確率 $P_\theta(A|\cdot)$ を $\theta\in\Omega$ に無関係に選ぶことができるなら，t は $\mathcal{P}$ に対する**十分統計量**，あるいは Ω に対する十分統計量であるといい，このとき θ に無関係な $P_\theta(A|\cdot)$ を $P_\Omega(A|\cdot)$ と書く．

§1.4 A. で説明したように，統計量に基づく条件つき確率を考える代わりに，$\mathcal{A}$ の部分加法族 $\mathcal{A}_0$ に基づく条件つき確率を考えることもできる．もしも任意の $A\in\mathcal{A}$ に対して $P_\theta(A|\mathcal{A}_0, \cdot)$ を $\theta\in\Omega$ に無関係に選ぶことができるなら，$\mathcal{A}_0$ は $\mathcal{P}$ に対する**十分加法族**であるといい，このとき θ に無関係な $P_\theta(A|\mathcal{A}_0, \cdot)$ を $P_\Omega(A|\mathcal{A}_0, \cdot)$ と書く．一般に統計量 t が $\mathcal{A}$ の中に誘導する部分加法族を $\mathcal{A}_t$ とすれば，定理 1.2.1，定理 1.2.2 により，t が十分統計量であることと $\mathcal{A}_t$ が十分加法族であることは同等である．

定理 2.3.1　標本空間 $(\mathcal{X}, \mathcal{A})$ において $\mathcal{A}$ の部分加法族 $\mathcal{A}_0$ が $(\mathcal{X}, \mathcal{A})$ 上の確率分布族 $\mathcal{P}=\{P_\theta : \theta\in\Omega\}$ に対する十分加法族であるとする．このときすべての $\theta\in\Omega$ に対して有限の平均値 $E_\theta f(X)$ をもつ任意の $\mathcal{A}$ 可測関数 f に対して，条件つき平均値 $E_\theta(f(X)|\mathcal{A}_0, \cdot)$ を $\theta\in\Omega$ に無関係に選ぶことができる．

証明　$A\in\mathcal{A}$, $f=I_A$ のときは十分加法族の定義から明らかである．あとは定理 1.4.1 を用いて L プロセスに従えばよい．　∎

定理 2.3.1 で存在が証明された θ に無関係な条件つき平均値 $E_\theta(f(X)|\mathcal{A}_0, \cdot)$ を $E_\Omega(f(X)|\mathcal{A}_0, \cdot)$ と書く．同様に統計量を用いるときにも，θ に無関係な $E_\theta(f(X)|\cdot)$ を $E_\Omega(f(X)|\cdot)$ と書く．

$\mathcal{A}_0$ が $\mathcal{P}=\{P_\theta : \theta\in\Omega\}$ に対する十分加法族であれば，空でない Ω の部分集合 Ω_0 をとると，$\mathcal{A}_0$ は $\mathcal{P}_0=\{P_\theta : \theta\in\Omega_0\}$ に対しても十分加法族になることは定義から明らかである．そこですべての $\theta\in\Omega_0$ に対して $f(X)$ が有限の平均値 $E_\theta f(X)$ をもてば，定理 2.3.1 により，Ω_0 の中での θ に無関係な

条件つき平均値を選ぶことができる．これを E_{Ω_0} によって表すことにする．

$x\in\mathcal{X}$ に関する命題 $C(x)$ があって，すべての $\theta\in\Omega$ に対して $C(x)$ a.e. $(\mathcal{A}, P_\theta)$ が成り立つとき，

$$C(x) \quad \text{a.e.}\ (\mathcal{A}, \mathcal{P})$$

と書く．

$\theta\in\Omega$ に無関係で正則な条件つき確率の存在については次の定理が成り立つ．

定理 2.3.2 (Lehmann (1959) p. 48, Breiman (1968) p. 78)　標本空間 $(\mathcal{X}, \mathcal{A})$ で定義された確率分布族 $\mathcal{P}=\{P_\theta : \theta\in\Omega\}$ に対する $\mathcal{A}$ の十分加法族 $\mathcal{A}_0$，および $(\mathcal{X}, \mathcal{A})$ から $(\mathcal{R}^k, \mathcal{B}^k)$ への統計量 t が与えられたものとする．このとき

(i)　$\theta\in\Omega$ に無関係に $\mathcal{B}^k\times\mathcal{X}$ で $Q_\Omega(\cdot|\cdot)$ を定義して，定理 1.4.6 の条件 (c), (d) を P, Q の代わりに P_Ω, Q_Ω に対して満足させることができる．

(ii)　$\emptyset\neq\Omega_0\subset\Omega$ とし，$\mathcal{P}_0=\{P_\theta : \theta\in\Omega_0\}$ とおく．f は $\mathcal{R}^k$ で定義された $\mathcal{B}^k$ 可測関数であって，すべての $\theta\in\Omega_0$ に対して $f(t(X))$ が有限の平均値 $E_\theta f(t(X))$ をもつとする．このとき

$$E_{\Omega_0}[f(t(X))|\mathcal{A}_0, x]=\int_{\mathcal{R}^k} f(s)\, Q_\Omega(ds|x) \quad \text{a.e.}\ (\mathcal{A}_0, \mathcal{P}_0).$$

証明　(i)　記号の簡単化のため $k=1$ とする．定理 1.4.6 の証明において，すべての有理数 r に対して θ に無関係な条件つき確率 $P_\Omega(t^{-1}(-\infty, r]|\mathcal{A}_0, \cdot)$ を決め，これを出発点として定理 1.4.6 と同じ手順をとればよい．

(ii)　定理 1.4.5，定理 1.4.7 と同様であるので省略する．　▌

系　Borel 型の標本空間 $(\mathcal{X}, \mathcal{A})$ で定義された確率分布族 $\mathcal{P}=\{P_\theta : \theta\in\Omega\}$ に対して $\mathcal{A}_0$ は十分加法族であるとする．このとき

(i)　θ に無関係で正則な条件つき確率 $P_\Omega^*(\cdot|\cdot)$ が存在する．

(ii)　$\Omega_0, \mathcal{P}_0$ は定理と同じ意味をもつものとする．$\mathcal{X}$ で定義された $\mathcal{A}$ 可測関数 f がすべての $\theta\in\Omega_0$ に対して有限の平均値 $E_\theta f(X)$ をもてば，

$$E_{\Omega_0}(f(X)|\mathcal{A}_0, x)=\int_{\mathcal{X}} f(s)\, P_\Omega^*(ds|x) \quad \text{a.e.}\ (\mathcal{A}_0, \mathcal{P}_0).$$

証明　定理において t を恒等写像 $t(x)=x$ にとればよい． ∎

t は Borel 型の標本空間 $(\mathcal{X},\mathcal{A})$ から可測空間 $(\mathcal{Y},\mathcal{B})$ への十分統計量であるとし，$\mathcal{A}_0=\mathcal{A}_t$ として系の (i) の意味を考えてみる．このとき θ に無関係で正則な条件つき確率 P_{Ω}^* を統計量 t に基づいてつくることができる．統計量 t によって P_θ から誘導される $(\mathcal{Y},\mathcal{B})$ 上の確率分布を Q_θ として，Q_θ に基づく観測値 y が知れたとき，確率的な機構を用いて $P_{\Omega}^*(\cdot|y)$ に従って $x\in\mathcal{X}$ を発生させることにする．こうして $(\mathcal{X},\mathcal{A})$ 上の確率分布 P_θ が得られるが，y から x を発生させるときに，θ に関する情報は何も必要としない．この意味で，x に含まれている θ に関する情報はすべて $y=t(x)$ に含まれているとみることができる．

B.　順序統計量の十分性

標本空間 $(\mathcal{X},\mathcal{A})=(\mathcal{R}^n,\mathcal{B}^n)$ の観測値を $x=(x_1,\cdots,x_n)$ とするとき，$x_1,\cdots,x_n$ を大きさの順序に並べたものを $y_1\leqq\cdots\leqq y_n$ として $y=(y_1,\cdots,y_n)$ とおき，$t(x)=y$ によって与えられる統計量 t を**順序統計量**という．t の値域 $\mathcal{Y}=\{y\in\mathcal{R}^n: y_1\leqq\cdots\leqq y_n\}$ は $\mathcal{R}^n$ の Borel 集合であって，$\mathcal{Y}$ の Borel 部分集合の全体を $\mathcal{B}$ とする．t が $\mathcal{A}$ の中に誘導する完全加法族 $\mathcal{A}_t$ は，n 個の座標に関して対称な Borel 集合の全体から成る．ここで $A\subset\mathcal{X}$ が n 個の座標に関して**対称**とは，任意の $x=(x_1,\cdots,x_n)\in A$ と自然数 $1,\cdots,n$ の任意の順列 $(i_1,\cdots,i_n)$ に対して $(x_{i_1},\cdots,x_{i_n})\in A$ となることをいう．

また $(\mathcal{X},\mathcal{A})=(\mathcal{R}^n,\mathcal{B}^n)$ で定義された確率分布 P が任意の $A\in\mathcal{A}$ と自然数 $1,\cdots,n$ の任意の順列 $(i_1,\cdots,i_n)$ に対して

$$P((X_1,\cdots,X_n)\in A)=P((X_{i_1},\cdots,X_{i_n})\in A)$$

を満足するとき，P は**対称**な分布であるという．

定理 2.3.3　(Fraser (1957) p.141)　標本空間 $(\mathcal{X},\mathcal{A})=(\mathcal{R}^n,\mathcal{B}^n)$ で定義された対称な分布から成るある確率分布族を $\mathcal{P}=\{P_\theta:\theta\in\Omega\}$ とする．このとき順序統計量 t は $\mathcal{P}$ に対する十分統計量となる．

証明　任意の $x=(x_1,\cdots,x_n)\in\mathcal{X}$ と $A\in\mathcal{A}$ が与えられたとき，$(x_{i_1},\cdots,x_{i_n})\in A$ となる順列 $(i_1,\cdots,i_n)$ の個数を $\#(A,x)$ で表す．A を固定したと

き $\sharp(A,x)$ は x の n 個の座標の対称関数であるから，$y=t(x)$ とおけば $\sharp(A,x)=\sharp(A,y)$ となる．ここですべての $\theta\in\Omega$ に対して

$$P_\theta(A|y)=\sharp(A,y)/n! \quad \text{a.e.}\ (\mathcal{B}^n, P_\theta) \tag{3.1}$$

となることを証明する．

そのため任意の $A_0\in\mathcal{A}_t$ の対称性と $P_\theta\in\mathcal{P}$ の対称性を用いれば，任意の順列 $(i_1,\cdots,i_n)$ に対して

$$P_\theta(A\cap A_0)=\int_{A_0} I_A(x_1,\cdots,x_n)P_\theta(dx)=\int_{A_0} I_A(x_{i_1},\cdots,x_{i_n})P_\theta(dx). \tag{3.2}$$

ここで $I_A(x_{i_1},\cdots,x_{i_n})$ をすべての順列 $(i_1,\cdots,i_n)$ に対して加えると $\sharp(A,y)$ になる．よって (3.2) の両辺をこれらすべての順列に対して加えて $n!$ で割れば，

$$P_\theta(A\cap A_0)=\int_{A_0}\frac{\sharp(A,y)}{n!}P_\theta(dx).$$

これがすべての $A_0\in\mathcal{A}_t$ について成り立つので (3.1) を得る．よって定理が証明された．∎

C. Neyman の因数分解定理

ここでの主要な目的は，確率分布族 $\mathcal{P}=\{P_\theta:\theta\in\Omega\}$ がある σ 有限測度に関して絶対連続のとき，$\mathcal{A}$ の部分加法族 $\mathcal{A}_0$ が $\mathcal{P}$ に対する十分加法族となるための必要十分条件を与えることである．測度論を基礎にしたこの種の最初の定理は Halmos and Savage (1949) によって与えられたが，ここではそれを改良した形の2つの定理をあげておく．

定理 2.3.4 (Bahadur (1954), Lehmann (1959) p. 48) 標本空間 $(\mathcal{X},\mathcal{A})$ で定義された確率分布族 $\mathcal{P}=\{P_\theta:\theta\in\Omega\}$ はある σ 有限測度 μ に関して絶対連続であるとし，定理 2.1.5 によって

$$\lambda=\sum_i c_iP_{\theta_i},\quad ただし\ \theta_i\in\Omega,\ c_i>0\ (i=1,2,\cdots),\ \sum_i c_i=1 \tag{3.3}$$

の形の確率測度 λ で $\mathcal{P}$ と対等なものをつくる．このとき $\mathcal{A}$ の部分加法族 $\mathcal{A}_0$ が $\mathcal{P}$ に対する十分加法族となるための必要十分条件は，すべての $\theta\in\Omega$ について，P_θ の λ に関する確率密度関数 $P_\theta(dx)/\lambda(dx)$ が，適当な $\mathcal{A}_0$ 可

測関数 g_θ を用いて

$$\frac{P_\theta(dx)}{\lambda(dx)}=g_\theta(x) \quad \text{a.e.}\ (\mathcal{A},\lambda) \tag{3.4}$$

と表されることである.

証明　λ は $\mathcal{P}$ と対等であるから，任意の $P_\theta\in\mathcal{P}$ は λ に関して絶対連続である．よって P_θ,λ を $(\mathcal{X},\mathcal{A}_0)$ 上の確率測度と考えても，P_θ は λ に関して絶対連続である．そこで $(\mathcal{X},\mathcal{A}_0)$ 上で P_θ の λ に関する Radon-Nikodym の導関数 g_θ をつくると，g_θ は $\mathcal{A}_0$ 可測であって，定理 1.1.9 により，任意の $(\mathcal{A}_0,P_\theta)$ 積分可能関数 f に対して

$$\int_{\mathcal{X}} f(x)\,P_\theta(dx)=\int_{\mathcal{X}} f(x)\,g_\theta(x)\,\lambda(dx). \tag{3.5}$$

必要性．$\mathcal{A}_0$ が $\mathcal{P}$ に対する十分加法族であるとすれば，任意の $A\in\mathcal{A}$ に対して θ に無関係な条件つき確率 $P_\Omega(A|\mathcal{A}_0,\cdot)$ が存在する．ここで任意の $A_0\in\mathcal{A}_0$ に対して，

$$\begin{aligned}\lambda(A\cap A_0)&=\sum_i c_i F_{\theta_i}(A\cap A_0)\\&=\sum_i c_i\int_{A_0}P_\Omega(A|\mathcal{A}_0,x)\,P_{\theta_i}(dx)=\int_{A_0}P_\Omega(A|\mathcal{A}_0,x)\,\lambda(dx)\end{aligned}$$

が成り立つので

$$\lambda(A|\mathcal{A}_0,x)=P_\Omega(A|\mathcal{A}_0,x) \quad \text{a.e.}\ (\mathcal{A}_0,\lambda). \tag{3.6}$$

そこで，確率測度 λ を用いたときの条件つき平均値を E_λ で表すことにすると，任意の $\theta\in\Omega, A\in\mathcal{A}$ に対して

$$\begin{aligned}P_\theta(A)&=\int_{\mathcal{X}}P_\Omega(A|\mathcal{A}_0,x)\,P_\theta(dx)\\&=\int_{\mathcal{X}}\lambda(A|\mathcal{A}_0,x)\,g_\theta(x)\,\lambda(dx) && \text{[(3.5) と (3.6)]}\\&=\int_{\mathcal{X}}E_\lambda(I_A(X)|\mathcal{A}_0,x)\,g_\theta(x)\,\lambda(dx) && \text{[条件つき確率の定義]}\\&=\int_{\mathcal{X}}E_\lambda(I_A(X)g_\theta(X)|\mathcal{A}_0,x)\,\lambda(dx) && \text{[定理 1.4.1 の (iii)]}\end{aligned}$$

$$=\int_{\mathcal{X}} I_A(x)\,g_\theta(x)\,\lambda(dx) \qquad [\text{定理 1.4.2 の (ii)}]$$

$$=\int_A g_\theta(x)\,\lambda(dx).$$

よって g_θ は $(\mathcal{X},\mathcal{A})$ 上での $dP_\theta/d\lambda$ ともなるので，(3.4) が証明された．

十分性． (3.4) を仮定するとき，任意の $A\in\mathcal{A}$ に対して $\lambda(A|\mathcal{A}_0,\cdot)$ が $P_\Omega(A|\mathcal{A}_0,\cdot)$ の役割をすることを証明すればよい．そのために任意の $\theta\in\Omega$, $A_0\in\mathcal{A}_0$ をとると，

$$\int_{A_0}\lambda(A|\mathcal{A}_0,x)\,P_\theta(dx)$$

$$=\int_{A_0}\lambda(A|\mathcal{A}_0,x)\,g_\theta(x)\,\lambda(dx) \qquad [(3.5)]$$

$$=\int_{A_0}E_\lambda(I_A(X)|\mathcal{A}_0,x)\,g_\theta(x)\,\lambda(dx) \qquad [\text{条件つき確率の定義}]$$

$$=\int_{A_0}E_\lambda(I_A(X)g_\theta(X)|\mathcal{A}_0,x)\,\lambda(dx) \qquad [\text{定理 1.4.1 の (iii)}]$$

$$=\int_{A_0}I_A(x)\,g_\theta(x)\lambda(dx) \qquad [\text{条件つき平均値の定義}]$$

$$=\int_{A\cap A_0}g_\theta(x)\,\lambda(dx)=P_\theta(A\cap A_0). \qquad [(3.4)]$$

よって

$$\lambda(A|\mathcal{A}_0,x)=P_\theta(A|\mathcal{A}_0,x)\quad \text{a.e.}\ (\mathcal{A}_0,P_\theta)$$

が証明され，これで定理の証明は完結した． ▮

定理 2.3.5 (**Neyman の因数分解定理**, Bahadur (1954), Lehmann (1959) p. 49) 標本空間 $(\mathcal{X},\mathcal{A})$ で定義された確率分布族 $\mathcal{P}=\{P_\theta : \theta\in\Omega\}$ はある σ 有限測度 μ に関して絶対連続であるとする．このとき $\mathcal{A}$ の部分加法族 $\mathcal{A}_0$ が $\mathcal{P}$ に対する十分加法族となるための必要十分条件は，おのおのの θ に対して定義された $\mathcal{A}_0$ 可測関数 g_θ と θ に無関係な $\mathcal{A}$ 可測関数 h とを適当にとれば，すべての $\theta\in\Omega$ に対して

$$\frac{P_\theta(dx)}{\mu(dx)}=g_\theta(x)h(x) \quad \text{a.e.}\ (\mathcal{A},\mu) \tag{3.7}$$

となることである．

証明　定理 2.3.4 の λ を用いると，(3.4) と (3.7) が同等になることを示せばよい．

(3.4) が成り立つとき，$d\lambda/d\mu=h$ とおけば，h は $\theta\in\Omega$ に無関係な $\mathcal{A}$ 可測関数で，定理 1.1.10 により (3.7) が成り立つ．

逆に定理の条件を満たす g_θ, h を用いて (3.7) が成り立つとすれば，

$$\frac{\lambda(dx)}{\mu(dx)}=\Big(\sum_i c_i g_{\theta_i}(x)\Big)h(x) \quad \text{a.e.}\ (\mathcal{A},\mu). \tag{3.8}$$

ここで $k(x)=\sum_i c_i g_{\theta_i}(x)$ とおき，任意の $\theta\in\Omega$, $x\in\mathcal{X}$ に対して

$$g_\theta^*(x)=\begin{cases} g_\theta(x)/k(x) & 0<k(x)<\infty \text{ のとき} \\ 0 & \text{その他のとき} \end{cases}$$

と定義すれば，g_θ^* は $\mathcal{A}_0$ 可測関数となる．さらに λ は確率測度であるから，

$$0<\frac{\lambda(dx)}{\mu(dx)}=k(x)h(x)<\infty \quad \text{a.e.}\ (\mathcal{A},\lambda). \tag{3.9}$$

しかも P_θ は λ に関して絶対連続であるから，(3.7), (3.9) により，$g_\theta(x)h(x)>0$ となる x に対しては，a.e. $(\mathcal{A},\mu)$ で $0<k(x)h(x)<\infty$ が成り立つ．よって定理 1.1.10 により，g_θ の代わりに g_θ^* を用いれば (3.4) が成り立つことは明らかである．∎

例 2.3.1　$X_1, \cdots, X_n$ は互いに独立に正規分布 $N(\xi,\sigma^2)$ に従う確率変数であるとすれば，Lebesgue 測度 μ^n に関する確率密度関数は

$$\left(\frac{1}{\sqrt{2\pi}\,\sigma}\right)^n \exp\left(-\frac{1}{2\sigma^2}\sum_{i=1}^n (x_i-\xi)^2\right)$$
$$=\left(\frac{1}{\sqrt{2\pi}\,\sigma}\right)^n \exp\left(-\frac{1}{2\sigma^2}\sum_{i=1}^n x_i^2+\frac{\xi}{\sigma^2}\sum_{i=1}^n x_i-\frac{n\xi^2}{2\sigma^2}\right). \tag{3.10}$$

これは (ξ,σ) と $(\sum_i x_i,\ \sum_i x_i^2)$ の関数の形になっているので，定理 2.3.5 と定理 1.2.1 によって，$x=(x_1,\cdots,x_n)$ に対して $t(x)=(\sum_i x_i,\ \sum_i x_i^2)$ とおけば t が分布族 $\{N^n(\xi,\sigma^2):(\xi,\sigma)\in\mathcal{R}^1\times\mathcal{R}_+^1\}$ に対する十分統計量となる．

あるいは

$$u=\sum_i x_i/n=\bar{x}, \quad v=\sum_i (x_i-\bar{x})^2, \quad t'(x)=(u,v) \tag{3.11}$$

とおいて，(3.11) の t' が十分統計量であるといってもよい．

また $\sigma=1$ が既知であれば $t(x)=\bar{x}$ によって与えられる統計量 t が分布族 $\{N^n(\xi,1):\xi\in\mathscr{R}^1\}$ に対して，$\xi=0$ が既知であれば $t(x)=\sum_i x_i^2$ によって与えられる統計量 t が分布族 $\{N^n(0,\sigma^2):\sigma\in\mathscr{R}^1_+\}$ に対して十分統計量となることも (3.10) から容易にわかる． ∎

例 2.3.2 $\theta\in\mathscr{R}^1$ として $X_1,\cdots,X_n$ は互いに独立に一様分布 $U(\theta,\theta+1)$ に従う確率変数であるとすれば，Lebesgue 測度 μ^n に関する確率密度関数は

$$I(\theta\leqq\min_i x_i\leqq\max_i x_i\leqq\theta+1).$$

よって $x=(x_1,\cdots,x_n)$ に対して $t(x)=(\min_i x_i,\ \max_i x_i)$ とおけば，統計量 t が分布族 $\{U^n(\theta,\theta+1):\theta\in\mathscr{R}^1\}$ に対する十分統計量となる． ∎

D. 十分性の応用

§1.7 A. の (a)〜(d) を満足する統計的決定問題を考え，$\mathscr{A}_0$ を $\mathscr{A}$ の部分加法族とする．このとき非確率的な決定関数 φ が $\mathscr{A}_0\to\mathscr{F}$ 可測であれば，φ は $\mathscr{A}_0$ **可測**な非確率的決定関数であるという．また任意の $D\in\mathscr{F}$ に対して $\delta(D|\cdot)$ が $\mathscr{A}_0$ 可測となる確率的な決定関数 δ は $\mathscr{A}_0$ **可測**な確率的決定関数であるという．決定理論の中での十分統計量・十分加法族の重要性は次の定理によって与えられる．

定理 2.3.6 (Bahadur (1954)) §1.7 A. の (a)〜(d) を満足する統計的決定問題において，$\mathscr{A}_0$ は $\mathscr{P}$ に対する十分加法族であるとする．Δ を確率的な決定関数全体の集合として，Δ の中で $\mathscr{A}_0$ 可測な決定関数全体の集合を Δ_S とおく．さらに次の (a),(b) どちらかの条件が満足されるものとする．

(a) 標本空間 $(\mathscr{X},\mathscr{A})$ は Borel 型である．

(b) 決定空間 $(\mathscr{D},\mathscr{F})$ は Borel 型である．

このとき

(i) 任意の $\delta\in\Delta$ に対して δ と同等な $\delta_0\in\Delta_S$，すなわちすべての $\theta\in\Omega$

に対して $R(\theta,\delta_0)=R(\theta,\delta)$ を満足する $\delta_0\in\Delta_S$ が存在する.

(ii) Δ_S は Δ の中で本質的完備類をなす.

証明 (i) が成り立てば (ii) が成り立つことは明らかであるから, (i) だけを証明する.

(a) の場合. 定理 2.3.2 の系により, $\mathcal{A}_0$ が与えられたときの正則な条件つき確率で θ に無関係なもの $P^*_{\Omega}(\cdot|\cdot)$ が存在して, 任意の有界な $\mathcal{A}$ 可測関数 f に対して

$$E_{\Omega}(f(X)|\mathcal{A}_0,x)=\int_{\mathcal{X}}f(s)\,P^*_{\Omega}(ds|x)\quad \text{a. e.}\ (\mathcal{A}_0,\mathcal{P}). \tag{3.12}$$

与えられた $\delta\in\Delta$ と任意の $D\in\mathcal{F}$, $x\in\mathcal{X}$ に対して

$$\delta_0(D|x)=\int_{\mathcal{X}}\delta(D|s)\,P^*_{\Omega}(ds|x)$$

とおけば, $\delta_0\in\Delta_S$ が容易に証明され, しかも $f(x)=\delta(D|x)$ に対する (3.12) と定理 1.4.2 の (ii) とを用いれば, 任意の $\theta\in\Omega$ に対して

$$\int_{\mathcal{X}}\delta_0(D|x)\,P_\theta(dx)=\int_{\mathcal{X}}\delta(D|x)\,P_\theta(dx). \tag{3.13}$$

これより損失関数 W に対して

$$\int_{\mathcal{X}}\left(\int_{\mathcal{D}}W(\theta,s)\,\delta_0(ds|x)\right)P_\theta(dx)=\int_{\mathcal{X}}\left(\int_{\mathcal{D}}W(\theta,s)\,\delta(ds|x)\right)P_\theta(dx) \tag{3.14}$$

となることが証明される. なぜなら, とくに $D\in\mathcal{F}$, $W(\theta,\cdot)=I_D$ のときには (3.14) は (3.13) に帰着するので, あとは L プロセスに従って証明すればよい. (3.14) が $R(\theta,\delta_0)=R(\theta,\delta)$ を表すので, これによって (i) が証明された.

(b) の場合. $(\mathcal{D},\mathcal{F})=(\mathcal{R}^1,\mathcal{B}^1)$ として証明することにする. $\delta\in\Delta$ が与えられたとき, 任意の $D\in\mathcal{F}$ に対して $E_{\Omega}(\delta(D|X)|\mathcal{A}_0,\cdot)$ の 1 つを固定して

$$\delta_1(D|x)=E_{\Omega}(\delta(D|X)|\mathcal{A}_0,x) \tag{3.15}$$

とおく. そこですべての有理数 r に対する

$$F(r|x)=\delta_1((-\infty,r]|x)$$

から出発して定理 1.4.6 と同様の証明方法をたどれば, $\delta_0\in\Delta_S$ であって任意

の $D\in\mathcal{D}$ に対して

$$\delta_0(D|x)=\delta_1(D|x) \quad \text{a.e.}\ (\mathcal{A}_0, \mathcal{P}) \tag{3.16}$$

となるもの δ_0 の存在を示すことができる．このとき (3.15), (3.16) により (3.13) が成り立つので，(a) の場合と同様にして δ_0 が δ と同等であることが証明される．以上で定理の証明は完結した．▮

定理 2.3.6 の条件のもとでは Δ_S が Δ の中で本質的完備類になっているので，Δ_S の中で最良・許容的・ミニマックス解・Bayes 解といった決定関数は Δ の中でも同じ条件を満足する．よって以後の決定関数の選択の範囲を Δ_S に限定することができる．

定理 2.3.6 については，その逆の議論が Bahadur (1955 a)，工藤 (1957) によって与えられている．

2.4 最小十分性

A. 最小十分統計量と最小十分加法族

例 2.3.1 の分布族は定理 2.3.3 の条件を満たしているので，順序統計量も例 2.3.1 の分布族に対する十分統計量となる．例 2.3.1 で得られた十分統計量 $t(x)=(\sum_i x_i, \sum_i x_i^2)$ は順序統計量より簡約化したものとみることができる．十分統計量という性質を失わない範囲でこのような簡約化の限度を示す概念が最小十分統計量である．これについて説明する前にいくつかの定義をあげておく．

標本空間 $(\mathcal{X}, \mathcal{A})$ で定義された確率分布族 $\mathcal{P}=\{P_\theta : \theta\in\Omega\}$ と $(\mathcal{X}, \mathcal{A})$ から2つの可測空間 $(\mathcal{Y}, \mathcal{B})$, $(\mathcal{Z}, \mathcal{C})$ への統計量 t, u とが与えられたとき，$\mathcal{Z}$ で定義されて $\mathcal{Y}$ の値をとる関数 f を適当に定義すると

$$t(x)=f(u(x)) \quad \text{a.e.}\ (\mathcal{A}, \mathcal{P})$$

が成り立つならば，t は**本質的に** u **の関数**であるという．

また上と同じ $(\mathcal{X}, \mathcal{A})$ と $\mathcal{P}$ が与えられたとき，$A_0, A_1\in\mathcal{A}$ がすべての θ に対して $P_\theta(A_0\ominus A_1)=0$ を満足すれば，

$$A_0\sim A_1 \quad (\mathcal{A}, \mathcal{P}) \tag{4.1}$$

と書く．$\mathcal{A}$ の2つの部分加法族 $\mathcal{A}_0, \mathcal{A}_1$ が与えられ，任意の $A_0 \in \mathcal{A}_0$ に対して (4.1) を満足する $A_1 \in \mathcal{A}_1$ が存在するとき，

$$\mathcal{A}_0 \subset \mathcal{A}_1 \quad (\mathcal{A}, \mathcal{P}) \tag{4.2}$$

と書いて，$\mathcal{A}_0$ は**本質的に** $\mathcal{A}_1$ **に含まれる**という．$\mathcal{A}_0 \subset \mathcal{A}_1\,(\mathcal{A}, \mathcal{P})$，$\mathcal{A}_1 \subset \mathcal{A}_0\,(\mathcal{A}, \mathcal{P})$ がともに成り立つとき，

$$\mathcal{A}_0 \sim \mathcal{A}_1 \quad (\mathcal{A}, \mathcal{P})$$

と書く．

定理 2.4.1　標本空間 $(\mathcal{X}, \mathcal{A})$ で定義された確率分布族 $\mathcal{P} = \{P_\theta : \theta \in \Omega\}$ と $\mathcal{A}$ の2つの部分加法族 $\mathcal{A}_0, \mathcal{A}_1$ が与えられたとき，(4.2) が成り立つための必要十分条件は，実数値をとる任意の $\mathcal{A}_0$ 可測関数 f_0 に対して，$\mathcal{A}_1$ 可測関数 f_1 を適当にとれば

$$f_0(x) = f_1(x) \quad \text{a.e.}\ (\mathcal{A}, \mathcal{P}) \tag{4.3}$$

が成り立つことである．

証明　必要性．(4.2) を仮定する．このとき $A_0 \in \mathcal{A}_0$，$f_0 = I_{A_0}$ であれば，(4.1) を満足する $A_1 \in \mathcal{A}_1$ が存在する．そこで $f_1 = I_{A_1}$ とおけば (4.3) が成り立つ．あとは L プロセスに従って証明すればよい．

十分性．任意の $\mathcal{A}_0$ 可測関数 f_0 に対して (4.3) を満足する $\mathcal{A}_1$ 可測関数 f_1 が存在すると仮定する．いま任意の $A_0 \in \mathcal{A}_0$ が与えられたとき，$f_0 = I_{A_0}$ として，これに対して (4.3) を満足する $\mathcal{A}_1$ 可測関数 f_1 をとる．このとき $A_1 = \{x \in \mathcal{X} : f_1(x) = 1\}$ が (4.1) を満足することは明らかである．　▮

$(\mathcal{X}, \mathcal{A})$ と $\mathcal{P}$ についてはこれまでのとおりとして，ここで最小十分統計量と最小十分加法族の定義を与えることにする．

t は $(\mathcal{X}, \mathcal{A})$ から可測空間 $(\mathcal{Y}, \mathcal{B})$ への統計量であって，$(\mathcal{X}, \mathcal{A})$ から任意の可測空間 $(\mathcal{Z}, \mathcal{C})$ への十分統計量 u をとると t が本質的に u の関数となるならば，t を**必要統計量**という．必要統計量でしかも十分統計量であるものを**必要十分統計量**または**最小十分統計量**という．

$\mathcal{A}_0$ は $\mathcal{A}$ の部分加法族であって，$\mathcal{A}$ の任意の十分加法族 $\mathcal{A}_1$ をとると $\mathcal{A}_0$ が本質的に $\mathcal{A}_1$ に含まれるならば，$\mathcal{A}_0$ を**必要加法族**という．必要加法族

でしかも十分加法族であるものを**必要十分加法族**または**最小十分加法族**という．

以下 B. および C. で，ある条件のもとで最小十分加法族および最小十分統計量の存在を保証した定理を証明するが，一般的にはこの両者の間の関係は複雑で，Pitcher (1957) は最小十分統計量・最小十分加法族をともにもたない例をあげ，Landers and Rogge (1972) はその一方をもち他方をもたない例をあげている．

B. 最小十分加法族の存在

定理 2.4.2 (Bahadur (1954)) 標本空間 $(\mathcal{X},\mathcal{A})$ で定義された確率分布族 $\mathcal{P}=\{P_\theta : \theta\in\Omega\}$ がある σ 有限測度に関して絶対連続であるとすれば，$\mathcal{P}$ に対する最小十分加法族が存在する．

証明 定理 2.3.4 と同様に (3.3) の形の確率測度 λ で $\mathcal{P}$ と対等なものをつくる．任意の $\theta\in\Omega$ に対して１つの $\mathcal{A}$ 可測関数

$$\frac{P_\theta(dx)}{\lambda(dx)}=g_\theta(x) \tag{4.4}$$

を固定し，任意の $\alpha\in\mathcal{R}^1$ に対して

$$A_\theta(\alpha)=\{x\in\mathcal{X} : g_\theta(x)\leqq\alpha\}$$

と定義する．このとき集合族 $\mathcal{C}=\{A_\theta(\alpha) : \theta\in\Omega, \alpha\in\mathcal{R}^1\}$ から生成される完全加法族を $\mathcal{A}_0$ とすれば，$\mathcal{A}_0\subset\mathcal{A}$ であって，$\mathcal{A}_0$ が $\mathcal{P}$ に対する最小十分加法族になることが次のようにして証明される．

まず $\mathcal{A}_0$ の定義から，任意の $\theta\in\Omega$ に対して g_θ が $\mathcal{A}_0$ 可測のことは明らかである．よって定理 2.3.4 により $\mathcal{A}_0$ は $\mathcal{P}$ に対する十分加法族となる．

次に $\mathcal{A}_0$ が必要加法族になることを証明する．そのため $\mathcal{P}$ に対する任意の十分加法族 $\mathcal{A}_1$ をとる．このとき定理 2.3.4 により，各 $\theta\in\Omega$ に対して $\mathcal{A}_1$ 可測関数 h_θ を適当にとれば，

$$\frac{P_\theta(dx)}{\lambda(dx)}=h_\theta(x) \quad \text{a.e.}\ (\mathcal{A}, \lambda). \tag{4.5}$$

(4.4),(4.5) からすべての $\theta\in\Omega$ に対して $g_\theta(x)=h_\theta(x)$ a.e. $(\mathcal{A}, \lambda)$ となるので，

$$B_\theta(\alpha)=\{x\in\mathcal{X}: h_\theta(x)\leqq\alpha\}$$

とおけば，

$$B_\theta(\alpha)\in\mathcal{A}_1,\quad \lambda(A_\theta(\alpha)\ominus B_\theta(\alpha))=0. \tag{4.6}$$

そこで

$$\mathcal{A}_2=\{A\in\mathcal{A}: \text{ある } A_1\in\mathcal{A}_1 \text{ に対して } \lambda(A\ominus A_1)=0\} \tag{4.7}$$

とおけば，$\mathcal{A}_2$ は $\mathcal{A}_1$ を含む $\mathcal{A}$ の部分加法族であって，(4.6) によればすべての $A_\theta(\alpha)$ が $\mathcal{A}_2$ に属する．よって $\mathcal{A}_0\subset\mathcal{A}_2$ となる．このことは $\mathcal{A}_2$ の定義 (4.7) によれば $\mathcal{A}_0\subset\mathcal{A}_1$ $(\mathcal{A},\lambda)$，したがって λ のとり方から $\mathcal{A}_0\subset\mathcal{A}_1$ $(\mathcal{A},\mathcal{P})$ を意味する．よって $\mathcal{A}_0$ が必要加法族であることが示された．これで定理の証明は完結した．∎

定理 2.4.3 (Bahadur (1954)) 標本空間 $(\mathcal{X},\mathcal{A})$ で定義された確率分布族 $\mathcal{P}=\{P_\theta: \theta\in\Omega\}$ がある σ 有限測度に関して絶対連続であるとし，$\mathcal{A}_0\subset\mathcal{A}$ を $\mathcal{P}$ に対する最小十分加法族とする．このとき $\mathcal{A}_1\subset\mathcal{A}$ を任意の部分加法族とすれば，

(i) $\mathcal{A}_1$ が必要加法族であるための必要十分条件は $\mathcal{A}_1\subset\mathcal{A}_0$ $(\mathcal{A},\mathcal{P})$ である．

(ii) $\mathcal{A}_1$ が十分加法族であるための必要十分条件は $\mathcal{A}_0\subset\mathcal{A}_1$ $(\mathcal{A},\mathcal{P})$ である．

(iii) $\mathcal{A}_1$ が最小十分加法族であるための必要十分条件は $\mathcal{A}_0\sim\mathcal{A}_1 (\mathcal{A},\mathcal{P})$ である．

証明 (i) 必要条件であることは $\mathcal{A}_0$ が十分加法族のことから明らかである．

十分条件であることをいうには，$\mathcal{A}_1\subset\mathcal{A}_0$ $(\mathcal{A},\mathcal{P})$ のときに任意の十分加法族 $\mathcal{A}_2$ に対して $\mathcal{A}_1\subset\mathcal{A}_2$ $(\mathcal{A},\mathcal{P})$ が成り立つことをいえばよい．仮定 $\mathcal{A}_1\subset\mathcal{A}_0$ $(\mathcal{A},\mathcal{P})$ により，任意の $A_1\in\mathcal{A}_1$ に対して $A_1\sim A_0$ $(\mathcal{A},\mathcal{P})$ となる $A_0\in\mathcal{A}_0$ が存在する．他方で $\mathcal{A}_0$ は必要加法族であったから，この A_0 に対して $A_0\sim A_2$ $(\mathcal{A},\mathcal{P})$ となる $A_2\in\mathcal{A}_2$ が存在する．このとき $A_1\sim A_2$ $(\mathcal{A},\mathcal{P})$ となるので $\mathcal{A}_1\subset\mathcal{A}_2$ $(\mathcal{A},\mathcal{P})$ が証明された．

(ii) 必要条件であることは $\mathcal{A}_0$ が必要加法族のことから明らかである．

そこで $\mathcal{A}_0\subset\mathcal{A}_1\,(\mathcal{A},\mathcal{P})$ を仮定して $\mathcal{A}_1$ が十分加法族であることを証明する．$\mathcal{A}_0$ は十分加法族であるから，定理 2.3.4 により，(3.3) の形の確率測度 λ で $\mathcal{P}$ と対等なものをつくると，任意の $\theta\in\Omega$ に対して

$$\frac{P_\theta(dx)}{\lambda(dx)}=g_\theta(x)\quad \text{a. e. }(\mathcal{A},\lambda). \tag{4.8}$$

ただし g_θ は適当な $\mathcal{A}_0$ 可測関数である．$\mathcal{A}_0\subset\mathcal{A}_1$ $(\mathcal{A},\mathcal{P})$ より $\mathcal{A}_0\subset\mathcal{A}_1$ $(\mathcal{A},\lambda)$ となるので，定理 2.4.1 によれば，

$$g_\theta(x)=h_\theta(x)\quad \text{a. e. }(\mathcal{A},\lambda) \tag{4.9}$$

となる $\mathcal{A}_1$ 可測関数 h_θ が存在する．このとき (4.8), (4.9) より

$$\frac{P_\theta(dx)}{\lambda(dx)}=h_\theta(x)\quad \text{a. e. }(\mathcal{A},\lambda)$$

が得られるので，再び定理 2.3.4 によって $\mathcal{A}_1$ が十分加法族のことが証明された．

(iii) (i) と (ii) から明らかである． ∎

上の証明の中で絶対連続という仮定を使っているのは (ii) の十分条件の証明の部分だけである．この部分では，$\mathcal{A}_0$ が十分加法族で $\mathcal{A}_0\subset\mathcal{A}_1$ $(\mathcal{A},\mathcal{P})$ のときに，$\mathcal{A}_1$ も十分加法族になることを証明しているが，このことは絶対連続性の条件を欠くと必ずしも成り立たない．Burkholder (1961) は $\mathcal{A}_0$ が十分加法族で，$\mathcal{A}_0\subset\mathcal{A}_1\subset\mathcal{A}$ を満たす部分加法族 $\mathcal{A}_1$ が十分加法族にならない例をあげている．

C. 最小十分統計量の存在

定理 2.4.2 の条件に加えて Ω が例 2.1.3 の擬距離

$$\rho(\theta_1,\theta_2)=\sup_{A\in\mathcal{A}}|P_{\theta_1}(A)-P_{\theta_2}(A)| \tag{4.10}$$

に関して可分であれば，$\mathcal{P}$ に対する最小十分統計量が存在することが，Lehmann and Scheffé (1950) によって最初に証明された．ここではその証明を改良した Bahadur (1954) による証明をあげておく．

定理 2.4.4 (Bahadur (1954), Witting (1966) p. 161) 標本空間 $(\mathcal{X},\mathcal{A})$

で定義された確率分布族 $\mathcal{P}=\{P_\theta:\theta\in\Omega\}$ が与えられて，Ω が (4.10) の擬距離 ρ に関して可分であれば，$\mathcal{P}$ に対する最小十分統計量が存在する．

証明 第1段 $(\mathcal{X},\mathcal{A})$からある可測空間$(\mathcal{Y},\mathcal{B})$への統計量$t$を定義する．

$$\mathcal{Y}=\{y=(y_1,y_2,\cdots):y_i\in\mathcal{R}^1\ (i=1,2,\cdots)\}$$

として，$y\in\mathcal{Y}$ からその第 i 座標への射影を v_i で表す．ここで $\mathcal{R}^1$ のすべての Borel 集合 $B_i\in\mathcal{B}^1$ の v_i による逆像 $v_i^{-1}B_i\ (i=1,2,\cdots)$ の全体を含む最小の完全加法族を $\mathcal{B}$ とすれば，すべての v_i が $\mathcal{B}$ 可測となる．

定理 2.1.4 の (ii) によれば，Ω の可算稠密集合を $\Omega_0=\{\theta_1,\theta_2,\cdots\}$ として，任意の $A\in\mathcal{A}$ に対して

$$\lambda(A)=\sum_i 2^{-i}P_{\theta_i}(A)$$

とおけば，λ は $\mathcal{P}$ と対等な確率測度になる．そこで任意の $\theta\in\Omega$ に対して1つの $\mathcal{A}$ 可測関数

$$\frac{P_\theta(dx)}{\lambda(dx)}=p(x,\theta) \tag{4.11}$$

を固定する．このときすべての $x\in\mathcal{X}$，$\theta\in\Omega$ に対して $0\leqq p(x,\theta)<\infty$ と仮定して一般性を失わない．そこで

$$t(x)=(p(x,\theta_1),\ p(x,\theta_2),\cdots) \tag{4.12}$$

とおけば，t は $\mathcal{X}$ で定義されて $\mathcal{Y}$ の値をとる関数になる．この t は任意の $i\in\mathcal{N}$ と $B_i\in\mathcal{B}^1$ に対して

$$t^{-1}(v_i^{-1}B_i)=\{x\in\mathcal{X}:t(x)\in v_i^{-1}B_i\}=\{x\in\mathcal{X}:p(x,\theta_i)\in B_i\}\in\mathcal{A} \tag{4.13}$$

を満足する．ここで集合族

$$\{B\subset\mathcal{Y}:t^{-1}B\in\mathcal{A}\} \tag{4.14}$$

は完全加法族をなし，しかも (4.13) によって $v_i^{-1}B_i$ の形の集合がすべて (4.14) に属することから，(4.14) は $\mathcal{B}$ を含む．これより任意の $B\in\mathcal{B}$ に対して $t^{-1}B\in\mathcal{A}$ となるので，t が $(\mathcal{X},\mathcal{A})$ から $(\mathcal{Y},\mathcal{B})$ への統計量であることが証明された．

第2段 t が $\mathcal{P}$ に対する十分統計量となることを証明する．

$\mathcal{P}_0=\{P_{\theta_1},P_{\theta_2},\cdots\}$ とおけば，任意の $\theta_i\in\Omega_0$ に対して

$$\frac{P_{\theta_i}(dx)}{\lambda(dx)}=p(x,\theta_i)=v_i(t(x))$$

となるので，定理 2.3.4 と定理 1.2.1 により，t は $\mathcal{P}_0$ に対する十分統計量となる．そこで $A\in\mathcal{A}$ を与えたとき，$\theta_i\in\Omega_0$ に無関係な条件つき確率を $P_{\Omega_0}(A|\cdot)$ で表して，これがすべての $\theta\in\Omega$ に対して共通の条件つき確率 $P_\Omega(A|\cdot)$ となることを証明しよう．

さて $P_{\Omega_0}(A|\cdot)$ の定義と定理 1.2.2 から，任意の $\theta_i\in\Omega_0$，$B\in\mathcal{B}$ に対して

$$P_{\theta_i}(A\cap t^{-1}B)=\int_{t^{-1}B}P_{\Omega_0}(A|t(x))p(x,\theta_i)\lambda(dx). \tag{4.15}$$

Ω_0 は Ω の可算稠密集合であったから，任意の $\varepsilon>0$ と $\theta\in\Omega$ に対して，適当に $\theta_i\in\Omega_0$ をとれば $\rho(\theta,\theta_i)<\varepsilon/3$ となる．これより

$$|P_\theta(A\cap t^{-1}B)-P_{\theta_i}(A\cap t^{-1}B)|\leqq\rho(\theta,\theta_i)<\frac{\varepsilon}{3}. \tag{4.16}$$

他方で (1.10) により

$$\rho(\theta,\theta_i)=\frac{1}{2}\int_{\mathcal{X}}|p(x,\theta)-p(x,\theta_i)|\lambda(dx)$$

となるので，$0\leqq P_{\Omega_0}(A|t(x))\leqq1$ a.e. $(\mathcal{A},\lambda)$ を用いれば，

$$\left|\int_{t^{-1}B}P_{\Omega_0}(A|t(x))p(x,\theta)\lambda(dx)-\int_{t^{-1}B}P_{\Omega_0}(A|t(x))p(x,\theta_i)\lambda(dx)\right|$$

$$\leqq\int_{t^{-1}B}P_{\Omega_0}(A|t(x))|p(x,\theta)-p(x,\theta_i)|\lambda(dx)$$

$$\leqq2\rho(\theta,\theta_i)<\frac{2\varepsilon}{3}. \tag{4.17}$$

(4.15), (4.16), (4.17) より

$$\left|P_\theta(A\cap t^{-1}B)-\int_{t^{-1}B}P_{\Omega_0}(A|t(x))p(x,\theta)\lambda(dx)\right|<\varepsilon.$$

$\varepsilon>0$ は任意であったから，絶対値記号の内部は 0 である．さらに $B\in\mathcal{B}$ も任意であったから，このことから $P_{\Omega_0}(A|\cdot)$ が P_θ に対しても条件つき確率の役割をする．これで t が十分統計量になることが証明された．

第3段　t が $\mathcal{P}$ に対する必要統計量となることを証明する．

u は $(\mathcal{X},\mathcal{A})$ から任意の可測空間 $(\mathcal{Z},\mathcal{C})$ への十分統計量であると仮定す

る．このとき定理 2.3.4 と定理 1.2.1 により，任意の $\theta\in\Omega$ に対して $\mathscr{Z}$ で定義された $\mathcal{C}$ 可測関数 g_θ を適当にとれば，

$$\frac{P_\theta(dx)}{\lambda(dx)}=g_\theta(u(x)) \quad \text{a.e.}\ (\mathscr{A},\lambda).$$

他方で (4.11) をも考慮すると，すべての $\theta\in\Omega$ に対して

$$p(x,\theta)=g_\theta(u(x)) \quad \text{a.e.}\ (\mathscr{A},\lambda). \tag{4.18}$$

そこで $(\mathscr{Z},\mathcal{C})$ から $(\mathscr{Y},\mathscr{B})$ への可測関数 f を

$$f(z)=(g_{\theta_1}(z),\ g_{\theta_2}(z),\cdots)$$

によって定義すれば，t の定義 (4.12) と (4.18) とによって

$$t(x)=f(u(x)) \quad \text{a.e.}\ (\mathscr{A},\lambda).$$

λ は $\mathscr{P}$ と対等であったから，ここでの a.e. $(\mathscr{A},\lambda)$ は a.e. $(\mathscr{A},\mathscr{P})$ と書くことができる．以上によって t の必要性が証明された．∎

定理 2.4.4 において，$\mathscr{P}$ がある σ 有限測度に関して絶対連続というだけでは，Ω が可分になるとは限らない．Landers and Rogge (1972) は $\mathscr{P}$ がある σ 有限測度に関して絶対連続であっても最小十分統計量が存在しない例をあげている．

2.5 完　備　性

A.　完備統計量と完備加法族

標本空間 $(\mathscr{X},\mathscr{A})$ で定義された確率分布族 $\mathscr{P}=\{P_\theta:\theta\in\Omega\}$ と $(\mathscr{X},\mathscr{A})$ から可測空間 $(\mathscr{Y},\mathscr{B})$ への統計量 t とが与えられ，統計量 t によって $\mathscr{A}$ の中に誘導される部分加法族を $\mathscr{A}_t$ とする．$\mathscr{Y}$ で定義された $\mathscr{B}$ 可測関数 g について条件

(a)　すべての $\theta\in\Omega$ に対して $E_\theta g(t(X))=0$ であれば $g(t(x))=0$ a.e. $(\mathscr{A}_t,\mathscr{P})$ となる；

が満たされるとき，統計量 t は $\mathscr{P}$ に対して**完備**であるという．また適当な正数 c に対して $|g(t(x))|\leqq c$ a.e. $(\mathscr{A}_t,\mathscr{P})$ を満足する $\mathscr{B}$ 可測関数 g について条件 (a) が満たされるとき，t は $\mathscr{P}$ に対して**有界的完備**であるという．

$\mathcal{A}$ の部分加法族 $\mathcal{A}_0$ が与えられたとき，$\mathcal{X}$ で定義された $\mathcal{A}_0$ 可測関数 h について条件

（b）　すべての $\theta\in\Omega$ に対して $E_\theta h(X)=0$ であれば $h(x)=0$ a. e. $(\mathcal{A}_0, \mathcal{P})$ となる；

が満たされるならば，部分加法族 $\mathcal{A}_0$ は $\mathcal{P}$ に対して**完備**であるという．また $\mathcal{X}$ で定義されて適当な正数 c に対して $|h(x)|\leqq c$ a. e. $(\mathcal{A}_0, \mathcal{P})$ を満足する $\mathcal{A}_0$ 可測関数 h について条件 (b) が満たされるとき，$\mathcal{A}_0$ は $\mathcal{P}$ に対して**有界的完備**であるという．

一般に定理 1.2.1 によれば，統計量 t が完備ないしは有界的完備であることと $\mathcal{A}_t$ が完備ないしは有界的完備であることとは同等である．完備統計量の重要な例として B. で順序統計量について，また §2.6 A. で指数形分布族について説明する．完備なら有界的完備となることは定義から明らかであるが，逆は必ずしも正しくない．

例 2.5.1　(Lehmann and Scheffé (1950))　$\mathcal{X}=\{-1,0,1,\cdots\}$ とし，Ω を開区間 $\Omega=(0,1)$ として，$\theta\in\Omega$ に対して P_θ を

$$P_\theta(X=-1)=\theta,\quad P_\theta(X=x)=(1-\theta)^2\theta^x\quad(x=0,1,\cdots)$$

によって定義する．t を恒等写像 $t(x)=x$ とする．このとき $E_\theta g(X)=0$ は

$$g(-1)\theta+\sum_{x=0}^{\infty}g(x)(1-\theta)^2\theta^x=0$$

と表すことができる．両辺を $(1-\theta)^2$ で割り，左辺の第1項を移項して展開すれば，

$$\sum_{x=0}^{\infty}g(x)\theta^x=-g(-1)\frac{\theta}{(1-\theta)^2}=-g(-1)\sum_{x=1}^{\infty}x\theta^x.$$

これがすべての $\theta\in\Omega$ に対して成り立つとすれば，

$$g(0)=0,\quad g(x)=-g(-1)x\quad(x=1,2,\cdots).\tag{5.1}$$

そこで，たとえば $g(x)=x$ $(x=-1,0,1,\cdots)$ とおけば Ω で $E_\theta g(X)=0$ が成り立つので，t は完備でない．他方，g を有界関数に限定すれば，(5.1) より $g(x)=0$ $(x=-1,0,1,\cdots)$ となるので，t は有界的完備である．　▮

例 2.5.2 $\Omega=\mathcal{R}^1$ として $X_1,\cdots,X_n$ は互いに独立に一様分布 $U(\theta,\theta+1)$ に従う確率変数であるとする．このとき例 2.3.2 により

$$x=(x_1,\cdots,x_n),\quad (y_1,y_2)=(\min_i x_i,\ \max_i x_i),\quad t(x)=(y_1,y_2)$$

とおけば t が十分統計量であった．このとき

$$n\geqq 2 \quad \text{ならば} \quad g(y_1,y_2)=y_2-y_1-(n-1)/(n+1)$$

$$n=1 \quad \text{ならば} \quad g(y_1,y_2)=\sin 2\pi y_1$$

が $\mathcal{B}^2$ 可測関数で $|g(t(x))|\leqq 1$ a.e. $(\mathcal{A}_t,\mathcal{P})$ を満足し，すべての $\theta\in\Omega$ に対して $E_\theta g(t(X))=0$ となるが $g(t(x))=0$ a.e. $(\mathcal{A}_t,\mathcal{P})$ は成り立たない．よって統計量 t は分布族 $\mathcal{P}=\{U^n(\theta,\theta+1):\theta\in\mathcal{R}^1\}$ に対して有界的完備でない．よって，もちろん完備でもない． ▮

B. 順序統計量の完備性

ここでは順序統計量の完備性を保証する 2 つの定理をあげておく．

定理 2.5.1 (Lehmann (1967)) λ は $(\mathcal{R}^1,\mathcal{B}^1)$ で定義された 1 つの σ 有限測度であるとして，$(\mathcal{R}^1,\mathcal{B}^1)$ 上の確率分布族

$$\mathcal{P}=\{P:P \text{ は } \lambda \text{ に関して絶対連続な確率分布}\}$$

をつくる．ここで $(\mathcal{R}^n,\mathcal{B}^n)$ 上の確率分布族 $\mathcal{P}^{(n)}=\{P^n:P\in\mathcal{P}\}$ を定義すれば，順序統計量は $\mathcal{P}^{(n)}$ に対する完備統計量となる．

証明 定理 2.1.3 の証明の第 1 段と同様に，λ が確率測度の場合を証明すればよい．

$P\in\mathcal{P}$ として $P(dz)/\lambda(dz)=p(z)$ とおけば，定理 1.1.11 により $x=(x_1,\cdots,x_n)$ に対して

$$\frac{P^n(dx)}{\lambda^n(dx)}=\prod_i p(x_i) \quad \text{a.e. } (\mathcal{B}^n,\lambda^n).$$

そこで $\mathcal{R}^n$ で定義された対称な $\mathcal{B}^n$ 可測関数を g とするとき，すべての $p=dP/d\lambda$, $P\in\mathcal{P}$ に対して

$$\int_{\mathcal{R}^n} g(x_1,\cdots,x_n)\prod_{j=1}^n p(x_j)\,\lambda^n(dx)=0 \tag{5.2}$$

が成り立てば，

$$g(x_1, \cdots, x_n)=0 \quad \text{a.e.}\,(\mathcal{B}^n, \lambda^n) \tag{5.3}$$

となることを証明すればよい．証明を2段に分けて行う．

<u>第1段</u> 任意の n 個の $P_i \in \mathcal{P}\ (i=1, \cdots, n)$ に対して $P_i(dz)/\lambda(dz)=p_i(z)$ $(i=1, \cdots, n)$ とおけば，

$$\int_{\mathcal{R}^n} g(x_1, \cdots, x_n) \prod_{i=1}^{n} p_i(x_i)\, \lambda^n(dx)=0 \tag{5.4}$$

となることを (5.2) に基づいて証明する．

そのため

$$\alpha_i>0 \quad (i=1, \cdots, n), \quad \sum_i \alpha_i=1$$

として $p=\sum_i \alpha_i p_i$ とおけば，p はある $P \in \mathcal{P}$ の λ に関する確率密度関数となるので，これに対して (5.2) が成り立つ．よって

$$\int_{\mathcal{R}^n} g(x_1, \cdots, x_n) \prod_{j=1}^{n} \left(\sum_{i=1}^{n} \alpha_i p_i(x_j) \right) \lambda^n(dx)=0. \tag{5.5}$$

ここで左辺は $\alpha_1, \cdots, \alpha_n$ の同次関数であるから，$\alpha_1, \cdots, \alpha_n$ に同一の正数を掛けても (5.5) が成り立つ．その結果，(5.5) はすべての $(\alpha_1, \cdots, \alpha_n) \in \mathcal{R}_+^n$ に対して成り立つ．(5.5) の左辺は $\alpha_1, \cdots, \alpha_n$ の多項式であるから，したがってその多項式の各項の係数はいずれも 0 となる．とくに $\alpha_1 \cdots \alpha_n$ の係数を求めると，g の対称性を利用して，それが (5.4) の左辺を $n!$ 倍したものになることがわかる．よって等式 (5.4) が成り立つことが示された．

<u>第2段</u> (5.4) を用いて (5.3) を証明する．

そのため n 個の任意の $B_i \in \mathcal{B}^1\ (i=1, \cdots, n)$ をとって $B=B_1 \times \cdots \times B_n$ とおけば，

$$\int_B g(x_1, \cdots, x_n)\, \lambda^n(dx)=0 \tag{5.6}$$

となることをまず証明しよう．ここで $\lambda(B_i)=0$ となる i があれば，$\lambda^n(B)=0$ となるので，(5.6) が成り立つことは明らかである．もしも $\lambda(B_i)>0$ $(i=1, \cdots, n)$ であれば，

$$p_i(z)=\begin{cases}1/\lambda(B_i) & z\in B_i \text{ のとき}\\ 0 & z\in\mathcal{R}^1-B_i \text{ のとき}\end{cases}$$

とおけば，これが λ に関する $(\mathcal{R}^1,\mathcal{B}^1)$ 上の確率密度関数となる．これを (5.4) に代入して両辺を $\lambda(B_1)\cdots\lambda(B_n)$ 倍すれば (5.6) が得られる．

次に集合族

$$\mathcal{C}=\left\{B\in\mathcal{B}^n : \int_B g(x_1,\cdots,x_n)\lambda^n(dx)=0\right\}$$

を考えると，上の所論から直積集合 $B_1\times\cdots\times B_n\in\mathcal{B}^n$ はすべて $\mathcal{C}$ に属する．その結果，互いに共通点がない $\mathcal{B}^n$ 可測な直積集合の有限個の和集合も $\mathcal{C}$ に属する．これらの和集合の全体は有限加法族をなして，これを $\mathcal{C}_0$ とおく．他方で $\mathcal{C}$ は単調族になることが容易にわかるので，定理 1.1.1 により $\mathcal{B}^n=\mathcal{B}(\mathcal{C}_0)=\mathcal{M}(\mathcal{C}_0)\subset\mathcal{C}$ となる．よってすべての $B\in\mathcal{B}^n$ に対して (5.6) が成り立つ．これによって (5.3) が示されて，定理の証明は完結した．　▮

定理 2.5.2 (Witting (1966) p.157)　$(\mathcal{R}^1,\mathcal{B}^1)$ 上の連続な確率分布 P の全体の集合を $\mathcal{P}$ として，$(\mathcal{R}^n,\mathcal{B}^n)$ 上の確率分布族 $\mathcal{P}^{(n)}=\{P^n : P\in\mathcal{P}\}$ をつくる．このとき順序統計量は $\mathcal{P}^{(n)}$ に対する完備統計量となる．

証明　$\mathcal{R}^n$ で定義された対称な $\mathcal{B}^n$ 可測関数 g がすべての $P^n\in\mathcal{P}^{(n)}$ に対して

$$\int_{\mathcal{R}^n} g(x_1,\cdots,x_n)P^n(dx)=0 \tag{5.7}$$

を満足すれば，すべての $P^n\in\mathcal{P}^{(n)}$ に対して

$$g(x_1,\cdots,x_n)=0 \quad \text{a.e.}\ (\mathcal{B}^n,P^n) \tag{5.8}$$

が成り立つことを証明すればよい．

任意の $P_0\in\mathcal{P}$ を固定して，

$$\mathcal{P}_0=\{P : P \text{ は } P_0 \text{ に関して絶対連続な確率分布}\}$$

とおけば $\mathcal{P}_0\subset\mathcal{P}$ となるので，$\mathcal{P}_0^{(n)}=\{P^n : P\in\mathcal{P}_0\}$ に属するすべての P^n に対して (5.7) が成り立つ．よって $\lambda=P_0$ として定理 2.5.1 を適用すれば，

$$g(x_1,\cdots,x_n)=0 \quad \text{a.e.}\ (\mathcal{B}^n,P_0^n).$$

したがって $P=P_0$ に対して (5.8) が証明された．$P_0\in\mathcal{P}$ は任意であったか

ら，これで定理の証明は完結した． ▮

C. 完備性の応用

完備性や有界的完備性の概念は第3章で不偏推定や相似検定の理論の中で重要な役割を果たす．ここでは確率分布族に対する2つの応用をあげておく．

定理 2.5.3 (Bahadur (1957)) 標本空間 $(\mathcal{X},\mathcal{A})$ で定義された確率分布族 $\mathcal{P}=\{P_\theta:\theta\in\Omega\}$ に対して，部分加法族 $\mathcal{A}_0\subset\mathcal{A}$ が有界的完備な十分加法族であるとする．このとき $\mathcal{A}_0$ は $\mathcal{P}$ に対する最小十分加法族となる．

証明 $\mathcal{A}_0$ が必要加法族であることを示せばよい．そのために，任意の $A_0\in\mathcal{A}_0$ と任意の十分加法族 $\mathcal{A}_1$ に対して，$A_0\sim A_1$ $(\mathcal{A},\mathcal{P})$ となる $A_1\in\mathcal{A}_1$ が存在することを証明すればよい．

$\mathcal{A}_0,\mathcal{A}_1$ がともに十分加法族であるから，$\theta\in\Omega$ に無関係な条件つき平均値

$$f(x)=E_\Omega(I_{A_0}(X)|\mathcal{A}_1,x),\quad g(x)=E_\Omega(f(X)|\mathcal{A}_0,x)$$

が存在する．f,g はともに区間 $[0,1]$ の値をとるものと仮定して一般性を失わない．定理 1.4.2 の (ii) によれば，すべての $\theta\in\Omega$ に対して

$$E_\theta I_{A_0}(X)=E_\theta f(X)=E_\theta g(X). \tag{5.9}$$

$I_{A_0}-g$ は $\mathcal{A}_0$ 可測な有界関数であるから，$\mathcal{A}_0$ が有界的完備という仮定により，

$$I_{A_0}(x)=g(x)\quad \text{a.e. } (\mathcal{A}_0,\mathcal{P}).$$

そこで定理 1.4.1 の (iii) を用いれば，

$$I_{A_0}(x)=I^2_{A_0}(x)=I_{A_0}(x)g(x)=E_\Omega(I_{A_0}(X)f(X)|\mathcal{A}_0,x)\quad \text{a.e. } (\mathcal{A}_0,\mathcal{P}).$$

したがって再び定理 1.4.2 の (ii) により，すべての $\theta\in\Omega$ に対して

$$E_\theta I_{A_0}(X)=E_\theta I_{A_0}(X)f(X). \tag{5.10}$$

よって (5.9) の最初の等号と (5.10) とから

$$E_\theta I_{A_0}(X)(1-f(X))=E_\theta f(X)(1-I_{A_0}(X))=0. \tag{5.11}$$

ここですべての $x\in\mathcal{X}$ に対して

$$I_{A_0}(x)(1-f(x))\geqq 0,\quad f(x)(1-I_{A_0}(x))\geqq 0$$

が成り立つので，(5.11) より

$$I_{A_0}(x)(1-f(x))=f(x)(1-I_{A_0}(x))=0\quad \text{a.e. } (\mathcal{A},\mathcal{P}).$$

これは $I_{A_0}(x)=f(x)$ a.e. $(\mathcal{A},\mathcal{P})$ を意味する．よって $A_1=\{x\in\mathcal{X}:f(x)=1\}$ とおけば，$A_1\in\mathcal{A}_1$, $A_0\sim A_1\,(\mathcal{A},\mathcal{P})$ となることが証明された．これで定理の証明は完結した． ▮

定理 2.5.4 (Basu (1955, 1958), Koehn and Thomas (1975)) 標本空間 $(\mathcal{X},\mathcal{A})$ で定義された確率分布族 $\mathcal{P}=\{P_\theta:\theta\in\Omega\}$ と $\mathcal{A}$ の 2 つの部分加法族 $\mathcal{A}_0,\mathcal{A}_1$ とが与えられたものとする．このとき

（i） $\mathcal{A}_0$ が十分加法族で，すべての $\theta\in\Omega$ に対して $\mathcal{A}_0$ と $\mathcal{A}_1$ が独立であれば，任意の $A_1\in\mathcal{A}_1$ に対して $P_\theta(A_1)$ の値は θ と無関係である．ただし $P_{\theta_1}(A_0)=1$, $P_{\theta_2}(A_0)=0$ となる $A_0\in\mathcal{A}_0$, $\theta_1,\theta_2\in\Omega$ は存在しないものと仮定する．

（ii） $\mathcal{A}_0$ が有界的完備な十分加法族であって，すべての $A_1\in\mathcal{A}_1$ に対して $P_\theta(A_1)$ が θ と無関係であれば，すべての $\theta\in\Omega$ に対して $\mathcal{A}_0$ と $\mathcal{A}_1$ は独立である．

証明 （i） $A_1\in\mathcal{A}_1$ とする．$\mathcal{A}_0$ は十分加法族であるから，$\theta\in\Omega$ に無関係な条件つき確率 $P_\Omega(A_1|\mathcal{A}_0,\cdot)$ が存在する．他方で任意の $\theta\in\Omega$ に対して $\mathcal{A}_0$ と $\mathcal{A}_1$ は独立であるから，定理 1.4.3 により

$$P_\Omega(A_1|\mathcal{A}_0,x)=P_\theta(A_1)\quad \text{a.e.}\ (\mathcal{A}_0,P_\theta). \tag{5.12}$$

これを用いて任意の $\theta_1,\theta_2\in\Omega$ に対して $P_{\theta_1}(A_1)=P_{\theta_2}(A_1)$ を証明することができる．そのため

$$\begin{aligned}A_0'&=\{x\in\mathcal{X}:P_\Omega(A_1|\mathcal{A}_0,x)=P_{\theta_1}(A_1)\}\\ A_0''&=\{x\in\mathcal{X}:P_\Omega(A_1|\mathcal{A}_0,x)=P_{\theta_2}(A_1)\}\end{aligned} \tag{5.13}$$

とおけば $A_0',A_0''\in\mathcal{A}_0$ であって，(5.12) により $P_{\theta_1}(A_0')=1$, $P_{\theta_2}(A_0'')=1$ が成り立つ．もしも $P_{\theta_1}(A_1)\neq P_{\theta_2}(A_1)$ とすれば (5.13) より $A_0'\cap A_0''=\emptyset$ となり，$P_{\theta_1}(A_0')=1$, $P_{\theta_2}(A_0')=0$ が得られて，ただし書きの条件に反する．よってすべての $\theta_1,\theta_2\in\Omega$ に対して $P_{\theta_1}(A_1)=P_{\theta_2}(A_1)$ となる．

（ii） 任意の $\theta\in\Omega$, $A_0\in\mathcal{A}_0$, $A_1\in\mathcal{A}_1$ に対して

$$P_\theta(A_0\cap A_1)=P_\theta(A_0)P_\theta(A_1) \tag{5.14}$$

となることを証明しよう．仮定によれば $P_\theta(A_1)$ は $\theta\in\Omega$ と無関係であるから

これを α とおく．他方で $\mathcal{A}_0$ は十分加法族であるから，$\theta\in\Omega$ に無関係な A_1 の条件つき確率が存在する．これを

$$f(x)=P_\Omega(A_1|\mathcal{A}_0,x)$$

とおき，すべての $x\in\mathcal{X}$ に対して $0\leqq f(x)\leqq 1$ と仮定して一般性を失わない．このときすべての $\theta\in\Omega$ に対して $E_\theta f(X)=P_\theta(A_1)=\alpha$ となる．$f(x)-\alpha$ は有界であるから，$\mathcal{A}_0$ が有界的完備という仮定により，

$$P_\Omega(A_1|\mathcal{A}_0,x)=f(x)=\alpha \quad \text{a.e.}(\mathcal{A}_0,\mathcal{P}).$$

この両辺を P_θ 測度について A_0 上で積分すれば，

$$P_\theta(A_0\cap A_1)=\alpha P_\theta(A_0)=P_\theta(A_0)P_\theta(A_1)$$

となって (5.14) が得られる．これで定理の証明が完結した． ∎

定理 2.5.4 の (i) のただし書きがないと結論が成り立たない例が Koehn and Thomas (1975) に与えられている．また定理 2.5.4 の (ii) は $(\mathcal{X},\mathcal{A})$ で定義された２つの確率変数が独立であることを証明するのにしばしば使われる．そのような例は Lehmann (1959) p.162〜163 にある．

2.6 指数形分布族での十分性と完備性

A. 指数形分布族の十分統計量と完備統計量

標本空間 $(\mathcal{X},\mathcal{A})$ で定義された確率分布族 $\mathcal{P}=\{P_\theta:\theta\in\Omega\}$ がある σ 有限測度 λ に関して絶対連続で，λ に関する確率密度関数が

$$\frac{P_\theta(dz)}{\lambda(dz)}=p_\theta(z)=c(\theta)\exp\left(\sum_{j=1}^{k}s_j(\theta)t_j(z)\right) \tag{6.1}$$

によって与えられるものとする．

定理 2.6.1 (Lehmann (1959) p.52) 標本空間 $(\mathcal{X},\mathcal{A})$ で定義された σ 有限測度 λ に関して (6.1) の形の確率密度関数をもつ指数形分布族 $\mathcal{P}=\{P_\theta:\theta\in\Omega\}$ を考える．ただし $c,s_j\ (j=1,\cdots,k)$ は Ω で，$t_j\ (j=1,\cdots,k)$ は $\mathcal{X}$ で定義された実数値をとる関数で，t_j はいずれも $\mathcal{A}$ 可測である．$\mathcal{P}$ に対して $(\mathcal{X}^n,\mathcal{A}^n)$ 上の確率分布族 $\mathcal{P}^{(n)}=\{P_\theta^n:\theta\in\Omega\}$ を定義すれば，

(i) $\mathcal{P}^{(n)}$ も指数形分布族である．

(ii) $x=(x_1,\cdots,x_n)\in\mathcal{X}^n$ に対して

$$t(x)=\left(\sum_i t_1(x_i),\cdots,\sum_i t_k(x_i)\right) \tag{6.2}$$

とおけば，t は $\mathcal{P}^{(n)}$ に対する十分統計量である．

(iii) t によって P_θ^n から $(\mathcal{R}^k,\mathcal{B}^k)$ に誘導される確率分布を Q_θ とすれば，$\mathcal{Q}=\{Q_\theta : \theta\in\Omega\}$ も指数形分布族である．

証明 (i) と (ii) 定理 1.1.11 により $x=(x_1,\cdots,x_n)$ に対して

$$\frac{P_\theta^n(dx)}{\lambda^n(dx)}=c^n(\theta)\exp\left(\sum_{j=1}^k s_j(\theta)\sum_{i=1}^n t_j(x_i)\right)\quad \text{a.e.}\ (\mathcal{A}^n,\lambda^n)$$

となることから (i) は明らかである．(ii) は定理 2.3.5 による．

(iii) Ω の1点 $\theta^{(0)}$ を固定して $P_{\theta^{(0)}}=\lambda_0$, $Q_{\theta^{(0)}}=\nu_0$ とおけば，任意の $\theta\in\Omega$ に対して

$$\frac{P_\theta^n(dx)}{\lambda_0^n(dx)}=\left(\frac{c(\theta)}{c(\theta^{(0)})}\right)^n\exp\left(\sum_{j=1}^k (s_j(\theta)-s_j(\theta^{(0)}))\sum_{i=1}^n t_j(x_i)\right)\quad \text{a.e.}\ (\mathcal{A}^n,\lambda_0^n).$$

よって，任意の $\theta\in\Omega$, $B\in\mathcal{B}^k$ に対して

$$\begin{aligned} Q_\theta(B)&=P_\theta^n(t^{-1}B)\\ &=\int_{t^{-1}B}\left(\frac{c(\theta)}{c(\theta^{(0)})}\right)^n\exp\left(\sum_{j=1}^k (s_j(\theta)-s_j(\theta^{(0)}))\sum_{i=1}^n t_j(x_i)\right)\lambda_0^n(dx). \end{aligned}$$

ここで定理 1.2.2 を用いれば

$$Q_\theta(B)=\int_B\left(\frac{c(\theta)}{c(\theta^{(0)})}\right)^n\exp\left(\sum_{j=1}^k (s_j(\theta)-s_j(\theta^{(0)}))y_j\right)\nu_0(dy)$$

となるので，$\nu(dy)/\nu_0(dy)=\exp\left(-\sum_j s_j(\theta^{(0)})y_j\right)$ によって与えられる $(\mathcal{R}^k,\mathcal{B}^k)$ 上の σ 有限測度 ν を用いれば，

$$\frac{Q_\theta(dy)}{\nu(dy)}=\left(\frac{c(\theta)}{c(\theta^{(0)})}\right)^n\exp\left(\sum_{j=1}^k s_j(\theta)y_j\right)\quad \text{a.e.}\ (\mathcal{B}^k,\nu). \tag{6.3}$$

したがって $\mathcal{Q}$ も指数形分布族である． ∎

定理 2.6.2 (Lehmann (1959) p.132) 定理 2.6.1 の仮定のほかにさらに $\Omega\subset\mathcal{R}^k$ であって，Ω は $\mathcal{R}^k$ の位相で内点をもつとし，$\theta=(\theta_1,\cdots,\theta_k)\in\Omega$ に対して $\mathcal{P}$ は自然母数 $s_j(\theta)=\theta_j$ $(j=1,\cdots,k)$ をもつものと仮定する．このとき (6.2) の t は $\mathcal{P}^{(n)}$ に対する完備統計量となる．

証明　(6.3) によれば，本定理の仮定のもとで t が $(\mathcal{R}^k, \mathcal{B}^k)$ に誘導する確率分布 Q_θ は

$$\frac{Q_\theta(dy)}{\nu(dy)} = \left(\frac{c(\theta)}{c(\theta^{(0)})}\right)^n \exp\left(\sum_{j=1}^{k} \theta_j y_j\right) \quad \text{a.e. } (\mathcal{B}^k, \nu)$$

の形で与えられる．定理 1.2.2 によれば，すべての $\theta \in \Omega$ に対して

$$\int_{\mathcal{R}^k} g(y_1, \cdots, y_k) \left(\frac{c(\theta)}{c(\theta^{(0)})}\right)^n \exp\left(\sum_{j=1}^{k} \theta_j y_j\right) \nu(dy) = 0$$

を満足する $\mathcal{B}^k$ 可測関数 g が

$$g(y_1, \cdots, y_k) = 0 \quad \text{a.e. } (\mathcal{B}^k, \nu)$$

を満足することを証明すればよい．これは定理 1.6.3 から明らかである．▮

B.　Dynkin の定理

$(\mathcal{X}, \mathcal{A}) = (\mathcal{R}^1, \mathcal{B}^1)$ として $\mathcal{P}$ が (6.1) で与えられる指数形分布族のとき，定理 2.6.1 の (ii) によれば，任意の $n \in \mathcal{N}$ について，$\mathcal{P}^{(n)}$ に対する k 次元の十分統計量 (6.2) が存在することが示された．ある種の正則性の条件のもとでその逆が成立することが Darmois (1935)，Koopman (1936) によって最初に証明された．ここではそれを改良した **Dynkin の定理**をあげることにする．その前に定義を1つ与えよう．

$(\mathcal{X}, \mathcal{A})$ は1次元の Borel 型で $\mathcal{X}$ を $\mathcal{R}^1$ の1つの区間とする．$\mathcal{P} = \{P_\theta : \theta \in \Omega\}$ は $(\mathcal{X}, \mathcal{A})$ で定義された確率分布族であるとし，$\mathcal{P}^{(n)} = \{P_\theta^n : \theta \in \Omega\}$ とおく．$(\mathcal{X}^n, \mathcal{A}^n)$ から可測空間 $(\mathcal{Y}, \mathcal{B})$ への統計量 t が**自明**であるとは，開集合 $G \subset \mathcal{X}^n$ と t による G の値域で定義された $\mathcal{B} \to \mathcal{A}^n$ 可測関数 ϕ とを適当にとれば，G で

$$\phi(t(x)) = x \quad \text{a.e. } (\mathcal{A}^n, \mathcal{P}^{(n)})$$

が成り立つことであると定義する．

定理 2.6.3　(Dynkin (1961)，Brown (1964))　次の条件 (a)～(d) を仮定する．

(a)　可測空間 $(\mathcal{X}, \mathcal{A})$ は1次元の Borel 型で $\mathcal{X}$ は $\mathcal{R}^1$ の開区間である．

(b)　$(\mathcal{X}, \mathcal{A})$ で定義された確率分布族を $\mathcal{P} = \{P_\theta : \theta \in \Omega\}$ とし，少なく

とも 2 つの異なる分布が $\mathcal{P}$ に属する.

(c) 任意の $\theta\in\Omega$ に対して P_θ は μ^1 に関して絶対連続で, $dP_\theta/d\mu^1$ の 1 つを p_θ とする. p_θ は $\mathcal{X}$ で正でしかも連続的微分可能である.

(d) $n>1$ とし, $(\mathcal{X}^n, \mathcal{A}^n)$ で定義された確率分布族 $\mathcal{P}^{(n)}=\{P_\theta^n : \theta\in\Omega\}$ に対して自明でない十分統計量が存在する.

このとき, $k<n$ を満たす $k\in\mathcal{N}$ と, Ω で定義された $k+1$ 個の関数 $s_j\ (j=0,1,\cdots,k)$ および $\mathcal{X}$ で定義された $k+1$ 個の関数 $t_j\ (j=0,1,\cdots,k)$ を適当にとれば,

$$p_\theta(z)=\exp\left(s_0(\theta)+\sum_{j=1}^{k}s_j(\theta)\,t_j(z)+t_0(z)\right). \tag{6.4}$$

しかも $t_j\ (j=0,1,\cdots,k)$ は $\mathcal{X}$ で連続的微分可能, さらに $\{1,s_1,\cdots,s_k\}$ は Ω で, $\{1,t_1,\cdots,t_k\}$ は $\mathcal{X}$ でそれぞれ 1 次独立である.

証明 条件 (c) を満足する p_θ をとり, $\theta_0\in\Omega$ を固定してすべての $\theta\in\Omega$, $z\in\mathcal{X}$ に対して

$$f_\theta(z)=\log p_\theta(z)-\log p_{\theta_0}(z) \tag{6.5}$$

とおけば, f_θ は $\mathcal{X}$ で連続的微分可能な関数となる. そこで $\mathcal{X}$ で定義された関数族 $\{f_\theta : \theta\in\Omega\}$ と定数 1 とを含む $\mathcal{X}$ 上で連続的微分可能な関数のつくる最小の線形空間を $\mathcal{S}$ とし, $\mathcal{S}$ の次元を $k+1\ (0\leqq k\leqq\infty)$ とする. $k=0$ とすれば, f_θ がすべて定数になるので, 仮定 (b) に反する. よって $1\leqq k\leqq\infty$ となる.

第 1 段 $k\geqq n$ の場合には, すべての十分統計量が自明な統計量となって, 仮定 (d) に反することを証明する.

$k\geqq n$ の場合には, n 個の点 $\theta_j\in\Omega\ (j=1,\cdots,n)$ を適当にとれば, $\{1,f_{\theta_1},\cdots,f_{\theta_n}\}$ が $\mathcal{X}$ で 1 次独立になる. このとき, $f_{\theta_j}\ (j=1,\cdots,n)$ の導関数を f'_{θ_j} で表して, 任意の $x=(x_1,\cdots,x_n)\in\mathcal{X}^n$ に対して $n\times n$ 行列

$$M(x)=\begin{pmatrix} f'_{\theta_1}(x_1) & f'_{\theta_1}(x_2) & \cdots & f'_{\theta_1}(x_n) \\ f'_{\theta_2}(x_1) & f'_{\theta_2}(x_2) & \cdots & f'_{\theta_2}(x_n) \\ \cdots & \cdots & \cdots & \cdots \\ f'_{\theta_n}(x_1) & f'_{\theta_n}(x_2) & \cdots & f'_{\theta_n}(x_n) \end{pmatrix}$$

をつくれば，適当な $x^* \in \mathcal{X}^n$ に対して $\det M(x^*) \neq 0$ となることをまず証明しよう．

もしもすべての $x \in \mathcal{X}^n$ に対して $\det M(x)=0$ とすれば，$\operatorname{rank} M(x)$ の $\mathcal{X}^n$ での最大値を r とすると，$r<n$ となる．$r=0$ とすれば $\theta_1, \cdots, \theta_n$ のとり方に反するので，このとき $1 \leqq r < n$ となる．そこで $\operatorname{rank} M(x^{(0)})=r$ となる点 $x^{(0)} \in \mathcal{X}^n$ をとり，たとえば $M(x^{(0)})$ の最初の r 個の行と r 個の列から成る小行列式が 0 でないと仮定する．そこで

$$x_1 = x_1^{(0)}, \quad \cdots, \quad x_r = x_r^{(0)}, \quad x_{r+1} = z \in \mathcal{X}$$

とおいて，$M(x)$ の最初の $r+1$ 個の行と $r+1$ 個の列から成る小行列式をつくると，この小行列式の値はすべての $z \in \mathcal{X}$ に対して 0 になる．これを第 $r+1$ 列について展開すれば，

$$a_1 f'_{\theta_1}(z) + \cdots + a_r f'_{\theta_r}(z) + a_{r+1} f'_{\theta_{r+1}}(z) = 0.$$

ここで $a_1, \cdots, a_{r+1}$ は $x_1^{(0)}, \cdots, x_r^{(0)}$ のみによって決まり，$z \in \mathcal{X}$ に無関係な定数であって，とくに $a_{r+1} \neq 0$ となる．よって定数 a_0 を適当にとれば，すべての $z \in \mathcal{X}$ に対して

$$a_0 + a_1 f_{\theta_1}(z) + \cdots + a_r f_{\theta_r}(z) + a_{r+1} f_{\theta_{r+1}}(z) = 0$$

となり，しかも $a_{r+1} \neq 0$ であるから，$\{1, f_{\theta_1}, \cdots, f_{\theta_n}\}$ が $\mathcal{X}$ で1次独立という仮定に反する．よって $\det M(x^*) \neq 0$ となる $x^* \in \mathcal{X}^n$ が存在する．

さて $(\mathcal{X}^n, \mathcal{A}^n)$ からある可測空間 $(\mathcal{Y}, \mathcal{B})$ への $\mathcal{P}^{(n)}$ に対する任意の十分統計量を t とする．このとき定理 2.3.5 と定理 1.2.1 により，おのおのの $\theta \in \Omega$ に対して $\mathcal{Y}$ で定義された $\mathcal{B}$ 可測関数 g_θ と，$\mathcal{X}^n$ で定義されて θ に無関係な $\mathcal{A}^n$ 可測関数 h とを適当にとれば，すべての $\theta \in \Omega$ に対して

$$p_\theta(x_1) \cdots p_\theta(x_n) = g_\theta(t(x)) h(x) \quad \text{a.e.} \ (\mathcal{A}^n, \mu^n). \tag{6.6}$$

ここで左辺は $\mathcal{X}^n$ で正であるから，右辺もすべての $x \in \mathcal{X}^n$ に対して正と仮定して一般性を失わない．

(6.6) の θ に $\theta_j \ (j=1, \cdots, n)$ を代入したものと θ_0 を代入したものとの比をつくり，その対数をとれば，f_θ の定義 (6.5) により

$$\sum_{i=1}^{n} f_{\theta_j}(x_i) = \log \frac{g_{\theta_j}(t(x))}{g_{\theta_0}(t(x))} \quad \text{a.e.} \ (\mathcal{A}^n, \mu^n) \quad (j=1, \cdots, n). \tag{6.7}$$

この左辺を $\varphi_j(x_1, \cdots, x_n)$ $(j=1, \cdots, n)$ とおけば，$\det M(x)$ は $(\varphi_1, \cdots, \varphi_n)$ の関数行列式となる．x^* は $\det M(x^*) \neq 0$ となる点で，しかも φ_j はいずれも連続的微分可能であるから，点 $(\varphi_1(x^*), \cdots, \varphi_n(x^*))$ の近傍で $(\varphi_1, \cdots, \varphi_n)$ の連続的微分可能な逆関数 $(\psi_1, \cdots, \psi_n)$ が存在して，x^* のある近傍 G で

$$x_i = \psi_i(\varphi_1(x), \cdots, \varphi_n(x)) \quad (i=1, \cdots, n)$$

が成り立つ．よってこの右辺の $\varphi_j(x)$ $(j=1, \cdots, n)$ に (6.7) の右辺を代入して，

$$x_i = \psi_i\left(\log \frac{g_{\theta_1}(t(x))}{g_{\theta_0}(t(x))}, \cdots, \log \frac{g_{\theta_n}(t(x))}{g_{\theta_0}(t(x))}\right) \quad (i=1, \cdots, n)$$
$$\text{a.e.} \ (\mathcal{A}^n, \mu^n).$$

したがってすべての十分統計量 t が自明な統計量となって，仮定 (d) に反することが証明された．

第2段　$1 \leqq k < n$ として定理の結論が成り立つことを証明する．

1を含む $\mathcal{S}$ の基底をとり，これを $\{1, t_1, \cdots, t_k\}$ とする．任意の $\theta \in \Omega$ に対して $f_\theta \in \mathcal{S}$ となることから，適当に $s_j(\theta)$ $(j=0, 1, \cdots, k)$ をとると，すべての $z \in \mathcal{X}$ に対して

$$\log p_\theta(z) - \log p_{\theta_0}(z) = f_\theta(z) = s_0(\theta) + \sum_{j=1}^{k} s_j(\theta) t_j(z). \tag{6.8}$$

そこで $t_0(z) = \log p_{\theta_0}(z)$ とおけば (6.4) が得られる．よって，あとは $\{1, s_1, \cdots, s_k\}$ が Ω で1次独立のことを証明すればよい．

さて，ことごとくは0でない c_j $(j=0, 1, \cdots, k)$ をとって，すべての $\theta \in \Omega$ に対して

$$c_0 + \sum_{j=1}^{k} c_j s_j(\theta) = 0 \tag{6.9}$$

が成り立つと仮定する．このとき $c_1, \cdots, c_k$ の中に0でないものがあるのは明らかであるから，たとえば $c_k \neq 0$ とする．次に (6.9) の両辺に $t_k(z)/c_k$ を掛けたものを (6.8) から引けば，

$$f_\theta(z)=s_0(\theta)+\sum_{j=1}^{k-1}s_j(\theta)\left(t_j(z)-\frac{c_j}{c_k}t_k(z)\right)-\frac{c_0}{c_k}t_k(z). \tag{6.10}$$

ここで $t_j^*(z)=t_j(z)-(c_j/c_k)t_k(z)$ $(j=1,\cdots,k-1)$ とおけば $t_j^*\in\mathcal{S}$ となる．(6.10) の両辺で θ に θ_0 を代入したものを (6.10) 自身から引けば，$f_{\theta_0}=0$ により

$$f_\theta(z)=f_\theta(z)-f_{\theta_0}(z)=s_0(\theta)-s_0(\theta_0)+\sum_{j=1}^{k-1}(s_j(\theta)-s_j(\theta_0))t_j^*(z).$$

よって，すべての $\theta\in\Omega$ に対して f_θ が $\{1,t_1^*,\cdots,t_{k-1}^*\}$ の1次結合となるので，$\mathcal{S}$ の次元が $k+1$ であるという仮定に反する．以上で $\{1,s_1,\cdots,s_k\}$ が Ω で1次独立のことが証明されて，定理の証明が完結した． ▮

定理 2.6.3 の前提条件をいろいろ変えた場合の研究は Barankin and Katz (1959)，Barankin and Maitra (1963)，Fraser (1963, 1966)，Denny (1967, 1969)，Hipp (1974) らによって行われている．離散型の空間について Dynkin の定理に相当するものは Denny (1972) によって与えられている．

第3章 不 偏 性

母数 θ の関数 $g(\theta)$ を推定するとき，すべての $\theta\in\Omega$ に対して $E_\theta\varphi(X)=g(\theta)$ を満足する推定量 $\varphi(X)$ を不偏推定量といい，不偏推定量の中で分散ができるだけ小さいものを求めようとするのが古くからある不偏推定論の考え方であった．検定の問題では，仮説が正しいときに仮説をすてる確率が，仮説が正しくないときに仮説をすてる確率を決して超えなければ，その検定を不偏検定という．一定の水準の不偏検定の中で対立仮説が正しいときの検出力をできるだけ大きくしようというのが不偏検定の理論の考え方である．この2つの不偏性の原理は，決定理論が確立される以前に相互に独立に導入されたものである．本章では点推定と検定の問題について，不偏性の概念をめぐる理論を簡単に紹介する．

3.1 不 偏 推 定

A. 非確率的な推定

§1.7 A. で説明した統計的決定問題の中で，とくに例 1.7.1 にあげた推定問題を考える．§1.7 A. であげた条件 (a)〜(d) のほかに，ここではさらに次の条件を仮定する．

(a) g は Ω で定義されて $\mathscr{R}^k$ の値をとる与えられた関数で，$g(\theta)$ を推定する問題を考えるものとする．

(b) 決定空間 $(\mathscr{D},\mathscr{F})$ は k 次元の Borel 型で，$\mathscr{D}\in\mathscr{B}^k$ は $\mathscr{R}^k$ の凸集合である．

(c) 任意の $\theta\in\Omega$ に対して損失関数 $W(\theta,\cdot)$ は $\mathscr{D}$ で定義された $\mathscr{F}$ 可測な凸関数で，$\|d\|\to\infty$ のとき $W(\theta,d)\to\infty$ となる．

(d) Δ は確率的な決定関数の全体の集合である．

推定論でよく使われる損失関数は

$$W(\theta,d)=c(\theta)\|d-g(\theta)\|^2 \quad (\text{ただし } c(\theta)>0)$$

$$W(\theta,d)=\|d-g(\theta)\|^p \quad (\text{ただし } p\geqq 1 \text{ は定数})$$

などであって，これらはいずれも条件 (c) を満足する．

上の条件 (a)～(d) を満足する推定問題では，考察の対象を非確率的な決定関数に限ってよいことが次の定理によって示される．

定理 3.1.1 (Hodges and Lehmann (1950)) 条件 (a)～(d) を満足する推定問題を考える．このとき Δ の中で非確率的な決定関数の全体の集合 Δ_0 は本質的完備類をなす．

証明 確率的な任意の決定関数 $\delta\in\Delta$ に対して，危険関数は

$$R(\theta,\delta)=\int_{\mathcal{X}}\left(\int_{\mathcal{D}}W(\theta,s)\,\delta(ds|x)\right)P_\theta(dx).$$

$\Omega_0=\{\theta\in\Omega : R(\theta,\delta)<\infty\}$ とおけば，すべての $\theta\in\Omega_0$ に対して

$$\int_{\mathcal{D}}W(\theta,s)\,\delta(ds|x)<\infty \quad \text{a.e. } (\mathcal{A},P_\theta). \tag{1.1}$$

$W(\theta,\cdot)$ は条件 (c) を満足するので，定理 1.5.6 により，適当に定数 $a_\theta\in\mathcal{R}^1_+$, $b_\theta\in\mathcal{R}^1$ をとれば，すべての $s\in\mathcal{D}$ に対して

$$a_\theta\|s\|+b_\theta\leqq W(\theta,s).$$

よって (1.1) より $\theta\in\Omega_0$ のとき

$$\int_{\mathcal{D}}\|s\|\,\delta(ds|x)<\infty \quad \text{a.e. } (\mathcal{A},P_\theta). \tag{1.2}$$

そこで $\mathcal{D}$ の定点 d_0 をとって

$$\varphi(x)=\begin{cases}\displaystyle\int_{\mathcal{D}}s\,\delta(ds|x) & \displaystyle\int_{\mathcal{D}}\|s\|\,\delta(ds|x)<\infty \text{ のとき}\\ d_0 & \text{その他のとき}\end{cases}$$

と定義すれば，$\varphi\in\Delta_0$ となる．すべての $\theta\in\Omega_0$ に対して (1.2) が成り立つので，Jensen の不等式により

$$W(\theta,\varphi(x))\leqq\int_{\mathcal{D}}W(\theta,s)\,\delta(ds|x) \quad \text{a.e. } (\mathcal{A},P_\theta).$$

この両辺を x に関して P_θ 測度で積分すれば，

$$R(\theta,\varphi)\leqq R(\theta,\delta). \tag{1.3}$$

$\theta\in\Omega-\Omega_0$ に対して (1.3) が成り立つことは明らかである．よって Δ の中で

Δ_0 が本質的完備類をなす. ▌

定理 3.1.2 (Hodges and Lehmann (1950)) 条件 (a)~(d) を満足する推定問題で，さらに $\mathscr{P}$ に対する十分加法族を $\mathscr{A}_0$ とする．このとき Δ の中で，非確率的で $\mathscr{A}_0$ 可測な決定関数の全体の集合 Δ_{0S} が本質的完備類をなす.

証明 Δ の中で $\mathscr{A}_0$ 可測な確率的決定関数の全体の集合を Δ_S とする．仮定 (b) により決定空間は Borel 型であるから，定理 2.3.6 により Δ_S は Δ の中で本質的完備類をなす．定理 3.1.1 の証明を最初から $\mathscr{A}_0$ 可測な決定関数に限定して行ったものと考えれば，Δ_{0S} が Δ_S の中で本質的完備類をなすことがわかる．以上によって Δ_{0S} は Δ の中で本質的完備類をなす. ▌

注意 $\Delta_{0S}=\Delta_0\cap\Delta_S$ からは定理 3.1.2 の結論は得られない.

B. Rao-Blackwell の定理と Lehmann-Scheffé の定理

定理 3.1.2 によれば，十分加法族 $\mathscr{A}_0$ が存在するときに，任意の非確率的な決定関数 φ に対して，φ と少なくとも同程度に優れた $\mathscr{A}_0$ 可測な非確率的決定関数 φ_0 が存在することがわかる．しかしその証明は確率的な決定関数の集合 Δ を経由して行われるので，そのような回り道をしない定理をあげておく．ここで (a) と (b) は A. のときと同じであるが，(c) と (d) を次のように修正する.

(c′) 任意の $\theta\in\Omega$ に対して損失関数 $W(\theta,\cdot)$ は $\mathscr{D}$ で定義された $\mathscr{F}$ 可測な凸関数である.

(d′) Δ はすべての $\theta\in\Omega$ に対して有限の平均値ベクトル $E_\theta\varphi(X)$ をもつ非確率的な決定関数 φ の全体の集合である.

g が与えられたとき，すべての $\theta\in\Omega$ に対して

$$E_\theta\varphi(X)=g(\theta) \tag{1.4}$$

を満足する推定量 $\varphi(X)$ を $g(\theta)$ の**不偏推定量**といい，不偏推定量が存在する g は**推定可能**であるという．不偏推定について次の **Rao-Blackwell の定理**が成り立つ.

定理 3.1.3 (Blackwell (1947), Rao (1949)) 条件 (a), (b), (c′), (d′) を満足する推定問題を考える．確率分布族 $\mathscr{P}=\{P_\theta : \theta\in\Omega\}$ に対して $\mathscr{A}$ の

十分加法族 $\mathcal{A}_0$ が存在するとき，任意の決定関数 $\varphi\in\varDelta$ に対して

$$\varphi_0(x)=E_\Omega(\varphi(X)|\mathcal{A}_0, x) \tag{1.5}$$

とおく．ただしすべての $x\in\mathcal{X}$ に対して $\varphi_0(x)\in\mathcal{D}$ となるように φ_0 を定義する．このとき φ_0 は φ と少なくとも同程度に優れた $\mathcal{A}_0$ 可測な決定関数となる．さらに $\varphi(X)$ が $g(\theta)$ の不偏推定量であれば，$\varphi_0(X)$ も $g(\theta)$ の不偏推定量となる．

証明 φ_0 が $\mathcal{A}_0$ 可測のことは明らかである．そこですべての $\theta\in\Omega$ に対して $R(\theta,\varphi_0)\leqq R(\theta,\varphi)$，すなわち

$$E_\theta W(\theta,\varphi_0(X))\leqq E_\theta W(\theta,\varphi(X)) \tag{1.6}$$

となることを最初に証明する．(1.6) の右辺が ∞ ならば (1.6) が成り立つことは明らかであるから，(1.6) の右辺は有限であると仮定する．このとき (1.5) と条件つき Jensen の不等式により

$$W(\theta,\varphi_0(x))\leqq E_\theta[W(\theta,\varphi(X))|\mathcal{A}_0, x] \quad \text{a.e.}\ (\mathcal{A}_0, P_\theta)$$

が成り立つので，この両辺を P_θ 測度で積分すれば，定理 1.4.2 の (ii) により (1.6) が得られる．

また定理 1.4.2 の (ii) によって，すべての $\theta\in\Omega$ に対して $E_\theta\varphi_0(X)=E_\theta\varphi(X)$ となるので，$\varphi(X)$ が $g(\theta)$ の不偏推定量であれば，$\varphi_0(X)$ も $g(\theta)$ の不偏推定量になる．これで定理の証明は完結した． ∎

定理3.1.3においてとくに $\mathcal{A}_0$ が完備十分加法族であれば，次の **Lehmann-Scheffé の定理**が成り立つ．

定理 3.1.4 (Lehmann and Scheffé (1950)) 条件 (a), (b), (c′), (d′) を満足する推定問題を考える．確率分布族 $\mathcal{P}=\{P_\theta : \theta\in\Omega\}$ に対して完備十分加法族 $\mathcal{A}_0$ が存在するものとする．ここで推定可能な関数 $g(\theta)$ の任意の不偏推定量 $\varphi(X)$ に対して

$$\varphi_0(x)=E_\Omega(\varphi(X)|\mathcal{A}_0, x)$$

とおく．ただしすべての $x\in\mathcal{X}$ に対して $\varphi_0(x)\in\mathcal{D}$ となるように φ_0 を定義する．このとき $\varphi_0(X)$ は $g(\theta)$ の不偏推定量の中で最良のものである．

証明 $\varphi_0(X)$ が $g(\theta)$ の不偏推定量になることは定理 3.1.3 のとおりであ

る．そこで $g(\theta)$ の任意の不偏推定量 $\psi(X)$ をとって，すべての $\theta\in\Omega$ に対して $R(\theta,\varphi_0)\leqq R(\theta,\psi)$ が成り立つことを証明すればよい．そのため

$$\psi_0(x)=E_\Omega(\psi(X)|\mathcal{A}_0,x)$$

とおけば，Rao-Blackwell の定理により，すべての $\theta\in\Omega$ に対して

$$E_\theta\psi_0(X)=g(\theta),\quad R(\theta,\psi_0)\leqq R(\theta,\psi). \tag{1.7}$$

φ_0,ψ_0 はともに $\mathcal{A}_0$ 可測で，すべての $\theta\in\Omega$ に対して $E_\theta\varphi_0(X)=E_\theta\psi_0(X)=g(\theta)$ となるので，$E_\theta(\varphi_0(X)-\psi_0(X))=0$ を得る．したがって $\mathcal{A}_0$ が完備であるという仮定により，

$$\varphi_0(x)-\psi_0(x)=0 \quad \text{a.e. } (\mathcal{A}_0,\mathcal{P}).$$

これより，すべての $\theta\in\Omega$ に対して $R(\theta,\varphi_0)=R(\theta,\psi_0)$ となるので，これと (1.7) の第2式を用いて $R(\theta,\varphi_0)\leqq R(\theta,\psi)$ が得られる．∎

とくに

$$k=1,\quad W(\theta,d)=(d-g(\theta))^2 \tag{1.8}$$

のときには，定理 3.1.4 は $\varphi_0(X)$ が $g(\theta)$ のすべての不偏推定量の中で，すべての $\theta\in\Omega$ に対して分散を一様に最小にすることを示している．これを**一様最小分散不偏推定量**または **UMV 不偏推定量**という．定理 3.1.4 によれば，$\mathcal{P}$ の完備十分加法族が存在するとき，任意の推定可能関数に対して UMV 不偏推定量が存在する．

例 3.1.1 (Lehmann (1967)) 確率変数 X の分布は2項分布 $Bi(n,p)$ であるとする．ここで $n\in\mathcal{N}$ は既知で，$\mathcal{P}=\{Bi(n,p):p\in(0,1)\}$ とおく．まず p のどのような関数 $g(p)$ が推定可能であるかを考えてみる．いま，すべての $p\in(0,1)$ に対して $E_p\varphi(X)=g(p)$ とすれば，

$$\sum_{x=0}^{n}\varphi(x)\binom{n}{x}p^x(1-p)^{n-x}=g(p). \tag{1.9}$$

このとき g は p の n 次以下の多項式でなければならない．そこで逆に，p の n 次以下の任意の多項式が推定可能であることを証明する．そのためには p^r $(r=1,\cdots,n)$ がすべて推定可能のことを示せばよい．(1.9) の右辺で $g(p)=p^r$ とおき，両辺の p に $\alpha/(1+\alpha)$ を代入してその後で両辺を $(1+\alpha)^n$ 倍す

れば,

$$\sum_{x=0}^{n}\varphi(x)\binom{n}{x}\alpha^x=\alpha^r(1+\alpha)^{n-r}=\sum_{x=r}^{n}\binom{n-r}{x-r}\alpha^x.$$

これは

$$\varphi(x)=\frac{x(x-1)\cdots(x-r+1)}{n(n-1)\cdots(n-r+1)}\quad(x=0,1,\cdots,n)$$

のときに満たされる. これによって p の n 次以下のすべての多項式が推定可能となる. 定理 2.6.1 と定理 2.6.2 によれば, $t(x)=x$ が完備十分統計量となるので, 定理 3.1.4 により n 次以下の任意の多項式 $g(p)=\sum_{r=0}^{n}c_rp^r$ に対して,

$$c_0+\sum_{r=1}^{n}c_r\frac{X(X-1)\cdots(X-r+1)}{n(n-1)\cdots(n-r+1)}$$

が $g(p)$ の UMV 不偏推定量となる. ∎

Rao-Blackwell あるいは Lehmann-Scheffé の定理のある意味での逆が Rao (1952), Bahadur (1957), 工藤 (1968) p.105 に与えられている. (1.8) の場合について, 推定量を不偏推定量に限定するならば, その中から1つの推定量を選ぶに当たって, UMV 不偏推定量が存在するのは最も幸運な場合である. UMV 不偏推定量が存在しないときには, 不偏推定量の中で θ の特殊な値 θ_0 で $R(\theta_0,\varphi)=\mathrm{Var}_{\theta_0}\varphi(X)$ が最小になるものを求める. このような不偏推定量は $\theta=\theta_0$ で**局所最良**であるといい, 局所最良な不偏推定量の理論は Barankin (1949) らによって与えられている.

C. 不偏性と許容性

UMV 不偏推定量が存在するとしても, それは不偏推定量の中で最良なものであって, 不偏性という制約を取り除けば, さらに優れた推定量が存在することがしばしばある.

例 3.1.2 $X_1,\cdots,X_n$ は互いに独立に正規分布 $N(\xi,1)$ に従うとき, 損失関数を $W(\xi,d)=(d-\xi^2)^2$ として ξ^2 の推定を考えることにする. このとき $U=\sum_i X_i/n$ とおけば U^2-1/n が ξ^2 の UMV 不偏推定量となる. しかしながらすべての $\xi\in\mathcal{R}^1$ に対して $\xi^2\geqq0$, $P_\xi(U^2-1/n<0)>0$ となるので, U^2-

$1/n$ より $\max(U^2-1/n, 0)$ のほうが優れた推定量である．よって ξ^2 の推定問題に対して U^2-1/n は許容的でない． ∎

次の定理は不偏推定量が一般に許容的でない場合の例を示している．

定理 3.1.5 (Goodman (1953)) 標本空間 $(\mathscr{X}, \mathscr{A})$, 決定空間 $(\mathscr{D}, \mathscr{F})$ はともに1次元の Borel 型で $\mathscr{X}=\Omega=\mathscr{D}=\mathscr{R}_+^1$ とし，$W(\theta, d)=(d-\theta)^2$ と仮定する．ここで $(\mathscr{X}, \mathscr{A}, P_\theta)$ の確率変数 X に対して X/θ の分布は θ とは無関係であって，$0<E_\theta X^2<\infty$ と仮定し，$\theta E_\theta X/E_\theta X^2=c_0$ とおく．このとき $\varphi(X)=cX$ (c は定数) の形の推定量の中で最良のものは $c_0 X$ である．

証明 $\varphi(X)=cX$ に対して上の c_0 の定義を用いて危険関数を計算すると，

$$R(\theta, \varphi)=E_\theta(cX-\theta)^2=c^2 E_\theta X^2-2c\theta E_\theta X+\theta^2=(c^2-2cc_0)E_\theta X^2+\theta^2.$$

この値を最小にする c は，すべての $\theta\in\Omega$ に対して $c=c_0$ によって与えられる． ∎

定理 3.1.5 において $t(x)=x$ が完備統計量であれば，$E_\theta cX=\theta$ を満足する cX は UMV 不偏推定量となる．定理 3.1.5 の推定量が不偏推定量であれば，$E_\theta c_0 X=\theta$ より $\theta(E_\theta X)^2/E_\theta X^2=\theta$，したがって

$$\mathrm{Var}_\theta X=E_\theta X^2-(E_\theta X)^2=0$$

となるので，これはつまらない場合である．

例 3.1.3 $\alpha>0$ を定数として，確率変数 X はガンマ分布 $\Gamma(\alpha, \sigma)$ に従うものとする．このとき X/σ の分布 $\Gamma(\alpha, 1)$ は σ に無関係で，$\sigma E_\sigma X/E_\sigma X^2=1/(\alpha+1)$ となる．よって cX の形の推定量の中で最良のものは $X/(\alpha+1)$ である．この場合には X/α が σ の UMV 不偏推定量となるが，それは許容的でない．

とくに $X_1, \cdots, X_n$ が互いに独立に正規分布 $N(\xi, \sigma^2)$ に従うとき，

$$U=\sum_i X_i/n=\bar{X}, \quad V=\sum_i (X_i-\bar{X})^2$$

とおけば，σ^2 の UMV 不偏推定量は $V/(n-1)$ であり，これに対して cV の形の最良の推定量は $V/(n+1)$ である．$V/(n+1)$ の許容性については §6.4 で論ずる予定である． ∎

不偏推定をはじめとして，推定論一般を紹介したものとして竹内（1963, 1965），Zacks（1971）がある．

D. Lehmann の意味の不偏性

Lehmann（1951）は与えられた確率的な決定関数 δ とすべての $\theta, \theta' \in \Omega$ に対して

$$R(\theta, \theta', \delta) = \int_{\mathcal{X}} \left(\int_{\mathcal{D}} W(\theta', s)\, \delta(ds|x) \right) P_\theta(dx)$$

と定義して，任意の $\theta \in \Omega$ に対して θ' の関数 $R(\theta, \theta', \delta)$ が $\theta' = \theta$ で最小値をとるときに，δ を**不偏**な決定関数と定義した．非確率的な決定関数 φ に対して上の $R(\theta, \theta', \varphi)$ は

$$R(\theta, \theta', \varphi) = \int_{\mathcal{X}} W(\theta', \varphi(x))\, P_\theta(dx) = E_\theta\, W(\theta', \varphi(X))$$

と表される．

とくに $W(\theta, d) = (d - g(\theta))^2$ であれば，推定量 $\varphi(X)$ が Lehmann の意味で不偏ということは，(1.4) の意味での不偏性と一致する．また定理 3.1.5 の推定量 $c_0 X$ は (1.4) の意味では一般に不偏でなかったが，$W(\theta, d) = (d - \theta)^2/\theta^2$ とおけば，Lehmann の意味で不偏である．

3.2 Cramér-Rao の不等式

A. 1次元の場合

母数空間 Ω は $\mathcal{R}^1$ の開区間とし，g は Ω で定義されて実数値をとる関数であるとする．ある種の正則性の条件のもとでは，$g(\theta)$ のどんな不偏推定量 $\varphi(X)$ の分散も，一定の正数より小さくならないことが知られている．そのような結果の中で最も基本的なものが次の **Cramér-Rao の不等式**である．

定理 3.2.1 (Rao (1945), Cramér (1946), Wolfowitz (1947)) 次の条件 (a)〜(f) を仮定する．

(a) 母数空間 Ω は $\mathcal{R}^1$ の開区間で，g は Ω で定義されて実数値をとる微分可能な関数である．

（b） 標本空間 $(\mathscr{X}, \mathscr{A})$ で定義された確率分布族 $\mathscr{P}=\{P_\theta : \theta\in\Omega\}$ はある一定の測度 μ に関して確率密度関数をもち，$p(\cdot,\theta)$ がその１つである．

（c） すべての点 $(x,\theta)\in\mathscr{X}\times\Omega$ で $p(x,\theta)>0$ である．

（d） $p(x,\theta)$ は任意の $x\in\mathscr{X}$ に対して θ に関して微分可能である．

（e） $g(\theta)$ の不偏推定量 $\varphi(X)$ に対して，

$$\int_{\mathscr{X}} p(x,\theta)\,\mu(dx)=1, \quad \int_{\mathscr{X}} \varphi(x)\,p(x,\theta)\,\mu(dx)=g(\theta) \tag{2.1}$$

の θ に関する微分を，左辺では積分記号内で行うことができる．

（f） すべての $\theta\in\Omega$ に対して

$$0<\int_{\mathscr{X}}\left(\frac{\partial \log p(x,\theta)}{\partial\theta}\right)^2 p(x,\theta)\,\mu(dx)<\infty. \tag{2.2}$$

このとき (2.2) の積分を $I(\theta)$ とおけば，すべての $\theta\in\Omega$ に対して

$$\mathrm{Var}_\theta\,\varphi(X)\geqq(g'(\theta))^2/I(\theta). \tag{2.3}$$

証明 仮定 (c), (d) により $\mathscr{X}\times\Omega$ で

$$\frac{\partial p(x,\theta)}{\partial\theta}=\frac{\partial \log p(x,\theta)}{\partial\theta}\,p(x,\theta) \tag{2.4}$$

が成り立つので，(2.1) の両式を θ について微分した後で (2.4) を用いると

$$\int_{\mathscr{X}} \frac{\partial \log p(x,\theta)}{\partial\theta}\,p(x,\theta)\,\mu(dx)=0 \tag{2.5}$$

$$\int_{\mathscr{X}} \varphi(x)\,\frac{\partial \log p(x,\theta)}{\partial\theta}\,p(x,\theta)\,\mu(dx)=g'(\theta). \tag{2.6}$$

(2.5) の両辺に $g(\theta)$ を掛けたものを (2.6) から引けば，

$$\int_{\mathscr{X}} (\varphi(x)-g(\theta))\,\frac{\partial \log p(x,\theta)}{\partial\theta}\,p(x,\theta)\,\mu(dx)=g'(\theta). \tag{2.7}$$

したがって Schwarz の不等式から

$$\left(\int_{\mathscr{X}}(\varphi(x)-g(\theta))^2 p(x,\theta)\,\mu(dx)\right)\left(\int_{\mathscr{X}}\left(\frac{\partial \log p(x,\theta)}{\partial\theta}\right)^2 p(x,\theta)\,\mu(dx)\right)$$

$$\geqq(g'(\theta))^2.$$

そこで $E_\theta\varphi(X)=g(\theta)$ によりこの式は $(\mathrm{Var}_\theta\,\varphi(X))I(\theta)\geqq(g'(\theta))^2$ となる

ので，これを書き直して (2.3) を得る． ▮

系 定理と同じ条件 (a)～(f) のもとで

$$E_\theta \varphi(X)=g(\theta)=\theta+b(\theta)$$

とおけば，損失関数 $W(\theta,d)=(d-\theta)^2$ に対して

$$R(\theta,\varphi)\geqq b^2(\theta)+(1+b'(\theta))^2/I(\theta). \tag{2.8}$$

証明 $$R(\theta,\varphi)=E_\theta(\varphi(X)-\theta)^2=b^2(\theta)+\mathrm{Var}_\theta\,\varphi(X)$$

の最後の項に対して (2.3) を適用すればよい． ▮

(2.3) で等号が成り立つのは，(2.7) に対して Schwarz の不等式を適用するときに等号が成り立つ場合であって，そのような θ に対しては，$k(\theta)$ を適当にとれば

$$\frac{\partial \log p(x,\theta)}{\partial\theta}=k(\theta)(\varphi(x)-g(\theta))\quad \text{a.e.}\ (\mathcal{A},\mu). \tag{2.9}$$

ここで (2.9) がすべての $\theta\in\Omega$ に対して成り立つとする．このとき定理の条件 (d) を

(d_1) $p(x,\theta)$ は任意の $x\in\mathcal{X}$ に対して θ に関して連続的微分可能である；

におきかえれば，$K\in\mathcal{A}$，$\mu(K)=0$ となる集合 K を適当にとると，$(\mathcal{X}-K)\times\Omega$ で p が

$$p(x,\theta)=c(\theta)\,e^{s(\theta)\varphi(x)}h(x)$$

の形に表されることが Wijsman (1973) によって証明されている．なお関連した話題については Joshi (1976) をも見よ．

Cramér-Rao の不等式と同様に，不偏推定量の分散の下界または2乗誤差 $W(\theta,d)=(d-\theta)^2$ のときの危険関数の下界を与える不等式として，Bhattacharyya (1946～48)，Barankin (1949)，Chapman and Robbins (1951)，Kiefer (1952) などの不等式がある．

B. 多次元の場合

母数空間 Ω は $\mathcal{R}^r$ の開集合とし，g は Ω で定義されて $\mathcal{R}^k$ の値をとる関数

$$g(\theta)=(g_1(\theta),\cdots,g_k(\theta))'$$

であるとして，$g_1(\theta), \cdots, g_k(\theta)$ を同時に推定する場合に対して Cramér-Rao の不等式を拡張することを考えよう．

定理 3.2.2 (Rao (1947)) 次の条件 (a′)〜(f′) を仮定する．

(a′) 母数空間 Ω は $\mathcal{R}^r$ の開集合で，Ω の元を $\theta=(\theta_1, \cdots, \theta_r)'$ で表す．$g(\theta)=(g_1(\theta), \cdots, g_k(\theta))'$ は Ω で定義されて $\mathcal{R}^k$ の値をとる関数である．さらに $g_i(\theta)$ $(i=1, \cdots, k)$ は θ_j $(j=1, \cdots, r)$ に関して偏微分可能で，$h_{ij}(\theta)=\partial g_i(\theta)/\partial\theta_j$ とおく．

(b′) 標本空間 $(\mathcal{X}, \mathcal{A})$ で定義された確率分布族 $\mathcal{P}=\{P_\theta : \theta\in\Omega\}$ はある一定の測度 μ に関して確率密度関数をもち，$p(\cdot, \theta)$ がその 1 つである．

(c′) すべての点 $(x, \theta)\in\mathcal{X}\times\Omega$ で $p(x, \theta)>0$ である．

(d′) $p(x, \theta)$ は任意の点 $(x, \theta)\in\mathcal{X}\times\Omega$ で θ_j $(j=1, \cdots, r)$ に関して偏微分可能である．

(e′) $g(\theta)$ の不偏推定量 $\varphi(X)=(\varphi_1(X), \cdots, \varphi_k(X))'$ に対して，

$$\int_{\mathcal{X}} p(x, \theta)\,\mu(dx)=1, \quad \int_{\mathcal{X}} \varphi(x)\,p(x, \theta)\,\mu(dx)=g(\theta) \tag{2.10}$$

の θ_j $(j=1, \cdots, r)$ に関する偏微分を，左辺では積分記号内で行うことができる．

(f′) すべての $\theta\in\Omega$ および $i, j=1, \cdots, r$ に対して積分

$$I_{ij}(\theta)=\int_{\mathcal{X}} \frac{\partial \log p(x, \theta)}{\partial\theta_i}\frac{\partial \log p(x, \theta)}{\partial\theta_j}\,p(x, \theta)\,\mu(dx) \tag{2.11}$$

の値は有限で，$r\times r$ 行列 $I(\theta)=(I_{ij}(\theta))$ は正値である．

このとき $k\times r$ 行列 $H(\theta)=(h_{ij}(\theta))$ を定義すれば，すべての $\theta\in\Omega$ に対して

$$\mathrm{Var}_\theta\,\varphi(X)-H(\theta)I^{-1}(\theta)H'(\theta) \tag{2.12}$$

は非負値である．

証明 (2.10) の第 1 式および (2.10) の第 2 式の第 i 成分 $(i=1, \cdots, k)$ を θ_j $(j=1, \cdots, r)$ について偏微分すれば，(2.5), (2.6) と同様に

$$\int_{\mathscr{X}} \frac{\partial \log p(x,\theta)}{\partial \theta_j} p(x,\theta)\,\mu(dx)=0 \quad (j=1,\cdots,r) \tag{2.13}$$

$$\int_{\mathscr{X}} \varphi_i(x) \frac{\partial \log p(x,\theta)}{\partial \theta_j} p(x,\theta)\,\mu(dx)=h_{ij}(\theta) \quad \begin{pmatrix} i=1,\cdots,k \\ j=1,\cdots,r \end{pmatrix}. \tag{2.14}$$

ここで $\eta_j(x,\theta)=\partial \log p(x,\theta)/\partial\theta_j$ $(j=1,\cdots,r)$ とおけば, (2.13), (2.11), (2.14) により

$$E_\theta \eta_j(X,\theta)=0 \quad (j=1,\cdots,r)$$

$$\mathrm{Cov}_\theta(\eta_i(X,\theta),\ \eta_j(X,\theta))=I_{ij}(\theta) \quad (i,j=1,\cdots,r)$$

$$\mathrm{Cov}_\theta(\varphi_i(X),\ \eta_j(X,\theta))=h_{ij}(\theta) \quad (i=1,\cdots,k;\ j=1,\cdots,r).$$

そこで $k+r$ 次元の確率変数 $(\varphi_1(X),\cdots,\varphi_k(X),\eta_1(X,\theta),\cdots,\eta_r(X,\theta))'$ の分散行列をつくると, 非負値行列

$$\begin{pmatrix} \mathrm{Var}_\theta\,\varphi(X) & H(\theta) \\ H'(\theta) & I(\theta) \end{pmatrix}$$

が得られる. 仮定 (f′) により $I(\theta)$ は正値であるから, I_k および I_r はそれぞれ k 次, r 次の単位行列を表すものとして

$$\begin{pmatrix} I_k & -H(\theta)I^{-1}(\theta) \\ 0 & I_r \end{pmatrix}\begin{pmatrix} \mathrm{Var}_\theta\,\varphi(X) & H(\theta) \\ H'(\theta) & I(\theta) \end{pmatrix}\begin{pmatrix} I_k & 0 \\ -I^{-1}(\theta)H'(\theta) & I_r \end{pmatrix}$$

$$=\begin{pmatrix} \mathrm{Var}_\theta\,\varphi(X)-H(\theta)I^{-1}(\theta)H'(\theta) & 0 \\ 0 & I(\theta) \end{pmatrix} \tag{2.15}$$

をつくると, これも非負値となる. よって (2.15) の主座小行列である (2.12) も非負値である. ∎

系 $k=r$ として定理と同じ条件 (a′)〜(f′) のもとに

$$g(\theta)=\theta+b(\theta), \quad b(\theta)=(b_1(\theta),\cdots,b_k(\theta))'$$

$$b_{ij}(\theta)=\partial b_i(\theta)/\partial\theta_j \quad (i,j=1,\cdots,k)$$

とおいて $k\times k$ 行列 $B(\theta)=(b_{ij}(\theta))$ をつくる. このとき損失関数を $W(\theta,d)=\|d-\theta\|^2$ とすれば,

$$R(\theta,\varphi)\geqq \mathrm{tr}\,[b(\theta)b'(\theta)+(I_k+B(\theta))I^{-1}(\theta)(I_k+B'(\theta))]. \tag{2.16}$$

証明 $H(\theta)=I_k+B(\theta)$ となるから, 定理により

$$\mathrm{Var}_\theta\,\varphi(X)-(I_k+B(\theta))I^{-1}(\theta)(I_k+B(\theta))'$$

は非負値である．他方で

$$E_\theta(\varphi(X)-\theta)(\varphi(X)-\theta)'=b(\theta)b'(\theta)+\mathrm{Var}_\theta\,\varphi(X)$$

となるので，

$$E_\theta(\varphi(X)-\theta)(\varphi(X)-\theta)'-b(\theta)\,b'(\theta)-(I_k+B(\theta))I^{-1}(\theta)(I_k+B(\theta))'$$

が非負値である．よってトレースをとれば (2.16) が得られる． ∎

3.3 最強力検定

A. Neyman-Pearson の基本補題

ここでは次の条件 (a)～(d) が成り立つものと仮定して，例 1.7.2 で説明した仮説検定の問題を考えることにする．

(a) 母数空間 Ω は少なくとも 2 つの点を含む集合で，$\mathcal{P}=\{P_\theta:\theta\in\Omega\}$ は標本空間 $(\mathcal{X},\mathcal{A})$ で定義された確率分布族である．

(b) Ω_0,Ω_1 は $\Omega_0\cup\Omega_1=\Omega$, $\Omega_0\cap\Omega_1=\emptyset$, $\Omega_0\neq\emptyset$, $\Omega_1\neq\emptyset$ を満足する集合で，仮説 $H_0:\theta\in\Omega_0$ を対立仮説 $H_1:\theta\in\Omega_1$ に対して検定するものとする．

(c) 決定空間は $\{0,1\}$ で損失関数は 0-1 損失関数である．すなわち

$$\theta\in\Omega_0 \text{ のとき } W(\theta,0)=0,\ W(\theta,1)=1$$

$$\theta\in\Omega_1 \text{ のとき } W(\theta,0)=1,\ W(\theta,1)=0.$$

(d) 確率的な任意の決定関数 δ に対して $\varphi(x)=\delta(1|x)$ とおき，$\varDelta$ は $\mathcal{X}$ で定義されて区間 $[0,1]$ の値をとる $\mathcal{A}$ 可測関数 φ の全体の集合である．φ を**検定関数**という．

このとき，任意の検定関数 φ に対して

$$R(\theta,\varphi)=\begin{cases}E_\theta\,\varphi(X) & \theta\in\Omega_0 \text{ のとき}\\ 1-E_\theta\,\varphi(X) & \theta\in\Omega_1 \text{ のとき}.\end{cases} \tag{3.1}$$

$\beta(\theta)=E_\theta\,\varphi(X)$ とおいて β を φ の**検出力関数**と名づける．検定関数のある集合 $\varDelta'$ の中で特定の $\theta_1\in\Omega_1$ に対して $\beta(\theta_1)$ を最大 ($R(\theta_1,\varphi)$ を最小) にする検定 φ は $\varDelta'$ の中で $\theta=\theta_1$ に対して**最強力検定**であるといい，$\varDelta'$ の中ですべての $\theta\in\Omega_1$ に対して $\beta(\theta)$ を最大にする検定 φ があれば，φ は $\varDelta'$ の

中で Ω_1 に対して**一様最強力検定**または **UMP 検定**であるという.

ある $\alpha\in[0,1]$ に対して検定関数 φ が

$$\sup_{\theta\in\Omega_0} E_\theta\varphi(X)\leqq\alpha \tag{3.2}$$

を満足すれば，φ は**水準** α の検定であるといい，(3.2) の左辺を検定 φ の**大きさ**という.

定理 3.3.1 (**Neyman-Pearson の基本補題**, Lehmann (1959) p. 65) (a)〜(d) を満たす検定問題において Ω_0, Ω_1 がそれぞれただ1点から成る場合を考え，$\Omega_0=\{0\}$，$\Omega_1=\{1\}$ とする．P_0, P_1 は共通の σ 有限測度 μ に関して確率密度関数 p_0, p_1 をもつものとすれば，

（i） 任意の $\alpha\in[0,1]$ に対して水準 α の最強力検定が存在する.

（ii） $\alpha\in[0,1]$ が与えられたとき，ある実数 $k\geqq 0$ に対して

$$\varphi_0(x)=\begin{cases}1 & p_1(x)>kp_0(x) \text{ のとき}\\ 0 & p_1(x)<kp_0(x) \text{ のとき}\end{cases}\quad \text{a.e. } (\mathcal{A},\mu) \tag{3.3}$$

$$E_0\varphi_0(X)=\alpha \tag{3.4}$$

を満足する検定 φ_0 は水準 α の検定の中で最強力である.

（iii） $\alpha\in(0,1)$ のとき水準 α の最強力検定 φ_0 は適当な実数 $k\geqq 0$ に対して (3.3) を満足する．さらに

$$E_0\varphi(X)<\alpha,\quad E_1\varphi(X)=1 \tag{3.5}$$

となる検定 φ が存在しなければ，φ_0 は (3.4) をも満足する.

（iv） $\alpha\in[0,1]$ のとき水準 α の最強力検定 φ_0 は $E_1\varphi_0(X)\geqq\alpha$ を満足する．とくに，ある $\alpha\in(0,1)$ に対して φ_0 が $E_1\varphi_0(X)=\alpha$ を満足すれば，P_0 は P_1 と一致する.

証明 任意の $\alpha\in[0,1]$ に対して 0-1 損失関数を用いて

$$\Delta(\alpha)=\{\varphi\in\Delta : R(0,\varphi)=\alpha\}$$

$$f(\alpha)=\inf_{\varphi\in\Delta(\alpha)} R(1,\varphi) \tag{3.6}$$

と定義する．$\mathcal{X}$ で $\varphi\equiv\alpha$ となる検定関数 φ は $\Delta(\alpha)$ に属するので $\Delta(\alpha)\neq\emptyset$ となり，(3.1), (3.6) より

$$0 \leqq f(\alpha) \leqq 1-\alpha, \quad とくに \quad f(1)=0 \tag{3.7}$$

は明らかである．そこでまず任意の $\alpha\in[0,1]$ に対して

$$\varphi_0\in\Delta(\alpha), \quad R(1,\varphi_0)=f(\alpha) \tag{3.8}$$

となる φ_0 が存在することを証明しよう．

$f(\alpha)$ の定義 (3.6) から

$$\varphi_n\in\Delta(\alpha) \quad (n=1,2,\cdots), \quad R(1,\varphi_n)\to f(\alpha) \tag{3.9}$$

となる検定関数列 $\{\varphi_n\}$ が存在する．定理 2.2.1 により $\{\varphi_n\}$ の適当な部分列 $\{\varphi_{n_i}\}$ と適当な検定関数 $\varphi_0\in\Delta$ をとれば，$i\to\infty$ のとき φ_{n_i} が φ_0 に弱収束するので，

$$R(0,\varphi_{n_i})=\int_{\mathcal{X}}\varphi_{n_i}(x)\,p_0(x)\,\mu(dx)\to\int_{\mathcal{X}}\varphi_0(x)\,p_0(x)\,\mu(dx)=R(0,\varphi_0)$$

$$R(1,\varphi_{n_i})=1-\int_{\mathcal{X}}\varphi_{n_i}(x)\,p_1(x)\,\mu(dx)\to1-\int_{\mathcal{X}}\varphi_0(x)\,p_1(x)\,\mu(dx)=R(1,\varphi_0).$$

よって (3.9) を用いれば (3.8) を得る．

次に f が $[0,1]$ で凸関数となることを証明しよう．そのため

$$\alpha_i\in[0,1], \quad \varphi_i\in\Delta(\alpha_i), \quad R(1,\varphi_i)=f(\alpha_i) \quad (i=1,2) \tag{3.10}$$

として，任意の $\gamma\in[0,1]$ と $x\in\mathcal{X}$ に対して

$$\varphi(x)=\gamma\varphi_1(x)+(1-\gamma)\varphi_2(x)$$

によって検定関数 φ を定義する．このとき

$$\varphi\in\Delta(\gamma\alpha_1+(1-\gamma)\alpha_2), \quad R(1,\varphi)=\gamma R(1,\varphi_1)+(1-\gamma)R(1,\varphi_2) \tag{3.11}$$

となるので，f の定義 (3.6) と (3.10), (3.11) により，

$$f(\gamma\alpha_1+(1-\gamma)\alpha_2)\leqq\gamma f(\alpha_1)+(1-\gamma)f(\alpha_2).$$

よって f が凸関数となることが証明された．

そこで

$$\alpha^*=\inf\{\alpha\in[0,1]:f(\alpha)=0\} \tag{3.12}$$

とおけば，任意の $\alpha\in[0,\alpha^*)$ に対して $f(\alpha)>0$ となり，f は区間 $[0,\alpha^*]$ で強い意味の単調減少，$[\alpha^*,1]$ で $\equiv0$ となる．

（i） $\alpha\in[0,1]$ に対して (3.8) を満足する検定 φ_0 が水準 α の最強力検

定になることを証明しよう．そのため水準 α の任意の検定 φ をとって $\alpha'=R(0,\varphi)$ とおけば $\alpha'\leqq\alpha$, $\varphi\in\Delta(\alpha')$ となるので，f の単調減少性を用いて，

$$R(1,\varphi_0)=f(\alpha)\leqq f(\alpha')\leqq R(1,\varphi).$$

よって φ_0 が最強力のことが証明された．

（ii） 水準 α の任意の検定 φ をとって $R(1,\varphi)-R(1,\varphi_0)$ をつくれば，

$$R(1,\varphi)-R(1,\varphi_0)=\int_{\mathcal{X}}(\varphi_0(x)-\varphi(x))p_1(x)\mu(dx). \tag{3.13}$$

(3.3) より a.e. $(\mathcal{A},\mu)$ で

$$p_1(x)>kp_0(x) \quad \text{のとき} \quad \varphi_0(x)-\varphi(x)=1-\varphi(x)\geqq 0$$
$$p_1(x)<kp_0(x) \quad \text{のとき} \quad \varphi_0(x)-\varphi(x)=-\varphi(x)\leqq 0$$

となるので，(3.13) の右辺の $p_1(x)$ を $kp_0(x)$ でおきかえると，

$$R(1,\varphi)-R(1,\varphi_0)\geqq k\int_{\mathcal{X}}(\varphi_0(x)-\varphi(x))p_0(x)\mu(dx).$$

(3.4) と仮定 $E_0\varphi(X)\leqq\alpha$ によりこの値は $\geqq 0$ となる．φ は水準 α の任意の検定であったから，φ_0 が最強力のことが証明された．

（iii） $\alpha'=R(0,\varphi_0)$ とおけば $\alpha'\leqq\alpha$ となる．もしも $\alpha'<\alpha$ とすれば，

$$R(1,\varphi_0)=f(\alpha)\leqq f(\alpha')\leqq R(1,\varphi_0)$$

より $f(\alpha)=f(\alpha')$ を得る．このとき f の性質から $\alpha'<\alpha$, $f(\alpha')=0$ となるので，（i）により (3.5) を満たす検定が存在し，しかも $k=0$ として (3.3) が成り立つ．

次に $\alpha'=\alpha$ であれば $R(0,\varphi_0)=\alpha$, $R(1,\varphi_0)=f(\alpha)$ となる．f は区間 $[0,1]$ で凸関数で，しかも α は $[0,1]$ の内点であるから，定理 1.5.5 により，定数 k を適当にとれば，任意の $\gamma\in[0,1]$ に対して

$$f(\gamma)\geqq f(\alpha)-k(\gamma-\alpha). \tag{3.14}$$

ここで，$\gamma=1$ とおけば

$$0=f(1)\geqq f(\alpha)-k(1-\alpha)$$

となるので，これより $k\geqq 0$ を得る．次に任意の $\varphi\in\Delta$ に対して $\gamma=R(0,\varphi)$ とおけば，f の定義 (3.6) と (3.14) により，

$$R(1,\varphi)+kR(0,\varphi)\geqq f(\gamma)+k\gamma$$
$$\geqq f(\alpha)+k\alpha=R(1,\varphi_0)+kR(0,\varphi_0).$$

よって φ_0 はすべての $\varphi\in\varDelta$ の中で

$$R(1,\varphi)+kR(0,\varphi)=1-\int_{\mathcal{X}}\varphi(x)(p_1(x)-kp_0(x))\mu(dx)$$

を最小にする．したがってこの $k\geqq 0$ に対して (3.3) が成り立つ．

(iv) $f(\alpha)\leqq 1-\alpha$ より $E_1\varphi_0(X)\geqq\alpha$ は明らかである．もしもある $\alpha\in(0,1)$ に対して $E_1\varphi_0(X)=\alpha$ となれば，$\varphi_0'\equiv\alpha$ も水準 α の最強力検定になる．したがって (iii) により適当な $k\geqq 0$ をとれば φ_0' に対して (3.3) が成り立つ．しかるに $\varphi_0'\equiv\alpha$ であるから，このことは

$$p_1(x)=kp_0(x)\quad \text{a.e.}\ (\mathcal{A},\mu)$$

を意味する．p_0,p_1 はともに μ に関する確率密度関数であるから，これより $k=1$，したがって $P_0=P_1$ となる． ∎

一般に仮説 $H_0:\theta\in\Omega_0$ を対立仮説 $H_1:\theta\in\Omega_1$ に対して検定する水準 α の検定がすべての $\theta\in\Omega_1$ に対して $R(\theta,\varphi)\leqq 1-\alpha$ を満足するとき，すなわち

$$\sup_{\theta\in\Omega_0}E_\theta\varphi(X)\leqq\alpha,\quad \inf_{\theta\in\Omega_1}E_\theta\varphi(X)\geqq\alpha \tag{3.15}$$

が成り立てば，φ は水準 α の**不偏検定**であるという．この不偏性の概念は損失関数を

$$\theta\in\Omega_0 \text{ のとき } W(\theta,0)=0,\ W(\theta,1)=1-\alpha$$
$$\theta\in\Omega_1 \text{ のとき } W(\theta,0)=\alpha,\ W(\theta,1)=0$$

としたときの Lehmann の意味での不偏性と一致する．

定理 3.3.2 定理 3.3.1 と同じ仮定のもとで (3.6) と (3.12) によって f および α^* を定義する．このとき

(i) 任意の $\alpha\in[0,1]$ に対して水準 α の最強力検定は不偏検定である．

(ii) 任意の $\alpha\in[0,\alpha^*]$ に対して水準 α の最強力検定は許容的である．

(iii) 任意の $\alpha\in(0,1)$ と水準 α の最強力検定 φ_0 に対して，定理 3.3.1 の (iii) から定まる $k\geqq 0$ を用いて，$\Omega=\{0,1\}$ 上の事前分布 Π を

$$\Pi(\{0\})=k/(k+1),\quad \Pi(\{1\})=1/(k+1)$$

によって定義すれば，φ_0 は Π に関する Bayes 解である．

（iv） $f(\alpha)=\alpha$ となる α に対して水準 α の最強力検定をつくれば，それはミニマックス検定となる．

（v） 水準 α の最強力検定の全体の集合を $\Delta_0(\alpha)$ として，すべての $\alpha\in[0,\alpha^*]$ に対して $\Delta_0(\alpha)$ の和集合をつくれば，それは Δ の中で最小完備類をなす．

（vi） 任意の $\alpha\in[0,\alpha^*]$ に対して1つの $\varphi_\alpha\in\Delta_0(\alpha)$ をとって，これらの φ_α の全体の集合をつくれば，それは Δ の中で最小本質的完備類をなす．

証明 簡単であるから省略する． ∎

B. 単調尤度比

母数空間 Ω は $\mathcal{R}^1$ の部分集合であって，少なくとも2つの点を含むものとし，標本空間 $(\mathcal{X},\mathcal{A})$ で定義された確率分布族 $\mathcal{P}=\{P_\theta:\theta\in\Omega\}$ は例 2.1.3 で説明した意味で認定可能であるとする．$(\mathcal{X},\mathcal{A})$ で定義されたある σ 有限測度 μ に関して任意の $P_\theta\in\mathcal{P}$ が確率密度関数をもつとして，その1つを

$$\frac{P_\theta(dx)}{\mu(dx)}=p(x,\theta)$$

で表す．ここで $\mathcal{A}$ 可測な実数値関数 t を適当にとれば，$\theta_1<\theta_2$ を満たす任意の $\theta_1,\theta_2\in\Omega$ に対して

$$\frac{p(x,\theta_2)}{p(x,\theta_1)} \tag{3.16}$$

が $t(x)$ の単調増加関数になるならば，分布族 $\mathcal{P}$ は $t(x)$ に関して**単調尤度比**をもつという．

ここで (3.16) をつくるときに $p(x,\theta_2)=p(x,\theta_1)=0$ となる x は除外し，$p(x,\theta_1)=0$, $p(x,\theta_2)>0$ となる x に対しては (3.16) の値を ∞ とみなす．よって $\theta_1<\theta_2$ のとき (3.16) が $t(x)$ の単調増加関数であるということは，$\theta_1,\theta_2\in\Omega$, $x_1,x_2\in\mathcal{X}$ のとき

$$\theta_1<\theta_2,\quad t(x_1)<t(x_2)\quad \text{ならば}\quad p(x_1,\theta_2)p(x_2,\theta_1)\leqq p(x_1,\theta_1)p(x_2,\theta_2)$$

が成り立つことと同等である．

例 3.3.1 $\Omega\subset\mathcal{R}^1$ とし，可測空間 $(\mathcal{X},\mathcal{A})$ で定義された σ 有限測度を λ として，λ に関する確率密度関数が

$$\frac{P_\theta(dz)}{\lambda(dz)}=c(\theta)e^{s(\theta)t(z)}$$

によって与えられる指数形分布族 $\mathcal{P}=\{P_\theta:\theta\in\Omega\}$ を考える．ここで s は Ω で定義された強い意味の単調増加関数とし，t は $\mathcal{X}$ で定義されて実数値をとる $\mathcal{A}$ 可測関数であるとする．$X_1,\cdots,X_n$ は互いに独立に P_θ に従うものとすれば，$x=(x_1,\cdots,x_n)$ とするとき $(X_1,\cdots,X_n)$ の分布 P_θ^n は

$$\frac{P_\theta^n(dx)}{\lambda^n(dx)}=c^n(\theta)\,e^{s(\theta)\sum_i t(x_i)}$$

によって与えられる．よって分布族 $\mathcal{P}^{(n)}=\{P_\theta^n:\theta\in\Omega\}$ が $t^*(x)=\sum_i t(x_i)$ に関して単調尤度比をもつことが容易にわかる．▮

定理 3.3.3 (Lehmann (1959) p.68) $\Omega\subset\mathcal{R}^1$ とし，標本空間 $(\mathcal{X},\mathcal{A})$ で定義された確率分布族 $\mathcal{P}=\{P_\theta:\theta\in\Omega\}$ が上に定義した意味で $t(x)$ に関して単調尤度比をもつとする．このとき

(i) $\theta_0\in\Omega$ とし，$\{\theta\in\Omega:\theta>\theta_0\}$ は空でないと仮定すれば，任意の $\alpha\in(0,1)$ を与えたとき，仮説 $\theta\leqq\theta_0$ を対立仮説 $\theta>\theta_0$ に対して検定する水準 α の UMP 検定 φ_0 で，

$$\varphi_0(x)=\begin{cases}1 & t(x)>c \quad \text{のとき}\\ \gamma & t(x)=c \quad \text{のとき}\\ 0 & t(x)<c \quad \text{のとき}\end{cases}\tag{3.17}$$

の形のものが存在する．ただし $\gamma\in[0,1]$，$c\in\mathcal{R}^1$ は適当な実数である．

(ii) $\theta'\in\Omega$ であって $\{\theta\in\Omega:\theta>\theta'\}$ は空でないものとし，さらに (i) の検定 φ_0 に対して $E_{\theta'}\varphi_0(X)>0$ と仮定する．このような任意の θ' をとるとき，φ_0 は仮説 $\theta\leqq\theta'$ を対立仮説 $\theta>\theta'$ に対して検定する水準 $E_{\theta'}\varphi_0(X)$ の UMP 検定である．

(iii) (i) の検定 φ_0 の検出力関数 $\beta(\theta)=E_\theta\varphi_0(X)$ は Ω で θ に関して単調増加であって，とくに $0<\beta(\theta)<1$ を満たす θ の範囲では強い意味の単

調増加である.

証明　(i)　任意の実数 u に対して

$$f(u)=P_{\theta_0}(t(X)>u)$$

と定義すれば, f は $\mathcal{R}^1$ で単調減少, 右連続で, $u\to-\infty$ のとき $f(u)\to1$ となり, $u\to\infty$ のとき $f(u)\to0$ となる. $0<\alpha<1$ であるから,

$$P_{\theta_0}(t(X)>c)=f(c)\leqq\alpha\leqq f(c-)=P_{\theta_0}(t(X)\geqq c) \tag{3.18}$$

となる実数 c が存在する. ここで $f(c)<f(c-)$ ならば

$$\gamma=\frac{\alpha-f(c)}{f(c-)-f(c)}$$

とおき, $f(c)=f(c-)$ ならば任意の $\gamma\in[0,1]$ をとって (3.17) の検定関数 φ_0 を定義する.

このとき φ_0 のつくり方から

$$E_{\theta_0}\varphi_0(X)=\alpha$$

は明らかである. そこで $\theta_1>\theta_0$ を満足する任意の $\theta_1\in\Omega$ に対して, 適当な実数 $k\geqq0$ をとれば φ_0 が

$$\varphi_0(x)=\begin{cases}1 & p(x,\theta_1)>kp(x,\theta_0)\ \text{のとき}\\ 0 & p(x,\theta_1)<kp(x,\theta_0)\ \text{のとき}\end{cases} \tag{3.19}$$

を満足することをいえば, 定理 3.3.1 の (ii) により φ_0 が仮説 $\theta=\theta_0$ を対立仮説 $\theta=\theta_1$ に対して検定する水準 α の最強力検定になる.

さて (3.18) により

$$\int_{t(x)\geqq c}p(x,\theta_0)\,\mu(dx)=P_{\theta_0}(t(X)\geqq c)\geqq\alpha>0$$

となるので, $t(x)\geqq c$, $p(x,\theta_0)>0$ を満足する $x\in\mathcal{X}$, したがって $t(x)\geqq c$, $p(x,\theta_1)/p(x,\theta_0)<\infty$ となる $x\in\mathcal{X}$ が存在する. よって

$$k=\inf\left\{\frac{p(x,\theta_1)}{p(x,\theta_0)}:x\in\mathcal{X},\ t(x)\geqq c\right\}$$

とおけば $0\leqq k<\infty$ となって, しかも (3.19) が成り立つ.

θ_1 は $\theta_1>\theta_0$, $\theta_1\in\Omega$ を満足する任意の値であったから, φ_0 は仮説 $\theta=\theta_0$ を対立仮説 $\theta>\theta_0$ に対して検定する水準 α の UMP 検定である. そこで最後に

φ_0 が仮説 $\theta \leqq \theta_0$ の検定として水準 α になることを証明する．それには $\theta' < \theta_0$ を満たす任意の $\theta' \in \Omega$ に対して

$$E_{\theta'}\varphi_0(X) \leqq E_{\theta_0}\varphi_0(X) = \alpha \tag{3.20}$$

が成り立つことを示せば十分である．$E_{\theta'}\varphi_0(X)=0$ ならば (3.20) が成り立つことは明らかであるから，$\alpha' = E_{\theta'}\varphi_0(X)$ とおいて $\alpha' > 0$ と仮定する．するとこれまでの所論から φ_0 は仮説 $\theta=\theta'$ を対立仮説 $\theta=\theta_0$ に対して検定する水準 α' の最強力検定となる．よって定理 3.3.1 の (iv) により $\alpha' \leqq \alpha$ が成り立つ．これで (3.20) が証明された．

(ii) (i) の証明から明らかである．

(iii) $\theta_i \in \Omega$, $\beta(\theta_i) = E_{\theta_i}\varphi_0(X)$ $(i=1,2,3)$, $\theta_1 < \theta_2 < \theta_3$ のとき，$0 < \beta(\theta_2) < 1$ であれば (i) の証明により

$$\beta(\theta_1) \leqq \beta(\theta_2) \leqq \beta(\theta_3) \tag{3.21}$$

が成り立つことは明らかである．しかも $\mathcal{P}$ は認定可能であるから，P_{θ_1}, P_{θ_2}, P_{θ_3} は互いに異なる確率分布である．よって定理 3.3.1 の (iv) により (3.21) の $\leqq$ は必ず不等号 $<$ で成立する．このことから (iii) の結論が得られる．▮

定理 3.3.3 の (ii) の結論は，条件 $E_{\theta'}\varphi_0(X) > 0$ を仮定しないと必ずしも成り立たない．たとえば一様分布族 $\{U(\theta, \theta+1) : \theta \in \mathcal{R}^1\}$ について考えてみよ (Ferguson (1967) p. 211).

C. Neyman-Pearson の基本補題の拡張

ここでは後のために定理 3.3.1 の拡張を与えておく．

定理 3.3.4 (Lehmann (1959) p. 83) σ 有限な測度空間 $(\mathcal{X}, \mathcal{A}, \mu)$ で定義された $m+1$ 個の関数 f_i $(i=1,\cdots,m+1)$ は $(\mathcal{A}, \mu)$ 積分可能であるとし，与えられた m 個の実数 c_i $(i=1,\cdots,m)$ に対して

$$\int_{\mathcal{X}} \varphi(x) f_i(x) \mu(dx) = c_i \quad (i=1,\cdots,m) \tag{3.22}$$

を満足する検定関数 φ の全体の集合を Δ' として，$\Delta' \neq \emptyset$ と仮定する．このとき，

（i） Δ' の中で

$$\int_{\mathscr{X}} \varphi(x) f_{m+1}(x) \mu(dx) \tag{3.23}$$

を最大にする検定関数 φ_0 が存在する.

（ii） $\varphi_0 \in \Delta'$ が適当な m 個の実数 k_i $(i=1, \cdots, m)$ に対して

$$\varphi_0(x) = \begin{cases} 1 & f_{m+1}(x) > \sum_{i=1}^{m} k_i f_i(x) \text{ のとき} \\ 0 & f_{m+1}(x) < \sum_{i=1}^{m} k_i f_i(x) \text{ のとき} \end{cases} \quad \text{a.e. } (\mathscr{A}, \mu) \tag{3.24}$$

を満足すれば，φ_0 は Δ' の中で (3.23) を最大にする.

（iii） $\varphi_0 \in \Delta'$ が適当な m 個の実数 $k_i \geqq 0$ $(i=1, \cdots, m)$ に対して (3.24) を満足すれば，φ_0 は

$$\int_{\mathscr{X}} \varphi(x) f_i(x) \mu(dx) \leqq c_i \quad (i=1, \cdots, m)$$

を満足する検定関数 φ の全体の集合の中で (3.23) を最大にする.

（iv） $\mathscr{R}^m$ の中で検定関数 φ を用いて

$$\left(\int_{\mathscr{X}} \varphi(x) f_1(x) \mu(dx), \cdots, \int_{\mathscr{X}} \varphi(x) f_m(x) \mu(dx) \right)$$

の形に表される点の全体の集合を M とすれば，M は有界な閉凸集合となる. $\mathscr{R}^m$ の中で M が含まれる最低次元の部分空間を S として，点 $(c_1, \cdots, c_m)$ が S の位相で M の内点であると仮定する. このとき φ_0 が Δ' の中で (3.23) を最大にすれば，適当に m 個の実数 k_i $(i=1, \cdots, m)$ をとると (3.24) が成り立つ.

証明 M に属する各点 $(c_1, \cdots, c_m)$ に対して，条件 (3.22) を満足するすべての検定関数 φ についての

$$\int_{\mathscr{X}} (1-\varphi(x)) f_{m+1}(x) \mu(dx)$$

の下限を $g(c_1, \cdots, c_m)$ として，あとは定理 3.3.1 と同様に証明すればよい. ▌

3.4 不 偏 検 定

A. 不偏検定と相似検定

§3.3 A. の条件 (a)〜(d) を満足する仮説検定の問題で，検定関数 φ が

$$\text{すべての}\quad \theta\in\Omega_0 \quad\text{に対して}\quad E_\theta\varphi(X)\leqq\alpha \tag{4.1}$$

$$\text{すべての}\quad \theta\in\Omega_1 \quad\text{に対して}\quad E_\theta\varphi(X)\geqq\alpha \tag{4.2}$$

を満たすとき，φ は水準 α の**不偏検定**であると定義した．水準 α の不偏検定の中で任意の $\theta\in\Omega_1$ に対して検出力 $\beta(\theta)=E_\theta\varphi(X)$ を最大にするものを，水準 α の**一様最強力不偏検定**あるいは **UMP 不偏検定**という．

また Ω の空でない部分集合 ω をとると

$$\text{すべての}\quad \theta\in\omega \quad\text{に対して}\quad E_\theta\varphi(X)=\alpha \tag{4.3}$$

を満足する検定 φ を，ω で大きさが α の**相似検定**という．ω で大きさが α の相似検定の中で任意の $\theta\in\Omega_1$ に対して検出力 $\beta(\theta)=E_\theta\varphi(X)$ を最大にする検定を，ω で大きさが α の**一様最強力相似検定**あるいは **UMP 相似検定**という．不偏検定と相似検定の間に次の定理が成り立つ．

定理 3.4.1 (Lehmann (1959) p. 126) §3.3 A. の条件 (a)〜(d) を満足する検定問題を考える．Ω に位相が与えられていて，任意の検定関数 φ に対して $E_\theta\varphi(X)$ が θ の連続関数であると仮定する．Ω_0, Ω_1 の境界を ω として ω は空でないものとする．このとき

(i) 水準 α の不偏検定はすべて ω で大きさが α の相似検定である．

(ii) ω で大きさが α の UMP 相似検定 φ_0 が仮説 $H_0:\theta\in\Omega_0$ の水準 α の検定であれば，φ_0 は仮説 $H_0:\theta\in\Omega_0$ を対立仮説 $H_1:\theta\in\Omega_1$ に対して検定する水準 α の UMP 不偏検定となる．

証明 (i) (4.1), (4.2) と $E_\theta\varphi(X)$ が θ の連続関数であることから，(4.3) が成り立つことは明らかである．

(ii) 仮定によれば φ_0 は水準 α の不偏検定である．水準 α の任意の不偏検定 φ をとれば，(i) によって φ は ω で大きさが α の相似検定になる．ω で大きさが α の相似検定の中では φ_0 が UMP であったので，すべての $\theta\in\Omega_1$ に対して $E_\theta\varphi(X)\leqq E_\theta\varphi_0(X)$ が成り立つ．これで φ_0 が水準 α の

UMP 不偏検定になることが証明された. ∎

定理 1.1.6 の (ii) によれば, $(\mathcal{X},\mathcal{A})$ 上のある測度 μ に関してすべての $P_\theta\in\mathcal{P}$ が確率密度関数 $p(\cdot,\theta)$ をもって, しかも任意の $x\in\mathcal{X}$ に対して $p(x,\cdot)$ が Ω で連続であれば, すべての検定関数 φ に対して $E_\theta\varphi(X)$ が θ の連続関数となる.

相似検定の構造に関して1つの定義を与えておく. Ω の空でない1つの部分集合を ω として $\mathcal{P}_\omega=\{P_\theta:\theta\in\omega\}$ とおき, $\mathcal{A}$ の部分加法族 $\mathcal{A}_\omega$ は $\mathcal{P}_\omega$ に対する十分加法族であるとする. このとき ω で大きさが α の相似検定 φ に対して, $\theta\in\omega$ に無関係な $\varphi(X)$ の条件つき平均値をつくると

$$E_\omega(\varphi(X)|\mathcal{A}_\omega,x)=\alpha\quad \text{a.e.}\ (\mathcal{A}_\omega,\mathcal{P}_\omega) \tag{4.4}$$

が成り立つときに, φ は $\mathcal{A}_\omega$ に関して **Neyman 構造**をもつという.

定理 3.4.2 (Lehmann (1959) p.134) $\omega,\mathcal{P}_\omega,\mathcal{A}_\omega,E_\omega$ などの記号については上に定義したとおりとする. $\alpha\in(0,1)$ が与えられたとき, ω で大きさが α の任意の相似検定が $\mathcal{A}_\omega$ に関して Neyman 構造をもつための必要十分条件は $\mathcal{A}_\omega$ が有界的完備のことである.

証明 十分性. $\mathcal{A}_\omega$ は有界的完備であると仮定し, ω で大きさが α の任意の相似検定を φ として

$$h(x)=E_\omega(\varphi(X)|\mathcal{A}_\omega,x)-\alpha$$

とおく. このとき h は $\mathcal{A}_\omega$ 可測関数で, すべての $\theta\in\omega$ に対して

$$-\alpha\leqq h(x)\leqq 1-\alpha\quad \text{a.e.}\ (\mathcal{A}_\omega,P_\theta)$$

$$E_\theta h(X)=E_\theta\varphi(X)-\alpha=0$$

を満足するので, 仮定により $h(x)=0$ a.e. $(\mathcal{A}_\omega,\mathcal{P}_\omega)$ が成り立つ. よって (4.4) が証明された.

必要性. $\alpha\in(0,1)$ に対して, ω で大きさが α の任意の相似検定が $\mathcal{A}_\omega$ に関して Neyman 構造をもつと仮定する. いま $\mathcal{A}_\omega$ 可測関数 h が

$$\text{適当な正数 } c \text{ に対して } |h(x)|\leqq c\quad \text{a.e.}\ (\mathcal{A}_\omega,\mathcal{P}_\omega)$$

$$\text{すべての } \theta\in\omega \text{ に対して}\quad E_\theta h(X)=0 \tag{4.5}$$

を満足するものとする. 必要とあれば関数値の修正を行うことにして, すべて

の $x\in\mathcal{X}$ に対して $|h(x)|\leqq c$ と仮定して一般性を失わない．このとき $\gamma=\min(\alpha,1-\alpha)/c$ とおけば $\gamma>0$ であって，

$$\varphi(x)=\alpha+\gamma h(x)$$

は $\mathcal{A}_\omega$ 可測な検定関数となる．(4.5) よりすべての $\theta\in\omega$ に対して $E_\theta\varphi(X)=\alpha$ となるので，φ は ω で大きさが α の相似検定となる．よって仮定により (4.4) が成り立つ．$\gamma\neq0$ で h は $\mathcal{A}_\omega$ 可測であったから，これより

$$h(x)=0 \quad \text{a.e.}\ (\mathcal{A}_\omega,\mathcal{P}_\omega).$$

よって $\mathcal{A}_\omega$ は有界的完備となる． ∎

指数形分布族が不完備な十分統計量をもつときに，Neyman 構造をもたない相似検定をつくるための一般的方法は Wijsman (1958) によって与えられている．

B. 指数形分布族の不偏検定

母数空間 Ω は $\mathcal{R}^1$ の開区間とし，標本空間 $(\mathcal{X},\mathcal{A})$ で定義された確率分布族 $\mathcal{P}=\{P_\theta:\theta\in\Omega\}$ は指数形分布族であって，P_θ の σ 有限測度 λ に関する確率密度関数を

$$\frac{P_\theta(dz)}{\lambda(dz)}=p(z,\theta)=c(\theta)e^{\theta t(z)} \tag{4.6}$$

とする．ただし t は $\mathcal{X}$ で定義されて実数値をとる $\mathcal{A}$ 可測関数である．

そこで $x=(x_1,\cdots,x_n)\in\mathcal{X}^n$ に対して $y=\sum_i t(x_i)$ とおけば，定理 2.6.1 の (ii) により $x\to y$ によって定義される統計量が $(\mathcal{X}^n,\mathcal{A}^n)$ 上の分布族 $\mathcal{P}^{(n)}=\{P_\theta^n:\theta\in\Omega\}$ に対する十分統計量となる．よって定理 2.3.6 と定理 1.2.1 により，θ に関する検定問題を考えるときに，y に基づく検定関数だけを考えれば十分である．さらに定理 2.6.1 の (iii) により $Y=\sum_i t(X_i)$ の従う分布 Q_θ は，$(\mathcal{R}^1,\mathcal{B}^1)$ 上のある σ 有限測度 ν に関して確率密度関数

$$\frac{Q_\theta(dy)}{\nu(dy)}=c^*(\theta)e^{\theta y}$$

をもつ指数形分布となるので，以下においては $n=1$ とし，$(\mathcal{X},\mathcal{A})$ が1次元の Borel 型で，(4.6) において $t(z)=z$ の場合を考えることにする．

このとき (4.6) は例 3.3.1 により z に関して単調尤度比をもつので，定理 3.3.3 により $\theta_0\in\Omega$ のとき，仮説 $\theta\leqq\theta_0$ の対立仮説 $\theta>\theta_0$ に対する UMP 検定が存在する．同様に仮説 $\theta\geqq\theta_0$ の対立仮説 $\theta<\theta_0$ に対する UMP 検定も存在する．しかしながら仮説 $\theta=\theta_0$ の対立仮説 $\theta\neq\theta_0$ に対する UMP 検定，$\theta_1,\theta_2\in\Omega$，$\theta_1<\theta_2$ のときに仮説 $\theta_1\leqq\theta\leqq\theta_2$ の対立仮説 '$\theta<\theta_1$ または $\theta>\theta_2$' に対する UMP 検定は一般に存在しない．ここではこの最後の検定問題について UMP 不偏検定が存在することを次の定理としてあげておく．

定理 3.4.3 (Lehmann (1959) p.126) 母数空間 Ω は $\mathcal{R}^1$ の開区間とし，$(\mathcal{R}^1,\mathcal{B}^1)$ 上の σ 有限測度 μ に関する確率密度関数が

$$\frac{P_\theta(dx)}{\mu(dx)}=p(x,\theta)=c(\theta)e^{\theta x}$$

の形で与えられる指数形分布族 $\mathcal{P}=\{P_\theta:\theta\in\Omega\}$ について考える．$0<\alpha<1$，$\theta_1,\theta_2\in\Omega$，$\theta_1<\theta_2$ とすれば，仮説 $\theta_1\leqq\theta\leqq\theta_2$ の対立仮説 '$\theta<\theta_1$ または $\theta>\theta_2$' に対する水準 α の UMP 不偏検定 φ で

$$\varphi(x)=\begin{cases}1 & x<c_1 \text{ または } x>c_2 \text{ のとき}\\ \gamma_i & x=c_i \text{ のとき}\\ 0 & c_1<x<c_2 \text{ のとき}\end{cases}\tag{4.7}$$

の形のものが存在する．ただし $c_1\leqq c_2$ である．

証明 定理 1.6.4 の (iii) により，任意の検定関数 φ に対して $E_\theta\varphi(X)$ は θ の連続関数となるから，定理 3.4.1 により，水準 α の不偏検定 φ は

$$E_{\theta_i}\varphi(X)=\int_{\mathcal{X}}\varphi(x)c(\theta_i)e^{\theta_i x}\mu(dx)=\alpha\quad(i=1,2)\tag{4.8}$$

を満足する．そこで (4.8) を満たす検定だけを考察の対象とすればよい．

<u>第1段</u> $\theta_1<\theta_0<\theta_2$ を満たす θ_0 を固定して，(4.8) を満足する検定の中で

$$E_{\theta_0}\varphi(X)=\int_{\mathcal{X}}\varphi(x)c(\theta_0)e^{\theta_0 x}\mu(dx)$$

を最小にするものを求める．

この問題は φ の代わりに $1-\varphi$ を考えることにすれば定理 3.3.4 の問題となる．同定理の (i) によれば，この最小値問題の解 φ_0 が存在する．次にこ

の解が (4.7) の形になることを証明する.

そのために同定理の (iv) にしたがって, $\mathcal{R}^2$ の中で検定関数 φ を用いて $(E_{\theta_1}\varphi(X),\ E_{\theta_2}\varphi(X))$ の形に表される点全体の集合を M とする. M が点 $(0,0)$ および $(1,1)$ を含む凸集合のことは明らかである. さらに $E_{\theta_1}\varphi(X)=\alpha$ のもとで $E_{\theta_2}\varphi(X)$ の最大値を求めると, $P_{\theta_1}\neq P_{\theta_2}$ と定理 3.3.1 の (iv) により, この最大値は α より大きくなる. 同様に, $E_{\theta_1}\varphi(X)=\alpha$ のもとで $E_{\theta_2}\varphi(X)$ の最小値は α より小さくなる. よって M は $(\alpha,\alpha'),(\alpha,\alpha'')$ (ただし $\alpha'<\alpha<\alpha''$) の形の2点をも含むので, (α,α) は M の内点になる.

したがって定理 3.3.4 の (iv) より, 適当な実数 k_1,k_2 をとると φ_0 は a.e. $(\mathcal{A},\mu)$ で

$$\varphi_0(x)=\begin{cases}1 & c(\theta_0)\,e^{\theta_0 x}<k_1 c(\theta_1)\,e^{\theta_1 x}+k_2 c(\theta_2)\,e^{\theta_2 x} \text{ のとき}\\ 0 & c(\theta_0)\,e^{\theta_0 x}>k_1 c(\theta_1)\,e^{\theta_1 x}+k_2 c(\theta_2)\,e^{\theta_2 x} \text{ のとき}\end{cases} \tag{4.9}$$

を満足する. ここで μ 測度 0 の集合の上で φ_0 を適当に定義し直すことにより, (4.9) がすべての $x\in\mathcal{R}^1$ に対して成り立つとして一般性を失わない. (4.9) は適当な実数 a,b を用いて

$$\varphi_0(x)=\begin{cases}1 & 1<a\,e^{(\theta_1-\theta_0)x}+b\,e^{(\theta_2-\theta_0)x} \text{ のとき}\\ 0 & 1>a\,e^{(\theta_1-\theta_0)x}+b\,e^{(\theta_2-\theta_0)x} \text{ のとき}\end{cases} \tag{4.10}$$

と書くこともできる.

次に $\theta_1-\theta_0<0,\ \theta_2-\theta_0>0$ を用いて $a>0,\ b>0$ を証明することにしよう. もしも $a\leqq 0,\ b\leqq 0$ とすれば, すべての $x\in\mathcal{X}$ に対して $\varphi_0(x)=0$ となるので (4.8) が成り立たない. また $a\leqq 0,\ b>0$ とすると

$$a\,e^{(\theta_1-\theta_0)x}+b\,e^{(\theta_2-\theta_0)x} \tag{4.11}$$

は x の単調増加関数, したがって $t(x)=x$ に対して φ_0 が (3.17) の形となるので, 定理 3.3.3 の (iii) により, (4.8) が同時には成り立たない. $a>0$, $b\leqq 0$ のときも同様である. よって $a>0,\ b>0$ でなければならない.

$a>0,\ b>0$ により (4.11) は強い意味の凸関数となる. よって φ_0 は (4.7) の形となる.

<u>第2段</u> $c_1<c_2$ として φ_0 が仮説 $\theta_1\leqq\theta\leqq\theta_2$ の水準 α の検定であることを

証明する．

$\theta_1<\theta'<\theta_2$ を満たす任意の θ' に対して

$$a'e^{(\theta_1-\theta')x}+b'e^{(\theta_2-\theta')x} \tag{4.12}$$

が $x=c_1$ および $x=c_2$ で1になるように a', b' を定める．このとき再び背理法を用いて $a'>0$, $b'>0$ となることがわかる．すると (4.12) は強い意味の凸関数となるから，(4.12) が1より小さいことは $c_1<x<c_2$ と同等である．したがって適当に実数 k_1', k_2' をとれば

$$\varphi_0(x)=\begin{cases}1 & c(\theta')e^{\theta' x}<k_1'c(\theta_1)e^{\theta_1 x}+k_2'c(\theta_2)e^{\theta_2 x} \text{ のとき}\\ 0 & c(\theta')e^{\theta' x}>k_1'c(\theta_1)e^{\theta_1 x}+k_2'c(\theta_2)e^{\theta_2 x} \text{ のとき}\end{cases}$$

となるので，定理 3.3.4 の (ii) により，φ_0 は (4.8) を満たす検定 φ の中で $E_{\theta'}\varphi(X)$ を最小にする．とくに，$\varphi(x)\equiv\alpha$ という検定関数と比較して $E_{\theta'}\varphi_0(X)\leqq\alpha$ を得る．これによって φ_0 が仮説 $\theta_1\leqq\theta\leqq\theta_2$ の水準 α の検定であることが示された．

<u>第3段</u>　$c_1<c_2$ として φ_0 が仮説 '$\theta=\theta_1$ または $\theta=\theta_2$' の対立仮説 '$\theta<\theta_1$ または $\theta>\theta_2$' に対する大きさ α の UMP 相似検定であることを証明する．

まず $\theta'<\theta_1$ として

$$e^{\theta' x}\gtreqqless a'e^{\theta_1 x}+b'e^{\theta_2 x} \tag{4.13}$$

が

$$e^{(\theta'-\theta_1)x}-b'e^{(\theta_2-\theta_1)x}\gtreqqless a' \tag{4.14}$$

と同等であることに留意する．そこで (4.14) の等号が $x=c_1$ および $x=c_2$ で成り立つように a', b' を定めると，$a'>0$, $b'<0$ でなければならない．そのとき (4.14) の左辺は強い意味の凸関数となるので，(4.13) と (4.14) が同等のことから，適当に実数 k_1', k_2' をとれば，φ_0 は

$$\varphi_0(x)=\begin{cases}1 & c(\theta')e^{\theta' x}>k_1'c(\theta_1)e^{\theta_1 x}+k_2'c(\theta_2)e^{\theta_2 x} \text{ のとき}\\ 0 & c(\theta')e^{\theta' x}<k_1'c(\theta_1)e^{\theta_1 x}+k_2'c(\theta_2)e^{\theta_2 x} \text{ のとき}\end{cases}$$

を満足する．したがって定理 3.3.4 の (ii) により，φ_0 は (4.8) を満たす検定 φ の中で $E_{\theta'}\varphi(X)$ を最大にする．

同様にして $\theta'>\theta_2$ のときにも φ_0 は (4.8) を満たす検定 φ の中で $E_{\theta'}\varphi(X)$

を最大にすることが証明できるので，以上によって φ_0 は仮説 '$\theta=\theta_1$ または $\theta=\theta_2$' の大きさ α の相似検定の中で対立仮説 '$\theta<\theta_1$ または $\theta>\theta_2$' に対して UMP 検定であることが証明された．

第2段と第3段の結果と定理 3.4.1 の (ii) から，$c_1<c_2$ のときに φ_0 が仮説 $\theta_1\leqq\theta\leqq\theta_2$ の対立仮説 '$\theta<\theta_1$ または $\theta>\theta_2$' に対する水準 α の UMP 不偏検定であることが証明された．

第4段　$c_1=c_2$ のときには，第2段の証明では (4.12) が $x=c_1$ で最小値 1 をとるように a', b' を定めればよい．また第3段の証明で $\theta'<\theta_1$ のときには，(4.14) の左辺が $x=c_1$ で最小になるように b' を定めて，そのときの最小値を a' とすればよい．あとは $c_1<c_2$ のときと同様である．以上で定理の証明は完結した．∎

Lehmann (1959) は仮説 '$\theta\leqq\theta_1$ または $\theta\geqq\theta_2$' の対立仮説 $\theta_1<\theta<\theta_2$ に対する UMP 検定，仮説 $\theta=\theta_0$ の対立仮説 $\theta\neq\theta_0$ に対する UMP 不偏検定をも論じているが，本書では省略する．さらに Lehmann (1959) は k 次元の自然母数 $\theta=(\theta_1, \cdots, \theta_k)$ をもつ指数形分布族において，θ の 1 つの成分，たとえば θ_1 について

仮説　$\theta_1\leqq\theta_1^{(0)}$	対立仮説　$\theta_1>\theta_1^{(0)}$
仮説　$\theta_1\leqq\theta_1^{(1)}$ または $\theta_1\geqq\theta_1^{(2)}$	対立仮説　$\theta_1^{(1)}<\theta_1<\theta_1^{(2)}$
仮説　$\theta_1^{(1)}\leqq\theta_1\leqq\theta_1^{(2)}$	対立仮説　$\theta_1<\theta_1^{(1)}$ または $\theta_1>\theta_1^{(2)}$
仮説　$\theta_1=\theta_1^{(0)}$	対立仮説　$\theta_1\neq\theta_1^{(0)}$

の各場合に対する UMP 不偏検定を導いている．これらのうちの第1の場合に該当する 1 つの検定が許容性の観点から本書の例 6.7.1 で取り上げられる．

第4章　Bayes 解とミニマックス解

§1.7 B. で統計的決定問題における Bayes 解・ミニマックス解・完備類・本質的完備類などの諸概念について説明した．これらの決定関数ないしは決定関数の集合が存在するための十分条件をいくつかあげ，これらの諸概念相互間の関係を論ずるのが本章の主な目的である．最初の3つの節では一般論を展開し，次の3つの節ではそれぞれ点推定・多重決定・仮説検定に現れる特殊な状況のもとで生ずる諸問題について説明する．本来 Bayes 解は事前分布が完全にわかっているとき，ミニマックス解は事前分布に関する知識が全くないときに利用される決定方式である．事前分布に関する知識が部分的に与えられている場合の議論も近年発展しているが，本書ではページ数の制約から割愛せざるをえなかった．

4.1　Bayes　解

A.　事前分布と事後分布

与えられた統計的決定問題において §1.7 A. の条件 (a)〜(d) を仮定するほか，本節ではさらに次の条件 (a), (b) が満足されるものとする．

(a)　$(\mathcal{X}, \mathcal{A})$ 上の確率分布族 $\mathcal{P}=\{P_\theta : \theta\in\Omega\}$ はある σ 有限測度 μ に関して絶対連続で，$p(\cdot,\theta)$ は $dP_\theta/d\mu$ の1つである．

(b)　母数空間 Ω の部分集合から成る完全加法族 Λ が与えられていて，$p(x,\theta)$ は $\mathcal{A}\times\Lambda$ 可測，損失関数 $W(\theta,d)$ は $\Lambda\times\mathcal{F}$ 可測である．

ここで，観測値をとる前に (Ω,Λ) 上の確率分布 Π が与えられたとき，これを**事前分布**という．事前分布 Π が与えられると，任意の $C\in\mathcal{A}\times\Lambda$ に対して

$$\lambda(C)=\int_C p(x,\theta)(\mu\times\Pi)(d(x,\theta)) \tag{1.1}$$

とおけば，確率空間 $(\mathcal{X}\times\Omega, \mathcal{A}\times\Lambda, \lambda)$ が構成される．とくに任意の $B\in\Lambda$ に対して $\lambda(\mathcal{X}\times B)=\Pi(B)$ となる．また任意の $A\in\mathcal{A}$ に対して

$$Q(A)=\lambda(A\times\Omega) \tag{1.2}$$

とおけば，Q は $(\mathscr{X},\mathscr{A})$ 上の確率分布となる．そこで

$$q(x)=\int_{\Omega}p(x,\theta)\,\Pi(d\theta)$$

とおけば，例 1.4.1 により

$$0<q(x)=\frac{Q(dx)}{\mu(dx)}<\infty \quad \text{a.e.}\ (\mathscr{A},Q). \tag{1.3}$$

任意の $B\in\Lambda$ に対して条件つき確率 $\lambda(\mathscr{X}\times B|x)$ を $\Pi(B|x)$ で表せば，これは $\mathscr{A}$ 可測となる．とくに $\Pi(\cdot|x)$ が (Ω,Λ) 上の確率分布となれば，これを $x\in\mathscr{X}$ が与えられたときの**事後分布**という．例 1.4.1 によれば，事後分布の 1 つは

$$\Pi(B|x)=\begin{cases}\dfrac{1}{q(x)}\displaystyle\int_{B}p(x,\theta)\,\Pi(d\theta) & 0<q(x)<\infty \text{ のとき}\\ \Pi(B) & \text{その他のとき}\end{cases} \tag{1.4}$$

によって与えられる．(1.3) により，事後分布は a.e. $(\mathscr{A},Q)$ で (1.4) の第 1 行の形になる．(1.4) を Π に関する確率密度関数の形で与えれば，

$$\pi(\theta|x)=\frac{\Pi(d\theta|x)}{\Pi(d\theta)}=\begin{cases}p(x,\theta)/q(x) & 0<q(x)<\infty \text{ のとき}\\ 1 & \text{その他のとき.}\end{cases} \tag{1.5}$$

さて，$f(x,\theta)$ が $\mathscr{X}\times\Omega$ で定義された $(\mathscr{A}\times\Lambda,\lambda)$ 積分可能関数のとき，事後分布を用いて，条件つき平均値を a.e. $(\mathscr{A},Q)$ で

$$E(f(X,\Theta)|x)=\int_{\Omega}f(x,\theta)\,\Pi(d\theta|x) \tag{1.6}$$

と表すことができる．f が $(\mathscr{A}\times\Lambda,\lambda)$ 積分可能でなくても，非負の $\mathscr{A}\times\Lambda$ 可測関数であれば，(1.6) によって $E(f(X,\Theta)|x)$ を定義することにする．このどちらの場合についても，Fubini の定理により，

$$\begin{aligned}\int_{\Omega}E_{\theta}f(X,\theta)\,\Pi(d\theta)&=\int_{\Omega}\left(\int_{\mathscr{X}}f(x,\theta)\,p(x,\theta)\,\mu(dx)\right)\Pi(d\theta)\\ &=\int_{\mathscr{X}\times\Omega}f(x,\theta)\,\lambda(d(x,\theta))\end{aligned}$$

$$=\int_{\mathcal{X}}\left(\int_{\Omega}f(x,\theta)\,\Pi(d\theta|x)\right)Q(dx)$$

$$=\int_{\mathcal{X}}E(f(X,\Theta)|x)\,Q(dx). \tag{1.7}$$

B. Bayes 解

(a), (b) を満足する統計的決定問題が与えられたとき，任意の確率的決定関数 δ に対して

$$f(x,\theta)=\int_{\mathcal{D}}W(\theta,s)\,\delta(ds|x) \tag{1.8}$$

とおけば，f が $\mathcal{A}\times\Lambda$ 可測となることを最初に証明しておこう．

任意の $B\in\Lambda$, $D\in\mathcal{F}$ をとって，W を直積集合 $B\times D$ の定義関数とすれば，

$$f(x,\theta)=I_B(\theta)\,\delta(D|x)$$

となって，f が $\mathcal{A}\times\Lambda$ 可測のことは明らかである．そこで

$$\mathcal{E}=\left\{E\in\Lambda\times\mathcal{F}:\int_{\mathcal{D}}I_E(\theta,s)\,\delta(ds|x)\ \text{は}\ \mathcal{A}\times\Lambda\ \text{可測である}\right\}$$

とおけば，上に示したことから任意の $B\in\Lambda$, $D\in\mathcal{F}$ に対して $B\times D\in\mathcal{E}$ となる．これより，互いに共通点のない有限個の $\Lambda\times\mathcal{F}$ 可測な直積集合の和集合がすべて $\mathcal{E}$ に属することが示される．このような和集合の全体 $\mathcal{C}$ が完全加法族 $\Lambda\times\mathcal{F}$ を生成する．しかも他方で $\mathcal{E}$ が単調族をなすことがわかるので，定理 1.1.1 により $\Lambda\times\mathcal{F}=\mathcal{B}(\mathcal{C})=\mathcal{M}(\mathcal{C})\subset\mathcal{E}$ となる．よって任意の $E\in\Lambda\times\mathcal{F}$ に対して，$W(\theta,s)=I_E(\theta,s)$ のときに (1.8) は $\mathcal{A}\times\Lambda$ 可測となる．あとは L プロセスに従って，$\Lambda\times\mathcal{F}$ 可測な一般の損失関数 W に対して，(1.8) が $\mathcal{A}\times\Lambda$ 可測になることが証明される．

(1.8) の特殊な場合として，非確率的な決定関数 φ に対しては $W(\theta,\varphi(x))$ が $\mathcal{A}\times\Lambda$ 可測となる．

(1.8) と同様に，事後分布 $\Pi(\cdot|\cdot)$ を用いて

$$h(x,s)=\int_{\Omega}W(\theta,s)\,\Pi(d\theta|x) \tag{1.9}$$

とおけば，h が $\mathcal{A}\times\mathcal{F}$ 可測になることも証明される．

そこで (1.8) と条件 (b) を用いれば，Fubini の定理により

$$R(\theta,\delta)=\int_{\mathscr{X}}\left(\int_{\mathscr{D}}W(\theta,s)\,\delta(ds|x)\right)p(x,\theta)\,\mu(dx)$$

$$=\int_{\mathscr{X}}f(x,\theta)\,p(x,\theta)\,\mu(dx)$$

が Λ 可測となるので，決定関数の任意の集合 Δ に対して結局次の条件 (c) が成り立つ.

(c) 母数空間 Ω の部分集合から成る完全加法族 Λ が与えられていて，任意の決定関数 $\delta\in\Delta$ に対して危険関数 $R(\cdot,\delta)$ は Λ 可測である.

そこで (Ω,Λ) 上の事前分布 Π に対して

$$r(\Pi,\delta)=\int_{\Omega}R(\theta,\delta)\,\Pi(d\theta)$$

とおき，

$$r(\Pi,\delta_0)=\inf_{\delta\in\Delta}r(\Pi,\delta)<\infty$$

となる $\delta_0\in\Delta$ があれば，§1.7 B. で定義したように，これを事前分布 Π に関する Δ の中の **Bayes 解**という. 単に Bayes 解といえば，適当な事前分布に関する Bayes 解を意味するものとする.

定理 4.1.1 条件 (a), (b) (したがって (c)) を満足する統計的決定問題と (Ω,Λ) 上の事前分布 Π が与えられたものとし，$\inf_{\delta\in\Delta}r(\Pi,\delta)<\infty$ と仮定する. (1.9) によって h を定義し，N は $N\in\mathscr{A}$, $Q(N)=0$ を満たすとする.

(i) 確率的な決定関数 $\delta_0\in\Delta$ がすべての $x\in\mathscr{X}-N$ に対して

$$\delta_0[\{d\in\mathscr{D}:h(x,d)=\inf_{s\in\mathscr{D}}h(x,s)\}|x]=1 \tag{1.10}$$

を満足すれば，δ_0 は Δ の中の Π に関する Bayes 解である.

(ii) 非確率的な決定関数 $\varphi_0\in\Delta$ がすべての $x\in\mathscr{X}-N$ に対して

$$h(x,\varphi_0(x))=\inf_{s\in\mathscr{D}}h(x,s) \tag{1.11}$$

を満足すれば，φ_0 は Δ の中の Π に関する Bayes 解である.

証明 (i) 任意の $\delta\in\Delta$ をとり，(1.7) の f に (1.8) を代入すれば，

左辺は $r(\Pi,\delta)$ となるので，(1.7) の最後から2番目の辺を用いて

$$r(\Pi,\delta)=\int_{\mathcal{X}}\left[\int_{\Omega}\left(\int_{\mathcal{D}}W(\theta,s)\,\delta(ds|x)\right)\Pi(d\theta|x)\right]Q(dx).$$

W は $\Lambda\times\mathcal{F}$ 可測であるから，内側の2つの積分に対して Fubini の定理を適用して，その後で (1.9) を用いれば，

$$r(\Pi,\delta)=\int_{\mathcal{X}}\left[\int_{\mathcal{D}}h(x,s)\,\delta(ds|x)\right]Q(dx).$$

よって $\delta_0\in\Delta$ が（i）の条件を満足すれば，

$$r(\Pi,\delta)\geqq\int_{\mathcal{X}}\left[\int_{\mathcal{D}}h(x,s)\,\delta_0(ds|x)\right]Q(dx)=r(\Pi,\delta_0).$$

したがって δ_0 が Δ の中で事前分布 Π に関する Bayes 解となる．

（ii）（i）の特殊な場合であることから明らかである． ▮

C. 広義の Bayes 解と一般 Bayes 解

条件 (c) を満足する統計的決定問題が与えられたものとする．決定関数 $\delta_0\in\Delta$ が，任意の $\varepsilon>0$ に対して (Ω,Λ) 上の事前分布 Π を適当に定義すると

$$r(\Pi,\delta_0)-\inf_{\delta\in\Delta}r(\Pi,\delta)<\varepsilon$$

を満足するとき，δ_0 を Δ の中の**広義の Bayes 解**という．(Ω,Λ) 上の事前分布の全体の集合を Γ とすると，δ_0 が広義の Bayes 解であるという条件は

$$\inf_{\Pi\in\Gamma}\left[r(\Pi,\delta_0)-\inf_{\delta\in\Delta}r(\Pi,\delta)\right]=0$$

と書くこともできる．δ_0 がある事前分布に関する Bayes 解であれば広義の Bayes 解になるが，逆は必ずしも成り立たない．

例 4.1.1 X は2項分布 $Bi(n,p)$ に従うものとし，$n\in\mathcal{N}$ は既知で $\mathcal{P}=\{Bi(n,p):0<p<1\}$ とする．決定空間 $(\mathcal{D},\mathcal{F})$ は1次元の Borel 型で $\mathcal{D}=[0,1]$ とし，損失関数が $W(p,d)=(d-p)^2$ のときの p の推定問題を考える．定理3.1.1によれば，非確率的な決定関数に考察の対象を限定してよいことは明らかである．ここで通常の不偏推定 $\varphi_0(x)=x/n$ が広義の Bayes 解になるが Bayes 解にならないことを証明しておこう．

$\Omega=(0,1)$ 上の事前分布 Π が与えられたとき，任意の非確率的な決定関数

φ に対して

$$r(\Pi, \varphi)=\int_0^1\left(\sum_{x=0}^{n}(\varphi(x)-p)^2\binom{n}{x}p^x(1-p)^{n-x}\right)\Pi(dp). \tag{1.12}$$

これを最小にする φ が Bayes 解であって，それを φ_1 で表せば，

$$\varphi_1(x)=\int_0^1 p^{x+1}(1-p)^{n-x}\Pi(dp)\Big/\int_0^1 p^x(1-p)^{n-x}\Pi(dp)$$

$$(x=0,1,\cdots,n). \tag{1.13}$$

Π は開区間 $(0,1)$ 上の確率分布であるから，$\varphi_1(0)\neq 0$, $\varphi_1(n)\neq 1$ となって，$\varphi_0=\varphi_1$ とはなりえない．よって φ_0 は Bayes 解とならない．

次に Π としてベータ分布 $Be(\alpha,\beta)$ をとれば，(1.13) より Bayes 解は

$$\varphi_{\alpha,\beta}(x)=\frac{x+\alpha}{n+\alpha+\beta}. \tag{1.14}$$

これを (1.12) に代入すれば，

$$r(\Pi, \varphi_{\alpha,\beta})=\int_0^1[(E_p\varphi_{\alpha,\beta}(X)-p)^2+\mathrm{Var}_p\,\varphi_{\alpha,\beta}(X)]\Pi(dp)$$

$$=\int_0^1\left[\left(\frac{np+\alpha}{n+\alpha+\beta}-p\right)^2+\frac{np(1-p)}{(n+\alpha+\beta)^2}\right]\frac{\Gamma(\alpha+\beta)}{\Gamma(\alpha)\Gamma(\beta)}p^{\alpha-1}(1-p)^{\beta-1}dp$$

$$=\frac{\alpha\beta}{(n+\alpha+\beta)(\alpha+\beta)(\alpha+\beta+1)}. \tag{1.15}$$

他方で

$$r(\Pi, \varphi_0)=\int_0^1\frac{p(1-p)}{n}\frac{\Gamma(\alpha+\beta)}{\Gamma(\alpha)\Gamma(\beta)}p^{\alpha-1}(1-p)^{\beta-1}dp$$

$$=\frac{\alpha\beta}{n(\alpha+\beta)(\alpha+\beta+1)}$$

となるので，

$$r(\Pi, \varphi_0)-r(\Pi, \varphi_{\alpha,\beta})=\frac{\alpha\beta}{n(n+\alpha+\beta)(\alpha+\beta+1)}.$$

この値は $\alpha=\beta\to 0$ とすれば 0 に近づく．よって φ_0 は広義の Bayes 解である． ∎

次に条件 (a), (b) を満足する統計的決定問題に対して，一般 Bayes 解の定

義を与えておこう．Bayes 解を定義したときには Π を確率測度であるとしたが，ここでは Π を (Ω, Λ) 上の σ 有限測度であると仮定し，これを**事前測度**という．前と同様に (1.1) によって $(\mathcal{X}\times\Omega, \mathcal{A}\times\Lambda)$ 上の σ 有限測度 λ を定義し，(1.2) によって $(\mathcal{X}, \mathcal{A})$ 上の測度 Q を定義する．もしもここで (1.9) に対応して

$$h(x, s)=\int_{\Omega} W(\theta, s)\, p(x, \theta)\, \Pi(d\theta) \tag{1.16}$$

をつくるとき，確率的な決定関数 $\delta_0 \in \Delta$ が定理 4.1.1 の（i）の条件を満足するならば，δ_0 を事前測度 Π に関する**一般 Bayes 解**という．非確率的な決定関数 φ_0 については，定理 4.1.1 の（ii）の条件が成り立つときに，φ_0 を事前測度 Π に関する**一般 Bayes 解**という．

例 4.1.2 例 4.1.1 の推定問題において，事前測度として Lebesgue 測度 μ^1 に関して密度関数 $I(0<p<1)/p(1-p)$ をもつ σ 有限測度 Π をとる．このとき (1.16) は

$$h(x, s)=\int_0^1 (s-p)^2 \binom{n}{x} p^x (1-p)^{n-x} \frac{1}{p(1-p)}\, dp \tag{1.17}$$

となる．$x=1, \cdots, n-1$ のときに $h(x, s)$ を最小にする s は

$$\int_0^1 p^x (1-p)^{n-x-1}\, dp \Big/ \int_0^1 p^{x-1}(1-p)^{n-x-1}\, dp=\frac{x}{n}.$$

$x=0$ ならば (1.17) は $s=0$ のときだけ有限の値をもち，$x=n$ ならば (1.17) は $s=1$ のときだけ有限の値をもつ．以上を総合して，事前測度 Π に関する一般 Bayes 解は例 1.4.1 の φ_0 となる． ∎

Sacks (1963) は指数形分布族の母数の推定問題において，Bayes 解のある意味での極限が一般 Bayes 解になることを証明している．

4.2 ミニマックス解

A. ミニマックス解

与えられた統計的決定問題において次の条件 (a)〜(c) を導入し，必要に応じてこれらを仮定する．

（a） 母数空間 Ω の部分集合から成る完全加法族 Λ が与えられていて，任意の決定関数 $\delta\in\Delta$ に対して危険関数 $R(\cdot,\delta)$ は Λ 可測である．

（b） 任意の $\theta\in\Omega$ に対して，1点から成る集合 $\{\theta\}$ は Λ に属する．

（c） すべての $\theta\in\Omega$，$\delta\in\Delta$ に対して $R(\theta,\delta)<\infty$ となる．

とくに Ω が有限または可算集合であれば，通例のように Λ は Ω のすべての部分集合から成る集合族とする．このとき (a), (b) は自動的に満足される．

(Ω,Λ) 上の確率分布 Π の全体の集合を Γ とすれば，条件 (a) が満たされるときに，すべての $\Pi\in\Gamma$，$\delta\in\Delta$ に対して

$$r(\Pi,\delta)=\int_{\Omega}R(\theta,\delta)\,\Pi(d\theta) \tag{2.1}$$

が定義される．ここで

$$\bar{v}=\inf_{\delta\in\Delta}\sup_{\Pi\in\Gamma}r(\Pi,\delta) \tag{2.2}$$

$$\underline{v}=\sup_{\Pi\in\Gamma}\inf_{\delta\in\Delta}r(\Pi,\delta) \tag{2.3}$$

とおく．任意の $\Pi_1\in\Gamma$，$\delta_1\in\Delta$ に対して

$$\inf_{\delta\in\Delta}r(\Pi_1,\delta)\leqq r(\Pi_1,\delta_1)\leqq\sup_{\Pi\in\Gamma}r(\Pi,\delta_1)$$

が成り立つので，左辺の Π_1 に関する上限をとれば，

$$\underline{v}\leqq\sup_{\Pi\in\Gamma}r(\Pi,\delta_1).$$

これが任意の $\delta_1\in\Delta$ に対して成り立つので，右辺の $\delta_1\in\Delta$ に関する下限をとれば，

$$\underline{v}\leqq\bar{v}. \tag{2.4}$$

とくに

$$\underline{v}=\bar{v}<\infty$$

であれば，その統計的決定問題は**確定的**であるという．

ここで条件 (a) が成り立つときに，任意の $\delta\in\Delta$ に対して

$$\sup_{\theta\in\Omega}R(\theta,\delta)=\sup_{\Pi\in\Gamma}r(\Pi,\delta) \tag{2.5}$$

となることを証明しておこう．$r(\Pi,\delta)$ の定義 (2.1) によって，(2.5) で $\geqq$

が成り立つことは明らかである．他方で $\alpha<\sup_{\theta\in\Omega}R(\theta,\delta)$ となる任意の $\alpha\in\mathcal{R}^1$ をとれば，$\alpha<R(\theta_1,\delta)$ となる $\theta_1\in\Omega$ が存在する．そこで任意の $B\in\Lambda$ に対して $\Pi_1(B)=I(\theta_1\in B)$ とおけば $\alpha<R(\theta_1,\delta)=r(\Pi_1,\delta)$ となる．よって (2.5) で $\leqq$ が成り立つ．以上で (2.5) の等式が証明された．

(2.5) により

$$\inf_{\delta\in\Delta}\sup_{\theta\in\Omega}R(\theta,\delta)=\bar{v} \tag{2.6}$$

となり，他方で条件 (a), (b) が満たされれば

$$\sup_{\theta\in\Omega}\inf_{\delta\in\Delta}R(\theta,\delta)\leqq\underline{v}$$

となるので，

$$\sup_{\theta\in\Omega}\inf_{\delta\in\Delta}R(\theta,\delta)=\inf_{\delta\in\Delta}\sup_{\theta\in\Omega}R(\theta,\delta)<\infty$$

が成り立てばその決定問題は確定的であるが，逆は必ずしも正しくない．

とくに $\delta_0\in\Delta$ が

$$\sup_{\theta\in\Omega}R(\theta,\delta_0)=\bar{v}<\infty$$

を満足するときに，§1.7 B. で定義したように δ_0 は Δ の中の**ミニマックス解**であるといい，$\Pi_0\in\Gamma$ が

$$\inf_{\delta\in\Delta}r(\Pi_0,\delta)=\underline{v}$$

を満足すれば，Π_0 は**最も不利な（事前）分布**であるという．

定理 4.2.1 (Wald (1950) p.52)　条件 (a) を満たす統計的決定問題が確定的で，ミニマックス解 $\delta_0\in\Delta$ が存在すれば，δ_0 は広義の Bayes 解である．

証明　任意の $\varepsilon>0$ に対して $\underline{v}$ の定義により適当に $\Pi_1\in\Gamma$ をとれば，

$$\underline{v}-\varepsilon<\inf_{\delta\in\Delta}r(\Pi_1,\delta).$$

$\delta_0\in\Delta$ はミニマックス解であるから，(2.5) を用いて

$$r(\Pi_1,\delta_0)\leqq\sup_{\Pi\in\Gamma}r(\Pi,\delta_0)=\bar{v}.$$

ここで $\underline{v}=\bar{v}<\infty$ を用いれば，以上2つの不等式から

$$r(\Pi_1,\delta_0)-\inf_{\delta\in\Delta}r(\Pi_1,\delta)<\bar{v}-(\underline{v}-\varepsilon)=\varepsilon.$$

ε は任意の正数であったから，δ_0 は広義の Bayes 解となる． ∎

定理 4.2.2 (Wald (1950) p.52) 条件 (a) を満たす統計的決定問題が確定的で，ミニマックス解 $\delta_0 \in \Delta$ と最も不利な事前分布 $\Pi_0 \in \Gamma$ が存在するものとする．このとき

$$\underline{v} = r(\Pi_0, \delta_0) = \bar{v} \tag{2.7}$$

$$\inf_{\delta \in \Delta} r(\Pi_0, \delta) = r(\Pi_0, \delta_0) = \sup_{\Pi \in \Gamma} r(\Pi, \delta_0) \tag{2.8}$$

$$\Pi_0\{\theta \in \Omega : R(\theta, \delta_0) = \bar{v}\} = 1. \tag{2.9}$$

証明 仮定により，

$$\underline{v} = \inf_{\delta \in \Delta} r(\Pi_0, \delta) \leqq r(\Pi_0, \delta_0) \leqq \sup_{\Pi \in \Gamma} r(\Pi, \delta_0) = \bar{v}.$$

ここで最初の等号は Π_0 が最も不利な分布であることから，最後の等号は δ_0 がミニマックス解であることから生ずる．さらにこの決定問題が確定的であるので $\underline{v} = \bar{v}$ となり，これより (2.7), (2.8) を得る．ミニマックス解の定義と (2.7) から

$$\sup_{\theta \in \Omega} R(\theta, \delta_0) = \bar{v} = r(\Pi_0, \delta_0) = \int_\Omega R(\theta, \delta_0)\, \Pi_0(d\theta)$$

となり，しかもその決定問題が確定的であるという仮定より $0 \leqq \bar{v} < \infty$ となるから，これより (2.9) を得る． ∎

(2.8) の第1の等号から，定理 4.2.2 の条件のもとで，δ_0 は Π_0 に関する Bayes 解になることがわかる．他方で与えられた $\delta_0 \in \Delta$ がミニマックス解であることを保証する次の3つの定理が成り立つ．

定理 4.2.3 (Ferguson (1967) p.90) 条件 (a) を満たす統計的決定問題において，$\delta_0 \in \Delta$ が $\Pi_0 \in \Gamma$ に関する Bayes 解であって，すべての $\theta \in \Omega$ に対して

$$R(\theta, \delta_0) \leqq r(\Pi_0, \delta_0) \tag{2.10}$$

が成り立てば，その統計的決定問題は確定的で，δ_0 がミニマックス解，Π_0 が最も不利な分布となる．

証明 (2.10) と $\underline{v}, \bar{v}$ の定義および δ_0 が Π_0 に関する Bayes 解であるこ

とから，

$$\bar{v} \leqq \sup_{\theta \in \Omega} R(\theta, \delta_0) \leqq r(\Pi_0, \delta_0) = \inf_{\delta \in \Delta} r(\Pi_0, \delta) \leqq \underline{v}. \tag{2.11}$$

他方で (2.4) により一般に $\underline{v} \leqq \bar{v}$ が成り立つ．また δ_0 が Π_0 に関する Bayes 解であることから $r(\Pi_0, \delta_0) < \infty$ となる．よって (2.11) から $\underline{v} = \bar{v} < \infty$ となって，この決定問題は確定的となり，さらに (2.11) の $\leqq$ はすべて等号で成立する．第1の等号から δ_0 がミニマックス解となり，最後の等号から Π_0 が最も不利な分布となる． ∎

定理 4.2.4 (Ferguson (1967) p.90) 条件 (a) を満たす統計的決定問題において，$\delta_0 \in \Delta$ が広義の Bayes 解で，$R(\cdot, \delta_0)$ が Ω で定数となれば，その統計的決定問題は確定的で，δ_0 がミニマックス解となる．

証明 $R(\cdot, \delta_0) = v$ とおく．δ_0 は広義の Bayes 解であるから，任意の $\varepsilon > 0$ に対して適当に $\Pi_1 \in \Gamma$ をとれば，

$$v - \inf_{\delta \in \Delta} r(\Pi_1, \delta) = r(\Pi_1, \delta_0) - \inf_{\delta \in \Delta} r(\Pi_1, \delta) < \varepsilon.$$

これより $v < \infty$ となり，さらに

$$v < \inf_{\delta \in \Delta} r(\Pi_1, \delta) + \varepsilon \leqq \underline{v} + \varepsilon. \tag{2.12}$$

他方で $R(\cdot, \delta_0) = v$ より

$$\bar{v} \leqq \sup_{\theta \in \Omega} R(\theta, \delta_0) = v. \tag{2.13}$$

(2.12), (2.13) より任意の $\varepsilon > 0$ に対して $\bar{v} \leqq v < \underline{v} + \varepsilon$ となる．しかるに (2.4) より $\underline{v} \leqq \bar{v}$ であるから $\underline{v} = v = \bar{v} < \infty$ となり，この決定問題は確定的となる．さらに (2.13) が等号で成立することから δ_0 はミニマックス解となる． ∎

定理 4.2.5 (Zacks (1971) p.364) 統計的決定問題において，決定関数 δ_0 が Δ の中で許容的で危険関数 $R(\cdot, \delta_0)$ が有限の定数であれば，δ_0 は Δ の中でミニマックスである．

証明 簡単であるから省略する． ∎

B. ミニマックス定理

ここでは与えられた統計的決定問題が確定的であるための十分条件，およびミニマックス解や最も不利な分布が存在するための十分条件をいくつかあげて

おく．最初に決定関数の集合が凸であることの定義を与えよう．

2つの確率的な決定関数 δ_1, δ_2 が与えられたとき，$\alpha \in [0,1]$ を固定して任意の $x \in \mathscr{X}$，$D \in \mathscr{F}$ に対して

$$\delta(D|x) = \alpha\,\delta_1(D|x) + (1-\alpha)\delta_2(D|x) \tag{2.14}$$

とおけば，δ も確率的な決定関数となる．このとき任意の $\theta \in \Omega$ に対して

$$R(\theta, \delta) = \alpha R(\theta, \delta_1) + (1-\alpha) R(\theta, \delta_2). \tag{2.15}$$

(2.14) の決定関数 δ を δ_1 と δ_2 の**凸結合**という．確率的な決定関数の集合 $\varDelta$ が与えられたとき，任意の $\alpha \in [0,1]$，$\delta_1, \delta_2 \in \varDelta$ に対して δ_1 と δ_2 の凸結合 (2.14) がすべて $\varDelta$ に属するならば，$\varDelta$ は**凸**であるという．

定理 4.2.6 (Ferguson (1967) p.82) 母数空間 Ω が有限集合 $\Omega = \{\theta_1, \cdots, \theta_k\}$ の統計的決定問題において条件(c)を仮定する．与えられた決定関数の集合 $\varDelta$ が凸であれば，その統計的決定問題は確定的で，最も不利な分布が存在する．

証明 $\mathscr{R}^k$ の点 $y = (y_1, \cdots, y_k)'$ であって，ある $\delta \in \varDelta$ を用いて

$$y = (R(\theta_1, \delta), \cdots, R(\theta_k, \delta))'$$

の形に表されるものの全体を S とする．S は $[0, \infty)^k$ の部分集合であって，仮定 (c) により空でない．しかも $\varDelta$ が凸であるという仮定と，(2.14) に対して (2.15) が成り立つことを利用すれば，S が凸集合になることが容易にわかる．

ここで任意の実数 c に対して $T_c = (-\infty, c]^k$ とおけば，$\{T_c\}$ は c に関して単調増加な集合族となる．そこで

$$v = \inf\{c \in \mathscr{R}^1 : S \cap T_c \neq \varnothing\}$$

とおけば明らかに $0 \leqq v < \infty$ であって，この v に対して $\bar{v} \leqq v \leqq \underline{v}$ を証明することにしよう．

まず任意の $\varepsilon > 0$ に対して $S \cap T_{v+\varepsilon} \neq \varnothing$ となるので，

$$R(\theta_i, \delta_1) \leqq v + \varepsilon \quad (i = 1, \cdots, k)$$

となる $\delta_1 \in \varDelta$ が存在する．したがって

$$\bar{v} = \inf_{\delta \in \varDelta} \max_i R(\theta_i, \delta) \leqq \max_i R(\theta_i, \delta_1) \leqq v + \varepsilon.$$

$\varepsilon>0$ は任意であったから，これより $\bar{v}\leqq v$ を得る．

他方で S と $T_v^\circ=(-\infty, v)^k$ は互いに共通点をもたない凸集合であるから，定理 1.5.3 により，$\mathcal{R}^k$ の超平面 $a'y=\gamma$ を適当につくれば，

$$y\in S \quad \text{のとき} \quad a'y\geqq\gamma; \qquad y\in T_v^\circ \quad \text{のとき} \quad a'y\leqq\gamma. \tag{2.16}$$

ここで $a=(a_1,\cdots,a_k)'\in\mathcal{R}^k$, $\gamma\in\mathcal{R}^1$ である．T_v° の形から $a_i\geqq0\ (i=1,\cdots,k)$ となり，さらに $a\neq0$ であるから，$\mathbf{1}=(1,\cdots,1)'$ とおけば $a'\mathbf{1}>0$ となる．

そこで $\pi_i=a_i/a'\mathbf{1}\ (i=1,\cdots,k)$, $\pi=(\pi_1,\cdots,\pi_k)'$ とおけば，

$$\pi_i\geqq0 \quad (i=1,\cdots,k), \quad \sum_i\pi_i=1$$

となるので，

$$\Pi_0(\{\theta_i\})=\pi_i \quad (i=1,\cdots,k)$$

によって Ω 上の1つの事前分布 Π_0 が定義され，$\beta=\gamma/a'\mathbf{1}$ とおけば (2.16) より

$$y\in S \quad \text{のとき} \quad \pi'y\geqq\beta; \qquad y\in T_v^\circ \quad \text{のとき} \quad \pi'y\leqq\beta. \tag{2.17}$$

(2.17) の第1の関係から，任意の $\delta\in\Delta$ に対して

$$r(\Pi_0,\delta)=\sum_i\pi_iR(\theta_i,\delta)\geqq\beta,$$

したがって

$$\underline{v}\geqq\inf_{\delta\in\Delta}r(\Pi_0,\delta)\geqq\beta \tag{2.18}$$

となり，(2.17) の第2の関係から $v\leqq\beta$ を得る．これより $v\leqq\beta\leqq\underline{v}$ となる．

これと前に証明された $\bar{v}\leqq v$ から $\bar{v}\leqq v\leqq\beta\leqq\underline{v}$ を得る．他方で (2.4) により $\underline{v}\leqq\bar{v}$ が成り立つので $\underline{v}=\bar{v}<\infty$ となって，この決定問題は確定的である．さらに $\underline{v}=\beta$ と (2.18) より $\inf_{\delta\in\Delta}r(\Pi_0,\delta)=\underline{v}$ が得られるので，Π_0 は最も不利な分布となる． ▮

ここで決定関数の集合 Δ が弱コンパクトであることを次のように定義する．Δ に属する決定関数列 $\{\delta_n\}$ が任意に与えられたとき，$\{\delta_n\}$ の適当な部分列 $\{\delta_{n_i}\}$ と適当な決定関数 $\delta_0\in\Delta$ を選べば，すべての $\theta\in\Omega$ に対して

$$R(\theta,\delta_0)\leqq\liminf_{i\to\infty}R(\theta,\delta_{n_i}) \tag{2.19}$$

となるときに，$\varDelta$ は危険関数 R に関して**弱コンパクト**であるという．

定理 4.2.7 (Wald (1950) p. 53)　条件 (a) を満たす統計的決定問題において $\bar{v}<\infty$ とし，決定関数の集合 $\varDelta$ は R に関して弱コンパクトであると仮定する．このときミニマックス解 $\delta_0\in\varDelta$ が存在する．

証明　(2.6) により，$\varDelta$ に属する決定関数列 $\{\delta_n\}$ で

$$\lim_{n\to\infty}\sup_{\theta\in\Omega}R(\theta,\delta_n)=\bar{v}$$

となるものが存在する．仮定により $\varDelta$ は弱コンパクトであるから，$\{\delta_n\}$ の適当な部分列 $\{\delta_{n_i}\}$ と適当な $\delta_0\in\varDelta$ をとれば，すべての $\theta\in\Omega$ に対して (2.19) が成り立つ．このとき任意の $\theta\in\Omega$ に対して

$$R(\theta,\delta_0)\leqq\liminf_{i\to\infty}R(\theta,\delta_{n_i})\leqq\lim_{i\to\infty}\sup_{\theta'\in\Omega}R(\theta',\delta_{n_i})=\bar{v}<\infty$$

となるので $\sup_{\theta\in\Omega}R(\theta,\delta_0)\leqq\bar{v}$ を得る．したがって δ_0 がミニマックスとなることが証明された． ∎

ここで母数空間 Ω の弱可分性を次のように定義する．与えられた統計的決定問題において，Ω の可算部分集合 $\Omega_0=\{\theta_1,\theta_2,\cdots\}$ を適当にとれば，任意の $\theta\in\Omega$ に対して，Ω_0 の元から成る点列 $\{\theta_{n_i}\}$ を適当に選んで，すべての $\delta\in\varDelta$ に対して

$$\lim_{i\to\infty}R(\theta_{n_i},\delta)=R(\theta,\delta)$$

を成り立たせることができるとする．このとき Ω は危険関数 R に関して**弱可分**であるといい，Ω_0 は Ω の R に関する**可算稠密集合**であると定義する．

定理 4.2.8 (Wald (1950) p. 55)　(a), (b), (c) を満たす統計的決定問題において，母数空間 Ω は危険関数 R に関して弱可分とし，決定関数の集合 $\varDelta$ は凸でしかも R に関して弱コンパクトであると仮定する．このとき $\underline{v}=\bar{v}$ が成り立ち，$\bar{v}<\infty$ であればミニマックス解が存在する．

証明　Ω が R に関して弱可分であるという仮定により，Ω の R に関する可算稠密集合を $\Omega_0=\{\theta_1,\theta_2,\cdots\}$ とする．

$\Omega_n=\{\theta_1,\cdots,\theta_n\}$ とおき，Ω_n 上の確率分布の全体の集合を Γ_n とすれば，(b) が成り立つという仮定から $\Gamma_n\subset\Gamma$ となる．そこで $\Omega_1\subset\Omega_2\subset\cdots$ より

$$\Gamma_1 \subset \Gamma_2 \subset \cdots \subset \Gamma. \tag{2.20}$$

いま Ω を Ω_n に縮小した統計的決定問題を考え，この決定問題での $\underline{v}, \bar{v}$ をそれぞれ $\underline{v}_n, \bar{v}_n$ とおく．条件 (a),(c) と定理 4.2.6, 定理 4.2.7 によれば，この縮小した決定問題は確定的 $\underline{v}_n=\bar{v}_n<\infty$ で，しかも最も不利な分布 $\Pi_n \in \Gamma_n$ とミニマックス解 $\delta_n \in \Delta$ が存在する．そこで $\underline{v}_n=\bar{v}_n=v_n$ とおくと，(2.20) によれば

$$v_1 \leqq v_2 \leqq \cdots \leqq \underline{v}. \tag{2.21}$$

ここで $\lim_{n\to\infty} v_n = v$ とおけば (2.21) より $v \leqq \underline{v}$ となるので，次に $\bar{v} \leqq v$ を証明しよう．

仮定により Δ は R に関して弱コンパクトであるから，$\{\delta_n\}$ の適当な部分列 $\{\delta_{n_i}\}$ と適当な $\delta_0 \in \Delta$ をとれば，すべての $\theta \in \Omega$ に対して

$$R(\theta, \delta_0) \leqq \liminf_{i\to\infty} R(\theta, \delta_{n_i}). \tag{2.22}$$

いま $m \in \mathfrak{N}$ を固定して $n_i > m$ となる任意の $n_i \in \mathfrak{N}$ をとると，定理 4.2.2 を用いて

$$R(\theta_m, \delta_{n_i}) \leqq r(\Pi_{n_i}, \delta_{n_i}) = v_{n_i} \leqq v.$$

ここで $\liminf_{i\to\infty}$ をつくれば，(2.22) により

$$R(\theta_m, \delta_0) \leqq \liminf_{i\to\infty} R(\theta_m, \delta_{n_i}) \leqq v. \tag{2.23}$$

以上によってすべての $\theta_m \in \Omega_0$ に対して (2.23) が成り立つことが証明された．Ω_0 のとり方から，任意の $\theta \in \Omega$ に対して Ω_0 の元から成る点列 $\{\theta_{m_i}\}$ を適当に選ぶと

$$\lim_{i\to\infty} R(\theta_{m_i}, \delta_0) = R(\theta, \delta_0)$$

となるので，(2.23) より $R(\theta, \delta_0) \leqq v$ が得られる．よって

$$\bar{v} \leqq \sup_{\theta \in \Omega} R(\theta, \delta_0) \leqq v \tag{2.24}$$

となり，$\bar{v} \leqq v$ が証明された．

以上で $\bar{v} \leqq v \leqq \underline{v}$ となり，他方で (2.4) により $\underline{v} \leqq \bar{v}$ が成り立つので，$\underline{v}=\bar{v}$ が得られる．とくに $\underline{v}=\bar{v}<\infty$ ならば，(2.24) により δ_0 がミニマックス解と

なる. ∎

注意 $\bar{v}<\infty$ のときミニマックス解が存在することは定理 4.2.7 から直ちにわかる.

4.3 完　備　類

A. 最小完備類

§1.7 B. では与えられた決定関数の集合 $\varDelta$ の中での $\varDelta$ の部分集合 $\varDelta_0$ の完備性・最小完備性・本質的完備性・最小本質的完備性などの概念について説明し, 第2章・第3章でいくつかの場合についてこれらの概念に関連した定理を証明した. ここでは最小完備類と許容的な決定関数の全体の集合との関係を述べた2つの定理をあげることにする.

定理 4.3.1 (Wald (1950) p. 15) 統計的決定問題において, 与えられた決定関数の集合 $\varDelta$ の中に最小完備類 $\varDelta_0$ が存在すれば, $\varDelta_0$ は $\varDelta$ の中で許容的な決定関数の全体の集合と一致する.

証明 最初に任意の許容的な決定関数 $\delta\in\varDelta$ をとるとき, $\delta\in\varDelta_0$ となることを証明する. もしも $\delta\in\varDelta-\varDelta_0$ とすれば, $\varDelta_0$ が完備類をなすことから, δ より優れた決定関数 $\delta_1\in\varDelta_0\subset\varDelta$ が存在して, δ が許容的であるという仮定に反する. よって $\delta\in\varDelta_0$ となる.

他方で任意の $\delta\in\varDelta_0$ が許容的であることを証明する. もしも許容的でない $\delta_1\in\varDelta_0$ が存在するとすれば, δ_1 より優れた決定関数 $\delta_2\in\varDelta$ が存在する. もしも $\delta_2\in\varDelta_0$ であれば $\delta_3=\delta_2$ とおく. もしも $\delta_2\in\varDelta-\varDelta_0$ であれば, $\varDelta_0$ の完備性から δ_2 より優れた決定関数 $\delta_3\in\varDelta_0$ が存在する. よっていずれにしても δ_1 より優れた $\delta_3\in\varDelta_0$ が存在するので, このことから $\varDelta_0$ の真部分集合 $\varDelta_0-\{\delta_1\}$ も完備類になることが容易にわかる. したがって $\varDelta_0$ が最小完備類であるという仮定に反する. よって任意の $\delta\in\varDelta_0$ が許容的である. ∎

定理 4.3.1 は $\varDelta$ の最小完備類が存在するという前提のもとで証明された. $\varDelta$ の中で許容的な決定関数が1つも存在しないこともあって, 一般に $\varDelta$ の中で許容的な決定関数全体の集合をとっても, それが完備類（したがって最小完備類）になるとは限らない. これが完備類になるための1つの十分条件は

Wald (1950) p. 54 に与えられているが，ここではそれを多少拡張した形で証明する．

定理 4.3.2 (Kiefer (1953), Blackwell and Girshick (1954) p. 141) 与えられた統計的決定問題において，母数空間 Ω は危険関数 R に関して弱可分とし，決定関数の集合 Δ は R に関して弱コンパクトであると仮定する．このとき Δ の中で許容的な決定関数全体の集合 Δ_0 は Δ の中で完備類（したがって最小完備類）をなす．

証明 第1段 Ω は R に関して弱可分であるという仮定により，Ω の R に関する可算稠密集合を $\Omega_0=\{\theta_1,\theta_2,\cdots\}$ として，任意の $\delta\in\Delta$ に対して

$$Q(\delta)=\sum_{n=1}^{\infty}\frac{1}{2^n}\frac{R(\theta_n,\delta)}{1+R(\theta_n,\delta)}$$

と定義する．ただし $R(\theta_n,\delta)=\infty$ のときには右辺の最後の分数の値は1であるとする．すべての $\delta\in\Delta$ に対して $0\leqq Q(\delta)\leqq 1$ となることは明らかである．ここで2つの決定関数 $\delta_1,\delta_2\in\Delta$ を比較したときの優劣と $Q(\delta_1),Q(\delta_2)$ の大小との間の関係を調べてみよう．

まず δ_1 が δ_2 と少なくとも同程度に優れていれば $Q(\delta_1)\leqq Q(\delta_2)$ となり，δ_1 が δ_2 と同等であれば $Q(\delta_1)=Q(\delta_2)$ となることは明らかである．

次に δ_1 が δ_2 より優れていれば $Q(\delta_1)<Q(\delta_2)$ となることを証明する．このとき

$$\text{すべての}\quad \theta\in\Omega\quad \text{に対して}\qquad R(\theta,\delta_1)\leqq R(\theta,\delta_2) \tag{3.1}$$

$$\text{ある}\quad \theta^*\in\Omega\quad \text{に対して}\qquad R(\theta^*,\delta_1)<R(\theta^*,\delta_2). \tag{3.2}$$

まず (3.1) により，すべての $\theta_n\in\Omega_0$ に対して $R(\theta_n,\delta_1)\leqq R(\theta_n,\delta_2)$ となることは明らかである．他方で (3.2) の θ^* に対して Ω_0 の点列 $\{\theta_{n_i}\}$ を適当にとれば，$i\to\infty$ のとき

$$R(\theta_{n_i},\delta_1)\to R(\theta^*,\delta_1),\quad R(\theta_{n_i},\delta_2)\to R(\theta^*,\delta_2).$$

よって (3.2) の不等式により，$R(\theta_{n_i},\delta_1)<R(\theta_{n_i},\delta_2)$ となる $\theta_{n_i}\in\Omega_0$ が存在する．以上によって $Q(\delta_1)<Q(\delta_2)$ が得られる．

δ_1 が δ_2 と少なくとも同程度に優れていて $Q(\delta_1)<Q(\delta_2)$ が成り立てば，δ_1

が δ_2 より優れていることは明らかである．しかしながら $Q(\delta_1)<Q(\delta_2)$ が成り立つから δ_1 が δ_2 より優れているとも，また $Q(\delta_1)\leqq Q(\delta_2)$ が成り立つから δ_1 が δ_2 と少なくとも同程度に優れているともいえないことは注意を要する．

第2段　$\varDelta_0$ が $\varDelta$ の中で完備類にならないと仮定すると矛盾が生ずることを証明する．

この仮定は $\delta_1\in\varDelta-\varDelta_0$ を適当にとると，$\varDelta-\varDelta_0$ の中に δ_1 より優れた決定関数が存在するが，$\varDelta_0$ の中には δ_1 より優れた決定関数が存在しないことを意味する．一般に $\delta\in\varDelta-\varDelta_0$ に対して，$\varDelta-\varDelta_0$ の中で δ より優れた決定関数の全体の集合を $\varDelta(\delta)$ で表せば $\varDelta(\delta_1)\neq\emptyset$ となる．そこで

$$\delta_2\in\varDelta(\delta_1),\quad Q(\delta_2)<\inf_{\delta\in\varDelta(\delta_1)}Q(\delta)+\frac{1}{2}$$

となる δ_2 を選べば，$\varDelta(\delta_1)$ の定義から $\delta_2\in\varDelta-\varDelta_0$ となって，δ_2 は許容的でない．よって $\varDelta$ の中に δ_2 より優れた決定関数があるが，これがもしも $\varDelta_0$ に属するとすると，それは δ_1 より優れたものとなるから，δ_1 のとり方に反する．よって $\varDelta(\delta_2)\neq\emptyset$ となる．この論法を繰り返して，一般に

$$\delta_n\in\varDelta(\delta_{n-1}),\quad Q(\delta_n)<\inf_{\delta\in\varDelta(\delta_{n-1})}Q(\delta)+\frac{1}{n}\quad(n=2,3,\cdots)\tag{3.3}$$

が成り立つように $\varDelta-\varDelta_0$ に属する決定関数列 $\{\delta_n\}$ を選ぶ．

$\varDelta$ は R に関して弱コンパクトであるから，$\{\delta_n\}$ の適当な部分列 $\{\delta_{n_i}\}$ と適当な $\delta_0\in\varDelta$ をとれば，すべての $\theta\in\varOmega$ に対して

$$R(\theta,\delta_0)\leqq\liminf_{i\to\infty}R(\theta,\delta_{n_i}).\tag{3.4}$$

$\{\delta_n\}$ のとり方 (3.3) からすべての $\theta\in\varOmega$ に対して $\{R(\theta,\delta_n)\}$ は単調減少数列となる．しかも任意の δ_n $(n=2,3,\cdots)$ は δ_{n-1} より優れているので，(3.4) により δ_0 はどの δ_n $(n=1,2,\cdots)$ よりも優れた決定関数となる．よって

$$Q(\delta_0)<Q(\delta_n)\quad(n=1,2,\cdots).\tag{3.5}$$

とくに δ_0 は δ_1 より優れているので，δ_1 のとり方から $\delta_0\in\varDelta-\varDelta_0$ となる．よってさらに $\delta_0\in\varDelta(\delta_n)$ $(n=1,2,\cdots)$ となるので，(3.3), (3.5) を用いて

$$Q(\delta_n)-\frac{1}{n}<\inf_{\delta\in\varDelta(\delta_{n-1})}Q(\delta)\leqq Q(\delta_0)<Q(\delta_n)\quad(n=2,3,\cdots).$$

これより $n\to\infty$ のとき $Q(\delta_n)\to Q(\delta_0)$ が得られる．

$\delta_0\in\varDelta-\varDelta_0$ により δ_0 は許容的でないから，δ_0 より優れた決定関数 $\delta_0'\in\varDelta$ が存在して，δ_0' に対しても (3.4) が成り立つ．このとき上の所論から $n\to\infty$ のとき

$$Q(\delta_n)\to Q(\delta_0),\quad Q(\delta_n)\to Q(\delta_0'),\quad Q(\delta_0')<Q(\delta_0)$$

となって矛盾が生ずる．

以上によって $\varDelta_0$ が $\varDelta$ の中で完備類をなすことが証明された．$\varDelta_0$ に属する決定関数はすべて許容的であるから，$\varDelta_0$ の真部分集合が完備類にならないことは明らかである．よって $\varDelta_0$ は最小完備類をなす．∎

B.　完備類定理

統計的決定問題において，いくつかの条件のもとで Bayes 解の全体，広義の Bayes 解の全体，またはなんらかの意味での Bayes 解の極限の集合が完備類ないしは本質的完備類をなすことを述べた定理を**完備類定理**という．ここでは2つの完備類定理をあげておく．定理 4.3.3 は母数空間が有限集合の場合であり，定理 4.3.4 は Wald (1950) p.57 に与えられている完備類定理を若干拡張したものである．

定理 4.3.3 (Ferguson (1967) p.87)　母数空間が有限集合 $\Omega=\{\theta_1,\cdots,\theta_k\}$ の統計的決定問題において，条件

(a)　すべての $\theta\in\Omega,\delta\in\varDelta$ に対して $R(\theta,\delta)<\infty$ となる；

を仮定する．与えられた決定関数の集合 $\varDelta$ は凸で危険関数 R に関して弱コンパクトであるとすれば，すべての事前分布に関する Bayes 解の全体の集合は完備類をなし，許容的な Bayes 解の全体の集合は最小完備類をなす．

証明　定理 4.3.2 により，許容的な決定関数の全体の集合は最小完備類をなす．よって本定理の仮定のもとで，任意の許容的な決定関数 $\delta_0\in\varDelta$ が，ある事前分布 Π に関する Bayes 解になることを証明すればよい．

定理 4.2.6 の証明のときと同様に，$\mathcal{R}^k$ の点 $y=(y_1,\cdots,y_k)'$ であって，

ある $\delta\in\Delta$ を用いて

$$y=(R(\theta_1,\delta),\cdots,R(\theta_k,\delta))' \tag{3.6}$$

の形に表されるものの全体を S とする．他方で δ_0 に対応する S の点を $y^{(0)}=(y_1^{(0)},\cdots,y_k^{(0)})'$ として

$$T=\{y\in\mathcal{R}^k: y_1\leqq y_1^{(0)},\cdots,y_k\leqq y_k^{(0)}\}$$

とおけば，δ_0 が許容的であるという仮定により，$S\cap(T-\{y^{(0)}\})=\emptyset$ となる．そこで $\pi_i\geqq 0$ $(i=1,\cdots,k)$, $\sum_i \pi_i=1$ を満足する $\pi=(\pi_1,\cdots,\pi_k)'\in\mathcal{R}^k$ と $\beta\in\mathcal{R}^1$ とを適当にとれば，

$$y\in S \quad \text{のとき} \quad \pi'y\geqq\beta; \qquad y\in T-\{y^{(0)}\} \quad \text{のとき} \quad \pi'y\leqq\beta.$$

とくに $y^{(0)}$ は S に属すると同時に $T-\{y^{(0)}\}$ の集積点であるから $\pi'y^{(0)}=\beta$ を得る．そこで

$$\Pi(\{\theta_i\})=\pi_i \quad (i=1,\cdots,k)$$

によって事前分布 Π を定義すれば，任意の $\delta\in\Delta$ に対して (3.6) の y が S に属することから，

$$r(\Pi,\delta)=\pi'y\geqq\beta=\pi'y^{(0)}=r(\Pi,\delta_0).$$

したがって δ_0 は事前分布 Π に関する Bayes 解となるので，よって定理が証明された．　▮

定理 4.3.4 (Blackwell and Girshick (1954) p.199)　定理 4.2.8 と同じ仮定のもとで，Δ の中の広義の Bayes 解の全体の集合は完備類をなす．

証明　Δ の中で広義の Bayes 解でない任意の $\delta^*\in\Delta$ を固定して，任意の $\theta\in\Omega$, $\delta\in\Delta$ に対して

$$R'(\theta,\delta)=R(\theta,\delta)-R(\theta,\delta^*) \tag{3.7}$$

とおく．ここで

$$\sup_{\theta\in\Omega} R'(\theta,\delta_0)\leqq 0 \tag{3.8}$$

となる広義の Bayes 解 $\delta_0\in\Delta$ が存在することを証明しよう．

定理 4.2.8 の証明と同様に，Ω の R に関する可算稠密集合を $\Omega_0=\{\theta_1,\theta_2,\cdots\}$ とする．$\Omega_n=\{\theta_1,\cdots,\theta_n\}$ とおいて，Ω_n 上の確率分布の全体の集合を

Γ_n とする．任意の $\Pi\in\Gamma_n$, $\delta\in\Delta$ に対して

$$r'(\Pi,\delta)=r(\Pi,\delta)-r(\Pi,\delta^*)=\int_\Omega R'(\theta,\delta)\,\Pi(d\theta) \tag{3.9}$$

と定義して，

$$\bar{v}'_n=\inf_{\delta\in\Delta}\sup_{\Pi\in\Gamma_n} r'(\Pi,\delta)=\inf_{\delta\in\Delta}\sup_{\theta\in\Omega_n} R'(\theta,\delta)$$

$$\underline{v}'_n=\sup_{\Pi\in\Gamma_n}\inf_{\delta\in\Delta} r'(\Pi,\delta)$$

とおく．ここで

$$C_n=\max_{1\leqq i\leqq n} R(\theta_i,\delta^*)$$

とおいて $R'(\theta,\delta)$ の代わりに $R'(\theta,\delta)+C_n$ を考えれば，この値はすべての $\theta\in\Omega_n$, $\delta\in\Delta$ に対して非負となるので，これに対して定理 4.2.6, 定理 4.2.7 を適用することができる．その結果を $R'(\theta,\delta)$ に引き戻せば，$\underline{v}'_n=\bar{v}'_n$ であって，この共通の値を v'_n とおくとき，

$$\sup_{\theta\in\Omega_n} R'(\theta,\delta_n)=v'_n=\inf_{\delta\in\Delta} r'(\Pi_n,\delta) \tag{3.10}$$

となる $\delta_n\in\Delta$, $\Pi_n\in\Gamma_n$ の存在することがわかる．

ここで $\Gamma_1\subset\Gamma_2\subset\cdots$ より $v'_1\leqq v'_2\leqq\cdots$ となるので，$\lim_{n\to\infty} v'_n=v'$ とおく．このときすべての $\theta\in\Omega_n$ に対して $R'(\theta,\delta^*)=0$ となるので，$v'_n\leqq 0$, したがって $v'\leqq 0$ を得る．

Δ は R に関して弱コンパクトであるから，(3.7) を考慮すると，$\{\delta_n\}$ の適当な部分列 $\{\delta_{n_i}\}$ と適当な $\delta_0\in\Delta$ をとれば，すべての $\theta\in\Omega$ に対して

$$R'(\theta,\delta_0)\leqq\liminf_{i\to\infty} R'(\theta,\delta_{n_i}).$$

この δ_0 に対して定理 4.2.8 の場合と同様にして，

$$\sup_{\theta\in\Omega} R'(\theta,\delta_0)\leqq v' \tag{3.11}$$

が成り立つことを証明することができる．$v'\leqq 0$ であったから，これで (3.8) が証明された．

次に δ_0 が広義の Bayes 解であることを証明しよう．任意の $\varepsilon>0$ に対して $v'_n>v'-\varepsilon$ となるように $n\in\mathfrak{N}$ を定める．このとき (3.9), (3.10), (3.11) に

より，

$$r'(\Pi_n, \delta_0) - \inf_{\delta \in \Delta} r'(\Pi_n, \delta) \leqq v' - v'_n < \varepsilon.$$

したがって再び (3.9) を利用して

$$r(\Pi_n, \delta_0) - \inf_{\delta \in \Delta} r(\Pi_n, \delta) < \varepsilon. \tag{3.12}$$

よって δ_0 が広義の Bayes 解であることが示された．

さらに (3.7), (3.8) を用いれば，すべての $\theta \in \Omega$ に対して $R(\theta, \delta_0) \leqq R(\theta, \delta^*)$ が成り立つ．δ_0 は広義の Bayes 解であり，δ^* は仮定により広義の Bayes 解ではなかったので，δ_0 と δ^* は同等ではない．したがって δ_0 は δ^* より優れた決定関数である．以上によって Δ の中で広義の Bayes 解の全体が完備類をなすことが証明された． ∎

定理 4.3.4 の証明の中で，δ_0 が広義の Bayes 解であることを示した (3.12) において用いられた事前分布 Π_n は，Ω の有限部分集合 Ω_n に対して $\Pi_n(\Omega_n)=1$ となるものであった．このことはよく使われる．定理 4.3.4 よりさらに広範囲の問題に対して適用できる完備類定理は LeCam (1955) に与えられている．

4.4 Bayes 推定とミニマックス推定

A. 2乗損失関数の場合の Bayes 推定

ここでは次の条件 (a)～(e) を満足する推定問題を考えることにする．

(a) $(\mathcal{X}, \mathcal{A})$ 上の確率分布族 $\mathcal{P} = \{P_\theta : \theta \in \Omega\}$ はある σ 有限測度 μ に関して絶対連続で，$p(\cdot, \theta)$ は $dP_\theta/d\mu$ の1つである．

(b) Ω の部分集合から成る完全加法族 Λ が与えられていて，$p(x, \theta)$ は $\mathcal{A} \times \Lambda$ 可測である．

(c) 決定空間は $(\mathcal{D}, \mathcal{F}) = (\mathcal{R}^1, \mathcal{B}^1)$ である．

(d) c および g は Ω で定義された Λ 可測関数で，すべての $\theta \in \Omega$ に対して $c(\theta) \in \mathcal{R}^1_+$, $g(\theta) \in \mathcal{R}^1$ であり，損失関数 W は

$$W(\theta, d) = c(\theta)(d - g(\theta))^2$$

によって与えられる.

（e）　Δ は非確率的な決定関数の全体の集合である.

上の (a)〜(d) が満足されれば §3.1 A. の条件 (a)〜(c) が満たされるので，定理 3.1.1 によって条件 (e) を設けることは自然である．また §4.1 A. の条件 (a), (b) も満たされるので，(Ω, Λ) 上の事前分布 Π に関する Bayes 解について §4.1 の所論を利用することができる．記号についても §4.1 の記号を踏襲することにする.

そこで定理 4.1.1 の (ii) の条件を満足する非確率的な決定関数 φ_0 の存在を吟味しよう.

定理 4.4.1 (Girshick and Savage (1951))　条件 (a)〜(e) を満足する推定問題において (Ω, Λ) 上の事前分布 Π が与えられたものとする．事後分布 $\Pi(\cdot|x)$ を用いて x が与えられたときの条件つき平均値 $E(\cdot|x)$ を (1.6) によって定義し，とくに (1.9) に従って

$$h(x,s)=\int_\Omega W(\theta,s)\,\Pi(d\theta|x)=E[c(\Theta)(s-g(\Theta))^2|x]$$

と定義する．このとき $h(x,\cdot)$ に関して次の (f)〜(h) のどれか1つが成り立つ.

（f）　すべての $s\in\mathcal{R}^1$ に対して $h(x,s)=\infty$ となる.

（g）　1つの $s_0\in\mathcal{R}^1$ についてだけ $h(x,s_0)<\infty$ となる．このとき $E(c(\Theta)|x)=\infty$ が成り立つ.

（h）　すべての $s\in\mathcal{R}^1$ に対して $h(x,s)<\infty$ となる．このとき $E(c(\Theta)|x)<\infty$ が成り立つ.

証明　$s_1, s_2\in\mathcal{R}^1$，$s_1<s_2$ に対して $h(x,s_i)<\infty$ $(i=1,2)$ と仮定する．このとき $s_3=(s_1+s_2)/2$ とおけば，任意の $\theta\in\Omega$ に対して $W(\theta,\cdot)$ が凸関数であることから $h(x,s_3)<\infty$ も成り立つ．よって

$$h(x,s_i)=E[s_i^2c(\Theta)-2s_ic(\Theta)g(\Theta)+c(\Theta)g^2(\Theta)|x]<\infty\quad(i=1,2,3).$$

s_1, s_2, s_3 は互いに異なるので，これより

$$E(c(\Theta)|x),\ E(c(\Theta)g(\Theta)|x),\ E(c(\Theta)g^2(\Theta)|x)\tag{4.1}$$

を $s_i, h(x, s_i)$ $(i=1,2,3)$ で表すことができて，(4.1) はいずれも有限の値となる．このとき任意の $s\in\mathcal{R}^1$ に対して

$$h(x,s)=E[s^2c(\Theta)-2sc(\Theta)g(\Theta)+c(\Theta)g^2(\Theta)|x]<\infty.$$

以上によって，(g) の $E(c(\Theta)|x)=\infty$ 以外はすべて証明された．

さて

$$E(c(\Theta)|x)<\infty, \quad h(x,s_0)=E[c(\Theta)(s_0-g(\Theta))^2|x]<\infty \tag{4.2}$$

が成り立つものと仮定すれば，Schwarz の不等式により，

$$E[c(\Theta)(s_0-g(\Theta))|x] \tag{4.3}$$

も有限の値をもつ．このとき任意の $s\in\mathcal{R}^1$ に対して，θ に無関係な実数 α, β,γ を適当にとれば，すべての $\theta\in\Omega$ に対して

$$(s-g(\theta))^2=\alpha(s_0-g(\theta))^2+\beta(s_0-g(\theta))+\gamma.$$

よって (4.2), (4.3) の条件つき平均値がいずれも有限のことから，すべての $s\in\mathcal{R}^1$ に対して $h(x,s)<\infty$ となる．これは (h) の場合となるので，(g) の場合には $E(c(\Theta)|x)=\infty$ でなければならない． ∎

注意 定理 4.4.1 は次の定理 4.4.2 との関連で事後分布について述べてあるが，ここで $\Pi(\cdot|x)$ が事後分布である必要はなく，(Ω, Λ) 上の任意の測度 ν に関する積分について定理 4.4.1 の結論が成立する．ただし (g), (h) の $E(c(\Theta)|x)$ は $\int_\Omega c(\theta)\nu(d\theta)$ におきかえるものとする．このとき (g) と (h) の場合は既に例 4.1.2 で現れている．

定理 4.4.2 (Girshick and Savage (1951)) 条件 (a)〜(e) を満足する推定問題において (Ω, Λ) 上の事前分布 Π が与えられたものとする．このとき $\inf_{\varphi\in\Delta} r(\Pi,\varphi)<\infty$ であれば，Π に関する Bayes 解 $\varphi_0\in\Delta$ が存在する．

証明 任意の $\varphi\in\Delta$ に対して

$$f(x,\theta)=W(\theta,\varphi(x))=c(\theta)(\varphi(x)-g(\theta))^2$$

を (1.7) に代入すれば，左辺は $r(\Pi,\varphi)$ となるので，

$$\begin{aligned} r(\Pi,\varphi)&=\int_{\mathcal{X}}\left(\int_\Omega W(\theta,\varphi(x))\,\Pi(d\theta|x)\right)Q(dx)\\ &=\int_{\mathcal{X}} h(x,\varphi(x))\,Q(dx). \end{aligned} \tag{4.4}$$

仮定により $r(\Pi,\varphi_1)<\infty$ となる $\varphi_1\in\Delta$ が存在するので，これに対して

$$A_1=\{x\in\mathcal{X}:h(x,\varphi_1(x))=\infty\}$$

とおけば，$A_1\in\mathcal{A}$，$Q(A_1)=0$ となる．また

$$A_2=\{x\in\mathcal{X}:E(c(\Theta)|x)=\infty\}$$

とおけば $A_2\in\mathcal{A}$ となる．そこで

$$\varphi_0(x)=\begin{cases}\dfrac{E(c(\Theta)g(\Theta)|x)}{E(c(\Theta)|x)} & x\in\mathcal{X}-(A_1\cup A_2)\ \text{のとき}\\ \varphi_1(x) & x\in A_1\cup A_2\ \text{のとき}\end{cases}\tag{4.5}$$

によって φ_0 を定義すれば $\varphi_0\in\varDelta$ となる．

この φ_0 が定理 4.1.1 の (ii) の条件を満足することを証明しよう．$Q(A_1)=0$ により，A_1 に属する x については問題にする必要がない．$x\in A_2-A_1$ とすれば，$h(x,\varphi_1(x))<\infty$，$E(c(\Theta)|x)=\infty$ によって，この x は定理 4.4.1 の (g) の場合に相当し，$\varphi_1(x)$ は $h(x,s)<\infty$ を満足する唯一の s の値である．$x\in\mathcal{X}-(A_1\cup A_2)$ であれば，$h(x,\varphi_1(x))<\infty$，$E(c(\Theta)|x)<\infty$ により，この x は定理 4.4.1 の (h) の場合に相当し，(4.5) の第1行に与えた $\varphi_0(x)$ に対して $h(x,\cdot)$ が最小値をとることは明らかである．以上によって φ_0 に対して A_1 以外で (1.11) が成り立つことが証明された．よって定理 4.1.1 の (ii) により (4.5) の φ_0 が Bayes 解となる． ▮

例 4.1.1 において X が2項分布 $Bi(n,p)$ に従うとき，損失関数 $W(p,d)=(d-p)^2$ に対して，通常の不偏推定 $\varphi_0(x)=x/n$ が Bayes 解にならないことを証明した．このことを一般化した結果を次に与えておこう．

定理 4.4.3 (Girshick and Savage (1951), Bickel and Blackwell (1967)) 条件 (a)～(e) を満足する推定問題において $(\Omega,\varLambda)$ 上の事前分布 Π が与えられたものとする．Π に関する Bayes 解 φ_0 が存在してこれが $g(\theta)$ の不偏推定を与え，しかも

$$\int_\Omega c(\theta)\,\Pi(d\theta)<\infty\tag{4.6}$$

が成り立てば，$r(\Pi,\varphi_0)=0$ となる．

証明 φ_0 は Π に関する Bayes 解であるから，$r(\Pi,\varphi_0)<\infty$ と (4.4) か

ら $h(x, \varphi_0(x))<\infty$ a.e. $(\mathcal{A}, Q)$ を得る．また (4.6) により $E(c(\Theta)|x)<\infty$ a.e. $(\mathcal{A}, Q)$ が成り立つので，a.e. $(\mathcal{A}, Q)$ で定理 4.4.1 の (h) の場合が生じ，その結果 a.e. $(\mathcal{A}, Q)$ の $x \in \mathcal{X}$ に対して

$$\varphi_0(x)=\frac{E(c(\Theta)g(\Theta)|x)}{E(c(\Theta)|x)}. \tag{4.7}$$

ここで $E(\cdot|x)$ は事後分布 $\Pi(\cdot|x)$ に基づく平均値であった．$\Pi(\cdot|x)$ は a.e. $(\mathcal{A}, Q)$ で (1.4) の第 1 行の形で与えられるので，(4.7) の分母を払って (1.4) の第1行を用いると，a.e. $(\mathcal{A}, Q)$ の $x \in \mathcal{X}$ に対して

$$\int_\Omega c(\theta)(\varphi_0(x)-g(\theta))\,p(x, \theta)\,\Pi(d\theta)=0. \tag{4.8}$$

さらに q の定義から $q(x)(=Q(dx)/\mu(dx))=0$ を満たすすべての $x \in \mathcal{X}$ に対して (4.8) の左辺は 0 になるので，(4.8) が a.e. $(\mathcal{A}, \mu)$ で成り立つことになる．

他方で φ_0 が $g(\theta)$ の不偏推定を与えるので，すべての $\theta \in \Omega$ に対して

$$\int_{\mathcal{X}} c(\theta)(\varphi_0(x)-g(\theta))\,p(x, \theta)\,\mu(dx)=0. \tag{4.9}$$

さて Fubini の定理を用いると (4.6) は

$$\int_{\mathcal{X}\times\Omega} c(\theta)\,p(x, \theta)(\mu\times\Pi)(d(x, \theta))<\infty \tag{4.10}$$

と書くことができる．他方で φ_0 が Bayes 解であることから

$$r(\Pi, \varphi_0)=\int_{\mathcal{X}\times\Omega} c(\theta)(\varphi_0(x)-g(\theta))^2 p(x, \theta)(\mu\times\Pi)(d(x, \theta))<\infty \tag{4.11}$$

が成り立つので，(4.10), (4.11) の両式に Schwarz の不等式を用いると，

$$\int_{\mathcal{X}\times\Omega} c(\theta)|\varphi_0(x)-g(\theta)|\,p(x, \theta)(\mu\times\Pi)(d(x, \theta))<\infty.$$

よって任意の $C \in \mathcal{A}\times\Lambda$ に対して

$$\nu(C)=\int_C c(\theta)|\varphi_0(x)-g(\theta)|\,p(x, \theta)(\mu\times\Pi)(d(x, \theta)) \tag{4.12}$$

とおけば，ν は $(\mathcal{X}\times\Omega, \mathcal{A}\times\Lambda)$ で定義された非負の値をとる加法的集合関数となる．ここで

$$f(x,\theta)=c(\theta)|\varphi_0(x)-g(\theta)|p(x,\theta) \tag{4.13}$$

とおけば,

$$\nu(C)=\int_C f(x,\theta)(\mu\times\Pi)(d(x,\theta)). \tag{4.14}$$

(4.8) より a.e. $(\mathcal{A},\mu)$ の $x\in\mathcal{X}$ に対して

$$\int_{\varphi_0(x)<g(\theta)} f(x,\theta)\,\Pi(d\theta)=\int_{\varphi_0(x)>g(\theta)} f(x,\theta)\,\Pi(d\theta) \tag{4.15}$$

が成り立ち, 他方で (4.9) はすべての $\theta\in\Omega$ に対して

$$\int_{\varphi_0(x)<g(\theta)} f(x,\theta)\,\mu(dx)=\int_{\varphi_0(x)>g(\theta)} f(x,\theta)\,\mu(dx) \tag{4.16}$$

が成り立つことを示している.

そこで任意の実数 a をとって, (4.15) の両辺を μ 測度について $\{x\in\mathcal{X}:\varphi_0(x)\geqq a\}$ 上で積分すれば, (4.13), (4.14) と Fubini の定理により,

$$\begin{aligned}&\nu\{(x,\theta)\in\mathcal{X}\times\Omega:\varphi_0(x)<g(\theta),\ \varphi_0(x)\geqq a\}\\&=\nu\{(x,\theta)\in\mathcal{X}\times\Omega:\varphi_0(x)>g(\theta),\ \varphi_0(x)\geqq a\}.\end{aligned} \tag{4.17}$$

また (4.16) の両辺を Π 測度について $\{\theta\in\Omega:g(\theta)\geqq a\}$ 上で積分すれば,

$$\begin{aligned}&\nu\{(x,\theta)\in\mathcal{X}\times\Omega:\varphi_0(x)<g(\theta),\ g(\theta)\geqq a\}\\&=\nu\{(x,\theta)\in\mathcal{X}\times\Omega:\varphi_0(x)>g(\theta),\ g(\theta)\geqq a\}.\end{aligned} \tag{4.18}$$

(4.17) から (4.18) を辺々引くと,

$$\begin{aligned}&-\nu\{(x,\theta)\in\mathcal{X}\times\Omega:\varphi_0(x)<a\leqq g(\theta)\}\\&=\nu\{(x,\theta)\in\mathcal{X}\times\Omega:\varphi_0(x)\geqq a>g(\theta)\}.\end{aligned}$$

ν は非負の値しかとらないから, この両辺は 0 でなければならない. ここで a は任意の実数であったから, これより

$$\nu\{(x,\theta)\in\mathcal{X}\times\Omega:\varphi_0(x)<g(\theta)\}=\nu\{(x,\theta)\in\mathcal{X}\times\Omega:\varphi_0(x)>g(\theta)\}=0.$$

したがって

$$\nu\{(x,\theta)\in\mathcal{X}\times\Omega:\varphi_0(x)\neq g(\theta)\}=0$$

となるので, ν の定義 (4.12) から

$$|\varphi_0(x)-g(\theta)|p(x,\theta)=0 \quad \text{a.e.}\ (\mathcal{A}\times\Lambda,\ \mu\times\Pi).$$

よって (4.11) から $r(\Pi,\varphi_0)=0$ が得られる. ▮

注意 定理 4.4.3 の条件のほかにさらに

$$\int_{\Omega} c(\theta)\, g^2(\theta)\, \Pi(d\theta) < \infty$$

を仮定すれば，証明はいくらか簡単になる．

B. 凸損失関数の場合の Bayes 推定

ここでは A. での損失関数の条件 (d) を次の (d′) におきかえて，Bayes 推定の存在を証明することにしよう．

(d′) c および g は Ω で定義された $\varLambda$ 可測関数で，すべての $\theta \in \Omega$ に対して $c(\theta) \in \mathcal{R}^1_+$，$g(\theta) \in \mathcal{R}^1$ である．w は $\mathcal{R}^1$ で定義された非負の凸関数で，$z \to \pm\infty$ のとき $w(z) \to \infty$ となり，損失関数は

$$W(\theta, d) = c(\theta)\, w(d - g(\theta))$$

によって与えられる．

条件 (d) は (d′) で $w(z) = z^2$ とおいたものになっている．w の形を一般化した代償として，ここでは定理 4.4.1 に相当する結果は得られない．

定理 4.4.4 (De Groot and Rao (1963)) 条件 (a), (b), (c), (d′), (e) を満足する推定問題において，$(\Omega, \varLambda)$ 上の事前分布 Π が与えられたものとする．このとき $\inf_{\varphi \in \Delta} r(\Pi, \varphi) < \infty$ であって，しかも

$$h(x, s) = \int_{\Omega} W(\theta, s)\, \Pi(d\theta | x) = \int_{\Omega} c(\theta)\, w(s - g(\theta))\, \Pi(d\theta | x)$$

とおくとき，a. e. $(\mathcal{A}, Q)$ の $x \in \mathcal{X}$ について

$$\text{すべての} \quad s \in \mathcal{R}^1 \quad \text{に対して} \quad h(x, s) < \infty \tag{4.19}$$

が成り立つものと仮定する．このとき Π に関する Bayes 解 φ_0 が存在する．

証明 (4.19) を満足するすべての $x \in \mathcal{X}$ の集合を A_0 とし，任意の $x \in A_0$ に対して

$$h(x, \varphi_0(x)) = \inf_{s \in \mathcal{R}^1} h(x, s) \tag{4.20}$$

が成り立つように，実数値をとる $\mathcal{A}$ 可測関数 φ_0 を定義できることを以下で証明しよう．このとき $x \in \mathcal{X} - A_0$ に対して $\varphi_0(x) = 0$ とおけば，定理 4.1.1 の (ii) により φ_0 が Π に関する Bayes 解であることがわかる．

さて $x \in A_0$ を固定すると，c と w に関する仮定 (d′) から，$h(x,\cdot)$ は $\mathcal{R}^1$ で定義された非負の凸関数で，$s \to \pm\infty$ のとき $h(x,s) \to \infty$ となることは明らかである．ここで w および $h(x,\cdot)$ の右微係数を ′ で表すことにする．

$\{\varepsilon_n\}$ を単調減少で 0 に収束する任意の正数列とする．このとき

$$\frac{h(x,s+\varepsilon_n)-h(x,s)}{\varepsilon_n}=\int_\Omega c(\theta)\frac{w(s+\varepsilon_n-g(\theta))-w(s-g(\theta))}{\varepsilon_n}\Pi(d\theta|x) \tag{4.21}$$

が成り立って，右辺の積分記号内の分数は，$n \to \infty$ のとき $w'(s-g(\theta))$ に収束する．他方で w が凸関数であることから，

$$\frac{w(s-\varepsilon_1-g(\theta))-w(s-g(\theta))}{-\varepsilon_1} \leqq \frac{w(s+\varepsilon_n-g(\theta))-w(s-g(\theta))}{\varepsilon_n}$$
$$\leqq \frac{w(s+\varepsilon_1-g(\theta))-w(s-g(\theta))}{\varepsilon_1}.$$

仮定によれば，この不等式の両端の辺に $c(\theta)$ を掛けたものは測度 $\Pi(\cdot|x)$ に関して Ω で積分可能である．したがって (4.21) で $n \to \infty$ とすれば，Lebesgue の優収束定理により，

$$h'(x,s)=\int_\Omega c(\theta)w'(s-g(\theta))\Pi(d\theta|x)$$

が成り立つ．ここで w は凸関数であるから，w' は単調増加，したがって $\mathcal{B}^1$ 可測となるので，任意の $s \in \mathcal{R}^1$ に対して $h'(\cdot,s)$ は A_0 で定義されて実数値をとる $\mathcal{A}$ 可測関数となる．

任意の $x \in A_0$ に対して $h(x,\cdot)$ は非負の凸関数で，$s \to \pm\infty$ のとき $h(x,s) \to \infty$ となった．したがって $h(x,\cdot)$ はある 1 つの実数または有界な閉区間で最小値をとる．前者の場合にはその 1 つの実数値を $\varphi_0(x)$ と定義し，後者の場合にはその区間の左の端点を $\varphi_0(x)$ と定義する．このとき (4.20) が成り立つことは明らかである．しかも任意の $\alpha \in \mathcal{R}^1$ に対して

$$\{x \in A_0 : \varphi_0(x) \leqq \alpha\}=\{x \in A_0 : h'(x,\alpha) \geqq 0\} \in \mathcal{A}$$

となるので，φ_0 は $\mathcal{A}$ 可測である．以上で定理が証明された． ∎

Strasser (1973) は定理 4.4.4 を拡張して，さらに一般的な条件のもとで

Bayes 推定の存在を証明している．

C. Novikoff の定理の応用

A. および B. での議論は，$\mathcal{X}\times\mathcal{R}^1$ で定義された $\mathcal{A}\times\mathcal{B}^1$ 可測関数 h が与えられたとき，実数値をとる $\mathcal{A}$ 可測関数 φ_0 を適当に定義して，

$$h(x,\varphi_0(x))=\inf_{s\in\mathcal{R}^1}h(x,s) \tag{4.22}$$

を成り立たせることが中心であった．$(\mathcal{X},\mathcal{A})=(\mathcal{R}^n,\mathcal{B}^n)$ のときにこの種の問題に対して有用な **Novikoff の定理**を証明なしにあげておく．

定理 4.4.5 (Novikoff (1931), Arsenin und Ljapunow (1955) p. 80) $C\subset\mathcal{R}^n\times\mathcal{R}^1$ は $\mathcal{B}^n\times\mathcal{B}^1=\mathcal{B}^{n+1}$ に属する集合であって，任意の $x\in\mathcal{R}^n$ に対して C の切り口の $\mathcal{R}^1$ への射影

$$C_x=\{s\in\mathcal{R}^1:(x,s)\in C\}$$

は閉集合であると仮定する．このとき C の $\mathcal{R}^n$ への射影

$$\{x\in\mathcal{R}^n:C_x\neq\emptyset\}$$

は $\mathcal{B}^n$ に属する集合である．

証明 省略する． ∎

Novikoff の定理を利用して，Bayes 推定および一般 Bayes 推定にとって有用な次の定理を証明することができる．

定理 4.4.6 $\mathcal{R}^n\times\mathcal{R}^1$ で定義された関数 $h(x,s)$ について次の条件 (j)～(l) を仮定する．

(j) h は非負の実数または ∞ をとる $\mathcal{B}^{n+1}$ 可測関数である．

(k) 任意の $x\in\mathcal{R}^n$ に対して $h(x,\cdot)$ は下半連続である．

(l) 任意の $x\in\mathcal{R}^n$ に対して $s\to\pm\infty$ のとき $h(x,s)\to\infty$ となる．

このとき (4.22) が成り立つように，実数値をとる $\mathcal{B}^n$ 可測関数 φ_0 を定義することができる．

証明 任意の実数 α を用いて

$$C=\{(x,s)\in\mathcal{R}^n\times\mathcal{R}^1:h(x,s)\leqq\alpha\}$$

と定義すれば，仮定 (j) により $C\in\mathcal{B}^{n+1}$ となる．仮定 (k) によれば，任意

の $x\in\mathcal{R}^n$ に対して C_x は閉集合である．よって Novikoff の定理により，C の $\mathcal{R}^n$ への射影は $\mathcal{B}^n$ に属する．このことは

$$\psi(x)=\inf_{s\in\mathcal{R}^1} h(x,s)$$

とおけば，仮定 (k)，(l) により

$$\{x\in\mathcal{R}^n : \psi(x)\leqq\alpha\}\in\mathcal{B}^n$$

が成り立つことを意味する．α は任意の実数であったから，これは ψ が $\mathcal{B}^n$ 可測関数であることを示している．

よってとくに $A_0=\{x\in\mathcal{R}^n : \psi(x)=\infty\}$ とおけば $A_0\in\mathcal{B}^n$ となる．そこで $x\in A_0$ に対しては $\varphi_0(x)=0$ と定義する．$x\in\mathcal{R}^n-A_0$ に対しては，仮定 (k), (l) により，

$$\{s\in\mathcal{R}^1 : h(x,s)=\psi(x)\}$$

は空でない有界閉集合となる．よってこの集合の下限を $\varphi_0(x)$ と定義すれば，$\varphi_0(x)\in\mathcal{R}^1$ であって，結局すべての $x\in\mathcal{R}^n$ に対して (4.22) が成り立つ．

次に φ_0 の $\mathcal{B}^n$ 可測性を証明する．$A_0\in\mathcal{B}^n$ であったので，φ_0 の $\mathcal{R}^n-A_0$ での可測性を証明しさえすればよい．そのためにこんどは任意の実数 α に対して

$$C=\{(x,s)\in(\mathcal{R}^n-A_0)\times\mathcal{R}^1 : h(x,s)=\psi(x),\ s\leqq\alpha\}$$

とおけば $C\in\mathcal{B}^{n+1}$ となる．仮定 (k) により任意の $x\in\mathcal{R}^n-A_0$ での C の切り口は閉集合となるので，Novikoff の定理により C の $\mathcal{R}^n$ への射影は $\mathcal{B}^n$ に属する．このことは

$$\{x\in\mathcal{R}^n-A_0 : \varphi_0(x)\leqq\alpha\}\in\mathcal{B}^n$$

を意味する．α は任意の実数であったから，φ_0 の $\mathcal{R}^n-A_0$ での可測性が証明された．以上によって定理の証明は完結した． ∎

定理 4.4.2 の証明では $r(\Pi,\varphi_1)<\infty$ となる1つの φ_1 を利用して，(4.5) によって Bayes 解 φ_0 を定義した．定理 4.4.6 を利用するには標本空間 $(\mathcal{X},\mathcal{A})$ が Borel 型でなければならないが，その条件さえ満たされていれば，定理 4.4.1 の場合分け (f)～(h) に対応して，

$$\varphi_0(x)=\begin{cases}0 & \text{(f) のとき}\\ s_0 & \text{(g) のとき}\\ \dfrac{E(c(\Theta)g(\Theta)|x)}{E(c(\Theta)|x)} & \text{(h) のとき}\end{cases}$$

によって定義した φ_0 が $\mathcal{A}$ 可測のことが直ちにわかる.

D. ミニマックス推定

ミニマックス推定量を求めるのに定理 4.2.3〜定理 4.2.5 を利用できる場合がある. ここでは2つの例をあげておく.

例 4.4.1 (Hodges and Lehmann (1950)) 例 4.1.1 で述べた 2 項分布 $Bi(n,p)$ の母数 p の推定問題を考えることにしよう. もしも $\Omega=(0,1)$ 上のある事前分布 Π_0 に関する Bayes 解 φ_0 について, 危険関数 $R(\cdot,\varphi_0)$ が Ω で一定であれば, 定理 4.2.3 または定理 4.2.4 によって φ_0 はミニマックス解となる.

事前分布としてベータ分布 $Be(\alpha,\beta)$ をとれば, そのときの Bayes 解 $\varphi_{\alpha,\beta}$ は (1.14) によって与えられ, 危険関数 $R(p,\varphi_{\alpha,\beta})$ は (1.15) の最後から2番目の辺の [ ] 内の値になる. すなわち

$$\varphi_{\alpha,\beta}(x)=\frac{x+\alpha}{n+\alpha+\beta},\quad R(p,\varphi_{\alpha,\beta})=\left(\frac{np+\alpha}{n+\alpha+\beta}-p\right)^2+\frac{np(1-p)}{(n+\alpha+\beta)^2}.$$

$R(p,\varphi_{\alpha,\beta})$ は p に関する 2 次以下の多項式であるから, p^2 の係数と p の係数がともに 0 になるように α,β を定めれば, $R(\cdot,\varphi_{\alpha,\beta})$ が定数となる. その結果 $\alpha=\beta=\sqrt{n}/2$ が得られて, ミニマックス解 φ_0 とその危険関数は

$$\varphi_0(x)=\frac{x+\sqrt{n}/2}{n+\sqrt{n}},\quad R(p,\varphi_0)=\frac{1}{4(\sqrt{n}+1)^2}.$$ ∎

例 4.4.2 (Blyth (1951)) $(\mathcal{X},\mathcal{A})=(\Omega,\Lambda)=(\mathcal{D},\mathcal{F})=(\mathcal{R}^1,\mathcal{B}^1)$ とし, X は正規分布 $N(\xi,1)$ に従うものとし, $W(\xi,d)=(d-\xi)^2$ とおいて ξ を推定する問題を考えることにする.

ξ の事前分布 Π_σ として正規分布 $N(0,\sigma^2)$ を用い, Π_σ の Lebesgue 測度 μ^1 に関する確率密度関数を π_σ とおけば, 事後分布 $\Pi_\sigma(\cdot|x)$ の μ^1 に関する

確率密度関数は，(1.5) を用いて

$$\frac{\Pi_\sigma(d\xi|x)}{\mu^1(d\xi)}=\frac{\Pi_\sigma(d\xi|x)}{\Pi_\sigma(d\xi)}\frac{\Pi_\sigma(d\xi)}{\mu^1(d\xi)}$$

$$=p(x,\xi)\pi_\sigma(\xi)\Big/\int_{-\infty}^{\infty}p(x,\eta)\pi_\sigma(\eta)\,d\eta. \tag{4.23}$$

ここで

$$p(x,\xi)\pi_\sigma(\xi)=\frac{1}{\sqrt{2\pi}}e^{-(x-\xi)^2/2}\frac{1}{\sqrt{2\pi}\sigma}e^{-\xi^2/2\sigma^2}$$

$$=\frac{\sqrt{\sigma^2+1}}{\sqrt{2\pi}\sigma}\exp\left[-\frac{\sigma^2+1}{2\sigma^2}\left(\xi-\frac{\sigma^2x}{\sigma^2+1}\right)^2\right]\cdot\frac{1}{\sqrt{2\pi}\sqrt{\sigma^2+1}}\exp\left(-\frac{x^2}{2(\sigma^2+1)}\right) \tag{4.24}$$

と変形して (4.23) の計算を行えば，(4.24) の右辺の第1の因数が $\Pi_\sigma(d\xi|x)/\mu^1(d\xi)$ を与えることがわかる．これは正規分布 $N\left(\frac{\sigma^2x}{\sigma^2+1},\frac{\sigma^2}{\sigma^2+1}\right)$ の確率密度関数である．したがって

$$h(x,s)=\int_{-\infty}^{\infty}(s-\xi)^2\frac{\sqrt{\sigma^2+1}}{\sqrt{2\pi}\sigma}\exp\left[-\frac{\sigma^2+1}{2\sigma^2}\left(\xi-\frac{\sigma^2x}{\sigma^2+1}\right)^2\right]d\xi$$

$$=\left(s-\frac{\sigma^2x}{\sigma^2+1}\right)^2+\frac{\sigma^2}{\sigma^2+1}$$

となるので，与えられた x に対して $s=\sigma^2x/(\sigma^2+1)$ のときに $h(x,s)$ が最小値をとる．しかもその最小値 $\sigma^2/(\sigma^2+1)$ は x に無関係である．よって Π_σ に関する Bayes 解 φ_σ と $r(\Pi_\sigma,\varphi_\sigma)$ は

$$\varphi_\sigma(x)=\frac{\sigma^2x}{\sigma^2+1},\quad r(\Pi_\sigma,\varphi_\sigma)=\inf_{\varphi\in\Delta}r(\Pi_\sigma,\varphi)=\frac{\sigma^2}{\sigma^2+1}.$$

ここで $\varphi_0(x)=x$ とおけば $R(\cdot,\varphi_0)$ は定数 1 に等しい．したがって任意の $\sigma\in R^1_+$ に対して $r(\Pi_\sigma,\varphi_0)=1$ となるので，$\sigma\to\infty$ のとき

$$r(\Pi_\sigma,\varphi_0)-\inf_{\varphi\in\Delta}r(\Pi_\sigma,\varphi)=1-\frac{\sigma^2}{\sigma^2+1}\to0$$

が証明された．よって φ_0 は広義の Bayes 解でもあるから，定理 **4.2.4** によって φ_0 はミニマックス解となる．

$X_1, \cdots, X_n$ が互いに独立に正規分布 $N(\xi, 1)$ に従うときには，標本点 $x=(x_1, \cdots, x_n)$ に対して $y=t(x)=\sum_i x_i$ とおけば，t が十分統計量となる．このとき $Y/\sqrt{n}=\sum_i X_i/\sqrt{n}$ の分布が $N(\sqrt{n}\xi, 1)$ となるので，上の結果を用いれば，ξ の推定量として $\sum_i X_i/n$ がミニマックスとなる． ∎

この例の問題は第5章では位置母数の推定問題として取り扱われる．第5章で論ずる型の問題について，危険関数 $R(\cdot, \delta)$ が Ω で一定となる場合がしばしば生じて，そのような決定関数のミニマックス性に関しては，§5.9 で詳しい議論が展開される．

4.5 Bayes 多重決定とミニマックス多重決定

多重決定の問題では簡単な前提条件のもとで §4.1〜4.3 で述べた一般論がすべて適用できるのであって，このことを示すのが本節の主要な目的である．中心になるのは §4.2 B. で導入した決定関数の集合の弱コンパクト性と母数空間の弱可分性の証明である．まず本節で取り上げる前提条件をあげ，必要に応じてこれらを仮定する．

(a) 標本空間 $(\mathscr{X}, \mathscr{A})$ の完全加法族 $\mathscr{A}$ は可分である．

(b) $(\mathscr{X}, \mathscr{A})$ 上の確率分布族 $\mathscr{P}=\{P_\theta : \theta\in\Omega\}$ はある σ 有限測度 μ に関して絶対連続で，$p(\cdot, \theta)$ は $dP_\theta/d\mu$ の1つである．

(c) 決定空間 $(\mathscr{D}, \mathscr{F})$ の $\mathscr{D}$ は有限集合 $\{1, \cdots, k\}$ である．

(d) Ω の部分集合から成る完全加法族 Λ が与えられていて，$p(x, \theta)$ は $\mathscr{A}\times\Lambda$ 可測，任意の $j\in\mathscr{D}$ に対して損失関数 $W(\cdot, j)$ は Λ 可測である．

(e) 任意の $\theta\in\Omega$ に対して1点から成る集合 $\{\theta\}$ は Λ に属する．

(f) Δ はすべての確率的な決定関数から成る集合である．

そこで次の諸定理を証明する．

定理 4.5.1 条件 (b), (c), (d), (f) を満足する多重決定問題において，(Ω, Λ) 上の事前分布 Π が与えられたものとする．このとき $\inf_{\delta\in\Delta} r(\Pi, \delta)<\infty$ とすれば，Δ の中で Π に関する Bayes 解が存在する．

証明 事後分布 $\Pi(\cdot|x)$ を用いて (1.9) によって $h(x,s)$ を定義し，各 x に対して $\min_{1\leqq s\leqq k} h(x,s)$ を与える s の最小値を $\varphi_0(x)$ とおけば，定理 4.1.1 の (ii) により φ_0 が Π に関する非確率的な Bayes 解となる． ▌

定理 4.5.2 (Wald (1950) p. 77) 条件 (b), (c), (f) を満足する多重決定問題において，Δ は危険関数 R に関して弱コンパクトである．

証明 確率的な決定関数列 $\{\delta_n\}$ が与えられたものとし，

$$\varphi_j^{(n)}(x)=\delta_n(j|x) \quad (j=1,\cdots,k;\ n=1,2,\cdots)$$

とおく．定理 2.2.1 により $\mathcal{X}$ で定義されて一様有界な $\mathcal{A}$ 可測関数の全体の集合は §2.2 A. の意味で弱コンパクトであるから，$\{\delta_n\}$ の部分列をとる操作を繰り返すことによって，$\{\delta_n\}$ の適当な部分列 $\{\delta_{n_i}\}$ と k 個の適当な $\mathcal{A}$ 可測関数 $\varphi_j^{(0)}$ $(j=1,\cdots,k)$ を選んで，$j=1,\cdots,k$ に対して $i\to\infty$ のとき $\varphi_j^{(n_i)}$ を $\varphi_j^{(0)}$ に弱収束させることができる．すなわち，すべての $(\mathcal{A},\mu)$ 積分可能関数 f に対して

$$\lim_{i\to\infty}\int_{\mathcal{X}}\varphi_j^{(n_i)}(x)\,f(x)\,\mu(dx)=\int_{\mathcal{X}}\varphi_j^{(0)}(x)\,f(x)\,\mu(dx) \tag{5.1}$$

を成り立たせることができる．

ここですべての $x\in\mathcal{X}$ および $n=1,2,\cdots$ に対して

$$0\leqq\varphi_j^{(n)}(x)\leqq 1 \quad (j=1,\cdots,k), \qquad \sum_j \varphi_j^{(n)}(x)=1$$

であったから，(5.1) を用いて a.e. $(\mathcal{A},\mu)$ で

$$0\leqq\varphi_j^{(0)}(x)\leqq 1 \quad (j=1,\cdots,k), \qquad \sum_j \varphi_j^{(0)}(x)=1 \tag{5.2}$$

となることが容易に証明される．そこで μ 測度 0 の集合の上で $\varphi_j^{(0)}$ $(j=1,\cdots,k)$ の定義を適当に修正して，(5.2) がすべての $x\in\mathcal{X}$ に対して成り立つものと仮定して一般性を失わない．このとき

$$\delta_0(j|x)=\varphi_j^{(0)}(x) \quad (j=1,\cdots,k)$$

とおけば $\delta_0\in\Delta$ であって，任意の $\theta\in\Omega$ に対して，(5.1) により

$$\lim_{i\to\infty}R(\theta,\delta_{n_i})=\lim_{i\to\infty}\sum_{j=1}^{k}W(\theta,j)\int_{\mathcal{X}}\varphi_j^{(n_i)}(x)\,p(x,\theta)\,\mu(dx)$$

$$=\sum_{j=1}^{k}W(\theta,j)\int_{\mathcal{X}}\varphi_j^{(0)}(x)p(x,\theta)\mu(dx)=R(\theta,\delta_0).$$

よって (2.19) が等号で成り立つことが示された．したがって Δ は R に関して弱コンパクトである．∎

定理 4.5.3 (Blackwell and Girshick (1954) p.195) 条件 (a), (b), (c) を満足する多重決定問題において，母数空間 Ω は危険関数 R に関して弱可分である．

証明 <u>第1段</u> 任意の $\theta_1,\theta_2\in\Omega$ に対して

$$\rho^*(\theta_1,\theta_2)=\sum_{j=1}^{k}|W(\theta_1,j)-W(\theta_2,j)|+\int_{\mathcal{X}}|p(x,\theta_1)-p(x,\theta_2)|\mu(dx) \quad (5.3)$$

とおけば，Ω が擬距離 ρ^* に関して可分になることを証明する．

定理 2.1.3 によれば，$(\mathcal{A},\mu)$ 積分可能関数の全体の集合を $\mathcal{K}$ として，任意の $f',f''\in\mathcal{K}$ に対して

$$\rho(f',f'')=\int_{\mathcal{X}}|f'(x)-f''(x)|\mu(dx)$$

と定義すると，$\mathcal{K}$ は擬距離 ρ に関して可分となる．そこで $\mathcal{K}$ の可算稠密集合を $\mathcal{K}_0=\{f_1,f_2,\cdots\}$ とする．

さて，任意の k 個の非負の有理数 $r_1,\cdots,r_k$ と2個の自然数 m,n に対して

$$\Omega(r_1,\cdots,r_k,m,n)$$
$$=\left\{\theta\in\Omega:\ \sum_{j=1}^{k}|W(\theta,j)-r_j|+\int_{\mathcal{X}}|p(x,\theta)-f_m(x)|\mu(dx)<\frac{1}{n}\right\} \quad (5.4)$$

とおき，$\Omega(r_1,\cdots,r_k,m,n)$ が空でなければこれに属する1つの θ を $\theta(r_1,\cdots,r_k,m,n)$ とし，(5.4) が空であれば $\theta(r_1,\cdots,r_k,m,n)$ を定義しない．このようにして定義された点 $\theta(r_1,\cdots,r_k,m,n)$ の全体の集合を Ω_0 とすると，Ω_0 が可算集合になることは明らかである．そこで次に Ω_0 が Ω の中で ρ^* に関して稠密であることを証明する．

いま，任意の $\theta\in\Omega$ と $\varepsilon>0$ に対して $n\geqq 2/\varepsilon$ となる自然数 n をとり，これに対して

$$|W(\theta, j)-r_j|<\frac{1}{2kn} \quad (j=1,\cdots,k), \quad \int_{\mathcal{X}}|p(x,\theta)-f_m(x)|\,\mu(dx)<\frac{1}{2n} \tag{5.5}$$

となる有理数 r_j $(j=1,\cdots,k)$ と $(\mathcal{A},\mu)$ 積分可能関数 $f_m\in\mathcal{K}_0$ をとる．この $r_1,\cdots,r_k,m,n$ に対して $\Omega(r_1,\cdots,r_k,m,n)$ は空でないので $\theta(r_1,\cdots,r_k,m,n)\in\Omega_0$ が定義されている．これを θ' とおけば，

$$\sum_{j=1}^{k}|W(\theta',j)-r_j|+\int_{\mathcal{X}}|p(x,\theta')-f_m(x)|\,\mu(dx)<\frac{1}{n}. \tag{5.6}$$

(5.5) と (5.6) から $\rho^*(\theta,\theta')<2/n\leqq\varepsilon$ を得る．よって Ω_0 が ρ^* に関して可算稠密集合になることが示された．

第2段　$\theta_n\in\Omega$ $(n=1,2,\cdots)$，$\theta\in\Omega$ のとき

$$\lim_{n\to\infty}\rho^*(\theta_n,\theta)=0 \tag{5.7}$$

であれば，任意の決定関数 δ に対して

$$\lim_{n\to\infty}R(\theta_n,\delta)=R(\theta,\delta) \tag{5.8}$$

が成り立つことを証明する．

任意の $x\in\mathcal{X}$ に対して

$$\varphi_j(x)=\delta(j|x) \quad (j=1,\cdots,k)$$

とおけば，

$$\begin{aligned}
&R(\theta_n,\delta)-R(\theta,\delta)\\
&=\sum_{j=1}^{k}W(\theta_n,j)\int_{\mathcal{X}}\varphi_j(x)\,p(x,\theta_n)\,\mu(dx)-\sum_{j=1}^{k}W(\theta,j)\int_{\mathcal{X}}\varphi_j(x)\,p(x,\theta)\,\mu(dx)\\
&=\sum_{j=1}^{k}(W(\theta_n,j)-W(\theta,j))\int_{\mathcal{X}}\varphi_j(x)\,p(x,\theta_n)\,\mu(dx)\\
&\quad+\sum_{j=1}^{k}W(\theta,j)\int_{\mathcal{X}}\varphi_j(x)(p(x,\theta_n)-p(x,\theta))\,\mu(dx).
\end{aligned}$$

ここで $0\leqq\varphi_j(x)\leqq1$ により

$$\begin{aligned}
&|R(\theta_n,\delta)-R(\theta,\delta)|\\
&\leqq\sum_{j=1}^{k}|W(\theta_n,j)-W(\theta,j)|+\left(\sum_{j=1}^{k}W(\theta,j)\right)\int_{\mathcal{X}}|p(x,\theta_n)-p(x,\theta)|\,\mu(dx)
\end{aligned}$$

$$\leqq \rho^*(\theta_n, \theta)\left(1+\sum_{j=1}^{k} W(\theta, j)\right).$$

これより (5.7) が成り立つときに (5.8) の成り立つことがわかる．

以上の第1段および第2段によって，Ω_0 が危険関数 R に関して Ω の可算稠密集合になることが証明されたので，これで定理の証明は完結した． ▮

これまでの結果を総合すると，多重決定問題について次の結果が得られる．

定理 4.5.4 条件 (a)〜(f) を満足する多重決定問題が与えられたものとする．このとき

（i） $\underline{v}=\bar{v}$ が成り立つ（定理 4.2.8)．

（ii） $\bar{v}<\infty$ であればミニマックス解が存在する（定理 4.2.7)．

（iii） 許容的な決定関数全体の集合は Δ の中で完備類（したがって最小完備類）をなす（定理 4.3.2)．

（iv） 広義の Bayes 解の全体の集合は完備類をなす（定理 4.3.4)．

（v） 事前分布 Π に対して $\inf_{\delta\in\Delta} r(\Pi, \delta)<\infty$ であれば Bayes 解が存在する（定理 4.5.1)．

証明 これまでの所論から明らかである． ▮

4.6 検定問題での最も不利な分布

A. 最も不利な分布

仮説検定の問題は多重決定の問題の特殊な場合になっているので，§4.5 の議論を適用することができる．ここではさらに最も不利な分布を用いて単純対立仮説に対する最強力検定，あるいは複合対立仮説に対するミニマックス検定を求める問題を考えることにする．最初に本節の議論で用いる条件 (a)〜(e) をあげておく．

（a） $(\mathcal{X}, \mathcal{A})$ 上の確率分布族 $\mathcal{P}=\{P_\theta : \theta\in\Omega\}$ はある σ 有限測度 μ に関して絶対連続で，$p(\cdot, \theta)$ は $dP_\theta/d\mu$ の1つである．

（b） Ω_0, Ω_1 は $\Omega_0\cup\Omega_1=\Omega$, $\Omega_0\cap\Omega_1=\varnothing$, $\Omega_0\neq\varnothing$, $\Omega_1\neq\varnothing$ を満足する集合で，仮説 $H_0 : \theta\in\Omega_0$ を対立仮説 $H_1 : \theta\in\Omega_1$ に対して検定するものとする．

（c）　Ω の部分集合から成る完全加法族 Λ が与えられていて，$\Omega_0, \Omega_1 \in \Lambda$ であり，また $p(x, \theta)$ は $\mathcal{A} \times \Lambda$ 可測である．

（d）　決定空間 $(\mathcal{D}, \mathcal{F})$ について $\mathcal{D} = \{0, 1\}$ であり，損失関数は 0-1 損失関数である．

（e）　Δ はすべての検定関数から成る集合，$\alpha \in [0, 1]$ に対して $\Delta(\alpha)$ は水準 α の検定関数の全体の集合

$$\Delta(\alpha) = \{\varphi \in \Delta : \sup_{\theta \in \Omega_0} R(\theta, \varphi) \leqq \alpha\} \tag{6.1}$$

である．

定理 4.6.1　(Lehmann (1959) p. 341, Schmetterer (1974) p. 178)　条件 (a), (b), (d), (e) が成り立つものとする．このとき

（i）　任意の $\alpha \in [0, 1]$ に対して

$$\sup_{\theta \in \Omega_1} R(\theta, \varphi_0) = \inf_{\varphi \in \Delta(\alpha)} \sup_{\theta \in \Omega_1} R(\theta, \varphi) \tag{6.2}$$

となる検定 $\varphi_0 \in \Delta(\alpha)$ が存在する．

（ii）　(6.2) の値を β とするとき，$\beta > 0$ であれば，（i）の検定 φ_0 は

$$\sup_{\theta \in \Omega_1} R(\theta, \varphi) \leqq \beta$$

を満たすすべての検定 $\varphi \in \Delta$ の中で

$$\sup_{\theta \in \Omega_0} R(\theta, \varphi)$$

を最小にし，その最小値が α である．

証明　定理 3.3.1 の証明に準じて，任意の $\alpha \in [0, 1]$ に対して

$$f(\alpha) = \inf_{\varphi \in \Delta(\alpha)} \sup_{\theta \in \Omega_1} R(\theta, \varphi) \tag{6.3}$$

と定義すれば，f は区間 $[0, 1]$ で

$$0 \leqq f(\alpha) \leqq 1 - \alpha, \quad とくに \quad f(1) = 0$$

を満足する単調減少な凸関数である．したがって

$$\alpha^* = \inf\{\alpha \in [0, 1] : f(\alpha) = 0\}$$

とおけば，任意の $\alpha \in [0, \alpha^*)$ に対して $f(\alpha) > 0$ となって，f は $[0, \alpha^*]$ では強い意味の単調減少関数となる．

(i) 定理 3.3.1 の証明と同様に定理 2.2.1 を用いればよい.

(ii) 上に説明した f の $[0,\alpha^*)$ での強い意味の単調性から容易に証明できる. ∎

(6.2) を満足する検定 $\varphi_0\in\Delta(\alpha)$ を仮説 $H_0:\theta\in\Omega_0$ の対立仮説 $H_1:\theta\in\Omega_1$ に対する水準 α の**ミニマックス検定**という. とくに Ω_1 がただ1点から成る $\Omega_1=\{\tau\}$ の場合には, この検定は仮説 H_0 の対立仮説 $H_1:\theta=\tau$ に対する水準 α の最強力検定である.

定理 4.6.2 定理 4.6.1 と同じ条件のもとで,

(i) 任意の $\alpha\in[0,1]$ に対して仮説 H_0 の対立仮説 H_1 に対する水準 α のミニマックス検定は不偏検定である.

(ii) (6.3) の f に対して $f(\alpha)=\alpha$ となる α を求めて上に定義した意味での水準 α のミニマックス検定をつくると, それはすべての検定 Δ の中で §4.2 A. の意味でミニマックスである.

証明 簡単であるから省略する. ∎

(a)～(d) が成り立つとき, (Ω,Λ) 上の確率分布 Π で $\Pi(\Omega_0)=1$ を満足するものの全体を Γ_0 とし, $\Pi(\Omega_1)=1$ を満足するものの全体を Γ_1 とする. 任意の $\Pi_0\in\Gamma_0$, $\Pi_1\in\Gamma_1$ とすべての $x\in\mathcal{X}$ に対して

$$p(x,\Pi_0)=\int_{\Omega_0}p(x,\theta)\Pi_0(d\theta),\quad p(x,\Pi_1)=\int_{\Omega_1}p(x,\theta)\Pi_1(d\theta) \tag{6.4}$$

とおけば, Fubini の定理により $p(\cdot,\Pi_0)$, $p(\cdot,\Pi_1)$ はいずれも $(\mathcal{X},\mathcal{A})$ 上の μ に関する確率密度関数となる. ここで μ に関する確率密度関数が $p(\cdot,\Pi_i)$ $(i=0,1)$ で与えられるという命題を H_{Π_i} で表し, 仮説 H_{Π_0} の対立仮説 H_{Π_1} に対する水準 α の最強力検定を φ_0 として

$$\gamma(\Pi_0,\Pi_1)=\int_{\Omega_1}R(\theta,\varphi_0)\Pi_1(d\theta) \tag{6.5}$$

とおく. このとき $1-\gamma(\Pi_0,\Pi_1)$ は H_{Π_1} が正しいときの φ_0 の検出力である. 次の定理は Ω_1 がただ1点から成る場合に Lehmann and Stein (1948) によって得られた結果を一般の場合に拡張したものである.

定理 4.6.3 (Lehmann (1959) p.327)　条件 (a)〜(e) が成り立つものとする．$\Pi_0 \in \Gamma_0$, $\Pi_1 \in \Gamma_1$ を適当にとると，仮説 H_{Π_0} の対立仮説 H_{Π_1} に対する水準 α の最強力検定 φ_0 が

$$\sup_{\theta\in\Omega_0} R(\theta,\varphi_0) \leqq \alpha, \quad \sup_{\theta\in\Omega_1} R(\theta,\varphi_0) = \gamma(\Pi_0,\Pi_1) \tag{6.6}$$

を満足するものと仮定する．このとき

(i)　φ_0 は仮説 H_0 の対立仮説 H_1 に対する水準 α のミニマックス検定である．

(ii)　任意の $\Pi'_0 \in \Gamma_0$, $\Pi'_1 \in \Gamma_1$ に対して

$$\gamma(\Pi'_0, \Pi'_1) \leqq \gamma(\Pi_0, \Pi_1). \tag{6.7}$$

証明　(i)　(6.6) の第1式により $\varphi_0 \in \Delta(\alpha)$ は明らかである．そこで任意の $\varphi \in \Delta(\alpha)$ をとれば，(6.4) の第1式と Fubini の定理により

$$\int_{\mathcal{X}} \varphi(x)\,p(x,\Pi_0)\,\mu(dx) = \int_{\Omega_0}\left(\int_{\mathcal{X}} \varphi(x)\,p(x,\theta)\,\mu(dx)\right)\Pi_0(d\theta)$$

$$= \int_{\Omega_0} R(\theta,\varphi)\,\Pi_0(d\theta) \leqq \alpha$$

となるので，φ は仮説 H_{Π_0} の検定としても水準 α の検定である．仮説 H_{Π_0} の水準 α の検定の中では，対立仮説 H_{Π_1} に対して φ_0 が最強力であったから，

$$\int_{\mathcal{X}} (1-\varphi_0(x))\,p(x,\Pi_1)\,\mu(dx) \leqq \int_{\mathcal{X}} (1-\varphi(x))\,p(x,\Pi_1)\,\mu(dx).$$

ここで $p(x,\Pi_1)$ に (6.4) の第2式の右辺を代入して再び Fubini の定理を用いれば，

$$\int_{\Omega_1} R(\theta,\varphi_0)\,\Pi_1(d\theta) \leqq \int_{\Omega_1} R(\theta,\varphi)\,\Pi_1(d\theta).$$

この左辺は (6.5) と (6.6) の第2式とによって $\sup_{\theta\in\Omega_1} R(\theta,\varphi_0)$ に等しく，右辺は $\leqq \sup_{\theta\in\Omega_1} R(\theta,\varphi)$ となる．よって

$$\sup_{\theta\in\Omega_1} R(\theta,\varphi_0) \leqq \sup_{\theta\in\Omega_1} R(\theta,\varphi).$$

φ は $\varphi \in \Delta(\alpha)$ となる任意の検定であったから，これより φ_0 が水準 α のミニマックス検定であることが証明された．

（ii）（6.6）の第1式により，φ_0 は任意の $\Pi'_0\in\Gamma_0$ に対して仮説 $H_{\Pi'_0}$ の水準 α の検定となる．仮説 $H_{\Pi'_0}$ の対立仮説 $H_{\Pi'_1}$ に対する水準 α の最強力検定を φ'_0 とすれば，

$$\int_{\Omega_1} R(\theta,\varphi'_0)\,\Pi'_1(d\theta)\leqq\int_{\Omega_1} R(\theta,\varphi_0)\,\Pi'_1(d\theta).$$

ここで左辺が定義（6.5）により $\gamma(\Pi'_0,\Pi'_1)$ であり，右辺は（6.6）の第2式によって $\leqq\gamma(\Pi_0,\Pi_1)$ となるので，（6.7）が証明された． ▮

定理 4.6.3 のミニマックス検定は，仮説 H_{Π_0} の対立仮説 H_{Π_1} に対する最強力検定として与えられ，この Π_0,Π_1 は（ii）によれば2つの確率密度関数 $p(\cdot,\Pi_0)$, $p(\cdot,\Pi_1)$ の間を最も識別しにくくする Γ_0,Γ_1 の要素となっている．とくに $\Omega_1=\{\tau\}$ の場合には，この意味で $p(\cdot,\tau)$ と最も識別しにくい $p(\cdot,\Pi_0)$ を与える Π_0 を，仮説 $H_0:\theta\in\Omega_0$ の対立仮説 $H_1:\theta=\tau$ に対する水準 α の検定問題での**最も不利な分布**という．最も不利な分布は水準とともに変わることがある．この点に関して Reinhardt (1961) の研究がある．$\Omega_1=\{\tau\}$ のときには（6.6）の第2式は自動的に成り立つ．

B. 最も不利な分布の存在

ここでは標本空間も母数空間も Borel 型であるとし，適当な条件を仮定したうえで，単純対立仮説 $H_1:\theta=\tau$ に対する検定問題で最も不利な分布が存在することを証明しよう．最初に (a)〜(c) に追加すべき次の条件をあげておく．

（a_1） 標本空間 $(\mathcal{X},\mathcal{A})$ は Borel 型である．

（b_1） Ω_0 は $\mathcal{R}^k$ の閉集合で，Ω_1 はただ1点から成る集合 $\{\tau\}$ である．

（c_1） Λ に属して Ω_0 に含まれる集合の全体がつくる集合族を Λ_0 とすれば，(Ω_0,Λ_0) は Borel 型である．

（c_2） 任意の $x\in\mathcal{X}$ に対して $p(x,\cdot)$ は Ω_0 で連続である．

（c_3） $\mathcal{R}^k$ における原点からの距離を $\|\cdot\|$ で表せば，$\mathcal{X}$ の任意の有界部分集合 $S\in\mathcal{A}$ に対して，$\theta\in\Omega_0$, $\|\theta\|\to\infty$ のとき $P_\theta(S)\to 0$ となる．

定理 4.6.4 (Lehmann (1952)) 条件 (a)〜(e) と (a_1)〜(c_3) が成り立つ

ものとする．さらにある $\alpha\in(0,1)$ に対して

$$f(\alpha)=\inf_{\varphi\in\Delta(\alpha)} R(\tau,\varphi)=\beta$$

とおくとき $0<\beta<1$ と仮定すれば，仮説 $H_0:\theta\in\Omega_0$ を対立仮説 $H_1:\theta=\tau$ に対して検定する水準 α の検定問題で，最も不利な分布が存在する．

証明 $0<\alpha<1$, $0<\beta=f(\alpha)<1$ であるから，定理 4.6.1 によれば，$\Delta(\alpha)$ の中で $R(\tau,\varphi)$ を最小にする検定 φ_0 が存在して，

$$\Delta'=\{\varphi\in\Delta : R(\tau,\varphi)\leqq\beta\}$$

とおくとき $\varphi_0\in\Delta'$ となり，

$$\sup_{\theta\in\Omega_0} R(\theta,\varphi_0)=\inf_{\varphi\in\Delta'}\sup_{\theta\in\Omega_0} R(\theta,\varphi)=\alpha \tag{6.8}$$

を満足する．よって φ_0 は母数空間を Ω_0 とし，決定関数の集合を Δ' とするとき，§4.2 A. の意味でミニマックス解である．

さてこの決定問題では，定理 4.5.3 のときと同様に Ω_0 は R に関して弱可分，また Δ' は凸で，しかも定理 2.2.1 により Δ' は R に関して弱コンパクトになるので，定理 4.2.8 の条件はすべて満たされている．したがって (2.2), (2.3) で定義された $\bar{v}$, $\underline{v}$ に対して，

$$\underline{v}=\bar{v}=\alpha. \tag{6.9}$$

そこでこの決定問題に対して §4.2 A. の意味で最も不利な分布 Π_0 が存在することを証明し，Π_0 が本定理の水準 α の検定問題での最も不利な分布になることを示そう．証明を7段に分けて行う．

<u>第1段</u> (6.8) を満足する検定 $\varphi_0\in\Delta'$ に対して (Ω_0,Λ_0) 上の確率分布列 $\{\Pi_n\}$ と (Ω_0,Λ_0) 上のある確率分布 Π_0，および $\gamma\in[0,1]$ を適当にとれば，$n\to\infty$ のとき

$$\inf_{\varphi\in\Delta'} r(\Pi_n,\varphi)\to\alpha \tag{6.10}$$

$$r(\Pi_n,\varphi_0)\to\alpha \tag{6.11}$$

$$\{\Pi_n\} \text{ は } \gamma\Pi_0 \text{ に弱収束する} \tag{6.12}$$

を満足することを証明する．

定理 4.2.8 の証明に用いた Π_n に対して v_n は本定理の場合には

$$v_n = \inf_{\varphi \in \Delta'} r(\Pi_n, \varphi) \tag{6.13}$$

となる．定理 4.2.8 により $v_n \to \underline{v} = \bar{v}$ が証明されているので，(6.9), (6.13) より (6.10) を得る．また $\varphi_0 \in \Delta'$ は (6.8) を満足するので，

$$\inf_{\varphi \in \Delta'} r(\Pi_n, \varphi) \leqq r(\Pi_n, \varphi_0) \leqq \alpha$$

が成り立つ．よって (6.10) から (6.11) も得られる．

$\{\Pi_n\}$ を $(\mathcal{R}^k, \mathcal{B}^k)$ 上の確率分布列とみれば，定理 2.2.4 により，$\{\Pi_n\}$ の適当な部分列 $\{\Pi_{n_i}\}$ と，$(\mathcal{R}^k, \mathcal{B}^k)$ 上の適当な確率分布 Π_0 および適当な実数 $\gamma \in [0, 1]$ をとれば，$\{\Pi_{n_i}\}$ が $\gamma \Pi_0$ に弱収束する．ここでは既にこのような部分列が選ばれているものとし，(6.12) が成り立つとして一般性を失わない．

Ω_0 は $\mathcal{R}^k$ の閉集合であったから，$\mathcal{R}^k - \Omega_0$ は開集合，したがって定理 2.2.2 の (ii) により

$$\gamma \Pi_0(\mathcal{R}^k - \Omega_0) \leqq \liminf_{n \to \infty} \Pi_n(\mathcal{R}^k - \Omega_0) = 0.$$

よって Π_0 は (Ω_0, Λ_0) 上の確率分布とみることができる．以上によって第 1 段が証明された．

<u>第 2 段</u>　任意の $\varepsilon > 0$ と任意の有界閉集合 $\omega \subset \Omega_0$ に対して，$\mathcal{X}$ の適当な有界部分集合 $S \in \mathcal{A}$ をとれば，

$$\sup_{\theta \in \omega} P_\theta(\mathcal{X} - S) \leqq \varepsilon, \quad P_\tau(\mathcal{X} - S) \leqq \varepsilon \tag{6.14}$$

が成り立つことを証明する．

仮定 (c_2) により任意の $x \in \mathcal{X}$ に対して $p(x, \cdot)$ は Ω_0 で連続であるから，定理 1.1.6 により，Ω_0 に属する点列 $\{\theta_n\}$ が $\theta \in \Omega_0$ に収束するとき，

$$\sup_{A \in \mathcal{A}} |P_{\theta_n}(A) - P_\theta(A)| = \frac{1}{2} \int_{\mathcal{X}} |p(x, \theta_n) - p(x, \theta)| \mu(dx) \to 0.$$

ω は有界閉集合であるから，ω の有限部分集合 $\omega_0 = \{\theta_1, \cdots, \theta_l\}$ を適当にとれば，任意の $\theta \in \omega$ に対して

$$\sup_{A \in \mathcal{A}} |P_\theta(A) - P_{\theta_i}(A)| \leqq \varepsilon/2 \tag{6.15}$$

となる $\theta_i \in \omega_0$ が存在する.

ここで $\theta_i \in \omega_0$ $(i=1, \cdots, l)$ に対して有界集合 $A_i \in \mathcal{A}$ を，また $\theta=\tau$ に対して有界集合 $A_0 \in \mathcal{A}$ を適当にとれば，

$$P_{\theta_i}(\mathcal{X}-A_i) \leqq \varepsilon/2 \quad (i=1, \cdots, l), \quad P_\tau(\mathcal{X}-A_0) \leqq \varepsilon. \tag{6.16}$$

よって $S=A_0 \cup A_1 \cup \cdots \cup A_l$ とおけば，$S \in \mathcal{A}$ も有界集合で，

$$P_{\theta_i}(\mathcal{X}-S) \leqq \varepsilon/2 \quad (i=1, \cdots, l), \quad P_\tau(\mathcal{X}-S) \leqq \varepsilon. \tag{6.17}$$

この第 2 式が (6.14) の第2式と同じである．任意の $\theta \in \omega$ に対して (6.15) を満足する $\theta_i \in \omega_0$ をとれば，これに対して (6.17) の第1式が成り立つことから，

$$P_\theta(\mathcal{X}-S) \leqq |P_\theta(\mathcal{X}-S)-P_{\theta_i}(\mathcal{X}-S)|+P_{\theta_i}(\mathcal{X}-S) \leqq \varepsilon/2+\varepsilon/2=\varepsilon.$$

よって (6.14) の第1式が証明された.

第3段　第1段の $\{\Pi_n\}$ と γ を用いるとき，任意の $\varepsilon>0$ と有界閉集合 $\omega \subset \Omega_0$ に対して，$\mathcal{X}$ の適当な有界部分集合 $S \in \mathcal{A}$ と適当な $n_1 \in \mathcal{N}$ をとれば，$n \geqq n_1$ を満足するすべての $n \in \mathcal{N}$ に対して

$$\int_{\Omega_0-\omega} P_\theta(\mathcal{X}-S)\,\Pi_n(d\theta) \geqq 1-\gamma-\varepsilon, \quad P_\tau(\mathcal{X}-S) \leqq \varepsilon \tag{6.18}$$

が成り立つことを証明する.

ε の代わりに $\varepsilon/3$ に対して (6.14) を満足する $\mathcal{X}$ の有界部分集合 $S \in \mathcal{A}$ をとる．このとき (6.18) の第2式が成り立つことは自明である．また他方で

$$\sup_{\theta \in \omega} P_\theta(\mathcal{X}-S) \leqq \varepsilon/3. \tag{6.19}$$

この S に対して条件 (c_3) を適用すると，$\theta \in \Omega_0$, $\|\theta\| \to \infty$ のとき $P_\theta(S) \to 0$ となる．そこで $N \in \mathcal{R}_+^1$ に対して

$$\Omega_N=\{\theta \in \Omega_0 : \|\theta\| \leqq N\}$$

とおけば，N が十分大きいとき，$\theta \in \Omega_0-\Omega_N$ を満たすすべての θ に対して $P_\theta(S) \leqq \varepsilon/3$ となる．したがって

$$\int_{\Omega_0} P_\theta(\mathcal{X}-S)\,\Pi_n(d\theta)=1-\int_{\Omega_0} P_\theta(S)\,\Pi_n(d\theta)$$

$$=1-\int_{\Omega_N} P_\theta(S)\,\Pi_n(d\theta)-\int_{\Omega_0-\Omega_N} P_\theta(S)\,\Pi_n(d\theta)$$

$$\geqq 1-\Pi_n(\Omega_N)-\varepsilon/3. \tag{6.20}$$

Ω_N は有界集合であるから，(6.12) により，$n_1\in\mathfrak{N}$ を適当にとれば，$n\geqq n_1$ を満足するすべての $n\in\mathfrak{N}$ に対して $\Pi_n(\Omega_N)\leqq\gamma+\varepsilon/3$ となる．そこでこのとき (6.20), (6.19) より

$$\int_{\Omega_0-\omega} P_\theta(\mathcal{X}-S)\,\Pi_n(d\theta)=\int_{\Omega_0} P_\theta(\mathcal{X}-S)\,\Pi_n(d\theta)-\int_{\omega} P_\theta(\mathcal{X}-S)\,\Pi_n(d\theta)$$

$$\geqq 1-(\gamma+\varepsilon/3)-\varepsilon/3-\varepsilon/3=1-\gamma-\varepsilon$$

となって (6.18) の第1式が証明された．

第4段　第1段の $\{\Pi_n\}$ と γ を用いるとき，任意の $\varepsilon\in(0,\beta)$ と有界閉集合 $\omega\subset\Omega_0$ に対して，$n_2\in\mathfrak{N}$ を適当にとれば，$n\geqq n_2$ を満足するすべての $n\in\mathfrak{N}$ に対して

$$\int_{\Omega_0-\omega} E_\theta[1-\varphi_0(X)]\,\Pi_n(d\theta)\geqq 1-\gamma-\left(2+\frac{1}{\beta}\right)\varepsilon \tag{6.21}$$

が成り立つことを証明する．

第3段の有界集合 $S\in\mathcal{A}$ に対して

$$\varphi_1(x)=\begin{cases}\varphi_0(x)+\varepsilon(1-\varphi_0(x))/\beta & x\in S \text{ のとき}\\ 0 & x\in\mathcal{X}-S \text{ のとき}\end{cases}$$

とおけば，$0<\varepsilon<\beta$ によって φ_1 も検定関数になることは明らかである．このとき

$$R(\tau,\varphi_1)=\int_S\left(1-\frac{\varepsilon}{\beta}\right)(1-\varphi_0(x))\,p(x,\tau)\,\mu(dx)+P_\tau(\mathcal{X}-S)$$

$$\leqq(1-\varepsilon/\beta)\beta+\varepsilon=\beta \tag{6.22}$$

ここで $R(\tau,\varphi_0)\leqq\beta$, $P_\tau(\mathcal{X}-S)\leqq\varepsilon$ を利用した．(6.22) により $\varphi_1\in\Delta'$ となる．そこで次の計算を行う．

$$r(\Pi_n,\varphi_1)=\int_{\Omega_0} E_\theta\left[\left(\frac{\beta-\varepsilon}{\beta}\,\varphi_0(X)+\frac{\varepsilon}{\beta}\right)I_S(X)\right]\Pi_n(d\theta)$$

$$\leqq\int_{\Omega_0} E_\theta\left[\frac{\beta-\varepsilon}{\beta}\,\varphi_0(X)+\frac{\varepsilon}{\beta}\right]\Pi_n(d\theta)$$

$$
\begin{aligned}
&-\int_{\Omega_0} E_\theta[\varphi_0(X) I_{\mathcal{X}-S}(X)]\Pi_n(d\theta)\\
&=\frac{\beta-\varepsilon}{\beta}r(\Pi_n,\varphi_0)+\frac{\varepsilon}{\beta}-\int_\omega E_\theta[\varphi_0(X)I_{\mathcal{X}-S}(X)]\Pi_n(d\theta)\\
&\quad-\int_{\Omega_0-\omega}E_\theta I_{\mathcal{X}-S}(X)\Pi_n(d\theta)\\
&\quad+\int_{\Omega_0-\omega}E_\theta[(1-\varphi_0(X))I_{\mathcal{X}-S}(X)]\Pi_n(d\theta)\\
&\leqq\frac{\beta-\varepsilon}{\beta}r(\Pi_n,\varphi_0)+\frac{\varepsilon}{\beta}-\int_{\Omega_0-\omega}P_\theta(\mathcal{X}-S)\Pi_n(d\theta)\\
&\quad+\int_{\Omega_0-\omega}E_\theta[1-\varphi_0(X)]\Pi_n(d\theta).
\end{aligned}
$$

ここで $\varphi_1\in\Delta'$ により，(6.10) を用いると，$n\to\infty$ のときの左辺の下極限は $\geqq\alpha$ となる．右辺の第1項の極限は (6.11) により $(\beta-\varepsilon)\alpha/\beta$ となる．右辺の第3項の積分は $n\geqq n_1$ のとき (6.18) の第1式によって $\geqq 1-\gamma-\varepsilon$ となる．したがって $n_2\geqq n_1$ となる $n_2\in\mathfrak{N}$ を適当にとれば，$n\geqq n_2$ を満足するすべての $n\in\mathfrak{N}$ に対して，最後の積分は

$$
\begin{aligned}
\int_{\Omega_0-\omega}E_\theta[1-\varphi_0(X)]\Pi_n(d\theta)&\geqq\alpha-\frac{\beta-\varepsilon}{\beta}\alpha-\frac{\varepsilon}{\beta}+(1-\gamma-\varepsilon)-\varepsilon\\
&\geqq 1-\gamma-\left(2+\frac{1}{\beta}\right)\varepsilon
\end{aligned}
$$

となって (6.21) が証明された．

<u>第5段</u>　第1段の $\{\Pi_n\},\Pi_0,\gamma$ を用いるとき，任意の $\varepsilon>0$ に対して適当な有界閉集合 $\omega\subset\Omega_0$ と適当な $n_3\in\mathfrak{N}$ をとれば，$n\geqq n_3$ を満足するすべての $n\in\mathfrak{N}$ に対して

$$
\int_\omega E_\theta[1-\varphi_0(X)]\Pi_n(d\theta)\geqq\gamma\int_{\Omega_0}E_\theta[1-\varphi_0(X)]\Pi_0(d\theta)-\varepsilon \tag{6.23}
$$

が成り立つことを証明する．

$\mathcal{R}^k$ の中で $\gamma\Pi_0$ の有界な連続区間 J を

$$
\gamma\Pi_0(\Omega_0-\Omega_0\cap J)<\varepsilon \tag{6.24}
$$

を満足するようにとり，$\omega=\Omega_0\cap\bar{J}$ とおく．

仮定 (c_2) と定理 1.1.6 の (ii) により，

$$E_\theta[1-\varphi_0(X)]=\int_{\mathscr{X}}(1-\varphi_0(x))\,p(x,\theta)\,\mu(dx)$$

は Ω_0 で θ の連続関数となる．$\{\Pi_n\}$ は $\gamma\Pi_0$ に弱収束し，しかも J は $\gamma\Pi_0$ の連続区間であるから，定理 2.2.3 の (i) により

$$\lim_{n\to\infty}\int_\omega E_\theta[1-\varphi_0(X)]\,\Pi_n(d\theta)=\gamma\int_\omega E_\theta[1-\varphi_0(X)]\,\Pi_0(d\theta).$$

この右辺の積分を $\int_\omega=\int_{\Omega_0}-\int_{\Omega_0-\omega}$ と書き直して (6.24) を用いれば，これより

$$\lim_{n\to\infty}\int_\omega E_\theta[1-\varphi_0(X)]\,\Pi_n(d\theta)>\gamma\int_{\Omega_0} E_\theta[1-\varphi_0(X)]\,\Pi_0(d\theta)-\varepsilon.$$

よって n が十分大きいときに (6.23) が成り立つ．

<u>第6段</u> 第1段の γ が1に等しいことと，Π_0 が母数空間を Ω_0 とし，決定関数の集合を Δ' とする統計的決定問題での最も不利な分布になることを証明する．

任意の $\varepsilon\in(0,\beta)$ に対して第5段の結果により，有界閉集合 $\omega\subset\Omega_0$ と $n_3\in\mathfrak{N}$ を適当にとって，$n\geqq n_3$ を満足するすべての $n\in\mathfrak{N}$ に対して (6.23) を成り立たせる．次にこの ε と ω に対して第4段の結果により，$n_2\in\mathfrak{N}$ を適当にとって，$n\geqq n_2$ を満足するすべての $n\in\mathfrak{N}$ に対して (6.21) が成り立つようにする．このとき $n_0=\max(n_2,n_3)$ とおけば，$n\geqq n_0$ を満足するすべての $n\in\mathfrak{N}$ に対して

$$\begin{aligned}r(\Pi_n,\varphi_0)&=1-\int_\omega E_\theta[1-\varphi_0(X)]\,\Pi_n(d\theta)-\int_{\Omega_0-\omega}E_\theta[1-\varphi_0(X)]\,\Pi_n(d\theta)\\&\leqq 1-[\gamma(1-r(\Pi_0,\varphi_0))-\varepsilon]-\left[1-\gamma-\left(2+\frac{1}{\beta}\right)\varepsilon\right].\end{aligned}\tag{6.25}$$

ここで $n\to\infty$ とすれば (6.11) によって左辺は α に収束する．ε は $0<\varepsilon<\beta$ を満足する任意の値であったから，(6.25) と (6.8) により

$$\alpha\leqq\gamma r(\Pi_0,\varphi_0)\leqq\gamma\alpha.\tag{6.26}$$

しかるに $0<\alpha<1$, $0\leqq\gamma\leqq1$ であるから，これより $\gamma=1$ を得る．

さて任意の $\theta\in\Omega_0$, $\varphi\in\Delta'$ に対して

$$R(\theta,\varphi)=\int_{\mathcal{X}}\varphi(x)p(x,\theta)\mu(dx)$$

であるから，条件 (c_2) と定理 1.1.6 の (ii) により $R(\cdot,\varphi)$ も Ω_0 で連続になる．さらに $\gamma=1$ により $n\to\infty$ のとき $\{\Pi_n\}$ は確率分布 Π_0 に弱収束するので，定理 2.2.3 の (ii) により $r(\Pi_n,\varphi)\to r(\Pi_0,\varphi)$ となる．よって任意の $\varphi'\in\Delta'$ に対して (6.10) より

$$r(\Pi_0,\varphi')=\lim_{n\to\infty}r(\Pi_n,\varphi')\geqq\lim_{n\to\infty}\inf_{\varphi\in\Delta'}r(\Pi_n,\varphi)=\alpha.$$

したがって

$$\inf_{\varphi\in\Delta'}r(\Pi_0,\varphi)\geqq\alpha. \tag{6.27}$$

他方で (6.8) により (Ω_0,Λ_0) 上の任意の確率分布 Π に対して

$$\inf_{\varphi\in\Delta'}r(\Pi,\varphi)\leqq r(\Pi,\varphi_0)\leqq\alpha. \tag{6.28}$$

(6.27), (6.28) により Π_0 が最も不利な分布となる．

第7段　第1段の Π_0 が仮説 $H_0:\theta\in\Omega_0$ の対立仮説 $H_1:\theta=\tau$ に対する水準 α の検定問題での最も不利な分布であることを証明する．

第6段の結果と (6.8) と定理 4.2.2 により φ_0 は Π_0 に関する Bayes 解になるから，φ_0 は

$$R(\tau,\varphi)=E_\tau[1-\varphi(X)]\leqq\beta$$

を満足するすべての検定 φ の中で

$$r(\Pi_0,\varphi)=\int_{\Omega_0}\left(\int_{\mathcal{X}}\varphi(x)p(x,\theta)\mu(dx)\right)\Pi_0(d\theta)=\int_{\mathcal{X}}\varphi(x)p(x,\Pi_0)\mu(dx)$$

を最小にする．しかもこの最小値 α は正であったから，定理 4.6.1 の (ii) により，φ_0 は $r(\Pi_0,\varphi)\leqq\alpha$ を満足するすべての検定 φ の中で $R(\tau,\varphi)$ を最小にする．このことと (6.8) によって，Π_0 が定理 4.6.3 の意味で最も不利な分布であることが証明された．∎

第5章 不 変 性

統計的決定関数を選ぶに当たって，ある変換群のもとでの不変性を考慮することがしばしばある．たとえば実数値で表される n 個の観測値 $x_1, \cdots, x_n$ に基づいて決定を行うとき，観測値の順序は問題にしないで観測値の集合 $\{x_1, \cdots, x_n\}$ だけによって決定を行うものとする．この場合には，$\mathcal{R}^n$ の点の座標の間の置換によって不変な決定を行うことになる．本章では変換群のもとで不変な統計的決定問題について説明した後で，前半では十分性と不変性の関連の議論が中心になる．その後で不変な推定・検定・多重決定に関する基本的な結果を紹介し，最後の節では，しかるべき条件のもとで，不変な決定関数の中で最良のものが，与えられた統計的決定問題に対するミニマックス解になることを証明する．

5.1 不 変 性

A. 不変な統計的決定問題

与えられた統計的決定問題について §1.7 A. の条件 (a)～(d) を仮定するほか，本章の議論において次の条件 (a)～(d) を導入し，必要に応じてこれらを仮定する．

(a) $\mathcal{G}$ は空間 $\mathcal{X}$ から $\mathcal{X}$ の上への 1:1 の変換から成る変換群（こんごは単に $\mathcal{X}$ の**変換群**という）であって，任意の $g \in \mathcal{G}$, $A \in \mathcal{A}$ に対して $gA = \{gx : x \in A\}$ とおけば $gA \in \mathcal{A}$ となる．

(b) $\bar{\mathcal{G}}$ は空間 Ω の変換群であって，$\mathcal{G}$ から $\bar{\mathcal{G}}$ への準同形対応が存在する．これを $g \to \bar{g}$ で表せば，任意の $g \in \mathcal{G}$, $\theta \in \Omega$, $A \in \mathcal{A}$ に対して $P_{\bar{g}\theta}(gA) = P_\theta(A)$ が成り立つ．

(c) $\tilde{\mathcal{G}}$ は空間 $\mathcal{D}$ の変換群であって，$\mathcal{G}$ から $\tilde{\mathcal{G}}$ への準同形対応が存在する．これを $g \to \tilde{g}$ で表し，任意の $g \in \mathcal{G}$, $D \in \mathcal{F}$ に対して $\tilde{g}D = \{\tilde{g}d : d \in D\}$ とおけば $\tilde{g}D \in \mathcal{F}$ となる．

(d) (b), (c) の準同形対応 $g \to \bar{g}$, $g \to \tilde{g}$ を用いるとき，任意の $g \in \mathcal{G}$,

$\theta\in\Omega$, $d\in\mathscr{D}$ に対して，損失関数 W は $W(\bar{g}\theta,\tilde{g}d)=W(\theta,d)$ を満足する.

注意 $g\in\mathscr{G}$, $\bar{g}\in\bar{\mathscr{G}}$, $\tilde{g}\in\tilde{\mathscr{G}}$ はそれぞれ空間 $\mathscr{X},\Omega,\mathscr{D}$ の元に対して左からだけ作用するものとする.

(a) が成り立つとき $\mathscr{G}$ は $\mathscr{A}$ **可測**であるという．任意の $g\in\mathscr{G}$ は $\mathscr{X}$ の 1:1 の変換になっているので，このとき変換 $x\to gx$ も $gx\to x$（すなわち $x\to g^{-1}x$）も $\mathscr{A}\to\mathscr{A}$ 可測となる．(a) と (b) が成り立つとき，確率分布族 $\mathscr{P}=\{P_\theta:\theta\in\Omega\}$ は $\mathscr{G}$ **不変**であるという．(c) の後半が成り立つとき $\tilde{\mathscr{G}}$ は $\mathscr{F}$ **可測**であるといい，(d) が成り立つとき損失関数 W は $\mathscr{G}$ **不変**であるという．以上の (a)～(d) がすべて成り立つとき，与えられた統計的決定問題は $\mathscr{G}$ **不変**であるという．

一般に $\mathscr{X}\times\Omega\times\mathscr{D}$ で定義されて任意の値域をもつ関数 f が，すべての $g\in\mathscr{G}$, $x\in\mathscr{X}$, $\theta\in\Omega$, $d\in\mathscr{D}$ に対して

$$f(gx,\bar{g}\theta,\tilde{g}d)=f(x,\theta,d) \tag{1.1}$$

を満足するとき，f は $\mathscr{G}$ **不変**であるという．単に $\mathscr{G}$ 不変というときには可測性を必ずしも要請しない．また (1.1) において x,θ,d のうち1つまたは2つを欠いていてもよい．

定理 5.1.1 (Ferguson (1967) p. 144) 標本空間 $(\mathscr{X},\mathscr{A})$ で定義された確率分布族 $\mathscr{P}=\{P_\theta:\theta\in\Omega\}$ が $\mathscr{G}$ 不変（(a), (b) を満足する）であるとする．このとき

(i) 確率空間 $(\mathscr{X},\mathscr{A},P_\theta)$ の確率標本を X で表せば，任意の $g\in\mathscr{G}$ に対して gX の分布は $P_{\bar{g}\theta}$ で与えられる.

(ii) t は $(\mathscr{X},\mathscr{A})$ から可測空間 $(\mathscr{Y},\mathscr{B})$ への $\mathscr{G}$ 不変な統計量であるとする．このとき t が P_θ から $(\mathscr{Y},\mathscr{B})$ に誘導する確率分布を Q_θ とすれば，任意の $g\in\mathscr{G}$, $\theta\in\Omega$, $B\in\mathscr{B}$ に対して

$$Q_{\bar{g}\theta}(B)=Q_\theta(B).$$

(iii) f は $\mathscr{X}$ で定義された $\mathscr{A}$ 可測関数であるとする．このとき任意の $g\in\mathscr{G}$, $\theta\in\Omega$ に対して

$$E_{\bar{g}\theta} f(X) = \int_{\mathcal{X}} f(x) P_{\bar{g}\theta}(dx) = \int_{\mathcal{X}} f(gx) P_\theta(dx) = E_\theta f(gX). \tag{1.2}$$

ただしどちらかの積分が確定するものとする．

(iv)　(iii) でとくに f が $\mathcal{G}$ 不変であれば，

$$E_{\bar{g}\theta} f(X) = \int_{\mathcal{X}} f(x) P_{\bar{g}\theta}(dx) = \int_{\mathcal{X}} f(x) P_\theta(dx) = E_\theta f(X).$$

証明　(i)　任意の $A \in \mathcal{A}$ に対して

$$P_\theta(gX \in A) = P_\theta(X \in g^{-1}A) = P_\theta(g^{-1}A) = P_{\bar{g}\theta}(A) \tag{1.3}$$

が成り立つことによる．最後の等号は条件 (b) による．

(ii)　t は $\mathcal{G}$ 不変であるから，$g(t^{-1}B) = t^{-1}B$ が成り立つ．よって

$$Q_{\bar{g}\theta}(B) = P_{\bar{g}\theta}(t^{-1}B) = P_{\bar{g}\theta}(g(t^{-1}B)) = P_\theta(t^{-1}B) = Q_\theta(B).$$

(iii)　$A \in \mathcal{A}$ として f が A の定義関数 $f = I_A$ の場合には (1.2) は (1.3) に帰着する．そこであとは L プロセスに従えばよい．

(iv)　(1.2) で $f(gx) = f(x)$ とおけばよい．　▮

定理 5.1.2　(Berk and Bickel (1968))　標本空間 $(\mathcal{X}, \mathcal{A})$ で定義された確率分布族 $\mathcal{P} = \{P_\theta : \theta \in \Omega\}$ が $\mathcal{G}$ 不変であるとする．$\mathcal{A}_0$ を $\mathcal{A}$ の部分加法族とすれば，任意の $g \in \mathcal{G}$ に対して $g\mathcal{A}_0 = \{gA : A \in \mathcal{A}_0\}$ も $\mathcal{A}$ の部分加法族となって，(1.2) が有限の値をもつような任意の $\theta \in \Omega$ と $\mathcal{A}$ 可測関数 f に対して，

$$E_{\bar{g}\theta}(f(X) | g\mathcal{A}_0, gx) = E_\theta(f(gX) | \mathcal{A}_0, x) \quad \text{a.e.}\ (\mathcal{A}_0, P_\theta) \tag{1.4}$$

$$E_{\bar{g}\theta}(f(X) | g\mathcal{A}_0, x) = E_\theta(f(gX) | \mathcal{A}_0, g^{-1}x) \quad \text{a.e.}\ (g\mathcal{A}_0, P_{\bar{g}\theta}). \tag{1.5}$$

証明　g は $\mathcal{X}$ の 1：1 の変換になっているので，(a) により $g\mathcal{A}_0$ が $\mathcal{A}$ の部分加法族になることは容易に証明される．そこで

$$h_1(x) = E_{\bar{g}\theta}(f(X) | g\mathcal{A}_0, x), \quad h_2(x) = E_\theta(f(gX) | \mathcal{A}_0, x)$$

とおけば，任意の $A \in \mathcal{A}_0$ に対して

$$\begin{aligned}\int_A h_1(gx) P_\theta(dx) &= \int_{gA} h_1(x) P_{\bar{g}\theta}(dx) = \int_{gA} f(x) P_{\bar{g}\theta}(dx) \\ &= \int_A f(gx) P_\theta(dx) = \int_A h_2(x) P_\theta(dx). \end{aligned} \tag{1.6}$$

ここで第2と第4の等号は条件つき平均値の定義による．第1の等号は (1.2) の $f(x)$ を $h_1(x)I_A(g^{-1}x)$ でおきかえたもの，第3の等号は (1.2) の $f(x)$ を $f(x)I_A(g^{-1}x)$ でおきかえたものである．(1.6) がすべての $A\in\mathcal{A}_0$ に対して成り立つことから，

$$h_1(gx)=h_2(x) \quad \text{a.e.}\ (\mathcal{A}_0, P_\theta),$$

したがって (1.4) を得る．(1.4) の x の代わりに $g^{-1}x$ とおけば，条件 (a), (b) によって (1.5) が得られる． ∎

$\mathcal{G}$ 不変な統計的決定問題が与えられたとき，非確率的な決定関数 φ が任意の $g\in\mathcal{G}$, $x\in\mathcal{X}$ に対して

$$\varphi(gx)=\tilde{g}\varphi(x) \tag{1.7}$$

を満足するならば，φ は $\mathcal{G}$ **共変**であるという．とくにすべての $g\in\mathcal{G}$ に対して $\tilde{g}$ が $\mathcal{D}$ の恒等変換になるならば，(1.1) の定義により φ は $\mathcal{G}$ **不変**となる．一般に (1.7) が成り立つ場合にも，$\mathcal{G}$ 共変といわずに $\mathcal{G}$ **不変**ということもある．

また確率的な決定関数 δ が任意の $g\in\mathcal{G}$, $D\in\mathcal{F}$, $x\in\mathcal{X}$ に対して

$$\delta(\tilde{g}D|gx)=\delta(D|x)$$

を満足するならば，δ は $\mathcal{G}$ **不変**であるという．非確率的な決定関数 φ が $\mathcal{G}$ 共変であれば，

$$\delta(D|x)=I(\varphi(x)\in D) \tag{1.8}$$

によって定義される確率的な決定関数 δ が $\mathcal{G}$ 不変のことは明らかである．そこで $\mathcal{G}$ 共変な決定関数は $\mathcal{G}$ 不変なものの特殊な場合とみなすことにする．

例 5.1.1 $X_1,\cdots,X_n$ は互いに独立に正規分布 $N(\xi,\sigma^2)$ に従い，$\xi\in\mathcal{R}^1$, $\sigma\in\mathcal{R}^1_+$ はいずれも未知とする．ここで ξ を区間 (d_1,d_2) (ただし $d_1<d_2$) によって推定する問題を考え，$c>0$ を与えられた定数として，損失関数を

$$W((\xi,\sigma),(d_1,d_2))=c\,\frac{d_2-d_1}{\sigma}+1-I(d_1<\xi<d_2)$$

とする．

このとき $\mathcal{G}$ の元を $g_{(a,b)}$ (ただし $a\in\mathcal{R}^1$, $b\in\mathcal{R}^1_+$) で表して

$$g_{(a,b)}(x_1, \cdots, x_n) = (a+bx_1, \cdots, a+bx_n) \tag{1.9}$$

$$\bar{g}_{(a,b)}(\xi, \sigma) = (a+b\xi, b\sigma) \tag{1.10}$$

$$\tilde{g}_{(a,b)}(d_1, d_2) = (a+bd_1, a+bd_2)$$

とすれば，この統計的決定問題が $\mathcal{G}$ 不変のことは明らかである．このとき非確率的な決定関数

$$\varphi(x_1, \cdots, x_n) = (\varphi_1(x_1, \cdots, x_n),\ \varphi_2(x_1, \cdots, x_n))$$

が $\mathcal{G}$ 共変となるための必要十分条件は，任意の $a \in \mathcal{R}^1$, $b \in \mathcal{R}^1_+$, $(x_1, \cdots, x_n) \in \mathcal{R}^n$ に対して

$$\varphi_i(a+bx_1, \cdots, a+bx_n) = a+b\varphi_i(x_1, \cdots, x_n) \quad (i=1,2)$$

が成り立つことである．

上の変換群 $\mathcal{G}$ を $\mathcal{R}^n$ の**位置尺度変換群**といい，変換

$$g_{(a,1)}(x_1, \cdots, x_n) = (a+x_1, \cdots, a+x_n),\ a \in \mathcal{R}^1$$

から成る $\mathcal{G}$ の部分群を**位置変換群**，変換

$$g_{(0,b)}(x_1, \cdots, x_n) = (bx_1, \cdots, bx_n),\ b \in \mathcal{R}^1_+$$

から成る $\mathcal{G}$ の部分群を**尺度変換群**という．またこの例の場合に

$$\left(\frac{X_1-\xi}{\sigma}, \cdots, \frac{X_n-\xi}{\sigma}\right)$$

の分布は $(\xi, \sigma) \in \mathcal{R}^1 \times \mathcal{R}^1_+$ に無関係である．このとき $(X_1, \cdots, X_n)$ の従う分布族を**位置尺度分布族**といい，ξ を**位置母数**，σ を**尺度母数**という．σ が既知のときの ξ も位置母数といい，$\xi=0$ ということが既知のときの σ も尺度母数という．∎

B. 危険関数の不変性

$\mathcal{G}$ 不変な統計的決定問題に対して，非確率的な決定関数 φ と $g \in \mathcal{G}$ とが与えられたものとする．任意の $x \in \mathcal{X}$ に対して

$$\varphi_g(x) = \tilde{g}^{-1}\varphi(gx) \tag{1.11}$$

によって φ_g を定義すると，φ_g も非確率的な決定関数となる．このとき φ が $\mathcal{G}$ 共変であるための必要十分条件は，すべての $g \in \mathcal{G}$ に対して $\varphi_g = \varphi$ となることである．

確率的な決定関数 δ に関しては，任意の $D\in\mathscr{F}$，$x\in\mathscr{X}$ に対して

$$\delta_g(D|x)=\delta(\tilde{g}D|gx) \tag{1.12}$$

によって δ_g を定義すると，δ_g も確率的な決定関数となる．δ が $\mathscr{G}$ 不変であるための必要十分条件は，すべての $g\in\mathscr{G}$ に対して $\delta_g=\delta$ となることである．

非確率的な決定関数 φ に対して (1.8) によって確率的な決定関数 δ を定義すると，任意の $D\in\mathscr{F}$，$x\in\mathscr{X}$ に対して

$$\delta_g(D|x)=\delta(\tilde{g}D|gx)=I(\varphi(gx)\in\tilde{g}D)=I(\varphi_g(x)\in D)$$

となるので，φ_g に対応する確率的な決定関数が δ_g となる．次の定理は確率的な決定関数について述べておくが，非確率的な決定関数の場合はその特殊な場合になっている．

定理 5.1.3 (Ferguson (1967) p. 150) $\mathscr{G}$ 不変な統計的決定問題が与えられた（(a)〜(d) を満足する）とき，

（i） 任意の確率的決定関数 δ と任意の $g\in\mathscr{G}$ に対して (1.12) によって δ_g を定義すると，任意の $\theta\in\Omega$ に対して

$$R(\bar{g}\theta,\delta)=R(\theta,\delta_g). \tag{1.13}$$

（ii） 任意の $\mathscr{G}$ 不変な確率的決定関数 δ と任意の $g\in\mathscr{G}$，$\theta\in\Omega$ に対して

$$R(\bar{g}\theta,\delta)=R(\theta,\delta).$$

証明 （i） δ_g の定義 (1.12) から

$$\int_{\mathscr{X}}\left(\int_{\mathscr{D}}W(\bar{g}\theta,s)\,\delta(ds|x)\right)P_{\bar{g}\theta}(dx)=\int_{\mathscr{X}}\left(\int_{\mathscr{D}}W(\theta,s)\,\delta(\tilde{g}(ds)|gx)\right)P_\theta(dx) \tag{1.14}$$

を証明すればよい．

W が $U\subset\Omega\times\mathscr{D}$ の定義関数 $W=I_U$ であって $\mathscr{G}$ 不変

$$I_U(\bar{g}\theta,\tilde{g}d)=I_U(\theta,d) \tag{1.15}$$

の場合についてまず (1.14) を証明する．任意の $\theta\in\Omega$ に対して $W(\theta,\cdot)$ は $\mathscr{F}$ 可測であるから，

$$D_\theta=\{d\in\mathscr{D}:(\theta,d)\in U\} \tag{1.16}$$

とおけば $D_\theta\in\mathscr{F}$ となる．また (1.15) から $D_{\bar{g}\theta}=\tilde{g}D_\theta$ が得られるので，

$$\int_{\mathscr{X}} \delta(D_{\bar{g}\theta}|x)\,P_{\bar{g}\theta}(dx) = \int_{\mathscr{X}} \delta(\tilde{g}D_\theta|x)\,P_{\bar{g}\theta}(dx)$$

$$= \int_{\mathscr{X}} \delta(\tilde{g}D_\theta|gx)\,P_\theta(dx). \qquad (1.17)$$

ここで第2の等号は定理 5.1.1 の (iii) による．(1.17) は $W=I_U$ のときの (1.14) にほかならない．

次に W が

$$W(\theta, d) = \sum_{i=1}^{k} \alpha_i I_{U_i}(\theta, d), \quad \alpha_i \geqq 0,\ U_i \subset \Omega \times \mathscr{D} \quad (i=1, \cdots, k) \quad (1.18)$$

の形であって，I_{U_i} $(i=1, \cdots, k)$ が $\mathscr{G}$ 不変のときには，(1.17) の1次結合をつくれば (1.14) が証明される．

一般の $\mathscr{G}$ 不変な損失関数は，$\mathscr{G}$ 不変な I_{U_i} $(i=1, \cdots, k)$ を用いてできる (1.18) の形の単関数の損失関数の単調増加列の極限となる．したがってあとは，(1.18) に対して証明された (1.14) の両辺に対して極限移行を行えばよい．

(ii)　(1.13) で $\delta_g = \delta$ とおけばよい． ∎

5.2 最 大 不 変 量

空間 $\mathscr{X}$（可測空間とは限らない）の変換群 $\mathscr{G}$ が与えられたとき，$\mathscr{X}$ で定義されて任意の値域をもつ関数 f が条件

(a)　すべての $g \in \mathscr{G}$, $x \in \mathscr{X}$ に対して $f(gx) = f(x)$ となる；

を満足するとき，f は $\mathscr{G}$ **不変**であると定義した．f が $\mathscr{G}$ 不変であるうえ，さらに条件

(b)　$x, x' \in \mathscr{X}$, $f(x) = f(x')$ ならば $x' = gx$ となる $g \in \mathscr{G}$ が存在する；

を満足すれば，f は $\mathscr{G}$ **最大不変量**であるという．

ある $x \in \mathscr{X}$ に対して集合 $\{gx : g \in \mathscr{G}\} \subset \mathscr{X}$ のことを x を通る $\mathscr{G}$ **軌道**という．各点 $x \in \mathscr{X}$ に対して x を通る $\mathscr{G}$ 軌道を対応させれば，これが $\mathscr{G}$ 最大不変量になることは明らかである．しかし実際上はこれより簡単で，有限個の数値によって表される最大不変量が存在すると便利である．

例 5.2.1　$\mathscr{X} = \mathscr{R}^n$ とし，$\mathscr{G}$ は $\mathscr{R}^n$ の点 $x = (x_1, \cdots, x_n)$ の座標の間のす

べての置換から成る変換群であるとする．$\mathcal{G}$ は $n!$ 個の元から成る有限群で，1から n までの自然数の置換

$$\begin{pmatrix}1 & 2\cdots n\\ \alpha_1 & \alpha_2\cdots\alpha_n\end{pmatrix}=\begin{pmatrix}\beta_1 & \beta_2\cdots\beta_n\\ 1 & 2\cdots n\end{pmatrix}$$

に対応して，gx を

$$gx=(x_{\beta_1},\cdots,x_{\beta_n}) \tag{2.1}$$

によって定義する．このとき x を通る $\mathcal{G}$ 軌道は (2.1) の形に表されるたかだか $n!$ 個の点から成る集合である．$\mathcal{G}$ 最大不変量として n 個の実数の集合 $f(x)=\{x_1,\cdots,x_n\}$，またはこれらを大きさの順序に並べて $x_{(1)}\leqq\cdots\leqq x_{(n)}$ とするとき，$f(x)=(x_{(1)},\cdots,x_{(n)})$ をとることもできる． ▮

$\mathcal{X}$ の各点は互いに共通点のないどれかの $\mathcal{G}$ 軌道に属する．任意の $x,x'\in\mathcal{X}$ に対して $x'=gx$ となる $g\in\mathcal{G}$ が存在するとき，$\mathcal{G}$ は $\mathcal{X}$ 上で**推移的**であるという．$\mathcal{G}$ が $\mathcal{X}$ 上で推移的であれば，任意の $\mathcal{G}$ 不変関数は定数となる．$\mathcal{G}$ が $\mathcal{X}$ 上で推移的で，しかも任意の $x,x'\in\mathcal{X}$ に対して $x'=gx$ となる $g\in\mathcal{G}$ がただ1つしか存在しないとき，$\mathcal{G}$ は $\mathcal{X}$ 上で**単純推移的**であるという．

定理 5.2.1 (Lehmann (1959) p. 216) 空間 $\mathcal{X}$ の変換群 $\mathcal{G}$ が与えられたとき，$\mathcal{G}$ 不変な任意の関数は $\mathcal{G}$ 最大不変量の関数として表される．逆に $\mathcal{G}$ 最大不変量の関数は $\mathcal{G}$ 不変である．

証明 u を $\mathcal{G}$ 最大不変量とし，f を $\mathcal{G}$ 不変な任意の関数とする．このとき

$$x,x'\in\mathcal{X},\ u(x)=u(x')\ \text{ならば}\ f(x)=f(x') \tag{2.2}$$

が成り立てば，f が u の関数として表されることになる．さて u に対して条件 (b) が成り立つので，$x,x'\in\mathcal{X}$，$u(x)=u(x')$ のとき $x'=gx$ となる $g\in\mathcal{G}$ が存在する．f は $\mathcal{G}$ 不変であるから，これより $f(x)=f(x')$ を得る．よって (2.2) が証明された．

逆に $f(x)=h(u(x))$ とすれば，u に対して条件 (a) を用いて

$$f(gx)=h(u(gx))=h(u(x))=f(x)$$

となるので，f が $\mathcal{G}$ 不変のことは明らかである． ▮

可測空間に対して定理 5.2.1 は次のようになる．

定理 5.2.2 (Lehmann (1959) p. 221) 可測空間 $(\mathcal{X},\mathcal{A})$ と空間 $\mathcal{X}$ の $\mathcal{A}$ 可測な変換群 $\mathcal{G}$ とが与えられたものとする．このとき $\mathcal{G}$ 最大不変量 u の値域 $\mathcal{Y}$ において

$$\mathcal{B}=\{B\subset\mathcal{Y}: u^{-1}B\in\mathcal{A}\} \tag{2.3}$$

によって完全加法族 $\mathcal{B}$ を定義すれば，$(\mathcal{X},\mathcal{A})$ から可測空間 $(\mathcal{Z},\mathcal{C})$ への $\mathcal{A}\to\mathcal{C}$ 可測で $\mathcal{G}$ 不変な任意の関数 f は，$\mathcal{Y}$ で定義されて $\mathcal{Z}$ の中の値をとる適当な $\mathcal{B}\to\mathcal{C}$ 可測関数 h を用いて

$$f(x)=h(u(x)) \tag{2.4}$$

と表される．逆に $\mathcal{Y}$ で定義されて $\mathcal{Z}$ の値をとる任意の $\mathcal{B}\to\mathcal{C}$ 可測関数 h を用いて (2.4) によって f を定義すれば，f は $\mathcal{A}\to\mathcal{C}$ 可測な $\mathcal{G}$ 不変関数となる．

証明　f は $\mathcal{A}\to\mathcal{C}$ 可測で $\mathcal{G}$ 不変な任意の関数であるとする．このとき定理 5.2.1 によって (2.4) を満足する関数 h が存在するので，h が $\mathcal{B}\to\mathcal{C}$ 可測であることを証明しさえすればよい．そのため任意の $C\in\mathcal{C}$ をとると，f が $\mathcal{A}\to\mathcal{C}$ 可測という仮定により $f^{-1}C\in\mathcal{A}$ となる．しかるに

$$f^{-1}C=u^{-1}(h^{-1}C) \tag{2.5}$$

であるから，$\mathcal{B}$ の定義 (2.3) によって $h^{-1}C\in\mathcal{B}$ を得る．よって h が $\mathcal{B}\to\mathcal{C}$ 可測のことが証明された．

逆に h を $\mathcal{B}\to\mathcal{C}$ 可測として (2.4) が成り立つときには，(2.5) から f が $\mathcal{A}\to\mathcal{C}$ 可測になることは明らかである．f の $\mathcal{G}$ 不変性は定理 5.2.1 で証明されている． ∎

次に可測性は再び無視することにして，$\mathcal{G}$ が 2 つの部分群から生成されるときに，部分群の最大不変量と $\mathcal{G}$ の最大不変量との関係を示す定理を与えておく．

定理 5.2.3 (Lehmann (1959) p. 218) 空間 $\mathcal{X}$ の変換群 $\mathcal{G}$ は 2 つの部分群 H, K から生成されるものとする．H 最大不変量を s とするとき，任意の $k\in K$ に対して条件

$$x, x'\in\mathcal{X},\ s(x)=s(x')\ \text{ならば}\ s(kx)=s(kx') \tag{2.6}$$

が成り立つものと仮定する．ここで s の値域を $\mathcal{Y}$ として，任意の $y\in\mathcal{Y}$ が与えられたとき，

$$y=s(x) \text{ となる } x\in\mathcal{X} \text{ に対して } k^*y=s(kx) \tag{2.7}$$

と定義して $\mathcal{Y}$ の変換群 K^* をつくる．このとき $\mathcal{Y}$ で定義された K^* 最大不変量を t とすれば，$t(s(\cdot))$ が $\mathcal{G}$ 最大不変量となる．

証明 条件 (2.6) が成り立つので，(2.7) によって $\mathcal{Y}$ 上の変換 k^* が定義されて，このような k^* の全体 K^* が $\mathcal{Y}$ の変換群をつくり，さらに $k\to k^*$ が準同形対応を与えることは明らかである．

そこでまず $t(s(\cdot))$ が $\mathcal{G}$ 不変であることを証明しよう．仮定により任意の $g\in\mathcal{G}$ は

$$g=h_1k_1\cdots h_mk_m,\quad h_i\in H,\quad k_i\in K\quad (i=1,\cdots,m),\qquad m=1,2,\cdots$$

の形に表される．この g と任意の $x\in\mathcal{X}$ に対して $t(s(gx))=t(s(x))$ が成り立つことを証明すればよい．$m>1$ のときには s の H 不変性と t の K^* 不変性から

$$\begin{aligned} t(s(gx)) &= t(s(h_1k_1\cdots h_mk_mx))=t(s(k_1h_2k_2\cdots h_mk_mx)) \\ &= t(k_1^*s(h_2k_2\cdots h_mk_mx))=t(s(h_2k_2\cdots h_mk_mx)). \end{aligned}$$

これを繰り返して最後に

$$\cdots=t(s(h_mk_mx))=t(s(k_mx))=t(k_m^*s(x))=t(s(x))$$

を利用すればよい．

次に $x,x'\in\mathcal{X}$，$t(s(x))=t(s(x'))$ を仮定する．このとき t が $\mathcal{Y}$ で定義された K^* 最大不変量であることから，$s(x')=k^*s(x)$ となる $k^*\in K^*$ が存在する．この k^* が $k\in K$ に対応するものとすれば，k^* の定義から $s(x')=s(kx)$ を得る．さらに s が $\mathcal{X}$ で定義された H 最大不変量であることから，$x'=h(kx)=(hk)x$ となる $h\in H$ が存在する．ここで $hk\in\mathcal{G}$ であるから，以上で $t(s(\cdot))$ が $\mathcal{G}$ 最大不変量のことが証明された． ∎

§5.1 のいくつかの定理を Ω で定義された $\overline{\mathcal{G}}$ 最大不変量を用いて次のようにいいかえることができる．

定理 5.2.4 $\mathcal{G}$ 不変な統計的決定問題が与えられたものとし，v を Ω の

$\bar{\mathcal{G}}$ 最大不変量とする．このとき

（i） $(\mathcal{X},\mathcal{A})$ から可測空間 $(\mathcal{Y},\mathcal{B})$ への $\mathcal{G}$ 不変な統計量を u とすれば，u が P_θ から $(\mathcal{Y},\mathcal{B})$ に誘導する確率分布 Q_θ は $v(\theta)$ によって定まる．

（ii） f は $(\mathcal{X},\mathcal{A})$ で定義された $\mathcal{G}$ 不変で有界な $\mathcal{A}$ 可測関数であるとすれば，$E_\theta f(X)$ は $v(\theta)$ の関数として表される．

（iii） $\mathcal{G}$ 不変な確率的決定関数 δ の危険関数 $R(\theta,\delta)$ は $v(\theta)$ の関数として表される．

証明 定理 5.1.1 の (ii), (iv) と定理 5.1.3 の (ii) から明らかである． ∎

系 定理の条件に加えて，$\bar{\mathcal{G}}$ は Ω 上で推移的であるとする．このとき定理と同じ記号を用いることにして，

（i） $(\mathcal{Y},\mathcal{B})$ 上の分布 Q_θ は θ に無関係である．

（ii） $E_\theta f(X)$ は θ に無関係な定数となる．

（iii） $R(\theta,\delta)$ は θ に無関係な定数となる．

証明 定理から明らかである． ∎

5.3 不変性とほとんどの不変性

標本空間 $(\mathcal{X},\mathcal{A})$ で確率分布族 $\mathcal{P}$ が定義されているとき，2つの集合 $A_0, A_1\in\mathcal{A}$ に対する関係

$$A_0\sim A_1 \quad (\mathcal{A},\mathcal{P}) \tag{3.1}$$

とか，2つの部分加法族 $\mathcal{A}_0,\mathcal{A}_1\subset\mathcal{A}$ に対する関係

$$\mathcal{A}_0\subset\mathcal{A}_1 \quad (\mathcal{A},\mathcal{P}), \qquad \mathcal{A}_0\sim\mathcal{A}_1 \quad (\mathcal{A},\mathcal{P}) \tag{3.2}$$

は §2.4 A. で定義したとおりである．

$\mathcal{P}$ が $\mathcal{X}$ のある変換群 $\mathcal{G}$ で不変のとき，すべての $g\in\mathcal{G}$ に対して

$$gA=A$$

を満足する $A\in\mathcal{A}$ は $\mathcal{G}$ **不変**であるといい，$\mathcal{G}$ 不変な集合 $A\in\mathcal{A}$ の全体がつくる集合族を $\mathcal{A}_I$ で表す．また集合 $A\in\mathcal{A}$ がすべての $g\in\mathcal{G}$ に対して

$$gA\sim A \quad (\mathcal{A},\mathcal{P})$$

を満足するとき，A は**ほとんど** $\mathcal{G}$ **不変**であるといい，ほとんど $\mathcal{G}$ 不変な集

合 $A\in\mathcal{A}$ の全体がつくる集合族を $\mathcal{A}_{I^*}$ で表す．$\mathcal{A}_I, \mathcal{A}_{I^*}$ がいずれも完全加法族であって，

$$\mathcal{A}_I\subset\mathcal{A}_{I^*}\subset\mathcal{A} \tag{3.3}$$

を満足することは明らかである．

$\mathcal{X}$ で定義された関数 f がすべての $g\in\mathcal{G}$, $x\in\mathcal{X}$ に対して

$$f(gx)=f(x) \tag{3.4}$$

を満足するときに f を $\mathcal{G}$ 不変ということは既に定義したとおりである．$\mathcal{X}$ で定義された $\mathcal{A}$ 可測関数 f がすべての $g\in\mathcal{G}$ に対して

$$f(gx)=f(x) \quad \text{a.e.}\ (\mathcal{A}, \mathcal{P})$$

を満足するとき，f は**ほとんど** $\mathcal{G}$ **不変**であるという．ここで等号が成り立たない集合は $g\in\mathcal{G}$ に依存してさしつかえない．

定理 5.3.1 標本空間 $(\mathcal{X}, \mathcal{A})$ で定義された確率分布族 $\mathcal{P}$ が $\mathcal{G}$ 不変であるとする．このとき

（i） $\mathcal{A}$ 可測関数 f が $\mathcal{G}$ 不変であるための必要十分条件は f が $\mathcal{A}_I$ 可測のことである．

（ii） $\mathcal{A}$ 可測関数 f がほとんど $\mathcal{G}$ 不変であるための必要十分条件は f が $\mathcal{A}_{I^*}$ 可測のことである．

証明 簡単であるから省略する． ∎

定理 5.3.2 (Lehmann (1959) p. 221) 標本空間 $(\mathcal{X}, \mathcal{A})$ で定義された確率分布族 $\mathcal{P}=\{P_\theta : \theta\in\Omega\}$ が $\mathcal{G}$ 不変であるとする．u を $\mathcal{G}$ 最大不変量とし，u の値域を $\mathcal{Y}$ とする．$\mathcal{Y}$ の部分集合から成る集合族 $\mathcal{B}$ を

$$\mathcal{B}=\{B\subset\mathcal{Y} : u^{-1}B\in\mathcal{A}\} \tag{3.5}$$

と定義すれば，u は $(\mathcal{X}, \mathcal{A})$ から $(\mathcal{Y}, \mathcal{B})$ への統計量であって，u によって $\mathcal{A}$ の中に誘導される部分加法族は $\mathcal{A}_u=\mathcal{A}_I$ となる．

証明 $\mathcal{B}$ の定義から，$\mathcal{B}$ が完全加法族で u が $(\mathcal{X}, \mathcal{A})$ から $(\mathcal{Y}, \mathcal{B})$ への統計量となることは明らかである．そこで次に $\mathcal{A}_u=\mathcal{A}_I$ を証明しよう．

$A\in\mathcal{A}_u$ とすれば適当な $B\in\mathcal{B}$ に対して $A=u^{-1}B$ となる．このとき任意の $x\in A$ をとれば $u(x)\in B$ となり，さらに u は $\mathcal{G}$ 不変であるから任意の

$g \in \mathcal{G}$ に対して $u(gx)=u(x) \in B$ を得る．よって $gx \in u^{-1}B=A$ となるので $gA \subset A$ が証明された．g は $\mathcal{G}$ の任意の元であるから，これより $A \in \mathcal{A}_I$ を得る．

逆に $A \in \mathcal{A}_I$ のとき $B=uA$ とおけば $u^{-1}B=A$ が成り立つことをまず証明しよう．$A \subset u^{-1}B$ は一般的に成立するので，$u^{-1}B \subset A$ を示せばよい．さて任意の $x \in u^{-1}B$ をとると $u(x) \in B$ となる．このとき B の定義 $B=uA$ により $u(x)=u(x')$ となる $x' \in A$ が存在する．u は $\mathcal{G}$ 最大不変量であったから $x=gx'$ となる $g \in \mathcal{G}$ が存在し，$x' \in A$, $A \in \mathcal{A}_I$ によって $x=gx' \in A$ を得る．以上で $u^{-1}B=A$ が証明された．したがって $A \in \mathcal{A}_I \subset \mathcal{A}$ により $\mathcal{B}$ の定義 (3.5) から $B \in \mathcal{B}$, $A=u^{-1}B \in \mathcal{A}_u$ を得る．これで定理の証明は完結した． ∎

ここで $\mathcal{A}_I \sim \mathcal{A}_{I^*}$ $(\mathcal{A}, \mathcal{P})$ が成り立つための条件を吟味しておくことは，§5.4 で十分性と不変性の関連を考えるうえで重要な役割をする．$\mathcal{P}$ がある σ 有限測度に関して絶対連続のとき，定理 2.1.5 によれば $\mathcal{P}$ と対等な確率測度 μ が存在する．このとき μ に関して

$$A_0 \sim A_1 \quad (\mathcal{A}, \mu)$$

$$\mathcal{A}_0 \subset \mathcal{A}_1 \quad (\mathcal{A}, \mu), \quad \mathcal{A}_0 \sim \mathcal{A}_1 \quad (\mathcal{A}, \mu)$$

が成り立つことはそれぞれ (3.1), (3.2) が成り立つことと同等であるから，次の定理は測度 μ に関して述べておく．

定理 5.3.3 (Lehmann (1959) p. 225) 次の条件 (a)〜(d) を仮定する．

(a) $(\mathcal{X}, \mathcal{A}, \mu)$ は σ 有限な測度空間である．

(b) $\mathcal{X}$ の変換群 $\mathcal{G}$ の部分集合から成る完全加法族 $\mathcal{L}$ と $(\mathcal{G}, \mathcal{L})$ 上の σ 有限測度 ν が与えられている．

(c) $\mathcal{G} \times \mathcal{X}$ で定義された関数 $(g, x) \to gx$ は $\mathcal{L} \times \mathcal{A} \to \mathcal{A}$ 可測である．

(d) ある $G \in \mathcal{L}$ に対して $\nu(G)=0$ が成り立てば，任意の $g_1 \in \mathcal{G}$ に対して $Gg_1 \in \mathcal{L}$, $\nu(Gg_1)=0$ が成り立つ．

このとき測度 μ に関して $\mathcal{A}_{I^*}$ を定義すれば，

(i) $$\mathcal{A}_I \sim \mathcal{A}_{I^*} \quad (\mathcal{A}, \mu).$$

(ii) 任意の $\mathcal{A}_{I^*}$ 可測関数 f に対して,

$$f(x)=\psi(x) \quad \text{a.e.}\ (\mathcal{A},\mu) \tag{3.6}$$

を満足する $\mathcal{A}_I$ 可測関数 ψ が存在する.

証明 (3.3) が成り立つので, 定理 2.4.1 によれば (i) と (ii) は同等である. そこで f が $\mathcal{A}_{I^*}$ に属する集合の定義関数の場合, よって有界な $\mathcal{A}_{I^*}$ 可測関数の場合について (ii) を証明すれば十分である. さらに定理 2.1.3 の証明の第1段と同様に, ν は確率測度であると仮定して一般性を失わない.

仮定 (c) により $(g,x)\to f(gx)$ は $\mathcal{L}\times\mathcal{A}$ 可測となるので, $f(gx)-f(x)$ も $\mathcal{L}\times\mathcal{A}$ 可測である. f は $\mathcal{A}_{I^*}$ 可測であるから, 任意の $g\in\mathcal{G}$ に対して

$$\mu\{x\in\mathcal{X}: f(gx)\neq f(x)\}=0.$$

したがって Fubini の定理により, $\mu(N)=0$ となる適当な $N\in\mathcal{A}$ をとれば, すべての $x\in\mathcal{X}-N$ に対して

$$f(gx)=f(x) \quad \text{a.e.}\ (\mathcal{L},\nu). \tag{3.7}$$

ここで

$$\int_{\mathcal{G}} f(hx)\nu(dh)=f(gx) \quad \text{a.e.}\ (\mathcal{L},\nu) \tag{3.8}$$

が成り立つ $x\in\mathcal{X}$ の全体の集合を A_0 とおく. これに対して

$$\phi(g,x)=\left|\int_{\mathcal{G}} f(hx)\nu(dh)-f(gx)\right| \tag{3.9}$$

とおけば, ϕ は $\mathcal{L}\times\mathcal{A}$ 可測関数であって,

$$A_0=\left\{x\in\mathcal{X}: \int_{\mathcal{G}}\phi(g,x)\nu(dg)=0\right\} \tag{3.10}$$

と表されるので $A_0\in\mathcal{A}$ となる. ここで

$$\psi(x)=\begin{cases}\displaystyle\int_{\mathcal{G}} f(gx)\nu(dg) & x\in A_0 \text{ のとき}\\ 0 & x\in\mathcal{X}-A_0 \text{ のとき}\end{cases}$$

とおけば ψ は $\mathcal{A}$ 可測となる. さらに $x\in\mathcal{X}-N$ とすれば (3.7) が成り立つので, (3.8) の左辺は $f(x)$ となり, (3.10) の { } 内の等式が成立する. よって $\mathcal{X}-N\subset A_0$ となるので, $x\in\mathcal{X}-N$ のとき $\psi(x)=f(x)$ となって,

(3.6) が成り立つ.

次に ψ が $\mathcal{G}$ 不変のことを証明する. そのためにまず A_0 が $\mathcal{G}$ 不変であることを証明する. いま $x\in A_0$ とすれば, (3.9), (3.10) により, $\nu(G_x)=0$ となる適当な $G_x\in\mathcal{L}$ をとると, $g\in\mathcal{G}-G_x$ に対して $f(gx)$ は定数になる. $g_1\in\mathcal{G}$ を固定すると $f(gg_1x)$ は $g\in\mathcal{G}-G_xg_1^{-1}$ で同じ定数となる. 仮定 (d) によれば $\nu(G_xg_1^{-1})=0$ となるので, これより $g_1x\in A_0$ を得る. したがって A_0 は $\mathcal{G}$ 不変のことが証明された. さらに $x\in A_0$ のとき, これまでの所論から

$$\psi(g_1x)=\int_{\mathcal{G}}f(gg_1x)\,\nu(dg)=\int_{\mathcal{G}}f(gx)\,\nu(dg)=\psi(x)$$

が得られるので, 以上によって ψ が $\mathcal{G}$ 不変のことが証明された. これで定理の証明は完結した. ∎

5.4 十分性と不変性

A. 十分性と不変性

例 5.1.1 の統計的決定問題において, $x=(x_1,\cdots,x_n)\in\mathcal{R}^n$ に対して

$$u=\sum_i x_i/n=\bar{x},\quad v=\sum_i(x_i-\bar{x})^2,\quad t(x)=(u,v) \tag{4.1}$$

によって統計量 t を定義すれば, 例 2.3.1 により t は分布族

$$\{N^n(\xi,\sigma^2):(\xi,\sigma)\in\mathcal{R}^1\times\mathcal{R}^1_+\}$$

に対する十分統計量であった. ここで $g=g_{(a,b)}$ (ただし $a\in\mathcal{R}^1$, $b\in\mathcal{R}^1_+$) とおけば, (4.1) の $t(x)=(u,v)$ に対して $t(gx)=(a+bu,b^2v)$ となる. そこで $\mathcal{X}=\mathcal{R}^n$ の変換 $g_{(a,b)}$ が (u,v) の空間 $\mathcal{Y}=\mathcal{R}^1\times\mathcal{R}^1_+$ の変換

$$\hat{g}_{(a,b)}(u,v)=(a+bu,b^2v)$$

を誘導するので,

$$\hat{\mathcal{G}}=\{\hat{g}_{(a,b)}:(a,b)\in\mathcal{R}^1\times\mathcal{R}^1_+\}$$

によって $\mathcal{Y}$ の変換群がつくられる. このようなときに, $\mathcal{G}$ 不変な決定関数の中で十分統計量に基づくものを求めるという考え方と, 十分統計量に基づく決定関数の中で $\hat{\mathcal{G}}$ 不変なものを求めるという考え方があるが, 適当な条件のもとで, この 2 つの考え方によって到達する決定関数の集合が同じものになるこ

とを示すのが本節の目標である.

以下の定理は統計量でなしに部分加法族について述べるので，それに先だって統計量による前提条件と部分加法族による前提条件との間の関係を説明しておこう.

標本空間 $(\mathcal{X},\mathcal{A})$ で定義された確率分布族 $\mathcal{P}$ が $\mathcal{X}$ の変換群 $\mathcal{G}$ で不変であるとする. 他方で $(\mathcal{X},\mathcal{A})$ から可測空間 $(\mathcal{Y},\mathcal{B})$ の上への統計量 t が与えられて，任意の $g\in\mathcal{G}$ に対して条件

$$x,x'\in\mathcal{X},\ t(x)=t(x') \quad \text{ならば} \quad t(gx)=t(gx') \tag{4.2}$$

が成り立つものと仮定する. このとき任意の $y\in\mathcal{Y}$ が与えられたとき,

$$y=t(x) \quad \text{となる} \quad x\in\mathcal{X} \quad \text{に対して} \quad \hat{g}y=t(gx) \tag{4.3}$$

とおけば，$\mathcal{Y}$ の変換群 $\hat{\mathcal{G}}=\{\hat{g}:g\in\mathcal{G}\}$ が定義され，$g\to\hat{g}$ は $\mathcal{G}$ から $\hat{\mathcal{G}}$ への準同形対応を与える. ここで (4.3) を用いれば，任意の $B\subset\mathcal{Y}$ に対して

$$g(t^{-1}B)=t^{-1}(\hat{g}B) \tag{4.4}$$

が成り立つ. よって，$\hat{\mathcal{G}}$ が $\mathcal{B}$ 可測の場合には，任意の $A\in\mathcal{A}_t=\{t^{-1}B:B\in\mathcal{B}\}$ に対して $gA\in\mathcal{A}_t$ となることを (4.4) が示している. この関係を

$$g\mathcal{A}_t=\mathcal{A}_t \tag{4.5}$$

と書くことができる. もしも t が十分統計量であれば $\mathcal{A}_t$ は十分加法族となるので，以下では十分加法族 $\mathcal{A}_S$ に対して (4.5) と同様の条件を仮定して議論を進めることにする. ここで $\mathcal{A}_I,\mathcal{A}_{I^*}$ は §5.3 で定義したとおりとして,

$$\mathcal{A}_{SI}=\mathcal{A}_S\cap\mathcal{A}_I, \quad \mathcal{A}_{SI^*}=\mathcal{A}_S\cap\mathcal{A}_{I^*} \tag{4.6}$$

という記号を用いる.

定理 5.4.1 (Hall, Wijsman and Ghosh (1965)) 次の条件 (a), (b) を仮定する.

(a) 標本空間 $(\mathcal{X},\mathcal{A})$ で定義された確率分布族 $\mathcal{P}=\{P_\theta:\theta\in\Omega\}$ は $\mathcal{G}$ 不変である.

(b) $\mathcal{A}_S$ は $\mathcal{P}$ に対する $\mathcal{A}$ の十分加法族であって，任意の $g\in\mathcal{G}$ に対して $g\mathcal{A}_S=\mathcal{A}_S$ を満足する.

このとき $\mathcal{X}$ で定義された $\mathcal{A}_{I^*}$ 可測関数 f がすべての $\theta\in\Omega$ に対して有

限の平均値 $E_\theta f(X)$ をもてば，$E_\Omega(f(X)|\mathcal{A}_S,\cdot)$ は $\mathcal{A}_{SI^*}$ 可測である．

証明 定理 5.3.1 の (ii) により f はほとんど $\mathcal{G}$ 不変になる．よって仮定 $g\mathcal{A}_S=\mathcal{A}_S$ を用いれば，定理 5.1.2 により任意の $g\in\mathcal{G}$, $\theta\in\Omega$ に対して

$$E_{\bar{g}\theta}(f(X)|\mathcal{A}_S, gx)=E_\theta(f(X)|\mathcal{A}_S, x)\quad \text{a.e. } (\mathcal{A}_S, P_\theta). \tag{4.7}$$

ここで $\mathcal{A}_S$ は十分加法族であるから，

$$E_{\bar{g}\theta}(f(X)|\mathcal{A}_S, x)=E_\Omega(f(X)|\mathcal{A}_S, x)\quad \text{a.e. } (\mathcal{A}_S, P_{\bar{g}\theta}).$$

x に gx を代入して $\mathcal{P}$ の $\mathcal{G}$ 不変性を利用すれば，これより (4.7) の左辺は

$$E_{\bar{g}\theta}(f(X)|\mathcal{A}_S, gx)=E_\Omega(f(X)|\mathcal{A}_S, gx)\quad \text{a.e. } (\mathcal{A}_S, P_\theta) \tag{4.8}$$

となる．他方で (4.7) の右辺は a.e. $(\mathcal{A}_S, P_\theta)$ で $E_\Omega(f(X)|\mathcal{A}_S, x)$ に等しいので，このことと (4.8) を用いて

$$E_\Omega(f(X)|\mathcal{A}_S, gx)=E_\Omega(f(X)|\mathcal{A}_S, x)\quad \text{a.e. } (\mathcal{A}_S, P_\theta). \tag{4.9}$$

$\theta\in\Omega$ は任意であるから，よって $E_\Omega(f(X)|\mathcal{A}_S,\cdot)$ がほとんど $\mathcal{G}$ 不変のこと，つまり $\mathcal{A}_{I^*}$ 可測のことが証明された．他方でこれが $\mathcal{A}_S$ 可測のことは定義によって明らかであるから，その結果 $\mathcal{A}_{SI^*}$ 可測となる． ▮

定理 5.4.2 (Hall, Wijsman and Ghosh (1965)) 定理 5.4.1 の条件 (a), (b) のほかにさらに次の条件

(c) $$\mathcal{A}_{SI}\sim\mathcal{A}_{SI^*}\quad (\mathcal{A},\mathcal{P});$$

を仮定する．このとき $\mathcal{A}_{SI}$ は $\mathcal{A}_I$ の十分加法族である．

証明 任意の $A\in\mathcal{A}_I$ に対して $\theta\in\Omega$ に無関係に条件つき確率

$$P_\Omega(A|\mathcal{A}_{SI},\cdot)=E_\Omega(I_A(X)|\mathcal{A}_{SI},\cdot) \tag{4.10}$$

を定義できることを証明すればよい．まず $\mathcal{A}_S$ は $\mathcal{A}$ の十分加法族であるから，

$$f_1(x)=E_\Omega(I_A(X)|\mathcal{A}_S, x)$$

を定義することができる．I_A は $\mathcal{A}_I$ 可測であるから，定理 5.4.1 により f_1 は $\mathcal{A}_{SI^*}$ 可測となる．そこで条件 (c) を用いれば，定理 2.4.1 により

$$f_1(x)=f_2(x)\quad \text{a.e. } (\mathcal{A},\mathcal{P}) \tag{4.11}$$

となる $\mathcal{A}_{SI}$ 可測関数 f_2 をとることができる．他方で $\mathcal{A}_{SI}\subset\mathcal{A}_S\subset\mathcal{A}$ であるから，定理 1.4.2 の (i) により，任意の $\theta\in\Omega$ に対して

$$E_\theta(I_A(X)|\mathcal{A}_{SI},x)=E_\theta(f_1(X)|\mathcal{A}_{SI},x) \quad \text{a.e.}\ (\mathcal{A}_{SI},P_\theta). \qquad (4.12)$$

ここで (4.11) により，右辺の $f_1(X)$ の代わりに $f_2(X)$ とおきかえても変わらない．ところが f_2 自身が $\mathcal{A}_{SI}$ 可測であるから，(4.12) の右辺は a.e. $(\mathcal{A}_{SI},P_\theta)$ で $f_2(x)$ に等しい．よって

$$E_\theta(I_A(X)|\mathcal{A}_{SI},x)=f_2(x) \quad \text{a.e.}\ (\mathcal{A}_{SI},P_\theta)$$

となるので，f_2 がすべての $\theta\in\Omega$ に対して共通の条件つき確率 (4.10) となる．$A\in\mathcal{A}_I$ は任意であったから，以上によって $\mathcal{A}_{SI}$ が $\mathcal{A}_I$ の十分加法族になることが証明された． ∎

例 5.4.1 $X_1,\cdots,X_n$ は互いに独立に一様分布 $U(0,\theta)$ に従うものとする．このとき $(\mathcal{X},\mathcal{A})$ は n 次元の Borel 型で $\mathcal{X}=\mathcal{R}_+^n$ である．他方で $\mathcal{Y}=\mathcal{R}_+^1$ として Borel 型の可測空間 $(\mathcal{Y},\mathcal{B})$ をつくり，

$$x=(x_1,\cdots,x_n), \quad y=\max_i x_i, \quad t(x)=y$$

とおけば，t が $\mathcal{P}=\{U^n(0,\theta):\theta\in\mathcal{R}_+^1\}$ に対する十分統計量となる．

ここで任意の $c>0$ に対して

$$g_cx=(cx_1,\cdots,cx_n), \quad \hat{g}_cy=cy, \quad \bar{g}_c\theta=c\theta$$

とおいて尺度変換群 $\mathcal{G}=\{g_c:c\in\mathcal{R}_+^1\}$ を考えると，$\mathcal{P}$ は $\mathcal{G}$ 不変で $\hat{\mathcal{G}}$ は $\mathcal{B}$ 可測となるので，任意の $g\in\mathcal{G}$ に対して $g\mathcal{A}_t=\mathcal{A}_t$ が成り立つ．

また定理 5.3.3 を空間 $(\mathcal{Y},\mathcal{B},\mu^1)$ に対して適用するに当たって，任意の $E\in\mathcal{B}$ に対して $G=\{g_c:c\in E\}$ のとき $\nu(G)=\mu^1(E)$ と定義すれば，定理 5.3.3 の条件がすべて満たされる．よって $\mathcal{B}_I\sim\mathcal{B}_{I^*}$ $(\mathcal{B},\mu^1)$ が得られるが，このことは標本空間 $(\mathcal{X},\mathcal{A})$ に対して定理 5.4.2 の条件 (c) が成り立つことを示している．

ここで $\hat{\mathcal{G}}$ は $\mathcal{Y}$ 上で推移的であるから $\mathcal{B}_I=\{\emptyset,\mathcal{Y}\}$ となる．したがって定理 5.4.2 により $\mathcal{A}_t\cap\mathcal{A}_I=\{\emptyset,\mathcal{X}\}$ が $\mathcal{P}$ に対する $\mathcal{A}_I$ の十分加法族となる．このことは $(\mathcal{X},\mathcal{A}_I)$ での分布 P_θ が θ に無関係のことを意味していて，それは定理 5.2.4 の系の (i) から得られる結論と同じである． ∎

Landers and Rogge (1973) は条件 (b) の代わりに $\mathcal{P}$ がある σ 有限測度

に関して絶対連続のことを仮定しても定理 5.4.2 と同じ結論が成り立つことを示している．定理 5.4.2 と同じ結論は次の定理からも得られる．

定理 5.4.3 (Hall, Wijsman and Ghosh (1965)) 標本空間 $(\mathcal{X}, \mathcal{A})$ で定義された確率分布族 $\mathcal{P}=\{P_\theta : \theta\in\Omega\}$ は $\mathcal{G}$ 不変で，$\mathcal{A}_S$ は $\mathcal{P}$ に対する $\mathcal{A}$ の十分加法族であるとする．さらに，次の2つの条件 (d), (e) が成り立つように $\mathcal{A}\times\mathcal{X}$ で関数 $P_\Omega^*(\cdot|\cdot)$ が定義されるものとする．

(d) 任意の $A\in\mathcal{A}$ に対して $P_\Omega^*(A|\cdot)$ は1つの条件つき確率 $P_\Omega(A|\mathcal{A}_S, \cdot)$ になっている．

(e) 任意の $g\in\mathcal{G}$, $A\in\mathcal{A}$, $x\in\mathcal{X}$ に対して $P_\Omega^*(gA|gx)=P_\Omega^*(A|x)$ が成り立つ．

このとき $\mathcal{A}_{SI}$ は $\mathcal{A}_I$ の十分加法族となる．

証明 任意の $A\in\mathcal{A}_I$ をとると $P_\Omega^*(A|\cdot)$ は条件 (d) によって1つの $P_\Omega(A|\mathcal{A}_S, \cdot)$ であり，しかも条件 (e) によれば $\mathcal{G}$ 不変となる．よって $A\in\mathcal{A}_I$ に対する $P_\Omega^*(A|\cdot)$ は $\mathcal{A}_S\cap\mathcal{A}_I=\mathcal{A}_{SI}$ 可測になるので，以上によって $\mathcal{A}_{SI}$ が $\mathcal{A}_I$ の十分加法族になることが証明された． ∎

十分性と不変性に関してこのほか Berk and Bickel (1968), Berk (1970, 1972) の研究がある．また Pfanzagl (1972) と Hipp (1975) は，位相空間 $\mathcal{X}$ の Borel 集合族を $\mathcal{A}$ として，$(\mathcal{X}, \mathcal{A})$ 上の $\mathcal{G}$ 不変な確率分布族 $\mathcal{P}$ をとり，適当な正則性の条件を仮定すると，ある $n>1$ に対して $(\mathcal{X}^n, \mathcal{A}^n)$ から $(\mathcal{R}^1, \mathcal{B}^1)$ への十分統計量 t で (4.2) を満足するものが存在すれば，$\mathcal{P}$ は分散1の正規分布族 $\{N(\xi, 1) : \xi\in\mathcal{R}^1\}$ またはある $\alpha\in\mathcal{R}_+^1$ に対するガンマ分布族 $\{\Gamma(\alpha, \sigma) : \sigma\in\mathcal{R}_+^1\}$ と同じ型であることを証明している．ただし空でないすべての開集合 U とすべての $\theta\in\Omega$ に対して $P_\theta(U)>0$ と仮定しているので，この結果は例 5.4.1 とは抵触しない．

B. 十分性と不変性の応用

定理 2.3.6 では与えられた統計的決定問題において，$\mathcal{P}$ に対する $\mathcal{A}$ の十分加法族 $\mathcal{A}_S$ が存在すれば，適当な条件のもとで $\mathcal{A}_S$ 可測な決定関数の全体の集合 Δ_S がすべての決定関数の集合 Δ の中で本質的完備類をなすことが示された．ここでは $\mathcal{G}$ 不変な決定関数の全体の集合 Δ_I の中で，$\mathcal{G}$ 不変で $\mathcal{A}_S$ 可測な決定関数の全体の集合 Δ_{SI} が本質的完備類をなすことを保証する定理をあげておく．

定理 5.4.4　次の 3 つの条件 (f)～(h) を仮定する．

(f)　与えられた統計的決定問題は $\mathcal{G}$ 不変である．

(g)　$\mathcal{A}_S$ は $\mathcal{A}$ の十分加法族，$\mathcal{A}_{SI}=\mathcal{A}_S\cap\mathcal{A}_I$ は $\mathcal{A}_I$ の十分加法族である．

(h)　決定空間 $(\mathcal{D},\mathcal{F})$ は Borel 型で，すべての $g\in\mathcal{G}$，$d\in\mathcal{D}$ に対して $\tilde{g}d=d$ となる．

このとき

(i)　任意の $\mathcal{G}$ 不変な確率的決定関数 $\delta\in\Delta_I$ に対して，$\mathcal{A}_S$ 可測，$\mathcal{G}$ 不変でしかも δ と同等な確率的決定関数 $\delta_0\in\Delta_{SI}$ が存在する．

(ii)　Δ_{SI} は Δ_I の中で本質的完備類をなす．

証明　定理 2.3.6 の標本空間を $(\mathcal{X},\mathcal{A}_I)$ とし，$\mathcal{A}_0$ の代わりに $\mathcal{A}_{SI}$ を考えることにする．このとき (h) により $\delta\in\Delta_I$ は任意の $g\in\mathcal{G}$，$D\in\mathcal{F}$，$x\in\mathcal{X}$ に対して

$$\delta(D|gx)=\delta(D|x)$$

を満足するので，$\delta(D|\cdot)$ は $\mathcal{A}_I$ 可測関数となる．これから出発して (g) を用いて定理 2.3.6 の (b) の場合の証明方法をとればよい．　▮

(h) の条件 $\tilde{g}d=d$ は多くの仮説検定や多重決定の問題に対して成り立つが，推定問題では一般に成立しない．

(h) を仮定しない場合の定理は次のようになる．

定理 5.4.5　$\mathcal{G}$ 不変な統計的決定問題において，$\mathcal{A}_S$ と P_{Ω}^{*} は定理 5.4.3 のすべての条件を満足するほか，さらに条件

(j)　任意の $x\in\mathcal{X}$ に対して $P_{\Omega}^{*}(\cdot|x)$ は $(\mathcal{X},\mathcal{A})$ 上の確率分布である；

を満たすものとする．このとき定理 5.4.4 と同じ結論 (i), (ii) が成り立つ．

証明　$\delta\in\Delta_I$ が与えられたとき，任意の $D\in\mathcal{F}$，$x\in\mathcal{X}$ に対して

$$\delta_0(D|x)=\int_{\mathscr{X}}\delta(D|s)P_{\Omega}^{*}(ds|x)$$

によって δ_0 を定義すると，定理 2.3.6 の (a) の場合と同様にして，δ_0 が $\mathscr{A}_S$ 可測で δ と同等な確率的決定関数になることがわかる．さらに δ の $\mathscr{G}$ 不変性と仮定 (e) を用いれば，任意の $g\in\mathscr{G}$ に対して

$$\begin{aligned}\delta_0(\tilde{g}D|gx)&=\int_{\mathscr{X}}\delta(\tilde{g}D|s)\,P_{\Omega}^{*}(ds|gx)\\&=\int_{\mathscr{X}}\delta(\tilde{g}D|gs)\,P_{\Omega}^{*}(g(ds)|gx)\qquad[\text{積分変数の変換}]\\&=\int_{\mathscr{X}}\delta(D|s)\,P_{\Omega}^{*}(ds|x)\qquad[\delta\in\Delta_I\text{ と仮定 (e)}]\\&=\delta_0(D|x)\end{aligned}$$

となるので，$\delta_0\in\Delta_{SI}$ が証明された．以上で定理の証明は完結した．∎

5.5 不　変　推　定

A. 共変推定の存在

ここでは §5.1 A. の条件 (a)〜(d) を満足する $\mathscr{G}$ 不変な統計的決定問題において，さらに次の条件 (a) を仮定して議論を進める．

(a) $(\mathscr{X},\mathscr{A})=(\mathscr{Y}\times\mathscr{Z},\mathscr{B}\times\mathscr{C})$ であって，$\hat{\mathscr{G}}$ は空間 $\mathscr{Y}$ の推移的な変換群で $\mathscr{G}$ と同形である．この同形対応を $g\leftrightarrow\hat{g}$ で表せば，任意の $g\in\mathscr{G}$, $x=(y,z)\in\mathscr{X}$ に対して $g(y,z)=(\hat{g}y,z)$ となる．

条件 (a) が成り立つとき空間 $\mathscr{X}$ から $\mathscr{Z}$ への統計量 u を $u(y,z)=z$ によって定義すれば，u が $\mathscr{G}$ 最大不変量になることは明らかである．

またこのとき特定の点 $y_0\in\mathscr{Y}$ に対して $\mathscr{G}$ の部分群

$$\mathscr{H}=\{h\in\mathscr{G}:\hat{h}y_0=y_0\}$$

(または $\mathscr{H}$ に対応する $\hat{\mathscr{G}}$ の部分群 $\hat{\mathscr{H}}$) を y_0 の**固定部分群**という．任意の $y\in\mathscr{Y}$ に対して $\hat{g}y_0=y$ となる $g\in\mathscr{G}$ の1つを g_y で表せば，y の固定部分群は $g_y\mathscr{H}g_y^{-1}$ となる．これはすべての $y\in\mathscr{Y}$ に対して同形であって，とくに $\mathscr{H}$ が $\mathscr{G}$ の正規部分群であれば，すべての $y\in\mathscr{Y}$ に対して $g_y\mathscr{H}g_y^{-1}=\mathscr{H}$ と

なる．他方で $\hat{\mathcal{G}}$ が $\mathcal{Y}$ 上で単純推移的であれば $\mathcal{H}$ は単位群となる．

定理 5.5.1 (Berk (1967)) $\mathcal{G}$ 不変な統計的決定問題において上の条件 (a) が成り立つものとする．このとき

（i） $\mathcal{G}$ 共変な非確率的決定関数 φ が存在すれば，

$$\mathcal{D}_0=\{d\in\mathcal{D}:\text{すべての }h\in\mathcal{H}\text{ に対して }\tilde{h}d=d\}$$

とおくと $\mathcal{D}_0\neq\emptyset$ となる．このとき $\phi(z)=\varphi(y_0,z)$ とおけば，ϕ は $\mathcal{Z}$ で定義されて $\mathcal{D}_0$ の値をとる $\mathcal{C}\to\mathcal{F}$ 可測関数であって，任意の $(y,z)\in\mathcal{X}$ に対して

$$\varphi(y,z)=\tilde{g}_y\phi(z). \tag{5.1}$$

（ii） 逆に $\mathcal{D}_0\neq\emptyset$ のとき，ϕ を $\mathcal{Z}$ で定義されて $\mathcal{D}_0$ の値をとる $\mathcal{C}\to\mathcal{F}$ 可測関数とし，(5.1) によって定義された φ が $\mathcal{A}\to\mathcal{F}$ 可測となれば，φ は $\mathcal{G}$ 共変な非確率的決定関数となる．

証明 （i） 証明は簡単であるから省略する．

（ii） (5.1) によって φ が一意的に定義されることをまず証明する．$\hat{g}_y y_0=y$ とすれば，$\hat{g}y_0=y$ となる任意の $g\in\mathcal{G}$ は $g=g_yh$, $h\in\mathcal{H}$ の形に表される．$\phi(z)\in\mathcal{D}_0$ であるから，$\mathcal{D}_0$ の定義により

$$\tilde{g}\phi(z)=\tilde{g}_y\tilde{h}\phi(z)=\tilde{g}_y\phi(z)$$

となるので，φ は一意的に定義される．

他方で任意の $g\in\mathcal{G}$ に対して $\hat{g}y=\hat{g}\hat{g}_yy_0$ となるから，

$$\varphi(g(y,z))=\varphi(\hat{g}y,z)=(\tilde{g}\tilde{g}_y)\phi(z)=\tilde{g}(\tilde{g}_y\phi(z))=\tilde{g}\varphi(y,z).$$

よって φ が $\mathcal{G}$ 共変のことが証明された． ∎

例 5.5.1 (Berk (1967)) $\mathcal{R}^1$ で定義された強い意味の単調増加で連続な分布関数 F の全体の集合を母数空間 Ω とし，$F\in\Omega$ が与えられたとき $X_1,\cdots,X_n$ は互いに独立に分布関数 F をもつものとする．ここで $(\mathcal{D},\mathcal{F})=(\mathcal{R}^1,\mathcal{B}^1)$ とし，任意の $F\in\Omega$, $d\in\mathcal{R}^1$ に対して損失関数を

$$W(F,d)=|F(d)-1/2|$$

とおいてメジアンの推定問題を考えることにする．

$(\mathcal{X},\mathcal{A})$ は n 次元の Borel 型で，$\mathcal{X}$ は $\mathcal{R}^n$ の中で n 個の座標が互いに

異なる点の全体の集合であるとする．ξ は $\mathcal{R}^1$ で定義された強い意味の単調増加連続関数で $\xi(-\infty)=-\infty$, $\xi(\infty)=\infty$ を満足するものとし，このような ξ の全体の集合を Ξ で表す．$x\in\mathcal{X}$, $F\in\Omega$, $d\in\mathcal{D}=\mathcal{R}^1$ に対して ξ による変換 $g_\xi, \bar{g}_\xi, \tilde{g}_\xi$ を

$$g_\xi(x_1,\cdots,x_n)=(\xi(x_1),\cdots,\xi(x_n))$$
$$\bar{g}_\xi F(\cdot)=F(\xi^{-1}(\cdot))$$
$$\tilde{g}_\xi d=\xi(d)$$

によって定義すれば，この統計的決定問題は $\mathcal{G}=\{g_\xi : \xi\in\Xi\}$ 不変である．

このとき $x_1,\cdots,x_n$ を大きさの順序に並べたものを $y_1<y_2<\cdots<y_n$ とし，$x_1,\cdots,x_n$ の大きさの順位を $z_1,\cdots,z_n$ で表す．$(z_1,\cdots,z_n)$ は $\{1,2,\cdots,n\}$ の１つの順列であって，このとき任意の $x\in\mathcal{X}$ を

$$((y_1,\cdots,y_n),\ (z_1,\cdots,z_n))$$

によって表すことができる．ここで

$$\mathcal{Y}=\{y=(y_1,\cdots,y_n)\in\mathcal{R}^n : y_1<y_2<\cdots<y_n\}$$
$$\mathcal{Z}=\{z=(z_1,\cdots,z_n)\in\mathcal{N}^n : z \text{ は } 1,2,\cdots,n \text{ の順列}\}$$

であって，$\mathcal{B}$ は $\mathcal{Y}$ の Borel 部分集合の全体，$\mathcal{C}$ は $\mathcal{Z}$ の部分集合全体のつくる集合族とすれば，これに対して条件 (a) が満たされることは明らかである．

ここで $\mathcal{Y}$ の特定の点 $y^{(0)}=(1,2,\cdots,n)$ を固定する変換 $\hat{g}_\xi$ は

$$\xi(i)=i \quad (i=1,\cdots,n)$$

を満足する．このようなすべての ξ に対して $\tilde{g}_\xi d=d$ を満たす $d\in\mathcal{R}^1$ のつくる集合は $\mathcal{D}_0=\{1,2,\cdots,n\}\neq\emptyset$ である．よって定理 5.5.1 の ϕ は $\mathcal{Z}$ で定義されて $\mathcal{D}_0$ の値をとる任意の関数である．ϕ を定義すれば $\mathcal{G}$ 共変な決定関数 φ は

$$\varphi(x)=y_{\phi(z)}$$

によって与えられる．任意の ϕ に対して φ が $\mathcal{A}\to\mathcal{F}$ 可測になることは明らかである．∎

B. 最良な不変推定

$\bar{\mathcal{G}}$ が Ω 上で推移的であれば，上の (a) のほかに若干の条件を仮定すると，$\mathcal{G}$ 不変な確率的決定関数のつくる集合 Δ_I の中で，$\mathcal{G}$ 共変な非確率的決定関数の 1 つが最良のものを与えることが証明される．

定理 5.5.2 (Kiefer (1957)) $\mathcal{G}$ 不変な統計的決定問題について上の (a) が成り立つほか，次の条件 (b)～(f) を仮定する．

(b) 特定の点 $y_0 \in \mathcal{Y}$ の固定部分群を $\mathcal{H}$ とするとき，任意の $h \in \mathcal{H}$ と $d \in \mathcal{D}$ に対して $\tilde{h}d = d$ が成り立つ．

(c) 任意の $y \in \mathcal{Y}$ に対して $\hat{g}_y y_0 = y$ となる $g_y \in \mathcal{G}$ をとると，$\mathcal{Y} \times \mathcal{D}$ で定義された関数 $(y, d) \to \tilde{g}_y d$ は $\mathcal{B} \times \mathcal{F} \to \mathcal{F}$ 可測である．

(d) $\bar{\mathcal{G}}$ は Ω 上で推移的である．

(e) $(\mathcal{Z}, \mathcal{C})$ 上の確率分布 $\bar{Q}$ を $\bar{Q}(C) = P_\theta(\mathcal{Y} \times C)$ によって定義する．また，ある $\theta_0 \in \Omega$ に対して，$\mathcal{A} \times \mathcal{Z}$ で定義された正則な条件つき確率 $P^*_{\theta_0}(\cdot|\cdot)$ が存在すると仮定して，任意の $B \in \mathcal{B}$，$z \in \mathcal{Z}$ に対して $Q(B|z) = P^*_{\theta_0}(B \times \mathcal{Z}|z)$ とおく，

注意 定理 5.2.4 の系の (i) により，$\bar{Q}$ は $\theta \in \Omega$ に無関係である．

(f) (e) の記号 $\theta_0, \bar{Q}, Q$ を用いるとき，

$$\int_{\mathcal{Y}} W(\theta_0, \tilde{g}_y \phi_0(z))\, Q(dy|z) = \inf_{s \in \mathcal{D}} \int_{\mathcal{Y}} W(\theta_0, \tilde{g}_y s)\, Q(dy|z) \qquad \text{a.e. } (\mathcal{C}, \bar{Q})$$

が成り立つような $\mathcal{C} \to \mathcal{F}$ 可測関数 ϕ_0 が存在する．

このとき $\mathcal{G}$ 共変な決定関数 φ_0 を

$$\varphi_0(x) = \tilde{g}_y \phi_0(z) \tag{5.2}$$

によって定義すれば，φ_0 は $\mathcal{G}$ 不変な決定関数全体の集合 Δ_I の中で最良のものである．

証明 条件 (d) が成り立つので，定理 5.2.4 の系の (iii) により任意の $\delta \in \Delta_I$ に対して $R(\cdot, \delta)$ は定数となる．よって Δ_I に属する決定関数の優劣をみるのに，(e) の θ_0 をとって $R(\theta_0, \delta)$ を比較すればよい．さて

$$R(\theta_0, \delta) = \int_{\mathcal{X}}\left(\int_{\mathcal{D}} W(\theta_0, s)\,\delta(ds|(\hat{g}_y y_0, z))\right)P_{\theta_0}(dx)$$

$$= \int_{\mathcal{X}}\left(\int_{\mathcal{D}} W(\theta_0, s)\,\delta(\tilde{g}_y^{-1}(ds)|(y_0, z))\right)P_{\theta_0}(dx) \qquad [\delta \in \varDelta_I]$$

$$= \int_{\mathcal{Z}}\left[\int_{\mathcal{Y}}\left(\int_{\mathcal{D}} W(\theta_0, \tilde{g}_y s)\,\delta(ds|(y_0, z))\right)Q(dy|z)\right]\bar{Q}(dz) \qquad [\text{仮定 (e)}]$$

$$= \int_{\mathcal{Z}}\left[\int_{\mathcal{D}}\left(\int_{\mathcal{Y}} W(\theta_0, \tilde{g}_y s)\,Q(dy|z)\right)\delta(ds|(y_0, z))\right]\bar{Q}(dz)$$

[仮定 (c) と Fubini の定理]

$$\geqq \int_{\mathcal{Z}}\left[\int_{\mathcal{Y}} W(\theta_0, \tilde{g}_y \phi_0(z))\,Q(dy|z)\right]\bar{Q}(dz) \qquad [\text{仮定 (f)}]$$

$$= R(\theta_0, \varphi_0). \qquad [\text{仮定 (e)}]$$

よって φ_0 が $\varDelta_I$ の中で最良のものとなる. ∎

例 5.5.2 $X_1, \cdots, X_n$ は互いに独立に指数分布 $Exl(\xi, \sigma)$ に従うものとし, ξ, σ はいずれも未知としてこれらの推定問題を考える. $(\mathcal{X}, \mathcal{A})$ は n 次元の Borel 型で, $\mathcal{R}^n$ に属して n 個の座標が互いに異なる点の全体の集合を $\mathcal{X}$ とする. $(\mathcal{X}, \mathcal{A})$ 上の確率分布族

$$\mathcal{P} = \{Exl^n(\xi, \sigma) : (\xi, \sigma) \in \mathcal{R}^1 \times \mathcal{R}^1_+\}$$

は位置尺度分布族であって, 任意の $(a, b) \in \mathcal{R}^1 \times \mathcal{R}^1_+$ に対して $g_{(a,b)}$ および $\bar{g}_{(a,b)}$ は (1.9), (1.10) によって与えられる. 決定空間はいずれの場合にも 1 次元の Borel 型で, ξ の推定の場合には

$$\mathcal{D} = \mathcal{R}^1, \quad \tilde{g}_{(a,b)} d = a + bd, \quad W((\xi, \sigma), d) = (d - \xi)^2/\sigma^2$$

とおき, σ の推定の場合には

$$\mathcal{D} = \mathcal{R}^1_+, \quad \tilde{g}_{(a,b)} d = bd, \quad W((\xi, \sigma), d) = (d/\sigma - 1)^2$$

とおく. ここで定理の条件 (a)〜(f) の吟味をしよう.

そのため

$$\bar{x} = \sum_i x_i/n, \quad u = \min_i x_i, \quad v = \bar{x} - u$$

$$y = (u, v), \quad z = \left(\frac{x_1 - u}{v}, \cdots, \frac{x_n - u}{v}\right) \tag{5.3}$$

とおけば，x を (y,z) で表すことができて，条件 (a) が成り立つ．$y=(u,v)$ の変換は

$$\hat{g}_{(a,b)}(u,v)=(a+bu,bv)$$

によって与えられる．また $y_0=(0,1)$ とおけば $\mathcal{H}$ は単位群となるから (b) が成り立つことは自明である．このとき $g_y=g_{(u,v)}$ となるので，

$$(y,d)\to\tilde{g}_y d=u+dv,\quad (y,d)\to\tilde{g}_y d=dv \tag{5.4}$$

はいずれも $\mathcal{B}\times\mathcal{F}$ 可測となる．よって (c) が成り立つ．(d) も自明である．

(5.3) に対応して確率変数 $Y=(U,V)$ と Z を定義すれば，Y と Z は互いに独立であるから，$Q(\cdot|z)$ を z とは無関係に Y の分布にとることができる．よって条件 (f) を満たす ϕ_0 は z とは無関係になる．そこで $\theta_0=(0,1)$ とおけば U と V も互いに独立で，U,V の分布はそれぞれガンマ分布 $\Gamma(1,1/n)$, $\Gamma(n-1,1/n)$ となる．ξ の推定に対しては

$$E_{\theta_0}(U+dV)^2=\frac{2}{n^2}+2\frac{n-1}{n^2}d+\frac{n-1}{n}d^2$$

を最小にする d は $-1/n$ であるから $u-v/n$ が最良の不変推定である．σ の推定に対しては

$$E_{\theta_0}(dV-1)^2=1-2\frac{n-1}{n}d+\frac{n-1}{n}d^2$$

を最小にする d は 1 であるから，v が最良の不変推定である． ∎

例 5.5.2 は次の定理の特殊な場合にもなっている．

定理 5.5.3 $\mathcal{G}$ 不変な統計的決定問題において本節の (a)～(d) が成り立つほか，次の条件 (g) が成り立つものと仮定する．

(g) $t(y,z)=y$ によって定義された統計量 t は $\mathcal{P}$ に対する有界的完備な十分統計量である．

このとき

(i) $\mathcal{A}_S=\mathcal{A}_t$ に対して §5.4 の条件 (d), (e), (j) が成り立つように，$\mathcal{A}\times\mathcal{X}$ で $P_{\Omega}^{*}(\cdot|\cdot)$ を定義することができる．したがって定理 5.4.3, 定理 5.4.5 の結論がすべて成立する．

(ii) ある $\theta_0\in\Omega$ に対して $P_{\theta_0}(B\times\mathcal{Z})=Q(B)$ とおいて

$$\int_{\mathcal{Y}} W(\theta_0, \tilde{g}_y s)\, Q(dy) \tag{5.5}$$

を最小にする $s \in \mathscr{D}$ の値を d_0 とし，$\mathscr{G}$ 共変な決定関数 φ_0 を $\varphi_0(x) = \tilde{g}_y d_0$ によって定義すれば，φ_0 は $\mathscr{G}$ 不変な決定関数全体の集合 Δ_I の中で最良のものである．

証明 (i) 仮定 (d) により $\bar{\mathscr{G}}$ は Ω 上で推移的であるから，定理 5.2.4 の系の (i) により $u(Y, Z) = Z$ の分布は θ とは無関係である．これを $\bar{Q}$ で表す．このとき条件 (g) と定理 2.5.4 の (ii) により，任意の $\theta \in \Omega$ に対して統計量 t と u は独立である．したがって任意の $A \in \mathscr{A}$, $x = (y, z) \in \mathscr{X}$ に対して

$$A_y = \{z' \in \mathscr{Z} : (y, z') \in A\}, \quad P_\Omega^*(A|(y, z)) = \bar{Q}(A_y)$$

とおけば，P_Ω^* が §5.4 の条件 (d), (e), (j) を満足することは容易にわかる．

(ii) (i) で証明された t と u の独立性により，定理 5.5.2 の $Q(\cdot|z)$ をすべての $z \in \mathscr{Z}$ に対して $Q(\cdot)$ にとることができるので，このことから (ii) の結論は明らかである．∎

例 5.5.2 の統計量 $t(x) = y$ が完備であることの証明は竹内 (1963) に与えられている．

C. 位置母数の推定

$(\mathscr{X}, \mathscr{A}) = (\mathscr{R}^n, \mathscr{B}^n)$ の確率変数 $X = (X_1, \cdots, X_n)$ は Lebesgue 測度 μ^n に関して確率密度関数

$$f(x_1 - \theta, \cdots, x_n - \theta) \tag{5.6}$$

をもつものとする．ここで f は既知の $\mathscr{B}^n$ 可測関数，$\theta \in \mathscr{R}^1$ は未知の母数であるとして，θ の推定問題を考える．

定理 5.5.4 (Pitman (1938), Ferguson (1967) p. 186) 次の条件 (h)〜(k) を仮定する．

(h) P_θ は標本空間 $(\mathscr{X}, \mathscr{A}) = (\mathscr{R}^n, \mathscr{B}^n)$ で μ^n に関して確率密度関数 (5.6) をもつ確率分布とし，$\mathscr{P} = \{P_\theta : \theta \in \mathscr{R}^1\}$ である．

(j) 決定空間は $(\mathscr{D}, \mathscr{F}) = (\mathscr{R}^1, \mathscr{B}^1)$ であって，損失関数は

$$W(\theta, d)=w(d-\theta)$$

の形に表される．ここで w は $\mathcal{R}^1$ で定義された非負の $\mathcal{B}^1$ 可測関数である．

（k） $(\mathcal{Y}, \mathcal{B})=(\mathcal{R}^1, \mathcal{B}^1)$, $(\mathcal{Z}, \mathcal{C})=(\mathcal{R}^{n-1}, \mathcal{B}^{n-1})$ として

$$y=x_1 \in \mathcal{Y}, \quad z=(z_2, \cdots, z_n)=(x_2-x_1, \cdots, x_n-x_1) \in \mathcal{Z} \tag{5.7}$$

とおき，P_0 が $(\mathcal{Z}, \mathcal{C})$ に誘導する確率測度を $\bar{Q}$ とするとき，

$$\int_{\mathcal{Y}} w(y+\phi_0(z)) f(y, y+z_2, \cdots, y+z_n) dy$$

$$=\inf_{s \in \mathcal{R}^1} \int_{\mathcal{Y}} w(y+s) f(y, y+z_2, \cdots, y+z_n) dy \quad \text{a.e.}\ (\mathcal{C}, \bar{Q}) \tag{5.8}$$

が成り立つような実数値をとる $\mathcal{C}$ 可測関数 ϕ_0 が存在する．

このとき位置変換群 $\mathcal{G}$ に関して $\mathcal{G}$ 共変な決定関数

$$\varphi_0(x)=y+\phi_0(z)=x_1+\phi_0(x_2-x_1, \cdots, x_n-x_1) \tag{5.9}$$

は，$\mathcal{G}$ 不変な決定関数全体の集合 Δ_I の中で最良のものである．とくに $w(d)=d^2$ の場合には，a.e. $(\mathcal{C}, \bar{Q})$ の z に対して，

$$\varphi_0(x)=\int_{-\infty}^{\infty} \eta f(x_1-\eta, \cdots, x_n-\eta) d\eta \Big/ \int_{-\infty}^{\infty} f(x_1-\eta, \cdots, x_n-\eta) d\eta. \tag{5.10}$$

証明 $\theta_0=0$ のとき，定理 5.5.2 の $Q(\cdot|z)$ は例 1.4.1 により a.e. $(\mathcal{C}, \bar{Q})$ の z に対して

$$\frac{Q(dy|z)}{\mu^1(dy)}=f(y, y+z_2, \cdots, y+z_n) \Big/ \int_{-\infty}^{\infty} f(\eta, z_2+\eta, \cdots, z_n+\eta) d\eta$$

によって与えられる．よって (5.9) に関してはあとは自明である．

$w(d)=d^2$ のときには (5.8) より a.e. $(\mathcal{C}, \bar{Q})$ で

$$\phi_0(z)=-\int_{\mathcal{Y}} y f(y, y+z_2, \cdots, y+z_n) dy \Big/ \int_{\mathcal{Y}} f(y, y+z_2, \cdots, y+z_n) dy \tag{5.11}$$

となるので，これを (5.9) に代入し，積分変数を $y=x_1-\eta$ によって η に変換すれば (5.10) が得られる． ∎

(5.10) によって与えられる推定値を **Pitman 推定値**という．w が凸関数の場合に (5.8) を満足する $\mathcal{C}$ 可測関数 ϕ_0 の存在に関しては，§4.4 の議論を流用することができる．

5.6 不 変 検 定

A. 不 変 検 定

ここでは §5.1 A. の (a)～(d) を満足する $\mathcal{G}$ 不変な統計的決定問題において，さらに次の条件 (a), (b) を仮定して議論を進める．

(a) Ω_0, Ω_1 は Ω の $\bar{\mathcal{G}}$ 不変な部分集合であって，$\Omega_0 \cup \Omega_1 = \Omega$，$\Omega_0 \cap \Omega_1 = \emptyset$，$\Omega_0 \neq \emptyset$，$\Omega_1 \neq \emptyset$ を満足するものとし，仮説 $H_0 : \theta \in \Omega_0$ を対立仮説 $H_1 : \theta \in \Omega_1$ に対して検定するものとする．

(b) 決定空間は $\mathcal{D} = \{0, 1\}$，損失関数は 0-1 損失関数で，任意の $g \in \mathcal{G}$ に対して $\tilde{g}0 = 0$，$\tilde{g}1 = 1$ が成り立つ．

以上の (a), (b) が成り立つ $\mathcal{G}$ 不変な統計的決定問題を $\mathcal{G}$ **不変な検定問題**という．

例 5.6.1 (Lehmann (1959) p. 218) $X = (X_1, \cdots, X_n)$ は $(\mathcal{R}^n, \mathcal{B}^n)$ 上の確率変数であって，f_0, f_1 を Lebesgue 測度 μ^n に関する既知の確率密度関数とし，仮説および対立仮説を

$$H_0 : \text{確率密度関数は} \quad f_0(x_1 - \xi, \cdots, x_n - \xi)$$
$$H_1 : \text{確率密度関数は} \quad f_1(x_1 - \xi, \cdots, x_n - \xi)$$

とする．ただし $\xi \in \mathcal{R}^1$ は未知である．この場合には $\theta = (i, \xi)$ ($i = 0$ または 1, $\xi \in \mathcal{R}^1$) であって，$\mathcal{R}^n$ の位置変換群を $\mathcal{G}$ とするとき，この検定問題は $\mathcal{G}$ 不変である．

そこで $\alpha \in [0, 1]$ として水準 α の $\mathcal{G}$ 不変検定の中で最強力なものを求めることにしよう．$\mathcal{G}$ 最大不変量の1つは $(x_2 - x_1, \cdots, x_n - x_1)$ であるから，$\mathcal{G}$ 不変な検定関数 φ は

$$\varphi(x_1, x_2, \cdots, x_n) = \phi(x_2 - x_1, \cdots, x_n - x_1)$$

の形に表される．ここで φ は $\mathcal{B}^n$ 可測であるから，$x_1 = 0$ とおいて得られる

$$\varphi(0, x_2, \cdots, x_n)=\phi(x_2, \cdots, x_n)$$

は $\mathcal{B}^{n-1}$ 可測である．(5.11) の分母と同様の計算により，H_i のもとで $(Z_2, \cdots, Z_n)=(X_2-X_1, \cdots, X_n-X_1)$ の確率密度関数は

$$f_i^*(z_2, \cdots, z_n)=\int_{-\infty}^{\infty} f_i(x_1-\xi, \cdots, x_n-\xi)\,d\xi$$

となるので，Neyman-Pearson の基本補題により，$f_1^*(z_2, \cdots, z_n)/f_0^*(z_2, \cdots, z_n)$ に基づいて所要の検定を得ることができる． ∎

$\mathcal{A}$ の十分加法族 $\mathcal{A}_S$ が与えられて，(4.6) で定義された $\mathcal{A}_{SI}$ が $\mathcal{A}_I$ の十分加法族となっていれば，定理 5.4.4 により，$\mathcal{G}$ 不変な検定関数全体の集合の中で，$\mathcal{A}_S$ 可測で $\mathcal{G}$ 不変な検定関数の全体の集合が本質的完備類をなす．ここでさらに $\mathcal{A}_S$ が有界的完備であれば次の定理が成り立つ．

定理 5.6.1 (Lehmann (1959) p. 228) $\mathcal{G}$ 不変な検定問題において次の (c), (d) を仮定する．

(c) $\mathcal{A}_S$ は確率分布族 $\mathcal{P}=\{P_\theta : \theta\in\Omega\}$ に対する $\mathcal{A}$ の有界的完備な十分加法族であって，任意の $g\in\mathcal{G}$ に対して $g\mathcal{A}_S=\mathcal{A}_S$ を満足する．

(d) $$\mathcal{A}_{SI}\sim\mathcal{A}_{SI^*}\quad(\mathcal{A}, \mathcal{P}).$$

このとき $\mathcal{A}_S$ 可測で $\mathcal{G}$ 不変な検定関数の全体の集合は，$\mathcal{A}$ 可測で検出力関数が $\bar{\mathcal{G}}$ 不変な検定関数の全体の集合の中で本質的完備類をなす．

証明 検定関数が $\mathcal{G}$ 不変であれば，定理 5.1.1 の (iv) により検出力関数が $\bar{\mathcal{G}}$ 不変のことは明らかである．そこで φ を $\mathcal{A}$ 可測で検出力関数が $\bar{\mathcal{G}}$ 不変な任意の検定関数として，これと同等な $\mathcal{A}_S$ 可測で $\mathcal{G}$ 不変な検定関数が存在することを証明すればよい．さて，φ に対して

$$\varphi_0(x)=E_\Omega(\varphi(X)|\mathcal{A}_S, x)$$

とおく．ここですべての $x\in\mathcal{X}$ に対して $0\leqq\varphi_0(x)\leqq 1$ と仮定して一般性を失わない．このとき定理 1.4.2 の (ii) により φ と φ_0 はすべての $\theta\in\Omega$ に対して同一の平均値をもつので，任意の $g\in\mathcal{G}$ に対して

$$E_{\bar{g}\theta}\varphi_0(X)=E_{\bar{g}\theta}\varphi(X)=E_\theta\varphi(X)=E_\theta\varphi_0(X). \qquad (6.1)$$

ここで第2の等号は φ に関する仮定による．他方で定理 5.1.1 の (iii) によ

り，(6.1) の左辺は $E_\theta\varphi_0(gX)$ に等しいので，すべての $\theta\in\Omega$ に対して

$$E_\theta\varphi_0(gX)=E_\theta\varphi_0(X). \tag{6.2}$$

仮定 (c) により $\varphi_0(gx)$ も $\mathcal{A}s$ 可測となるので，$\mathcal{A}s$ が有界的完備のことを用いれば，(6.2) より

$$\varphi_0(gx)=\varphi_0(x)\quad \text{a. e. } (\mathcal{A}s, \mathcal{P}).$$

よって φ_0 はほとんど $\mathcal{G}$ 不変となる．したがって仮定 (d) により

$$\varphi_0(x)=\varphi_1(x)\quad \text{a. e. } (\mathcal{A}s, \mathcal{P})$$

となる $\mathcal{G}$ 不変な $\mathcal{A}s$ 可測関数 φ_1 が存在する．すべての $x\in\mathcal{X}$ に対して $0\leqq\varphi_1(x)\leqq 1$ となるように φ_1 を定めれば，これが φ と同等な検定関数になることは明らかである．∎

UMP 不偏検定と UMP 不変検定との間に次の定理が成り立つ．

定理 5.6.2 (Lehmann (1959) p. 229) $\mathcal{G}$ 不変な検定問題において，水準 α の不偏検定の中で UMP のもの φ_0 が存在し，しかもこれが a. e. $(\mathcal{A}, \mathcal{P})$ で一意的であるとする．このときさらに水準 α のほとんど $\mathcal{G}$ 不変な検定の中で UMP のもの φ_1 が存在すれば，φ_1 も a. e. $(\mathcal{A}, \mathcal{P})$ で一意的であって，

$$\varphi_1(x)=\varphi_0(x)\quad \text{a. e. } (\mathcal{A}, \mathcal{P}). \tag{6.3}$$

証明　水準 α の不偏検定の全体の集合を $\mathcal{U}$ とする．φ を任意の検定関数とすると，定理 5.1.1 の (iii) によりすべての $g\in\mathcal{G}$，$\theta\in\Omega$ に対して

$$E_{\bar{g}\theta}\varphi(X)=E_\theta\varphi(gX). \tag{6.4}$$

ここで $\bar{g}\Omega_0=\Omega_0$ により $\varphi(\cdot)\in\mathcal{U}$ は $\varphi(g\cdot)\in\mathcal{U}$ と同等である．次に (6.4) を $\theta\in\Omega_1$ に対して適用する．このとき左辺からすると $\mathcal{U}$ の中で (6.4) の最大値を与える φ の 1 つが φ_0 である．他方で右辺の最大値は $E_\theta\varphi_0(X)$ に等しい．よってすべての $\theta\in\Omega_1$ に対して

$$E_\theta\varphi_0(gX)=E_\theta\varphi_0(X).$$

したがって $\varphi_0(\cdot)$ と $\varphi_0(g\cdot)$ はともに $\mathcal{U}$ の中で UMP となるので，一意性の仮定により，

$$\varphi_0(gx)=\varphi_0(x)\quad \text{a. e. } (\mathcal{A}, \mathcal{P}).$$

この関係がすべての $g\in\mathcal{G}$ に対して成り立つので，φ_0 はほとんど $\mathcal{G}$ 不変で

ある．

φ_1 は水準 α でほとんど $\mathcal{G}$ 不変な検定の中で UMP であるから，$\varphi_0\in\mathcal{U}$ と比較すると，すべての $\theta\in\Omega_1$ に対して

$$\alpha\leqq E_\theta\varphi_0(X)\leqq E_\theta\varphi_1(X).$$

よって $\varphi_1\in\mathcal{U}$ となって，しかも φ_1 は $\mathcal{U}$ の中で UMP となる．ここで再び一意性の仮定により (6.3) が得られる．(6.3) により φ_1 が a.e. $(\mathcal{A},\mathcal{P})$ で一意的であることも明らかである． ▮

B. 分 散 分 析

ここでは不変検定の中で応用上重要なモデルⅠの分散分析の検定について説明する．この検定は一般に線形回帰の検定問題として次のように取り扱うことができる．

$U_1,\cdots,U_n$ は互いに独立で同一分散 $\sigma^2>0$ の正規分布に従い，平均値は

$$E(U_i)=a_{i1}\theta_1+\cdots+a_{ik}\theta_k\quad(i=1,\cdots,n)$$

で与えられるものとする．ここで $(\theta_1,\cdots,\theta_k)'\in\mathcal{R}^k$ および $\sigma\in\mathcal{R}^1_+$ は未知，$a_{ij}\in\mathcal{R}^1$ $(i=1,\cdots,n;\ j=1,\cdots,k)$ はいずれも既知であるとして，$n\times k$ 行列 $A=(a_{ij})$ の階数を k とする．このとき $1\leqq r\leqq k<n$ と仮定して，仮説および対立仮説が

$$H_0:\theta_1=\cdots=\theta_r=0,\quad H_1:\theta_1^2+\cdots+\theta_r^2>0$$

で与えられる検定問題を考える．

この検定問題は次の標準形に直すことができる．A の最初の r 個の列から成る部分を A_1，最後の $k-r$ 個の列から成る部分を A_2 として $A=(A_1,A_2)$ とおく．これに対して n 次の直交行列 C を次のように定義する．まず C を最初の r 個の行，次の $k-r$ 個の行，最後の $n-k$ 個の行に分割して，それぞれ C_1,C_2,C_3 とおく．C_3 は $C_3A=0$ となるように定める．次に C_2 はその転置行列 C_2' の列ベクトルが，いずれも A_2 の列ベクトルの張る線形空間の中にあるようにとる．最後に C_1' の列ベクトルはいずれも A の列ベクトルが張る線形空間の中にあって，しかも $C_1A_2=0$ となるようにとる．こうして C を定義して，C の分割に応じて

$$\begin{pmatrix} X \\ Y \\ Z \end{pmatrix} = C \begin{pmatrix} U_1 \\ \vdots \\ U_n \end{pmatrix} = \begin{pmatrix} C_1 \\ C_2 \\ C_3 \end{pmatrix} \begin{pmatrix} U_1 \\ \vdots \\ U_n \end{pmatrix}, \quad X = \begin{pmatrix} X_1 \\ \vdots \\ X_r \end{pmatrix}, \quad Y = \begin{pmatrix} Y_1 \\ \vdots \\ Y_{k-r} \end{pmatrix}, \quad Z = \begin{pmatrix} Z_1 \\ \vdots \\ Z_{n-k} \end{pmatrix}$$

とおく．このとき上の検定問題は次の標準形となる．

（e） $X_1, \cdots, X_r$, $Y_1, \cdots, Y_{k-r}$, $Z_1, \cdots, Z_{n-k}$ は互いに独立に同一分散 σ^2 の正規分布に従い，$\sigma \in \mathcal{R}^1_+$ は未知である．

（f） $E(X_i) = \xi_i$ $(i=1, \cdots, r)$, $E(Y_i) = \eta_i$ $(i=1, \cdots, k-r)$, $E(Z_i)=0$ $(i=1, \cdots, n-k)$.

（g） $\xi_1, \cdots, \xi_r, \eta_1, \cdots, \eta_{k-r}$ はいずれも未知で，仮説および対立仮説が

$$H_0 : \xi_1 = \cdots = \xi_r = 0, \quad H_1 : \xi_1^2 + \cdots + \xi_r^2 > 0$$

によって与えられる検定問題を考える．

この検定問題は $x \in \mathcal{R}^r$, $y \in \mathcal{R}^{k-r}$, $z \in \mathcal{R}^{n-k}$ に対して次の 3 つの群 $\mathcal{G}_1, \mathcal{G}_2, \mathcal{G}_3$ から生成される変換群 $\mathcal{G}$ で不変である．

$\mathcal{G}_1$: $\mathcal{R}^{k-r}$ の位置変換群，すなわち任意の $a \in \mathcal{R}^{k-r}$ に対して $x \to x$, $y \to y + a$, $z \to z$ の形のすべての変換から成る変換群．

$\mathcal{G}_2$: $\mathcal{R}^r$ のすべての直交変換から成る変換群．

$\mathcal{G}_3$: 尺度変換群，すなわち任意の $b \in \mathcal{R}^1_+$ に対して $x \to bx$, $y \to by$, $z \to bz$ の形のすべての変換から成る変換群．

定理 5.6.3 (Lehmann (1959) p. 267, Ferguson (1967) p. 268) 上の (e)～(g) で与えられるモデル I の分散分析の標準形の検定問題で，水準 α の $\mathcal{G}$ 不変検定の中で UMP のものは

$$\varphi(x, y, z) = I(x'x/z'z \geqq c) \tag{6.5}$$

によって与えられる．ただし c は $r, n-k, \alpha$ によって定まる定数である．

証明 標本空間の $\mathcal{X}$ を

$$\mathcal{X} = \{(x, y, z) \in \mathcal{R}^r \times \mathcal{R}^{k-r} \times \mathcal{R}^{n-k} : z \neq 0\}$$

とし，また $\xi = (\xi_1, \cdots, \xi_r)'$, $\eta = (\eta_1, \cdots, \eta_{k-r})'$ とおいて，母数を

$$\theta = (\xi, \eta, \sigma) \in \mathcal{R}^r \times \mathcal{R}^{k-r} \times \mathcal{R}^1_+ = \Omega$$

によって表す．ここで

$$t(x, y, z)=(x, y, z'z) \tag{6.6}$$

とおけば t が完備な十分統計量となることは，定理 2.6.1，定理 2.6.2 から容易にわかる．

$\mathcal{G}$ に属する一般の変換 g は $a\in\mathcal{R}^{k-r}$，$b\in\mathcal{R}^1_+$，$T\in O_r$（O_r は r 次の直交行列全体の集合）を用いて $g=g_{(a,b,T)}$ の形に表されて，

$$g_{(a,b,T)}(x, y, z)=(bTx, a+by, bz)$$
$$\bar{g}_{(a,b,T)}(\xi, \eta, \sigma)=(bT\xi, a+b\eta, b\sigma)$$
$$\hat{g}_{(a,b,T)}(x, y, z'z)=(bTx, a+by, b^2z'z).$$

他方で

$$u(x, y, z)=(z_1/\sqrt{z'z}, \cdots, z_{n-k}/\sqrt{z'z})$$

とおけば，(x, y, z) は $t(x, y, z)$ と $u(x, y, z)$ によって表され，$u(X, Y, Z)$ の分布は $\theta\in\Omega$ に無関係である．そこで定理 2.5.4 の (ii) によれば，任意の $\theta\in\Omega$ に対して $t(X, Y, Z)$ と $u(X, Y, Z)$ は独立になる．*) よって定理 5.5.3 の (i) の証明からわかるように定理 5.4.3 の条件が満たされて，$\mathcal{A}_I$ の中で $\mathcal{A}_t\cap\mathcal{A}_I$ が十分加法族となる．

したがって水準 α の $\mathcal{G}$ 不変検定の中で UMP のものを求めるのに，(6.6) の関数の形に表される $\mathcal{G}$ 不変検定の中で考えればよい．ここで $\mathcal{G}_1, \mathcal{G}_2, \mathcal{G}_3$ の順序で定理 5.2.3 を適用すれば，(6.6) の関数として表される $\mathcal{G}$ 最大不変量は $x'x/z'z$ となるので，$x'x/z'z$ の関数の形の検定関数だけを考える．

さて例 1.3.12 の p を $p(x, m, n, \alpha^2)$ で表せば，$V=X'X/Z'Z$ の確率密度関数は $p(v, r, n-k, \xi'\xi/\sigma^2)$ となる．とくに仮説 H_0 のもとでは $\xi'\xi/\sigma^2=0$，対立仮説 H_1 のもとでは $\xi'\xi/\sigma^2>0$ となる．ここで任意の $\xi'\xi/\sigma^2>0$ に対して

$$\frac{p(v, r, n-k, \xi'\xi/\sigma^2)}{p(v, r, n-k, 0)}=\sum_{l=0}^{\infty}c_l\left(\frac{v}{1+v}\right)^l, \quad c_l>0\ (l=0, 1, \cdots)$$

と表せるので，これは v の単調増加関数になる．これより c を適当にとれば (6.5) の形の検定が H_0 の H_1 に対する水準 α の $\mathcal{G}$ 不変検定の中で UMP となることがわかる． ∎

---

*) $\bar{\mathcal{G}}$ は Ω 上で推移的ではない．

5.7 不変多重決定

A. 有限群のもとで不変な決定問題

本章ではこれまである変換群 $\mathcal{G}$ で不変な統計的決定問題が与えられたとき，選択の範囲を $\mathcal{G}$ 不変な決定関数の全体の集合 Δ_I に限定して，その中でよい決定関数を求めることを論じてきた．そこで Δ_I の中で最良な決定関数が見つかったとして，これがすべての決定関数の集合 Δ の中でなんらかの意味で最適なものであろうかという問題が生ずる．

多重決定の問題の中には有限群 $\mathcal{G}$ で不変な問題が多い．このとき Δ_I の中でのミニマックス性と Δ の中でのミニマックス性とに関して次の定理が成り立つ．

定理 5.7.1 (Blackwell and Girshick (1954) p. 226, Ferguson (1967) p. 154) 有限群 $\mathcal{G}$ で不変な統計的決定問題が与えられたとき，

(i) Δ の中でミニマックスな決定関数 δ があれば，Δ の中でミニマックスでしかも $\mathcal{G}$ 不変な決定関数 δ_0 が存在する．

(ii) Δ_I の中でミニマックスな決定関数があれば，それは Δ の中でもミニマックスである．

証明 (i) $\mathcal{G}$ の位数を N とする．任意の決定関数 $\delta\in\Delta$ に対して (1.12) によって決定関数 $\delta_g\in\Delta$ を定義し，さらに任意の $D\in\mathcal{D}$, $x\in\mathcal{X}$ に対して

$$\delta_0(D|x)=\frac{1}{N}\sum_{g\in\mathcal{G}}\delta_g(D|x)=\frac{1}{N}\sum_{g\in\mathcal{G}}\delta(\tilde{g}D|gx) \tag{7.1}$$

とおいて決定関数 $\delta_0\in\Delta$ を定義する．このとき任意の $g_1\in\mathcal{G}$ に対して

$$\begin{aligned}\delta_0(\tilde{g}_1D|g_1x)&=\frac{1}{N}\sum_{g\in\mathcal{G}}\delta(\tilde{g}(\tilde{g}_1D)|g(g_1x))\\&=\frac{1}{N}\sum_{g\in\mathcal{G}}\delta((\tilde{g}\tilde{g}_1)D|(gg_1)x).\end{aligned} \tag{7.2}$$

ここで g が $\mathcal{G}$ のすべての元の上を動けば，gg_1 も $\mathcal{G}$ のすべての元の上を動く．よって (7.2) の右辺は (7.1) の右辺と一致するので，

$$\delta_0(\tilde{g}_1D|g_1x)=\delta_0(D|x).$$

そこで $\delta_0 \in \Delta_I$ が証明された．また定理 5.1.3 の (i) を用いて

$$R(\theta, \delta_0) = \frac{1}{N} \sum_{g \in \mathcal{G}} R(\theta, \delta_g) = \frac{1}{N} \sum_{g \in \mathcal{G}} R(\bar{g}\theta, \delta)$$

となるので，

$$\sup_{\theta \in \Omega} R(\theta, \delta_0) \leqq \sup_{\theta \in \Omega} R(\theta, \delta). \tag{7.3}$$

よって δ が Δ の中でミニマックスであれば，$\delta_0 \in \Delta_I$ も Δ の中でミニマックスとなる．

(ii) $\delta_1 \in \Delta_I$ が Δ_I の中でミニマックスであるとする．任意の $\delta \in \Delta$ に対して (7.1) によって $\delta_0 \in \Delta_I$ を定義すれば (7.3) が成り立つ．このとき δ_1 の Δ_I の中でのミニマックス性から

$$\sup_{\theta \in \Omega} R(\theta, \delta_1) \leqq \sup_{\theta \in \Omega} R(\theta, \delta_0) \leqq \sup_{\theta \in \Omega} R(\theta, \delta)$$

となるので，δ_1 は Δ の中でもミニマックスである． ∎

次に Bayes 性に関する定理をあげる前に，2つの条件 (a), (b) を仮定する．

(a) 母数空間 Ω の部分集合から成る完全加法族 Λ が与えられていて，任意の決定関数 $\delta \in \Delta$ に対して $R(\cdot, \delta)$ は Λ 可測である．

(b) $\bar{\mathcal{G}}$ は Λ 可測である．

このとき (Ω, Λ) 上の確率分布の全体の集合を Γ で表す．$\Pi \in \Gamma$ が与えられたとき，任意の $g \in \mathcal{G}$，$C \in \Lambda$ に対して

$$\Pi_g(C) = \Pi(\bar{g}^{-1}C)$$

とおいて (Ω, Λ) 上の確率分布 $\Pi_g \in \Gamma$ を定義する．すべての $g \in \mathcal{G}$ に対して $\Pi_g = \Pi$ となる Π は $\mathcal{G}$ **不変**であるといい，$\mathcal{G}$ 不変な確率分布 $\Pi \in \Gamma$ の全体の集合を Γ_I で表す．

定理 5.7.2 (Ferguson (1967) p. 162) 有限群 $\mathcal{G}$ で不変な統計的決定問題が上の (a), (b) を満足するものとする．このとき

(i) $\delta_0 \in \Delta_I$ がある $\Pi \in \Gamma$ に関する Δ_I の中の Bayes 解であれば，δ_0 はある $\Pi_0 \in \Gamma_I$ に関する Δ の中の Bayes 解である．

(ii) $\delta \in \Delta$ がある $\Pi_0 \in \Gamma_I$ に関する Δ の中の Bayes 解であれば，Π_0 に

関する $\varDelta$ の中の Bayes 解 δ_0 であって $\delta_0 \in \varDelta_I$ となるものが存在する.

証明 (i) については $\Pi \in \Gamma$ と任意の $C \in \mathcal{A}$ に対して

$$\Pi_0(C)=\frac{1}{N}\sum_{g\in\mathcal{G}}\Pi_g(C)$$

によって $\Pi_0 \in \Gamma_I$ を定義すればよい. (ii) については $\delta \in \varDelta$ に対する $\delta_0 \in \varDelta_I$ を (7.1) によって定義すればよい. あとの証明は簡単であるから省略する. ▮

$\mathcal{G}$ がコンパクトな位相群のときには, §5.8 で説明する不変 Haar 測度を使えば, 上の2つの定理は容易に拡張することができる. $\mathcal{G}$ が局所コンパクトな位相群の場合への定理 5.7.1 の拡張が §5.9 の課題である. またこの場合への定理 5.7.2 の拡張は Zidek (1969) によって与えられている.

B. 最良な母集団の選出

ここで考えるのは座標の置換から成る有限群で不変な次の統計的決定問題である. $(X_1, \cdots, X_n)$ は $(\mathcal{R}^n, \mathcal{B}^n)$ の確率変数で母数 $\theta=(\theta_1, \cdots, \theta_n)\in\mathcal{R}^n$ をもつものとし, $\theta_1, \cdots, \theta_n$ の中の最大値の番号を選び出す決定方式を求めることにする. まず次の仮定 (c)～(g) を設ける.

(c) $n>1$ とし, 標本空間は $(\mathcal{X}, \mathcal{A})=(\mathcal{R}^n, \mathcal{B}^n)$, 母数空間 Ω は $\mathcal{R}^n$ の対称な部分集合, 決定空間は $\mathcal{D}=\{1, 2, \cdots, n\}$ である.

(d) 自然数 $1, 2, \cdots, n$ の置換

$$\begin{pmatrix}1 & 2\cdots & n\\ \alpha_1 & \alpha_2\cdots & \alpha_n\end{pmatrix}=\begin{pmatrix}\beta_1 & \beta_2\cdots & \beta_n\\ 1 & 2\cdots & n\end{pmatrix} \tag{7.4}$$

に対応して, $\mathcal{X}, \Omega, \mathcal{D}$ の変換 $g, \bar{g}, \tilde{g}$ を次のように定義する.

$$g(x_1, \cdots, x_n)=(x_{\beta_1}, \cdots, x_{\beta_n})$$
$$\bar{g}(\theta_1, \cdots, \theta_n)=(\theta_{\beta_1}, \cdots, \theta_{\beta_n})$$
$$\tilde{g}i=\alpha_i.$$

$\mathcal{G}$ はすべての置換 (7.4) に対応する g の全体がつくる群である.

(e) μ は $(\mathcal{X}, \mathcal{A})$ で定義された $\mathcal{G}$ 不変な σ 有限測度であって, 任意の $\theta\in\Omega$ に対して $dP_\theta/d\mu$ の1つが

$$f(x, \theta)=c(\theta)\,p(x_1, \theta_1)\cdots p(x_n, \theta_n)$$

によって与えられる．

（f） $x_i<x_j$, $\theta_i<\theta_j$ ならば

$$p(x_i,\theta_i)p(x_j,\theta_j)\geqq p(x_i,\theta_j)p(x_j,\theta_i). \tag{7.5}$$

（g） 損失関数 W は $\mathcal{G}$ 不変であって，$\theta_i<\theta_j$ ならば

$$W(\theta,i)\geqq W(\theta,j). \tag{7.6}$$

ここで次の定理を述べる前に，上の仮定 (c)～(g) について若干の補足をする．まず (d) の $g,\bar{g}$ と $\tilde{g}$ とは $\theta_i=\max_\alpha \theta_\alpha$ を与える番号 i を選び出すという決定問題の趣旨からこのように定義したものである．μ の対称性から c の対称性 $c(\bar{g}\theta)=c(\theta)$ も明らかに成り立つ．また $x_i=x_j$ あるいは $\theta_i=\theta_j$ のときに (7.5) で等号が成り立つ．他方 $\theta_i=\theta_j$ のときに (7.6) で等号が成り立つことは W の $\mathcal{G}$ 不変性によって明らかである．

定理 5.7.3 (Bahadur and Goodman (1952), Lehmann (1966)) 上の (c)～(g) を満足する $\mathcal{G}$ 不変な統計的決定問題を考える．$x=(x_1,\cdots,x_n)\in\mathcal{R}^n$ が与えられたとき，$x_i=\max_\alpha x_\alpha$ となる i が k 個あるとして，これらを $i_1,\cdots,i_k$ とおく．そこで

$$\begin{cases} \delta_0(i_j|x)=1/k & j=1,\cdots,k \text{ のとき} \\ \delta_0(i|x)=0 & i\neq i_j\ (j=1,\cdots,k) \text{ のとき} \end{cases} \tag{7.7}$$

によって δ_0 を定義すれば，δ_0 は $\mathcal{G}$ 不変な決定関数全体の集合 Δ_I の中で最良のものであり，$\sup_{\theta\in\Omega} R(\theta,\delta_0)<\infty$ であれば δ_0 はすべての決定関数の集合 Δ の中でミニマックスである．

証明 $\delta_0\in\Delta_I$ は明らかであるから，定理 5.7.1 の (ii) により，δ_0 が Δ_I の中で最良のものであることを証明すれば十分である．

$\mathcal{G}$ の位数を $N=n!$ で表す．$\delta\in\Delta_I$ とすれば定理 5.1.3 の (ii) により任意の $\theta\in\Omega$ に対して

$$R(\theta,\delta)=\frac{1}{N}\sum_{g\in\mathcal{G}}R(\bar{g}\theta,\delta). \tag{7.8}$$

そこで (7.8) の右辺を $r(\theta,\delta)$ とおいて，任意の $\theta\in\Omega$ に対してすべての $\delta\in\Delta_I$ の中で $r(\theta,\delta)$ を最小にするものの1つが δ_0 であることを示せばよい．

さて (7.8) より

$$r(\theta,\delta)=\frac{1}{N}\sum_{g\in\mathcal{G}}\int_{\mathcal{X}}\left(\sum_{i=1}^{n}W(\bar{g}\theta,i)\,\delta(i|x)\right)f(x,\bar{g}\theta)\,\mu(dx)$$

$$=\frac{1}{N}\int_{\mathcal{X}}\sum_{i=1}^{n}\left(\sum_{g\in\mathcal{G}}W(\bar{g}\theta,i)\,f(x,\bar{g}\theta)\right)\delta(i|x)\,\mu(dx) \qquad (7.9)$$

となるので,

$$U(x,\theta,i)=\sum_{g\in\mathcal{G}}W(\bar{g}\theta,i)\,f(x,\bar{g}\theta) \qquad (7.10)$$

とおいて, 与えられた $x\in\mathcal{R}^n$, $\theta\in\Omega$ に対して $U(x,\theta,i)$ の最小値を与える i に対する条件を調べてみよう.

そこで $i\neq j$ として $U(x,\theta,i)$ と $U(x,\theta,j)$ を比較するため, x の第 i 座標と第 j 座標を入れかえるだけの置換を $g_1\in\mathcal{G}$ で表す. このとき $g_1^{-1}=g_1$ を用いて

$$U(x,\theta,j)=\sum_{g\in\mathcal{G}}W(\bar{g}\theta,\tilde{g}_1 i)\,f(x,\bar{g}\theta)$$

$$=\sum_{g\in\mathcal{G}}W(\bar{g}_1\bar{g}\theta,i)\,f(x,\bar{g}\theta)=\sum_{g\in\mathcal{G}}W(\bar{g}\theta,i)\,f(x,\bar{g}_1\bar{g}\theta)$$

が得られるので,

$$U(x,\theta,i)-U(x,\theta,j)=\sum_{g\in\mathcal{G}}W(\bar{g}\theta,i)\,(f(x,\bar{g}\theta)-f(x,\bar{g}_1\bar{g}\theta)).$$

ここで g に対する項と g_1g に対する項の和をつくると,

$$W(\bar{g}\theta,i)(f(x,\bar{g}\theta)-f(x,\bar{g}_1\bar{g}\theta))+W(\bar{g}_1\bar{g}\theta,i)(f(x,\bar{g}_1\bar{g}\theta)-f(x,\bar{g}\theta))$$

$$=(W(\bar{g}\theta,i)-W(\bar{g}\theta,j))(f(x,\bar{g}\theta)-f(x,\bar{g}_1\bar{g}\theta)). \qquad (7.11)$$

ここで $\bar{g}\theta=(\theta_{h_1},\cdots,\theta_{h_n})$ とおいて, $\theta_{h_i}<\theta_{h_j}$ のときと $\theta_{h_i}>\theta_{h_j}$ のときを区別する. $\theta_{h_i}<\theta_{h_j}$ のときには仮定 (g) によって

$$W(\bar{g}\theta,i)-W(\bar{g}\theta,j)\geqq 0 \qquad (7.12)$$

となり, 他方で

$$f(x,\bar{g}\theta)-f(x,\bar{g}_1\bar{g}\theta)$$

$$=c(\theta)[p(x_i,\theta_{h_i})p(x_j,\theta_{h_j})-p(x_i,\theta_{h_j})p(x_j,\theta_{h_i})]\prod_{\substack{l\neq i\\ l\neq j}}p(x_l,\theta_{h_l})$$

となるので, 仮定 (f) により $x_i\leqq x_j$ であれば

$$f(x, \bar{g}\theta) - f(x, \bar{g}_1\bar{g}\theta) \geqq 0. \tag{7.13}$$

したがって $x_i \leqq x_j$ のとき (7.11) は $\geqq 0$ となる．$\theta_{h_i} > \theta_{h_j}$ であれば $x_i \leqq x_j$ のときに (7.12), (7.13) の不等号の向きがいずれも逆になって，その場合にも (7.11) は $\geqq 0$ となる．$\theta_{h_i} = \theta_{h_j}$ であれば (7.11) が 0 に等しいことは明らかである．こうして $x_i \leqq x_j$ ならば $U(x, \theta, i) \geqq U(x, \theta, j)$ となることが証明された．

したがって $U(x, \theta, i)$ は θ の値とは関係なく $x_i = \max_\alpha x_\alpha$ となる i に対して最小になる．(7.7) の δ_0 はこのような i の全体の集合に対して確率 1 を与える決定関数であるから，(7.9), (7.10) により δ_0 はすべての $\delta \in \Delta_I$ の中で $r(\theta, \delta)$ を最小にする．よって δ_0 は Δ_I の中で最良な決定関数である．以上で定理の証明は完結した． ∎

定理 5.7.3 の拡張は Eaton (1967) によって与えられている．

5.8 Haar 測度

§5.7 では $\mathcal{G}$ を有限群として定理 5.7.1 および定理 5.7.2 を証明した．この種の定理を一般の無限群の場合に拡張するに当たって，局所コンパクト群の Haar 測度が重要な役割を演ずる．Haar 測度の詳しい解説は Halmos (1950), 河田 (1959), Nachbin (1965), 壬生 (1976) 等に譲ることにして，ここでは主要な結果を証明なしであげておく．本書の中で Haar 測度を利用して証明を行うのは定理 6.1.5 および定理 6.2.2 だけであるが，§5.9 の議論の基礎にあるのがこの Haar 測度の考え方であるので，本節は §5.9 の理解を助けることにもなるであろう．

$\mathcal{G}$ を位相群とし，その基礎になる位相空間はコンパクトないしは局所コンパクトな Hausdorff 空間であるとする．このとき $\mathcal{G}$ を**コンパクト**ないしは**局所コンパクト**な**位相群**という．$\mathcal{G}$ のすべての開集合から生成される完全加法族 $\mathcal{L}$ を例 1.1.2 にならって $\mathcal{G}$ の **Borel 集合族**という．$(\mathcal{G}, \mathcal{L})$ で定義された測度 μ が次の条件 (a)～(c) を満足するときに，μ を**左不変 Haar 測度**，あるいは**左不変測度**という．

(a) 任意の $g \in \mathcal{G}$, $G \in \mathcal{L}$ に対して $\mu(gG)=\mu(G)$ となる.

(b) 空でない任意の開集合 G に対して $\mu(G)>0$ となる.

(c) 任意のコンパクト集合 G に対して $\mu(G)<\infty$ となる.

また $(\mathcal{G}, \mathcal{L})$ で定義された測度 μ が次の条件 (d), (e) を満足するときに, μ は**正則**であるという.

(d) 任意の $G \in \mathcal{L}$ について $\mu(G)$ は $G' \supset G$ を満足するすべての開集合 G' に対する $\mu(G')$ の下限である.

(e) 任意の開集合 G について $\mu(G)$ は $G' \subset G$ を満足するすべてのコンパクト集合 G' に対する $\mu(G')$ の上限である.

ここで左不変測度の存在と一意性に関する次の定理をあげることができる.

定理 5.8.1 (壬生 (1976) p. 240) $\mathcal{G}$ を局所コンパクトな位相群とする. このとき

(i) $(\mathcal{G}, \mathcal{L})$ で定義された正則な左不変測度 μ が存在する.

(ii) $(\mathcal{G}, \mathcal{L})$ で定義された任意の 2 つの正則な左不変測度 μ', μ'' をとると, 適当な定数 $c>0$ に対して $\mu'=c\mu''$ が成り立つ.

証明 省略する. ∎

位相群 $\mathcal{G}$ が Euclid 空間 $\mathcal{R}^k$ の Borel 部分集合として表されて, $\mathcal{G}$ の基礎になる位相が $\mathcal{R}^k$ に関する相対位相であるときには, すべての左不変測度が正則になる.

定理 5.8.1 において μ が有限測度となるための必要十分条件は $\mathcal{G}$ がコンパクトなことである. また μ が σ 有限測度となるための必要十分条件は $\mathcal{G}$ が可算個のコンパクト集合の和集合として表されることである. このとき $\mathcal{G}$ は **σ コンパクト**であるという.

上の条件 (a) を次の条件

(a′) 任意の $g \in \mathcal{G}$, $G \in \mathcal{L}$ に対して $\mu(Gg)=\mu(G)$ となる;

でおきかえたとき, (a′), (b), (c) を満足する測度 μ を, **右不変 Haar 測度**, あるいは**右不変測度**という.

左不変測度 μ が与えられたとき, 任意の $G \in \mathcal{L}$ に対して

$$G^{-1}=\{g\in\mathcal{G}:g^{-1}\in G\},\quad \nu(G)=\mu(G^{-1}) \tag{8.1}$$

とおけば，ν が右不変測度になることは明らかである．なぜなら，(a′) については，任意の $g_1\in\mathcal{G}$，$G\in\mathcal{L}$ に対して

$$\nu(Gg_1)=\mu(g_1^{-1}G^{-1})=\mu(G^{-1})=\nu(G)$$

となるからである．

また正則な左不変測度 μ が与えられたとき，$g_1\in\mathcal{G}$ を固定して任意の $G\in\mathcal{L}$ に対して $\mu_1(G)=\mu(Gg_1)$ とおけば，μ_1 も正則な左不変測度となる．定理5.8.1 の (ii) によれば，このとき適当に $c_1>0$ をとると $\mu_1=c_1\mu$ が成り立つ．この c_1 は g_1 によって一意的に決まるので，これを $\Delta(g_1)$ とおいて，Δ を**モジュラー関数**という．Δ は $\mathcal{G}$ から R^1_+ の乗法群の中への連続な準同形写像を与えている．ここで左不変測度が右不変測度と一致するための必要十分条件が，すべての $g\in\mathcal{G}$ に対して $\Delta(g)=1$ であることは，モジュラー関数 Δ の定義から明らかである．この場合に $\mathcal{G}$ は**ユニモジュラー**であるという．$\mathcal{G}$ がコンパクトな位相群または可換で局所コンパクトな位相群のときに $\mathcal{G}$ はユニモジュラーとなる．また左不変測度 μ に対して右不変測度 ν を (8.1) によって定義すれば，$d\mu/d\nu$ の1つが Δ によって与えられる．

例 5.8.1 $\mathcal{G}$ のすべての部分集合が開集合のときに，$\mathcal{G}$ の位相は**離散位相**であるという．このとき任意の $G\subset\mathcal{G}$ に対して G に属する元の個数を $\mu(G)$ として計数測度 μ を定義すれば，μ が左不変しかも右不変な Haar 測度となる．したがってこの場合に $\mathcal{G}$ はユニモジュラーである．とくに $\mathcal{G}$ が有限群であれば μ は有限測度となる．$\mathcal{G}$ の位数を N とすれば，$N^{-1}\mu$ が左不変しかも右不変な確率測度となる．定理 5.7.1 および定理 5.7.2 の証明で利用したのはこの確率測度の概念である． ▍

以下の例では $\mathcal{G}$ が Euclid 空間 $\mathcal{R}^k$ の Borel 部分集合として表される変換群であって，$\mathcal{G}$ の位相としては $\mathcal{R}^k$ に関する相対位相を用いる．したがって $(\mathcal{G},\mathcal{L})$ は Borel 型の可測空間と同形になり，$\mathcal{G}$ は σ コンパクトで，左不変測度および右不変測度はいずれも正則となる．これらの例で具体的に与えられている測度が左不変または右不変になることは，簡単な積分の計算によっ

て確かめることができる．

例 5.8.2 $\mathcal{G}$ は $\mathcal{R}^n$ の位置変換群で，任意の $c\in\mathcal{R}^1$ に対して

$$g_c(x_1, \cdots, x_n)=(x_1+c, \cdots, x_n+c)$$

とする．$\mathcal{G}$ は $\mathcal{R}^1$ の加法群と同形であって，$\mathcal{R}^1$ の任意の Borel 集合 $E\in\mathcal{B}^1$ に対して

$$\mu\{g_c : c\in E\}=\nu\{g_c : c\in E\}=\mu^1(E)$$

が左不変でしかも右不変な Haar 測度となる．$\mathcal{G}$ はユニモジュラーである．▌

例 5.8.3 $\mathcal{G}$ は $\mathcal{R}^n$ の尺度変換群で，任意の $c\in\mathcal{R}^1_+$ に対して

$$g_c(x_1, \cdots, x_n)=(cx_1, \cdots, cx_n)$$

とする．$\mathcal{G}$ は $\mathcal{R}^1_+$ の乗法群と同形であって，$\mathcal{R}^1_+$ の任意の Borel 部分集合 $E\in\mathcal{B}^1$ に対して

$$\mu\{g_c : c\in E\}=\nu\{g_c : c\in E\}=\int_E \frac{1}{c}\,dc$$

が左不変でしかも右不変な Haar 測度となる．$\mathcal{G}$ はユニモジュラーである．▌

例 5.8.4 $\mathcal{G}$ は $\mathcal{R}^n$ の位置尺度変換群で，任意の $(a, b)\in\mathcal{R}^1\times\mathcal{R}^1_+$ に対して

$$g_{(a,b)}(x_1, \cdots, x_n)=(a+bx_1, \cdots, a+bx_n)$$

とする．$\mathcal{G}$ は行列 $\begin{pmatrix}1 & 0\\ a & b\end{pmatrix}$ の乗法群と同形であって，$\mathcal{R}^1\times\mathcal{R}^1_+$ の任意の Borel 部分集合 $E\in\mathcal{B}^2$ に対して

$$\mu\{g_{(a,b)} : (a, b)\in E\}=\int_E \frac{1}{b^2}\,da\,db$$

$$\nu\{g_{(a,b)} : (a, b)\in E\}=\int_E \frac{1}{b}\,da\,db$$

がそれぞれ左不変，右不変な Haar 測度である．$\mathcal{G}$ はユニモジュラーではなく，$\Delta(g_{(a,b)})=1/b$ となる．▌

例 5.8.5 $\mathcal{G}$ は $\mathcal{R}^n$ の一般線形変換群で，n 次の正則行列 C を与えたとき，$x=(x_1, \cdots, x_n)'$ に対して

$$g_C x=Cx \tag{8.2}$$

とする．$\mathcal{G}$ は n 次の正則行列全体のつくる乗法群と同形である．C は $\mathcal{R}^{n^2}$ のある開集合 $\mathcal{R}^*$ の上を動くものとみることができ，$\mathcal{R}^*$ の任意の Borel 部分集合 $E\in\mathcal{B}^{n^2}$ に対して

$$\mu\{g_C : C\in E\}=\nu\{g_C : C\in E\}=\int_E \frac{1}{|\det C|^n}dC$$

が左不変でしかも右不変な Haar 測度となる．ただし右辺の dC は $\mathcal{R}^{n^2}$ の Lebesgue 測度 μ^{n^2} に関する積分を表すものとする．$\mathcal{G}$ はユニモジュラーである． ∎

例 5.8.6 例 5.8.5 の一般線形変換群の部分群として直交変換群 $\mathcal{G}$ を考える．これは (8.2) で C を直交行列に限定してできる部分群である．$\mathcal{G}$ はコンパクトな位相群であるから，左不変でしかも右不変な有限測度（したがって確率測度）が存在する．この場合の不変測度は正規分布を利用してつくることができる (Lehmann (1959) p. 335).

とくに $n=2$ のときには，θ と ε が互いに独立で，θ は区間 $[0, 2\pi)$ の一様分布，ε は ±1 を 1/2 ずつの確率でとるとしたとき，直交行列

$$C(\theta,\varepsilon)=\begin{pmatrix}\cos\theta & -\varepsilon\sin\theta\\ \sin\theta & \varepsilon\cos\theta\end{pmatrix}$$

に対応する $g_{C(\theta,\varepsilon)}$ の分布が左不変でしかも右不変な確率測度を与える． ∎

5.9 不変性とミニマックス性

A. Kiefer の定理

$\mathcal{G}$ 不変な統計的決定問題がさらにいくつかの条件を満足するものとして，与えられた決定関数の集合 Δ の中でのミニマックス性と，Δ に属する $\mathcal{G}$ 不変な決定関数の集合 Δ_I の中でのミニマックス性との関連を調べることがここでの主要な目的である．この種の定理は少しずつ異なる条件のもとで Peisakoff (1951), Kudo (1955), Kiefer (1957), Wesler (1959) 等によって与えられている．ここではほぼ Kiefer の線に沿って議論を進めることにする．

与えられた統計的決定問題は §5.1 A. の条件 (a)〜(d) を満足するほか，

さらに次の条件 (a)～(g) を満足するものとする.

(a) $(\mathcal{X},\mathcal{A})=(\mathcal{Y}\times\mathcal{Z},\mathcal{B}\times\mathcal{C})$ であって，$\hat{\mathcal{G}}$ は空間 $\mathcal{Y}$ の推移的な変換群で $\mathcal{G}$ と同形である．この同形対応を $g\leftrightarrow\hat{g}$ で表せば，任意の $g\in\mathcal{G}$, $x=(y,z)\in\mathcal{X}$ に対して $g(y,z)=(\hat{g}y,z)$ となる.

(b) 特定の点 $y_0\in\mathcal{Y}$ の固定部分群を $\mathcal{H}=\{h\in\mathcal{G}:\hat{h}y_0=y_0\}$ とするとき，任意の $h\in\mathcal{H}$ と $d\in\mathcal{D}$ に対して $\tilde{h}d=d$ が成り立つ.

(c) $\mathcal{G}$ の部分集合から成る完全加法族 $\mathcal{L}$ と $(\mathcal{G},\mathcal{L})$ で定義された測度 ν が与えられていて，任意の $g_1\in\mathcal{G}$ を固定して得られる $\mathcal{G}$ 上の変換 $g\to gg_1$ は $\mathcal{L}\to\mathcal{L}$ 可測で，しかも ν を不変にする．すなわち，任意の $g_1\in\mathcal{G}$, $G\in\mathcal{L}$ に対して $Gg_1\in\mathcal{L}$, $\nu(Gg_1)=\nu(G)$ となる.

(d) $\mathcal{L}$ に属する集合列 $\{G_n\}$ を適当にとれば，

$$0<\nu(G_n)<\infty \quad (n=1,2,\cdots)$$

であって，しかも任意の $g_1\in\mathcal{G}$ に対して

$$\lim_{n\to\infty}\frac{\nu(G_n g_1\ominus G_n)}{\nu(G_n)}=0. \tag{9.1}$$

(e) 与えられた確率的な決定関数の集合を Δ とするとき，任意の $\delta\in\Delta$, $g\in\mathcal{G}$, $x=(y,z)\in\mathcal{X}$, $D\in\mathcal{F}$ に対して

$$\delta_g(D|x)=\delta(\tilde{g}D|gx) \tag{9.2}$$

$$\delta^g(D|x)=\delta(\tilde{g}\tilde{g}_y^{-1}D|g(y_0,z)) \tag{9.3}$$

とおく．ただし $g_y\in\mathcal{G}$ は $\hat{g}_y y_0=y$ を満足するものとする．このとき $D\in\mathcal{F}$ を固定すると

$$(g,x)\to\delta_g(D|x), \quad (g,x)\to\delta^g(D|x)$$

はいずれも $\mathcal{L}\times\mathcal{A}$ 可測で，さらに $\delta^g\in\Delta$ となる.

(f) 任意の $b>0$, $\theta\in\Omega$, $d\in\mathcal{D}$ に対して

$$W_b(\theta,d)=\min(W(\theta,d),b)$$

とおき，損失関数 W_b に対応する危険関数を R_b で表す．また Π を Ω の有限または可算集合 Ω_0 の上で定義された確率分布とし，このようなすべての Ω_0 に対するすべての確率分布 Π の集合を Γ とする．こ

のとき任意の $\Pi\in\Gamma$, $\delta\in\Delta$ に対して $R_b(\theta,\delta)$ から

$$r_b(\Pi,\delta)=\int_{\Omega_0}R_b(\theta,\delta)\,\Pi(d\theta)$$

を定義すると，任意の $b>0$ に対して

$$\inf_{\delta\in\Delta_I}\ \sup_{\Pi\in\Gamma} r_b(\Pi,\delta)=\sup_{\Pi\in\Gamma}\ \inf_{\delta\in\Delta_I} r_b(\Pi,\delta).$$

ただし Δ_I は Δ に属する $\mathcal{G}$ 不変な決定関数全体の集合である．

(g)
$$\lim_{b\to\infty}\ \inf_{\delta\in\Delta_I}\ \sup_{\theta\in\Omega} R_b(\theta,\delta)=\inf_{\delta\in\Delta_I}\ \sup_{\theta\in\Omega} R(\theta,\delta). \tag{9.4}$$

ここで **Kiefer の定理**を述べる前に上の条件 (a)～(g) について簡単な注釈を与えておこう．まず (a), (b) は §5.5 の (a), (b) と同じである．(a), (b) から $\hat{g}_1y_1=y_1$ となる任意の $g_1\in\mathcal{G}$, $y_1\in\mathcal{Y}$, および任意の $d\in\mathcal{D}$ に対して $\tilde{g}_1d=d$ となることがわかる．なぜなら，$y_1=\hat{g}_{y_1}y_0$ となる $g_{y_1}\in\mathcal{G}$ をとれば，$g_1=g_{y_1}hg_{y_1}^{-1}$, $h\in\mathcal{H}$ と表されるので，

$$\tilde{g}_1d=\tilde{g}_{y_1}\tilde{h}\tilde{g}_{y_1}^{-1}d=\tilde{g}_{y_1}\tilde{g}_{y_1}^{-1}d=d$$

となるからである．

(c) は $\mathcal{G}$ が局所コンパクトな位相群で，$\mathcal{L}$ が $\mathcal{G}$ の Borel 集合族であれば成り立つことは，定理 5.8.1 で述べたとおりである．(d) が最も重要な条件である．たとえば $\mathcal{G}$ が例 5.8.2 の位置変換群であれば，$G_n=\{g_c:-n\leqq c\leqq n\}$ とおくと，任意の $g_{c_1}\in\mathcal{G}$ に対して $n\geqq|c_1|$ のとき

$$\frac{\nu(G_ng_{c_1}\ominus G_n)}{\nu(G_n)}=\frac{|c_1|}{n} \tag{9.5}$$

となって，$n\to\infty$ のとき (9.5) は 0 に収束する．また ν_1,ν_2 がともに σ 有限で $(\mathcal{G}_1,\mathcal{L}_1,\nu_1)$, $(\mathcal{G}_2,\mathcal{L}_2,\nu_2)$ がともに条件 (d) を満たせば，$(\mathcal{G}_1\times\mathcal{G}_2,$ $\mathcal{L}_1\times\mathcal{L}_2,$ $\nu_1\times\nu_2)$ も条件 (d) を満足することは明らかである．

次に条件 (e) の δ_g は (1.12) によって定義されたものであって，$\delta\in\Delta_I$ ならば任意の $g\in\mathcal{G}$ に対して $\delta_g=\delta$ となる．(9.3) の δ^g が $\hat{g}_yy_0=y$ を満足する g_y のとり方と無関係に決まることが仮定 (b) から出てくる．また仮定 (e) によれば $\delta^g\in\Delta$ である．しかも任意の $g_1\in\mathcal{G}$ に対して $g_1x=(\hat{g}_1y,z)$, $\hat{g}_1y=\hat{g}_1\hat{g}_yy_0$ となり，$g_{\hat{g}_1y}$ として g_1g_y をとることができるので，

$$\delta^g(\tilde{g}_1 D|g_1 x)=\delta(\tilde{g}\,\tilde{g}_y^{-1}\tilde{g}_1^{-1}\tilde{g}_1 D|g(y_0, z))$$
$$=\delta(\tilde{g}\,\tilde{g}_y^{-1}D|g(y_0, z))=\delta^g(D|x).$$

よって δ^g は $\mathcal{G}$ 不変な決定関数 $\delta^g\in\varDelta_I$ となる．とくに $\mathcal{G}$ が $\mathcal{R}^1$ の位置変換群のとき，$(\mathcal{D},\mathcal{F})=(\mathcal{R}^1,\mathcal{B}^1)$ として空間 $\mathcal{D}$ の変換を $\tilde{g}_c d=d+c$ とする．このとき非確率的な決定関数 φ に対して，$y_0=0$ として φ^{g_c} をつくると，

$$\varphi^{g_c}(x)=x+\varphi(c)-c.$$

次に条件（f）に関して，W_b は $\mathcal{G}$ 不変な損失関数であるから，定理 5.1.3 の (ii) により $\delta\in\varDelta_I$ のとき $R_b(\cdot,\delta)$ は Ω の $\bar{\mathcal{G}}$ 軌道上で一定である．しかも W_b は有界であるから，$\bar{\mathcal{G}}$ が Ω 上で推移的であれば（f）が常に成立し，Ω の中の $\bar{\mathcal{G}}$ 軌道が有限個でしかも $\varDelta_I$ が §4.2 B. で定義した意味で凸であれば，定理 4.2.6 によって（f）が成立する．また W が有界であれば (g) が成立することも自明である．ここで Π として Ω の有限または可算部分集合の上の確率分布だけを考えるので，$r_b(\Pi,\delta)$ をつくるときに $R_b(\cdot,\delta)$ の可測性を問題にする必要はない．

定理 5.9.1 (Kiefer (1957)) 与えられた $\mathcal{G}$ 不変な統計的決定問題が上の条件 (a)〜(g) を満足するものとする．このとき

$$\inf_{\delta\in\varDelta}\sup_{\theta\in\Omega}R(\theta,\delta)=\inf_{\delta\in\varDelta_I}\sup_{\theta\in\Omega}R(\theta,\delta). \tag{9.6}$$

とくにある $\delta_0\in\varDelta_I$ が $\varDelta_I$ の中でミニマックスであれば，$\varDelta$ の中でもミニマックスである．

証明 第1段 任意の $\delta\in\varDelta$ が与えられたとき，任意の $b>0$, $\theta\in\Omega$ に対して下の (9.8) が成り立つことを証明する．

$b>0$ を固定して任意の $g\in\mathcal{G}$，$x\in\mathcal{X}$，$\theta\in\Omega$ に対して

$$F(g,x,\theta)=\int_{\mathcal{D}}W_b(\theta,s)\,\delta_g(ds|x)$$

とおく．仮定 (e) により任意の $D\in\mathcal{F}$ に対して $\delta_g(D|x)$ が $\mathcal{L}\times\mathcal{A}$ 可測であったから，$F(g,x,\theta)$ も任意の $\theta\in\Omega$ に対して $\mathcal{L}\times\mathcal{A}$ 可測となり，しかも $0\leqq W_b(\theta,s)\leqq b$ より $0\leqq F(g,x,\theta)\leqq b$ となる．

ν は右不変測度であるから，任意の $g_1\in\mathcal{G}$，$x\in\mathcal{X}$，$\theta\in\Omega$ に対して

$$\left|\frac{1}{\nu(G_n)}\int_{G_n}F(gg_1^{-1},x,\theta)\,\nu(dg)-\frac{1}{\nu(G_n)}\int_{G_n}F(g,x,\theta)\,\nu(dg)\right|$$

$$=\frac{1}{\nu(G_n)}\left|\int_{G_n g_1^{-1}}F(g,x,\theta)\,\nu(dg)-\int_{G_n}F(g,x,\theta)\,\nu(dg)\right|$$

$$\leqq b\,\frac{\nu(G_n g_1^{-1}\ominus G_n)}{\nu(G_n)}\to 0 \quad (n\to\infty). \tag{9.7}$$

ここで →0 は仮定 (d) による.

とくに g_1 として g_y を用いれば, $g_y^{-1}x=(y_0,z)$ となるので

$$F(gg_y^{-1},x,\theta)=\int_{\mathcal{D}}W_b(\theta,s)\,\delta_{gg_y^{-1}}(ds|x)$$

$$=\int_{\mathcal{D}}W_b(\theta,s)\,\delta(\tilde{g}\tilde{g}_y^{-1}(ds)|gg_y^{-1}x)$$

$$=\int_{\mathcal{D}}W_b(\theta,s)\,\delta^g(ds|x).$$

仮定 (e) によれば, 任意の $D\in\mathfrak{F}$ に対して $\delta^g(D|x)$ も $\mathcal{L}\times\mathcal{A}$ 可測であったから, $F(gg_y^{-1},x,\theta)$ も任意の $\theta\in\Omega$ に対して $\mathcal{L}\times\mathcal{A}$ 可測となる.

以上によって Fubini の定理から

$$R_b(\theta,\delta_g)=\int_{\mathcal{X}}F(g,x,\theta)\,P_\theta(dx)$$

$$R_b(\theta,\delta^g)=\int_{\mathcal{X}}F(gg_y^{-1},x,\theta)\,P_\theta(dx)$$

がいずれも任意の $\theta\in\Omega$ に対して $\mathcal{L}$ 可測となることがわかる. ここでさらに (9.7) と Fubini の定理を用いれば,

$$\limsup_{n\to\infty}\frac{1}{\nu(G_n)}\int_{G_n}R_b(\theta,\delta_g)\,\nu(dg)$$

$$=\limsup_{n\to\infty}\int_{\mathcal{X}}\frac{1}{\nu(G_n)}\left(\int_{G_n}F(g,x,\theta)\,\nu(dg)\right)P_\theta(dx)$$

$$=\limsup_{n\to\infty}\int_{\mathcal{X}}\frac{1}{\nu(G_n)}\left(\int_{G_n}F(gg_y^{-1},x,\theta)\,\nu(dg)\right)P_\theta(dx)$$

$$=\limsup_{n\to\infty}\frac{1}{\nu(G_n)}\int_{G_n}R_b(\theta,\delta^g)\,\nu(dg). \tag{9.8}$$

第2段 任意の $\delta\in\varDelta$ に対して $\sup_{\theta\in\Omega} R(\theta,\delta)$ が (9.6) の右辺より小さくならないことを証明する．

まず

$$\sup_{\theta\in\Omega} R(\theta,\delta)=\sup_{\theta\in\Omega}\sup_{b>0} R_b(\theta,\delta)=\sup_{b>0}\sup_{\theta\in\Omega} R_b(\theta,\delta)$$
$$=\sup_{b>0}\sup_{\theta\in\Omega}\sup_{g\in\mathcal{G}} R_b(\bar{g}\theta,\delta)=\sup_{b>0}\sup_{\theta\in\Omega}\sup_{g\in\mathcal{G}} R_b(\theta,\delta_g).$$

最後の等号は定理 5.1.3 の (i) による．ここで $R_b(\theta,\delta_g)$ の $g\in G_n$ 上の ν 測度による平均が $\sup_{g\in\mathcal{G}} R_b(\theta,\delta_g)$ を超えないことと (9.8) を用いて，

$$\sup_{\theta\in\Omega} R(\theta,\delta)\geqq\sup_{b>0}\sup_{\theta\in\Omega}\limsup_{n\to\infty}\frac{1}{\nu(G_n)}\int_{G_n} R_b(\theta,\delta_g)\nu(dg)$$
$$=\sup_{b>0}\sup_{\theta\in\Omega}\limsup_{n\to\infty}\frac{1}{\nu(G_n)}\int_{G_n} R_b(\theta,\delta^g)\nu(dg)$$
$$=\sup_{b>0}\sup_{\Pi\in\Gamma}\int_{\Omega}\left(\limsup_{n\to\infty}\frac{1}{\nu(G_n)}\int_{G_n} R_b(\theta,\delta^g)\nu(dg)\right)\Pi(d\theta). \tag{9.9}$$

b から上の最後の辺の上極限を引いたものの積分に Fatou の補題を適用して，

$$\int_{\Omega}\left(\limsup_{n\to\infty}\frac{1}{\nu(G_n)}\int_{G_n} R_b(\theta,\delta^g)\nu(dg)\right)\Pi(d\theta)$$
$$\geqq\limsup_{n\to\infty}\int_{\Omega}\left(\frac{1}{\nu(G_n)}\int_{G_n} R_b(\theta,\delta^g)\nu(dg)\right)\Pi(d\theta)$$
$$=\limsup_{n\to\infty}\frac{1}{\nu(G_n)}\int_{G_n} r_b(\Pi,\delta^g)\nu(dg)$$

が得られる．ここで最後の等号は Fubini の定理による．したがって (9.9) より

$$\sup_{\theta\in\Omega} R(\theta,\delta)\geqq\sup_{b>0}\sup_{\Pi\in\Gamma}\limsup_{n\to\infty}\frac{1}{\nu(G_n)}\int_{G_n} r_b(\Pi,\delta^g)\nu(dg)$$
$$\geqq\sup_{b>0}\sup_{\Pi\in\Gamma}\inf_{\delta\in\varDelta_I} r_b(\Pi,\delta) \qquad [\delta^g\in\varDelta_I]$$
$$=\sup_{b>0}\inf_{\delta\in\varDelta_I}\sup_{\Pi\in\Gamma} r_b(\Pi,\delta) \qquad [\text{仮定 (f)}]$$
$$=\sup_{b>0}\inf_{\delta\in\varDelta_I}\sup_{\theta\in\Omega} R_b(\theta,\delta) \qquad [\Gamma\ \text{の定義}]$$

$$= \inf_{\delta \in \varDelta_I} \sup_{\theta \in \Omega} R(\theta, \delta). \qquad \text{[仮定 (g)]}$$

以上によって第2段の証明が完結した．

その結果 (9.6) で $\geqq$ が成り立つことが証明された．$\varDelta \supset \varDelta_I$ により (9.6) の $\leqq$ は明らかであるから，よって (9.6) の等号が成り立つ．定理の後半は (9.6) より自明である． ▮

B. 最良不変推定のミニマックス性

まず定理5.5.2で得られた共変推定のミニマックス性を述べた次の定理をあげておく．

定理 5.9.2 (Kiefer (1957)) 与えられた $\mathcal{G}$ 不変な統計的決定問題が本節の条件 (a)〜(e) と (g) を満足するほか，定理 5.5.2 の条件 (c)〜(f) を満足するものとする．このとき (5.2) で定義された φ_0 が $\varDelta$ に属して，ある $\theta_0' \in \Omega$ に対して $R(\theta_0', \varphi_0) < \infty$ を満足すれば，φ_0 は $\varDelta$ の中でミニマックスである．

証明 定理 5.5.2 と定理 5.9.1 から明らかである． ▮

位置母数の推定問題について定理 5.9.2 は次のようになる．

定理 5.9.3 (Kiefer (1957)) 与えられた統計的決定問題は定理 5.5.4 の条件 (h)〜(k) を満足するほか，次の (e′) を満足し，さらに (g_1)〜(g_3) の1つを満足するものとする．

(e′) $\varDelta$ は $(x, s) \to \delta((-\infty, s]|x)$ が $\mathcal{B}^n \times \mathcal{B}^1 = \mathcal{B}^{n+1}$ 可測となる確率的な決定関数 δ の全体の集合である．

(g_1) w は $\mathcal{R}^1$ で有界である．

(g_2) w は $\mathcal{R}^1$ で連続で，$|s| \to \infty$ のとき $w(s) \to \infty$ となる．

(g_3) w は $\mathcal{R}^1$ で連続で，適当に $\gamma \in \mathcal{R}^1$ をとると，$s \leqq \gamma$ のとき有界で $s \to -\infty$ とすれば $w(s) \to l < \infty$ となり，$s \geqq \gamma$ のとき単調増加で $s \to \infty$ とすれば $w(s) \to \infty$ となる．

このとき (5.9) で定義された φ_0 が $R(0, \varphi_0) < \infty$ を満足すれば，φ_0 は $\varDelta$ の中でミニマックスである．

証明 定理 5.5.4，定理 5.9.2 と (9.5) で説明したことから，$\varphi_0 \in \varDelta$ と本

節の (e), (g) が満たされることとを証明すればよい．

定理 5.5.4 において x と (y, z) の間に (5.7) が成り立つので，定理 5.5.2 のときと同様に，$\delta(D|x)$ を $\delta(D|(y, z))$ とも書くことにする．このとき

$$(x, s) \to \delta((-\infty, s]|x)$$

の $\mathscr{B}^{n+1}$ 可測性と

$$(y, z, s) \to \delta((-\infty, s]|(y, z)) \tag{9.10}$$

の $\mathscr{B}^{n+1}$ 可測性とは同等であることを注意しておく．

<u>$\varphi_0 \in \varDelta$ の証明</u>　φ_0 を確率的な決定関数の形で表せば，

$$\delta_0((-\infty, s]|(y, z)) = I(y + \phi_0(z) \leqq s).$$

ここで ϕ_0 が $\mathscr{B}^{n-1}$ 可測であったから，この等式の右辺が (y, z, s) の関数として $\mathscr{B}^{n+1}$ 可測になることは明らかである．

<u>(e) の証明</u>　(9.10) が $\mathscr{B}^{n+1}$ 可測であると仮定する．このとき $y_0 = 0$ として任意の $c \in \mathscr{R}^1$ に対して

$$(y, z, s) \to \delta^{g_c}((-\infty, s]|(y, z)) = \delta((-\infty, s+c-y]|(c, z)) \tag{9.11}$$

が $\mathscr{B}^{n+1}$ 可測のこと，および任意の $D \in \mathscr{B}^1$ に対して

$$(c, y, z) \to \delta_{g_c}(D|(y, z)) = \delta(D+c|(y+c, z)) \tag{9.12}$$

$$(c, y, z) \to \delta^{g_c}(D|(y, z)) = \delta(D+c-y|(c, z)) \tag{9.13}$$

が $\mathscr{B}^{n+1}$ 可測のことを証明すればよい．ただし $D+c = \{d+c : d \in D\}$ 等とする．

(9.10) の右辺を $f(y, z, s)$ で表せば，(9.11) の右辺は $f(c, z, s+c-y)$ となるので，$c \in \mathscr{R}^1$ を固定するとこれが $\mathscr{B}^{n+1}$ 可測になることは明らかである．$s \in \mathscr{R}^1$ を固定して $D = (-\infty, s]$ とおけば，同様にして (9.12) の右辺は $\mathscr{B}^{n+1}$ 可測になることがわかる．そこで (9.12) が $\mathscr{B}^{n+1}$ 可測となる $D \in \mathscr{B}^1$ の全体がつくる集合族 $\mathscr{M}$ を考えれば，有限個の左開区間の和集合がすべて $\mathscr{M}$ に属して，しかも $\mathscr{M}$ が単調族になる．よって定理 1.1.1 によって $\mathscr{M} = \mathscr{B}^1$ となり，その結果任意の $D \in \mathscr{B}^1$ に対して (9.12) は $\mathscr{B}^{n+1}$ 可測となる．(9.13) についても同様である．以上で (e) が証明された．

<u>$(g_1) \Rightarrow (g)$ の証明</u>　自明である．

(g$_2$)⇒(g) の証明　$\theta_0=0$ として定理 5.5.2 の記号 $\bar{Q}, Q$ を用いれば，仮定 $R(0,\varphi_0)<\infty$ により

$$\int_{\mathcal{Y}} w(y+\phi_0(z))\,Q(dy|z)=\inf_{s\in\mathcal{R}^1}\int_{\mathcal{Y}} w(y+s)Q(dy|z)<\infty$$

$$\text{a.e. } (\mathcal{C},\bar{Q}). \qquad (9.14)$$

$Q(\cdot|z)$ はすべての z に対して確率測度であるとしてさしつかえない．そこで (9.14) の値が有限である任意の $z\in\mathcal{Z}$ に対してまず

$$\lim_{b\to\infty}\inf_{s\in\mathcal{R}^1}\int_{\mathcal{Y}} w_b(y+s)\,Q(dy|z)=\inf_{s\in\mathcal{R}^1}\int_{\mathcal{Y}} w(y+s)\,Q(dy|z) \qquad (9.15)$$

を証明しよう．

(9.15) は個々の z に関する等式であるから，これを証明するに当たって z をいちいち書かないで $Q(\cdot|z)$ の代わりに $Q(\cdot)$ とし，確率測度 Q による平均を E_Q で表す．(9.15) の右辺が 0 であれば (9.15) の等号が成り立つことは明らかであるから，(9.15) の右辺を正として，

$$\inf_{s\in\mathcal{R}^1} E_Q w(Y+s)>\alpha>0 \qquad (9.16)$$

となる任意の α をとる．他方で任意の $\varepsilon\in(0,1)$ に対して

$$Q([-a,a])>1-\varepsilon \qquad (9.17)$$

となる $a\in\mathcal{R}^1_+$ をとる．仮定 (g$_2$) により $V_\alpha=\{u\in\mathcal{R}^1: w(u)\leqq\alpha\}$ は有界であるから，$r=a+|\sup V_\alpha|+|\inf V_\alpha|$ とおけば，$|y|\leqq a$, $|s|>r$ のとき $|y+s|>r-a=|\sup V_\alpha|+|\inf V_\alpha|$，したがって $y+s\notin V_\alpha$ により $w(y+s)>\alpha$ となる．よって $|s|>r, b>\alpha$ を満たすすべての s, b に対して (9.17) により

$$E_Q w_b(Y+s)>\alpha(1-\varepsilon),$$

したがって $b>\alpha$ ならば

$$\inf_{|s|>r} E_Q w_b(Y+s)\geqq\alpha(1-\varepsilon). \qquad (9.18)$$

次に任意の $b>0$ に対して

$$E_Q w_b(Y+s_b)<\frac{1}{b}+\inf_{|s|\leqq r} E_Q w_b(Y+s)$$

となる $s_b\in[-r,r]$ を選ぶ．ここで $i\to\infty$ のとき $b_i\to\infty$, $s_{b_i}\to s^*\in[-r,r]$ と

なるように $\{b_i\}$ をとれば，任意の $M>0$ に対して

$$\begin{aligned}&\lim_{b\to\infty}\inf_{|s|\leqq r}E_Q w_b(Y+s)\\&=\lim_{b\to\infty}E_Q w_b(Y+s_b)\geqq\liminf_{i\to\infty}E_Q I_{[-M,M]}(Y)w_{b_i}(Y+s_{b_i})\\&=\liminf_{i\to\infty}E_Q I_{[-M,M]}(Y)w(Y+s_{b_i})\geqq E_Q I_{[-M,M]}(Y)w(Y+s^*).\end{aligned}$$

ここで3行目の等号は $|u|\leqq M+r$ のとき $w(u)$ が有界であることによる．最後の $\geqq$ は Fatou の補題による．この不等式がすべての $M>0$ について成り立つことから，(9.16) により

$$\lim_{b\to\infty}\inf_{|s|\leqq r}E_Q w_b(Y+s)\geqq E_Q w(Y+s^*)>\alpha. \tag{9.19}$$

(9.18), (9.19) より (9.15) の左辺は $\geqq\alpha(1-\varepsilon)$ となる．α は (9.16) を満たす任意の値，$\varepsilon\in(0,1)$ も任意であったから，これより (9.15) で $\geqq$ が成立する．$\leqq$ は明らかであるから，よって (9.15) が証明された．

さて，$b>0$ を固定して (9.15) の左辺の積分を考えると，この積分は任意の $s\in\mathcal{R}^1$ に対して $z\in\mathcal{Z}$ の可測関数，任意の $z\in\mathcal{Z}$ に対して $s\in\mathcal{R}^1$ の有界連続関数である．よってすべての $s\in\mathcal{R}^1$ に関する下限はすべての有理数 s についての下限と同じ値をもつ．有理数全体の集合は可算集合であるから，よって (9.15) の左辺で下限をとった後でも z の可測関数となる．これより任意の $\delta\in\Delta_I$ に対して，定理 5.5.2 の証明で用いた等式から

$$\begin{aligned}R_b(0,\delta)&=\int_{\mathcal{Z}}\left[\int_{\mathcal{D}}\left(\int_{\mathcal{Y}}w_b(y+s)\,Q(dy|z)\right)\delta(ds|(0,z))\right]\bar{Q}(dz)\\&\geqq\int_{\mathcal{Z}}\left[\inf_{s\in\mathcal{R}^1}\int_{\mathcal{Y}}w_b(y+s)\,Q(dy|z)\right]\bar{Q}(dz).\end{aligned} \tag{9.20}$$

ここで a.e. $(\mathcal{C},\bar{Q})$ で (9.15) が成り立つことが示されたので，(9.14) により (9.20) の右辺は $b\to\infty$ とすれば

$$R(0,\varphi_0)=\inf_{\delta\in\Delta_I}R(0,\delta)$$

に収束する．これで (g) が証明された．

<u>$(g_3)\Rightarrow(g)$ の証明</u>　(g_2) の場合と同じ記号を用いることにし，$Q(\cdot|z)$ を確率測度として，(9.14) の値が有限である任意の $z\in\mathcal{Z}$ に対して (9.15) を証

明しさえすればよい.

(9.15) の右辺を正として，(9.16) を満たす α をとる．$s\leqq\gamma$ のとき $w(s)\leqq L<\infty$ とし，$E_Q w(Y+s_0)<\infty$ となる $s_0\in\mathcal{R}^1$ をとる．このときすべての $b>0$, $s<s_0$, $y\in\mathcal{R}^1$ に対して

$$w_b(y+s)\leqq w(y+s)\leqq w(y+s_0)+L$$

となり，$b>l$ とすれば $s\to-\infty$ のとき左辺は $\to l$ となる．しかも s_0 のとり方から $E_Q[w(Y+s_0)+L]<\infty$ となるので，Lebesgue の優収束定理により，$b>l$, $s\to-\infty$ のとき

$$E_Q w_b(Y+s)\to l$$

$$E_Q w(Y+s)\to l\geqq \inf_{s\in\mathcal{R}^1} E_Q w(Y+s)>\alpha.$$

よって $b_0>l$, $0<\varepsilon<\alpha$ のとき $s_1<\gamma$ を適当にとれば，$b>b_0$, $s<s_1$ を満たすすべての b, s に対して

$$E_Q w_b(Y+s)\geqq E_Q w_{b_0}(Y+s)>\alpha-\varepsilon.$$

他方でこの b_0 に対して $s\to\infty$ のとき $E_Q w_{b_0}(Y+s)\to b_0$ となるので，$s_2>\gamma$ を適当にとれば，$b>b_0$, $s>s_2$ を満たすすべての b, s に対して

$$E_Q w_b(Y+s)\geqq E_Q w_{b_0}(Y+s)>b_0-\varepsilon>l-\varepsilon>\alpha-\varepsilon.$$

よって $b>b_0$ のとき，$s<s_1$ または $s>s_2$ であれば $E_Q w_b(Y+s)>\alpha-\varepsilon$ が成り立つことが証明された．

$s\in[s_1, s_2]$ に対しては (g_2) のときと同様である．こうして (9.15) が証明される．あとも (g_2) のときと同様である．以上で定理の証明は完結した． ▌

区間 $J\subset\mathcal{R}^1$ で定義されて実数値をとる関数 $w(s)$ が，適当に $\gamma\in J$ をとると $s\leqq\gamma$ のとき単調減少で $s\geqq\gamma$ のとき単調増加となれば，w は**ボウル型**であるという．w が $\mathcal{R}^1$ で定義された連続でボウル型の関数であれば（必要とあれば $w(s)$ の代わりに $w(-s)$ を考えると），(g_1)～(g_3) のどれかが成り立つ．

例 5.9.1　$X_1, \cdots, X_n$ は互いに独立に正規分布 $N(\xi, \sigma^2)$ に従うものとし，σ^2 の推定を考える．母数を $\theta=(\xi, \sigma^2)$，母数空間を $\mathcal{R}^1\times\mathcal{R}^1_+$，決定空間 ($\mathcal{D}$, $\mathcal{F}$) は Borel 型で $\mathcal{D}=\mathcal{R}^1_+$ とし，損失関数は

$$W(\theta, d)=w(d/\sigma^2)$$

であって，w は $\mathcal{R}^1_+$ で定義された連続で非負のボウル型の関数とする．

このとき $x=(x_1,\cdots,x_n)\in\mathcal{R}^n$ に対して

$$u=\sum_i x_i/n=\bar{x}, \quad v=\sum_i (x_i-\bar{x})^2, \quad t(x)=(u,v) \tag{9.21}$$

とおけば t が十分統計量となる．そこで，(u,v) に基づく決定関数 δ で

$$(u,v,s)\to\delta((0,s]|(u,v))$$

が $\mathcal{B}^3$ 可測であるようなものの全体を Δ_t とする．このとき，例 5.1.1 の位置尺度変換から導かれる変換

$$g_{(a,b)}(u,v)=(a+bu, b^2v), \quad \bar{g}_{(a,b)}(\xi,\sigma^2)=(a+b\xi, b^2\sigma^2), \quad \tilde{g}_{(a,b)}d=b^2d$$

を考えれば，この変換群 $\mathcal{G}=\{g_{(a,b)}:(a,b)\in\mathcal{R}^1\times\mathcal{R}^1_+\}$ で問題は不変になる．そこで定理 5.9.1 の条件 (a)～(e) と (g) について吟味する．

標本点を (u,v) と考えれば条件 (a) の $\mathcal{Z}$ はただ1点から成る集合である．$(u,v)=(0,1)$ の固定部分群は単位群であるから，(b) も自明である．

(c) は例 5.8.4 により $\mathcal{R}^1\times\mathcal{R}^1_+$ の任意の Borel 部分集合 E に対して

$$\nu\{g_{(a,b)}\in\mathcal{G}:(a,b)\in E\}=\int_E \frac{1}{b}\,da\,db$$

とおけば満足される．さらに $n=1,2,\cdots$ に対して

$$G_n=\{g_{(a,b)}\in\mathcal{G}:-e^{n^2}\leqq a\leqq e^{n^2},\ e^{-n}\leqq b\leqq e^n\}$$

とおいて条件 (d) が成り立つことを証明しよう．そのため $g_1=g_{(a_1,b_1)}$ を

$$g_1=g_{(a_1,b_1)}=g_{(0,b_1)}\,g_{(a_1/b_1,1)}=g_2\,g_3$$

と分解して，$n\to\infty$ のとき

$$\lim_{n\to\infty}\frac{\nu(G_n g_2\ominus G_n)}{\nu(G_n)}=0, \quad \lim_{n\to\infty}\frac{\nu(G_n g_2 g_3\ominus G_n g_2)}{\nu(G_n)}=0 \tag{9.22}$$

を証明すれば，これより (9.1) が得られる．$c_1=a_1/b_1$ とおけば

$$G_n g_2=\{g_{(a,b)}\in\mathcal{G}:-e^{n^2}\leqq a\leqq e^{n^2},\ b_1e^{-n}\leqq b\leqq b_1e^n\}$$

$$G_n g_2 g_3=\{g_{(a,b)}\in\mathcal{G}:-e^{n^2}+c_1b\leqq a\leqq e^{n^2}+c_1b,\ b_1e^{-n}\leqq b\leqq b_1e^n\}$$

となるので，n が十分大きいとき

$$\nu(G_n)=4ne^{n^2},\quad \nu(G_n g_2 \ominus G_n)=4e^{n^2}|\log b_1|,$$
$$\nu(G_n g_2 g_3 \ominus G_n g_2)=2|a_1|(e^n-e^{-n}).$$

これより (9.22) は明らかである．

(e) の証明は定理 5.9.3 と同様である．

(g) の証明に当たって，Δ_t に属して $\mathcal{G}$ 不変な任意の決定関数を δ とすると，$\delta(\cdot|(u,v))$ は v だけに依存する $(\mathcal{D},\mathcal{F})$ 上の確率分布となって，v, σ^2, d の代わりにそれぞれ $\log v$, $\log\sigma^2$, $\log d$ を考え，$w(s)$ の代わりに $w(e^s)$ を考えれば，定理 5.9.3 の場合に帰着する．

よって (9.21) に対応する確率変数 $t(X)=(U,V)$ をつくり，$E_{(0,1)}w(sV)$ が有限の最小値をとる s を s_0 とすれば，$\varphi_0(u,v)=s_0v$ が Δ_t の中でミニマックスとなる．もとの観測値 x については，定理 2.3.6 と同様にして，φ_0 は

$$(x,s)\to\delta((0,s]|x)$$

が $\mathcal{B}^{n+1}$ 可測であるような決定関数全体の集合の中でミニマックスとなる．

とくに $w(s)=(s-1)^2$ のときには例 3.1.3 によって $s_0=1/(n+1)$ となり，$w(s)=s-1-\log s$ のときには $s_0=1/(n-1)$ となる． ▌

信頼区間による推定問題に対して，定理 5.9.3 に相当する結果は Kudo (1955), Valand (1968), Zehnwirth (1975) によって与えられている．

C. Hunt-Stein の定理

Kiefer の定理はミニマックスで $\mathcal{G}$ 不変な決定関数の存在を保証するものではなかった．しかしながら分布族 $\mathcal{P}$ が $(\mathcal{X},\mathcal{A})$ 上のある σ 有限測度に関して絶対連続であれば，$\mathcal{G}$ 不変な検定問題において，ν については (c), (d) より弱い条件のもとで，すべての検定関数の中でミニマックスで，しかも $\mathcal{G}$ 不変なものが存在することが保証される．

定理 5.9.4 (**Hunt-Stein の定理**, Lehmann (1959) p. 336) §5.6 A. の意味で $\mathcal{G}$ 不変な検定問題が与えられたものとし，さらに次の条件 (h)～(k) を仮定する．

(h) 確率分布族 $\mathcal{P}=\{P_\theta:\theta\in\Omega\}$ はある σ 有限測度 μ に関して絶対連続である．

（j） $\mathcal{G}$ の部分集合から成る完全加法族 $\mathcal{L}$ が与えられていて，$(g,x)\to gx$ は $\mathcal{L}\times\mathcal{A}\to\mathcal{A}$ 可測，任意の $g_1\in\mathcal{G}$ に対して $g\to gg_1$ は $\mathcal{L}\to\mathcal{L}$ 可測である．

（k） $(\mathcal{G},\mathcal{L})$ 上の確率分布列 $\{\nu_n\}$ であって，任意の $g_1\in\mathcal{G}$，$G\in\mathcal{L}$ に対して

$$\lim_{n\to\infty}|\nu_n(Gg_1)-\nu_n(G)|=0$$

となるものが存在する．

このとき，

（i） 任意の検定関数 φ に対して，ほとんど $\mathcal{G}$ 不変な検定関数 ψ であって，すべての $\theta\in\Omega$ に対して

$$\inf_{g\in\mathcal{G}} E_{\bar{g}\theta}\varphi(X)\leqq E_\theta\psi(X)\leqq \sup_{g\in\mathcal{G}} E_{\bar{g}\theta}\varphi(X) \tag{9.23}$$

となるものが存在する．

（ii） 水準 α の検定関数の全体の集合を $\Delta(\alpha)$ とするとき，

$$\sup_{\theta\in\Omega_1} R(\theta,\psi)=\inf_{\varphi\in\Delta(\alpha)}\ \sup_{\theta\in\Omega_1} R(\theta,\varphi) \tag{9.24}$$

の意味でミニマックスで，ほとんど $\mathcal{G}$ 不変な検定関数 $\psi_0\in\Delta(\alpha)$ が存在する．

（iii） さらに §5.3 の記号で $\mathcal{A}_I\sim\mathcal{A}_{I^*}\,(\mathcal{A},\mathcal{P})$ が成り立てば，(9.24) の意味でミニマックスで $\mathcal{G}$ 不変な検定関数 $\psi_0'\in\Delta(\alpha)$ が存在する．

証明 （i） 与えられた検定関数 φ に対して仮定（j）により $\varphi(gx)$ は $\mathcal{L}\times\mathcal{A}$ 可測となるから，Fubini の定理により

$$\psi_n(x)=\int_{\mathcal{G}}\varphi(gx)\,\nu_n(dg) \tag{9.25}$$

も検定関数となる．仮定（h）を用いれば，定理 2.2.1 より $\{\psi_n\}$ の部分列 $\{\psi_{n_i}\}$ と検定関数 ψ とを適当に選べば，すべての $\theta\in\Omega$，$A\in\mathcal{A}$ に対して

$$\lim_{i\to\infty}\int_A\psi_{n_i}(x)\,P_\theta(dx)=\int_A\psi(x)\,P_\theta(dx). \tag{9.26}$$

ここで再び Fubini の定理によれば，任意の $\theta\in\Omega$ と $n\in\mathcal{N}$ に対して

$$E_\theta\psi_n(X)=\int_{\mathcal{X}}\left(\int_{\mathcal{G}}\varphi(gx)\,\nu_n(dg)\right)P_\theta(dx)=\int_{\mathcal{G}}\left(\int_{\mathcal{X}}\varphi(gx)\,P_\theta(dx)\right)\nu_n(dg)$$

$$=\int_{\mathcal{G}}\left(\int_{\mathcal{X}}\varphi(x)\,P_{\bar{g}\theta}(dx)\right)\nu_n(dg)=\int_{\mathcal{G}}E_{\bar{g}\theta}\,\varphi(X)\,\nu_n(dg).$$

ここで2行目の最初の等号は定理 5.1.1 の (iii) による．これより ψ_n に対して (9.23) が成り立つことがわかる．そこで $A=\mathcal{X}$ として (9.26) を用いれば，ψ に対して (9.23) が得られる．

次に ψ がほとんど $\mathcal{G}$ 不変であることを証明する．そのためにまず任意の $g_1\in\mathcal{G}_1$，$x\in\mathcal{X}$ に対して，$n\to\infty$ のとき

$$\psi_n(g_1x)-\psi_n(x)\to 0 \tag{9.27}$$

が成り立つことを証明する．任意の $m\in\mathcal{N}$ を固定して

$$G_k=\left\{g\in\mathcal{G}:\frac{k-1}{m}<\varphi(gx)\leqq\frac{k}{m}\right\}\quad(k=0,1,\cdots,m)$$

とおく．(9.25) を G_k 上の積分の和に分解すれば，

$$0\leqq\psi_n(x)-\sum_{k=1}^{m}\frac{k-1}{m}\nu_n(G_k)\leqq\frac{1}{m}$$

となることが容易にわかる．同様にして $G_kg_1^{-1}\in\mathcal{L}$ $(k=0,1,\cdots,m)$ を用いて

$$0\leqq\psi_n(g_1x)-\sum_{k=1}^{m}\frac{k-1}{m}\nu_n(G_kg_1^{-1})\leqq\frac{1}{m}$$

が得られるので，

$$|\psi_n(g_1x)-\psi_n(x)|\leqq\sum_{k=1}^{m}\frac{k-1}{m}|\nu_n(G_kg_1^{-1})-\nu_n(G_k)|+\frac{1}{m}.$$

ここで $n\to\infty$ とすれば，仮定 (k) により

$$\limsup_{n\to\infty}|\psi_n(g_1x)-\psi_n(x)|\leqq\frac{1}{m}.$$

$m\in\mathcal{N}$ は任意であったから，これより (9.27) を得る．そこで定理 5.1.1 の (iii) と (9.26), (9.27) と有界収束の定理とを用いれば，任意の $g_1\in\mathcal{G}$，$\theta\in\Omega$，$A\in\mathcal{A}$ に対して

$$\int_A (\psi(g_1x)-\psi(x))\,P_\theta(dx)=\int_{g_1A}\psi(x)\,P_{\bar{g}_1\theta}(dx)-\int_A\psi(x)\,P_\theta(dx)$$
$$=\lim_{i\to\infty}\left(\int_{g_1A}\psi_{n_i}(x)\,P_{\bar{g}_1\theta}(dx)-\int_A\psi_{n_i}(x)\,P_\theta(dx)\right)$$
$$=\lim_{i\to\infty}\int_A(\psi_{n_i}(g_1x)-\psi_{n_i}(x))\,P_\theta(dx)=0.$$

$A\in\mathcal{A}$ は任意であったから，これより

$$\psi(g_1x)=\psi(x)\quad \text{a.e.}\ (\mathcal{A},P_\theta).$$

さらに $\theta\in\Omega$, $g_1\in\mathcal{G}$ も任意であったので，ψ はほとんど $\mathcal{G}$ 不変となる．

（ii） 定理 4.6.1 の（i）により $\Delta(\alpha)$ の中に (9.24) の意味でミニマックスな検定 φ_0 が存在するので，φ_0 から出発して（i）によって得られる ψ を ψ_0 とすればよい．

（iii） (ii) の ψ_0 と a.e. $(\mathcal{A},\mathcal{P})$ で一致する $\mathcal{G}$ 不変な検定関数を ψ_0' とおけばよい．このような ψ_0' の存在は定理 5.3.1 と定理 2.4.1 による．∎

例 5.9.2 例 5.6.1 の位置変換群 $\mathcal{G}$ については，区間 $[-n,n]$ の一様分布に対応する $\mathcal{G}$ 上の分布を ν_n とすれば (k) が成り立つ．また定理 5.3.3 により $\mathcal{A}_I\sim\mathcal{A}_{I^*}$ $(\mathcal{A},\mathcal{P})$ となるので，例 5.6.1 の検定は $\Delta(\alpha)$ の中で (9.24) の意味でミニマックスである．∎

一般に条件 (c), (d) が成り立つときには，$\nu_n(G)=\nu(G\cap G_n)/\nu(G_n)$ とおけば，ν の右不変性を利用すると，任意の $g_1\in\mathcal{G}$, $G\in\mathcal{L}$ に対して

$$|\nu_n(Gg_1)-\nu_n(G)|=\left|\frac{\nu(Gg_1\cap G_n)}{\nu(G_n)}-\frac{\nu(G\cap G_n)}{\nu(G_n)}\right|$$
$$\leqq\frac{\nu(G\cap(G_ng_1^{-1}\ominus G_n))}{\nu(G_n)}\to 0.$$

よって (k) が成り立つ．

例 5.9.3 (**Stein の例**, Lehmann (1959) p. 231) $X=(X_1,X_2)'$, $Y=(Y_1,Y_2)'$ は互いに独立にそれぞれ正規分布 $N(0,\Sigma)$, $N(0,\rho\Sigma)$ に従うものとし，正数 ρ および正値対称行列 Σ はいずれも未知とする．ここで仮説 $\rho\leqq 1$ を対立仮説 $\rho>1$ に対して検定する問題を考える．このとき

$$\mathscr{X}=\{(x,y)\in\mathscr{R}^2\times\mathscr{R}^2:x=(x_1,x_2)',\ y=(y_1,y_2)',\ x_1y_2\neq x_2y_1\}$$

として，任意の 2×2 正則行列 C に対して

$$g_C(x,y)=(Cx,Cy),\quad \bar{g}_C(\Sigma,\rho)=(C\Sigma C',\rho),\quad \tilde{g}_C0=0,\quad \tilde{g}_C1=1$$

とすれば，この検定問題は一般線形変換群 $\mathscr{G}=\{g_C: C$ は正則行列$\}$ で不変である．しかも $\mathscr{G}$ は $\mathscr{X}$ 上で推移的であるから，任意の $\mathscr{G}$ 不変検定 φ は定数である．よって $\Delta(\alpha)$ に属する $\mathscr{G}$ 不変検定の中で最強力のもの φ_0 は $\varphi_0\equiv\alpha$ である．これに対して $\gamma>0$ を適当にとって

$$\varphi(x,y)=I(y_1^2/x_1^2\geqq\gamma)$$

とすれば，$\varphi\in\Delta(\alpha)$ であって φ_0 より強力な検定をつくることができる． ▌

この状況は3変量以上の場合でも同様である．この例は，2次元以上の一般線形変換群に対して条件 (k) が成り立たないこと，したがって例 5.8.5 の右不変 Haar 測度 ν に対して条件 (d) が成り立たないことを示していて，これが Kiefer の定理を応用するうえでの制約になっている．

1次元の一般線形変換群は $\mathscr{R}^1-\{0\}$ の乗法群と同形であって，この場合には $\mathscr{R}^1_+$ の任意の Borel 集合 E に対して

$$\nu\{g_c: c\in E\}=\nu\{g_c: -c\in E\}=\int_E\frac{1}{c}dc$$

によって ν を定義し，さらに

$$G_n=\{g_c: n^{-1}\leqq|c|\leqq n\}$$

とおけば (d) が成り立つ．

第6章　許　容　性

決定関数の範囲を不偏なものとか不変なものとかに限定して，その範囲内で最良のものを求めるという考え方は，本書の中で既に述べてきた．そのように限定することは常識的と考えられ，しかもその結果として通常よく使われている決定関数が得られることが多いが，その限定をはずせばもっとよい決定関数が得られることもしばしばある．本章では主として，不変な決定関数の中で最良なものと比較して，それより優れた決定関数が存在するかどうか，という観点から許容性の問題を考えていくことにする．本章の前半では2乗誤差を用いたときの推定の問題を中心に議論を進め，後半では検定の問題と多重決定の問題を取り上げる．

6.1　許　容　性

A.　許容的な決定関数

§1.7 B. において，統計的決定問題が与えられたとき，2つの決定関数 δ_1, δ_2 に対して“δ_1 は δ_2 と少なくとも同程度に優れている”，“δ_1 は δ_2 より優れている”，“δ_1 は δ_2 と同等である”などを定義し，決定関数の集合 Δ について，$\delta_0 \in \Delta$ より優れた決定関数が Δ の中に存在しなければ，δ_0 は Δ の中で許容的であると定義した．つまり $\delta_0 \in \Delta$ が Δ の中で**許容的**であるとは，

$$\text{すべての } \theta \in \Omega \text{ に対して} \qquad R(\theta, \delta_1) \leqq R(\theta, \delta_0) \tag{1.1}$$

$$\text{ある } \theta_1 \in \Omega \text{ に対して} \qquad R(\theta_1, \delta_1) < R(\theta_1, \delta_0) \tag{1.2}$$

を満足する決定関数 $\delta_1 \in \Delta$ が存在しないことであった．

定理 6.1.1　統計的決定問題が与えられたとき，決定関数の集合 Δ の中にミニマックス解 δ_0 が存在して，しかもすべてのミニマックス解が同等であれば，δ_0 は Δ の中で許容的である．

証明　簡単であるから省略する．∎

次に Bayes 解を考えるに当たって条件

(a) 母数空間 Ω の部分集合から成る完全加法族 Λ が与えられていて，任意の決定関数 $\delta\in\Delta$ に対して危険関数 $R(\cdot,\delta)$ は Λ 可測である；

を設ける.

定理 6.1.2 条件 (a) を満足する統計的決定問題が与えられたものとする. (Ω,Λ) 上の事前分布 Π に関する Bayes 解 $\delta_0\in\Delta$ が存在して，しかも Π に関するすべての Bayes 解が同等であれば，δ_0 は許容的である.

証明 簡単であるから省略する. ▮

定理 6.1.2 において Bayes 解というところを広義の Bayes 解や一般 Bayes 解としたのでは，結論が必ずしも成り立たない. 定理 6.2.3 でそのような例があげられる.

定理 6.1.3 (Blyth (1951)) Ω に位相が与えられていて，Λ は Ω の開集合をすべて含む完全加法族であるとする. また任意の決定関数 $\delta\in\Delta$ に対して $R(\cdot,\delta)$ は Ω で連続とし，事前分布 Π は空でないすべての開集合 $\omega\subset\Omega$ に対して $\Pi(\omega)>0$ を満足するものとする. このとき Π に関する任意の Bayes 解 $\delta_0\in\Delta$ は Δ の中で許容的である.

証明 δ_0 が Δ の中で許容的でないとすれば，(1.1), (1.2) を満足する決定関数 $\delta_1\in\Delta$ が存在する. そこで

$$R(\theta_1,\delta_0)-R(\theta_1,\delta_1)>\varepsilon>0$$

となる ε をとれば，仮定により $R(\cdot,\delta_0)$, $R(\cdot,\delta_1)$ は連続であるから，θ_1 を含む適当な開集合 ω をとると，すべての $\theta\in\omega$ に対して

$$R(\theta,\delta_0)-R(\theta,\delta_1)>\varepsilon.$$

さらに $\Pi(\omega)>0$ であるから，

$$r(\Pi,\delta_0)-r(\Pi,\delta_1)=\int_\Omega(R(\theta,\delta_0)-R(\theta,\delta_1))\,\Pi(d\theta)=\int_\omega+\int_{\Omega-\omega}$$

$$\geq\int_\omega\varepsilon\,\Pi(d\theta)+\int_{\Omega-\omega}0\,\Pi(d\theta)=\varepsilon\,\Pi(\omega)>0.$$

よって δ_0 が Π に関する Bayes 解であるという仮定に反する. したがって δ_0 は許容的でなければならない. ▮

B. ほとんど許容的な決定関数

与えられた統計的決定問題は条件 (a) を満足するものとし，Π は (Ω, Λ) 上の1つの測度であるとする．ある決定関数 $\delta_0 \in \Delta$ が，δ_0 と少なくとも同程度に優れた任意の決定関数 $\delta \in \Delta$ に対して

$$R(\theta, \delta) = R(\theta, \delta_0) \quad \text{a.e.}\ (\Lambda, \Pi)$$

を満足するならば，δ_0 は Δ の中で (Λ, Π) に関して**ほとんど許容的**であるという．δ_0 が許容的であればほとんど許容的である．点推定の問題ではその逆に関して次の定理が成り立つ．

定理 6.1.4 (Zidek (1970)) 与えられた統計的決定問題が条件 (a) を満足し，Π は (Ω, Λ) 上の1つの測度であるほか，さらに次の条件 (b)～(e) を満足するものとする．

(b) $P_{\theta_0}(A_0) > 0$ を満たす任意の $\theta_0 \in \Omega$，$A_0 \in \mathcal{A}$ に対して

$$\{\theta \in \Omega : P_\theta(A_0) > 0\} \in \Lambda, \quad \Pi\{\theta \in \Omega : P_\theta(A_0) > 0\} > 0. \qquad (1.3)$$

(c) 決定空間 $(\mathcal{D}, \mathcal{F})$ は k 次元の Borel 型で，$\mathcal{D} \in \mathcal{B}^k$ は $\mathcal{R}^k$ の凸集合である．

(d) 任意の $\theta \in \Omega$ に対して損失関数 $W(\theta, \cdot)$ は $\mathcal{D}$ で定義された $\mathcal{F}$ 可測な強い意味の凸関数である．

(e) Δ は非確率的な決定関数の全体の集合である．

このとき $\varphi_0 \in \Delta$ が (Λ, Π) に関して Δ の中でほとんど許容的で，すべての $\theta \in \Omega$ に対して $R(\theta, \varphi_0) < \infty$ であれば，φ_0 は Δ の中で許容的である．

証明 φ_0 が Δ の中で許容的でないとすると，

$$\text{すべての } \theta \in \Omega \text{ に対して} \qquad R(\theta, \varphi_1) \leqq R(\theta, \varphi_0) \qquad (1.4)$$

$$\text{ある } \theta_1 \in \Omega \text{ に対して} \qquad R(\theta_1, \varphi_1) < R(\theta_1, \varphi_0) \qquad (1.5)$$

を満足する $\varphi_1 \in \Delta$ が存在する．このとき

$$A_0 = \{x \in \mathcal{X} : \varphi_0(x) \neq \varphi_1(x)\}$$

とおけば，(1.5) により $A_0 \in \mathcal{A}$，$P_{\theta_1}(A_0) > 0$ となる．そこで

$$\varphi_2(x) = \begin{cases} (\varphi_0(x) + \varphi_1(x))/2 & x \in A_0 \text{ のとき} \\ \varphi_0(x) & x \in \mathcal{X} - A_0 \text{ のとき} \end{cases}$$

によって $\varphi_2\in\Delta$ を定義すれば，$W(\theta,\cdot)$ の強凸性により，

$$W(\theta,\varphi_2(x))<[W(\theta,\varphi_0(x))+W(\theta,\varphi_1(x))]/2 \qquad x\in A_0 \text{ のとき}$$
$$W(\theta,\varphi_2(x))=W(\theta,\varphi_0(x)) \qquad x\in\mathcal{X}-A_0 \text{ のとき}.$$

よってすべての $\theta\in\Omega$ に対して $R(\theta,\varphi_2)\leqq R(\theta,\varphi_0)$ となり，$P_\theta(A_0)>0$ を満たす $\theta\in\Omega$ に対して $R(\theta,\varphi_2)<R(\theta,\varphi_0)$ となる．しかるに仮定 (b) により (1.3) が成り立つので，このことは φ_0 が (Λ,Π) に関してほとんど許容的であるという仮定に反する．よって φ_0 が許容的であることが証明された． ∎

上の条件 (b) は指数形分布族のように互いに絶対連続な分布族については明らかに成り立つ．また位置母数の推定について条件 (b) が満たされることは定理 6.6.1 の証明の中で示される．

C. コンパクトな変換群と許容性

コンパクトな位相群 $\mathcal{G}$ で不変な統計的決定問題において，与えられた決定関数の集合 Δ に属する $\mathcal{G}$ 不変な決定関数全体の集合を Δ_I とする．このとき適当な条件のもとで，Δ_I の中で許容的な決定関数は Δ の中でも許容的のことが示される．

定理 6.1.5 (Stein (1956 a)) 次の条件 (f)～(j) が成り立つものと仮定する．

(f) 与えられた統計的決定問題は §5.1 A. の意味で，あるコンパクトな位相群 $\mathcal{G}$ で不変である．$\mathcal{G}$ の Borel 集合族を $\mathcal{L}$ とする．

(g) 任意の $\delta\in\Delta$, $D\in\mathcal{F}$ に対して $\mathcal{G}\times\mathcal{X}$ で定義された関数 $(g,x)\to\delta(\tilde{g}D|gx)$ は $\mathcal{L}\times\mathcal{A}$ 可測である．

(h) $\mathcal{G}$ の不変 Haar 確率測度を ν とする．任意の $\delta\in\Delta$, $D\in\mathcal{F}$, $x\in\mathcal{X}$ に対して

$$\delta'(D|x)=\int_{\mathcal{G}}\delta(\tilde{g}D|gx)\,\nu(dg) \tag{1.6}$$

によって決定関数 δ' を定義すれば $\delta'\in\Delta$ となる．

(j) 任意の $\delta\in\Delta$, $\theta\in\Omega$ に対して，$g\in\mathcal{G}$ の関数 $R(\bar{g}\theta,\delta)$ は連続である．

このとき Δ の中で $\mathcal{G}$ 不変な決定関数全体の集合を Δ_I とすれば，Δ_I の中

で許容的な決定関数 δ_0 は $\varDelta$ の中でも許容的である．

証明　δ_0 が $\varDelta$ の中で許容的でないとすれば，(1.1),(1.2) を満足する決定関数 $\delta_1\in\varDelta$ が存在する．ここで δ_0,δ_1 から (1.6) によって δ_0',δ_1' をつくれば，$\delta_0\in\varDelta_I$ によって $\delta_0'=\delta_0$ となり，定理 5.1.3 の (ii) により

$$R(\theta,\delta_0)=\int_{\mathcal{G}}R(\bar{g}\theta,\delta_0)\,\nu(dg). \tag{1.7}$$

他方で仮定 (h) により $\delta_1'\in\varDelta$ であって，しかも任意の $g_1\in\mathcal{G}$，$D\in\mathcal{F}$，$x\in\mathcal{X}$ に対して

$$\delta_1'(\tilde{g}_1D|g_1x)=\int_{\mathcal{G}}\delta_1(\tilde{g}\tilde{g}_1D|gg_1x)\,\nu(dg)=\int_{\mathcal{G}}\delta_1(\tilde{g}D|gx)\,\nu(dg)=\delta_1'(D|x)$$

となるので，$\delta_1'\in\varDelta_I$ が得られる．ここで第2の等号は ν の右不変性による．

次に任意の $\theta\in\Omega$ に対して

$$R(\theta,\delta_1')=\int_{\mathcal{G}}R(\bar{g}\theta,\delta_1)\,\nu(dg) \tag{1.8}$$

となることを証明しよう．そのためにまず W が $U\subset\Omega\times\mathcal{D}$ の定義関数 $W=I_U$ の場合には，定理 5.1.3 の証明の中の (1.16) によって D_θ を定義すると，

$$\begin{aligned}
R(\theta,\delta_1')&=\int_{\mathcal{X}}\delta_1'(D_\theta|x)\,P_\theta(dx)\\
&=\int_{\mathcal{X}}\left(\int_{\mathcal{G}}\delta_1(\tilde{g}D_\theta|gx)\,\nu(dg)\right)P_\theta(dx)\\
&=\int_{\mathcal{G}}\left(\int_{\mathcal{X}}\delta_1(\tilde{g}D_\theta|gx)\,P_\theta(dx)\right)\nu(dg)\\
&=\int_{\mathcal{G}}\left(\int_{\mathcal{X}}\delta_1(D_{\bar{g}\theta}|x)P_{\bar{g}\theta}(dx)\right)\nu(dg)\\
&=\int_{\mathcal{G}}R(\bar{g}\theta,\delta_1)\,\nu(dg).
\end{aligned}$$

第4の等号は定理 5.1.3 の証明の中の (1.17) による．これで $W=I_U$ のときに (1.8) が証明された．あとも同定理の証明と同様な L プロセスによる．

(1.1),(1.7),(1.8) よりすべての $\theta\in\Omega$ に対して $R(\theta,\delta_1')\leqq R(\theta,\delta_0)$ が成り立つことは明らかである．他方で仮定 (j) により $R(\bar{g}\theta_1,\delta_0)-R(\bar{g}\theta_1,\delta_1)$

は g に関して連続である．よって

$$R(\theta_1, \delta_0)-R(\theta_1, \delta_1)>\varepsilon>0$$

となる ε に対して，$\mathcal{G}$ の単位元を含む適当な開集合 $G\subset\mathcal{G}$ をとると，すべての $g\in G$ に対して

$$R(\bar{g}\theta_1, \delta_0)-R(\bar{g}\theta_1, \delta_1)>\varepsilon.$$

ν は不変 Haar 測度であるから $\nu(G)>0$ となるので，

$$R(\theta_1, \delta_0)-R(\theta_1, \delta_1')=\int_{\mathcal{G}}(R(\bar{g}\theta_1, \delta_0)-R(\bar{g}\theta_1, \delta_1))\nu(dg)=\int_G+\int_{\mathcal{G}-G}$$

$$\geqq\int_G\varepsilon\nu(dg)+\int_{\mathcal{G}-G}0\nu(dg)=\varepsilon\nu(G)>0.$$

$\delta_1'\in\varDelta_I$ であったから，δ_0 が $\varDelta_I$ の中でも許容的でないことになり，仮定に反する．したがって δ_0 は $\varDelta$ の中で許容的でなければならない．∎

$\mathcal{G}$ が有限群ならば条件（g）と（j）が成り立つことは自明である．

6.2 正規分布の平均値ベクトルの推定の許容性

本節では次の条件 (a)～(c) を満足する推定問題を考える．

（a） $(\mathcal{X}, \mathcal{A})=(\Omega, \Lambda)=(\mathcal{D}, \mathcal{F})=(\mathcal{R}^k, \mathcal{B}^k)$ であって，任意の $\xi\in\mathcal{R}^k$ に対して P_ξ は正規分布 $N(\xi, I_k)$ である．ただし I_k は k 次の単位行列である．

（b） 損失関数は $W(\xi, d)=\|d-\xi\|^2$ である．

（c） $\varDelta^*$ は確率的な決定関数の全体の集合，$\varDelta$ は非確率的な決定関数の全体の集合である．

この問題を**正規分布 $N(\xi, I_k)$ の平均値ベクトル ξ の推定問題**という．ここでただ1つの観測値 $x\in\mathcal{R}^k$ に基づく決定関数に限定したのは，n 個の観測値 $x_i\in\mathcal{R}^k$ $(i=1, \cdots, n)$ がある場合でも，十分性の観点から問題をただ1つの観測値の場合に帰着できるからである．

さて $\varphi_0(x)=x$ とおけば $\varphi_0(X)$ が不偏推定量の中で最良のものになることは明らかである．また ξ の事前測度として Lebesgue 測度 μ^k をとると，φ_0

が μ^k に関する一般 Bayes 解になることも容易にわかる．また φ_0 が広義の Bayes 解でしかも $R(\cdot,\varphi_0)$ が定数であることから φ_0 が Δ^* の中でミニマックス解となることも，例 4.4.2 と同様にして証明できる．任意の $c\in\mathcal{R}^k$ をとって $\mathcal{X}=\mathcal{R}^k$ の変換 g_c を $g_c x=x+c$ によって定義し，$\mathcal{G}=\{g_c : c\in\mathcal{R}^k\}$ とおけば，φ_0 が確率的な $\mathcal{G}$ 不変決定関数の中で最良のものであることも定理 5.5.2 から出てくる．

許容性に関しては，$k=1$ のときに φ_0 が許容的であることが Hodges and Lehmann (1951) および Blyth (1951) によって，$k=2$ のときに φ_0 が許容的であることと $k\geqq 3$ のときに φ_0 が許容的でないことが Stein (1956 a) によって証明された．とくにこの Stein の論文は許容性に関するその後の多数の論文を誘発するきっかけとなった．

定理 3.1.1 により，(b) の損失関数について許容性を議論するときには，非確率的な決定関数の全体の集合 Δ の中での許容性を考えれば十分である．

定理 6.2.1 (Hodges and Lehmann (1951)) 1変量の正規分布 $N(\xi,1)$ の平均値 ξ の推定問題において，$\varphi_0(x)=x$ は Δ の中で許容的である．

証明 $\Omega=\mathcal{R}^1$ で $R(\cdot,\varphi_0)\equiv 1$ となるので，φ_0 と少なくとも同程度に優れた任意の $\varphi\in\Delta$ をとると，すべての $\xi\in\mathcal{R}^1$ に対して

$$R(\xi,\varphi)=E_\xi(\varphi(X)-\xi)^2\leqq 1. \tag{2.1}$$

そこで $E_\xi\varphi(X)=\xi+b(\xi)$ とおけば，定理 1.6.4 の (iii) により b はすべての $\xi\in\mathcal{R}^1$ に対して微分可能であって，Cramér-Rao の不等式（第3章の (2.8)）によれば，$I(\xi)\equiv 1$ により

$$b^2(\xi)+(1+b'(\xi))^2\leqq R(\xi,\varphi). \tag{2.2}$$

よってすべての $\xi\in\mathcal{R}^1$ に対して

$$b^2(\xi)+(1+b'(\xi))^2\leqq 1 \tag{2.3}$$

となる b は $b\equiv 0$ に限ることが証明されれば，(2.1), (2.2) によって $R(\cdot,\varphi)\equiv 1$ が得られて，φ_0 が許容的であることがわかる．

さて (2.3) の左辺は実数の2乗の和であるから，$|b(\xi)|\leqq 1$, $b'(\xi)\leqq 0$ となる．よって b は有界で単調減少となるから，$\xi\to\pm\infty$ のとき極限値 $b(\pm\infty)$

をもち，$b(-\infty)\geqq b(+\infty)$ となる．したがって $\xi_i\to\infty$, $b'(\xi_i)\to 0$ となる数列 $\{\xi_i\}$ が存在する．(2.3) の ξ に ξ_i を代入して $i\to\infty$ とすれば，$b^2(+\infty)+1\leqq 1$ となり，これより $b(+\infty)=0$ を得る．同様にして $b(-\infty)=0$ も得られるので，b の単調性から $b\equiv 0$ となる．以上で定理が証明された． ▮

定理 6.2.1 の方法は Girshick and Savage (1951) でも利用されている．また Cramér–Rao 型の各種の不等式を許容性の証明に使うことについては，Blyth and Roberts (1972) および Blyth (1974) の研究がある．

定理 6.2.2 (Stein (1956 a)) 2変量の正規分布 $N(\xi, I_2)$ の平均値ベクトル ξ の推定問題において，$\varphi_0(x)=x$ は Δ の中で許容的である．

証明 <u>第1段</u> $\mathcal{R}^2$ の直交変換群を $\mathcal{G}$ として，$\mathcal{G}$ 共変な決定関数 $\varphi\in\Delta$ の全体の集合を Δ_I とおく．このとき φ_0 が Δ_I の中で許容的であれば Δ の中でも許容的であることを証明する（この部分の証明は定理 6.1.5 と定理 3.1.1 の結合からも得られる）．

ここでは $\mathcal{X}=\Omega=\mathcal{D}=\mathcal{R}^2$ であって，$g, \bar{g}, \tilde{g}$ はいずれも $\mathcal{R}^2$ の同一の1次変換であるから，これらを同じ記号 g で表すことにする．

φ_0 と少なくとも同程度に優れた決定関数 $\varphi_1\in\Delta$ をとれば，φ_1 はすべての $\xi\in\mathcal{R}^2$ に対して

$$R(\xi,\varphi_1)\leqq R(\xi,\varphi_0)=2 \tag{2.4}$$

を満足する．そこで例 5.8.6 で与えられた $\mathcal{G}$ の不変確率測度 ν を用いて

$$\varphi_2(x)=\begin{cases}\displaystyle\int_{\mathcal{G}} g^{-1}\varphi_1(gx)\,\nu(dg) & \displaystyle\int_{\mathcal{G}}\|g^{-1}\varphi_1(gx)\|\,\nu(dg)<\infty \text{ のとき}\\ 0 & \text{その他のとき}\end{cases} \tag{2.5}$$

と定義する．このとき，定理 5.1.1 の (iii) と (2.4) により任意の $g\in\mathcal{G}$ に対して

$$E_o\|\varphi_1(gX)\|=E_o\|\varphi_1(X)\|\leqq\sqrt{E_o\|\varphi_1(X)\|^2}\leqq\sqrt{2}$$

が成り立つので，Fubini の定理により

$$E_o\int_{\mathcal{G}}\|g^{-1}\varphi_1(gX)\|\,\nu(dg)=\int_{\mathcal{G}}E_o\|\varphi_1(gX)\|\,\nu(dg)\leqq\sqrt{2}<\infty.$$

よって $\varphi_2(x)$ は a.e. $(\mathcal{B}^2, P_o)$ で，したがって a.e. $(\mathcal{B}^2, \mu^2)$ で (2.5) の第1行で与えられる．$\varphi_2 \in \Delta_I$ は (2.5) から容易に確かめられる．

(2.5) に対して Jensen の不等式を用いれば，任意の $\xi \in \mathcal{R}^2$ に対して

$$\|\varphi_2(x)-\xi\|^2 \leqq \int_{\mathcal{G}} \|g^{-1}\varphi_1(gx)-\xi\|^2 \nu(dg) = \int_{\mathcal{G}} \|\varphi_1(gx)-g\xi\|^2 \nu(dg)$$

$$\text{a.e. } (\mathcal{B}^2, \mu^2) \tag{2.6}$$

となるので，再び Fubini の定理により

$$\begin{aligned} R(\xi, \varphi_2) &= E_\xi \|\varphi_2(X)-\xi\|^2 \leqq \int_{\mathcal{G}} E_\xi \|\varphi_1(gX)-g\xi\|^2 \nu(dg) \\ &= \int_{\mathcal{G}} E_{g\xi} \|\varphi_1(X)-g\xi\|^2 \nu(dg) = \int_{\mathcal{G}} R(g\xi, \varphi_1)\nu(dg) \\ &\leqq 2 = R(\xi, \varphi_0). \end{aligned} \tag{2.7}$$

仮定により φ_0 は Δ_I の中で許容的であって，しかも $\varphi_2 \in \Delta_I$ であるから (2.7) はすべての $\xi \in \mathcal{R}^2$ に対して等号で成立する．他方ですべての $\xi \in \mathcal{R}^2$ に対して (2.4) が成り立って，しかも $R(g\xi, \varphi_1)$ は g の連続関数となるから，(2.7) の等式より $R(\xi, \varphi_1) = R(\xi, \varphi_0)$ を得る．$\xi \in \mathcal{R}^2$ は任意であったから，以上で φ_0 が Δ_I の中で許容的であれば Δ の中でも許容的であることが示された．

<u>第2段</u>　任意の $\varphi \in \Delta_I$ が $\varphi(x) = \rho(\|x\|)x$ の形であることを証明する．

$o \neq x \in \mathcal{R}^2$ として $g^{-1}x = (\|x\|, 0)'$ となる $g \in \mathcal{G}$ をとれば，仮定 $\varphi \in \Delta_I$ により

$$\varphi(x) = \varphi(g(\|x\|, 0)') = g\varphi((\|x\|, 0)'). \tag{2.8}$$

とくに x が $(\|x\|, 0)'$ の場合に行列 $\begin{pmatrix} 1 & 0 \\ 0 & -1 \end{pmatrix}$ で表される $g_0 \in \mathcal{G}$ をとれば

$$\varphi((\|x\|, 0)') = \varphi(g_0(\|x\|, 0)') = g_0\varphi((\|x\|, 0)')$$

となるので，$\varphi((\|x\|, 0)')$ は g_0 で不変である．よって $\varphi((\|x\|, 0)')$ の第2成分は0になる．その第1成分を $\rho(\|x\|)\|x\|$ とおいて (2.8) に代入すれば，

$$\varphi(x) = g(\rho(\|x\|)\|x\|, 0)' = \rho(\|x\|)g(\|x\|, 0)' = \rho(\|x\|)x.$$

よって $\varphi(x)$ は x に対して $\|x\|$ のみによって定まるスカラーを掛けたものになる．もちろん $\varphi(o) = o$ である．

第3段 φ_0 が Δ_I の中で許容的であることを証明する.

φ_0 と少なくとも同程度に優れた $\varphi_1 \in \Delta_I$ をとれば，すべての $\xi \in \mathcal{R}^2$ に対して (2.4) が成り立つ．そこで

$$E_\xi \varphi_1(X) = \xi + b(\xi), \quad b(\xi) = (b_1(\xi), b_2(\xi))'$$

とおけば，定理 1.6.4 の (iii) により，b_1, b_2 はいずれも ξ_1, ξ_2 に関して何回でも連続的偏微分可能である．そこで $\partial b_i / \partial \xi_j = b_{ij}(\xi)$ とおいて 2×2 行列 $B(\xi) = (b_{ij}(\xi))$ を定義すれば，Cramér-Rao の不等式の拡張（第 3 章の (2.16)) から

$$\mathrm{tr}\,[b(\xi)b'(\xi) + (I_2 + B(\xi))I^{-1}(\xi)(I_2 + B(\xi))'] \leqq R(\xi, \varphi_1).$$

ここで $I(\xi) \equiv I_2$ は容易に確かめられるので，これより

$$2 + \|b(\xi)\|^2 + 2(b_{11}(\xi) + b_{22}(\xi)) + \sum_{i,j} b_{ij}^2(\xi) \leqq R(\xi, \varphi_1). \tag{2.9}$$

さて，$\varphi_1 \in \Delta_I$ により，任意の $g \in \mathcal{G}$, $x \in \mathcal{X}$ に対して $\varphi_1(gx) = g\varphi_1(x)$ となるので，

$$E_{g\xi} \varphi_1(X) = E_\xi \varphi_1(gX) = g E_\xi \varphi_1(X).$$

よって $E_\xi \varphi_1(X)$ に対して第2段の結果を用いれば，$E_\xi \varphi_1(X)$ は ξ に対して $\|\xi\|$ のみによって定まるスカラーを掛けたものになる．そこで

$$E_\xi \varphi_1(X) = (1 - \phi(\|\xi\|^2))\xi, \quad b(\xi) = -\phi(\|\xi\|^2)\xi \tag{2.10}$$

とおけば，ϕ は $\mathcal{R}^1_+$ で何回でも微分可能である．以後導関数を $'$ で示すことにする.

(2.10) を (2.9) の左辺に代入し，左辺の最後の和を取り除くと，

$$2 + \|\xi\|^2 \phi^2(\|\xi\|^2) - 4\phi(\|\xi\|^2) - 4\|\xi\|^2 \phi'(\|\xi\|^2) \leqq R(\xi, \varphi_1). \tag{2.11}$$

ここで $t = \|\xi\|^2$, $\psi(t) = t\phi(t)$ とおけば，(2.4), (2.11) よりすべての $t > 0$ に対して

$$\psi^2(t)/t - 4\psi'(t) \leqq 0. \tag{2.12}$$

この ψ が $\mathcal{R}^1_+$ で $\psi \equiv 0$ を満足することを示そう.

(2.12) よりまず $\psi'(t) \geqq 0$, したがって ψ は区間 $(0, \infty)$ で単調増加となる．よって $\psi(t_0) > 0$ となる $t_0 > 0$ が存在すれば，$t > t_0$ のとき $\psi(t) \geqq \psi(t_0) > 0$

となる．そこで (2.12) を変形して得られる

$$\frac{1}{t} \leqq \frac{4\psi'(t)}{\psi^2(t)}$$

の両辺を t_0 から t まで積分すると

$$\log \frac{t}{t_0} \leqq 4\left(\frac{1}{\psi(t_0)} - \frac{1}{\psi(t)}\right)$$

$t \to \infty$ とすると左辺は $\to \infty$ となり，右辺は有界となって矛盾である．同様に $\psi(t_0)<0$ となる $t_0>0$ が存在するとしても矛盾が生ずる．よって $\mathcal{R}^1_+$ で $\psi \equiv 0$ が成り立つ．

これより $\phi(t)=\psi(t)/t\equiv 0$ となるので，これを (2.10) に代入すれば $b\equiv o$ が得られる．したがって (2.9) より $2\leqq R(\xi, \varphi_1)$ となるので，(2.4) と合わせて φ_1 が φ_0 と同等であることが証明された．

以上第 1 段と第 3 段から φ_0 は $\varDelta$ の中で許容的となる． ▮

定理 6.2.3 (Baranchik (1970), Strawderman (1971)) $k\geqq 3$ とし，k 変量の正規分布 $N(\xi, I_k)$ の平均値ベクトル ξ の推定問題において，$\varphi_0(x)=x$ とおく．他方，r は $\mathcal{R}^1_+$ で定義された単調増加関数で，

$$0\leqq r(t)\leqq 2(k-2), \quad r\not\equiv 0, \quad r\not\equiv 2(k-2)$$

と仮定する．このとき

$$\varphi_1(x)=\left(1-\frac{r(\|x\|^2)}{\|x\|^2}\right)x$$

とおけば，すべての $\xi\in\mathcal{R}^k$ に対して

$$R(\xi, \varphi_1)<R(\xi, \varphi_0)=k. \tag{2.13}$$

したがって φ_0 は許容的でない．

証明 $h(t)=1-r(t)/t$ とおけば，

$$\begin{aligned} R(\xi, \varphi_1)-k &= E_\xi\|\varphi_1(X)-\xi\|^2-k=E_\xi\|h(\|X\|^2)X-\xi\|^2-k \\ &= E_\xi h^2(\|X\|^2)\|X\|^2-2\xi' E_\xi h(\|X\|^2)X+\|\xi\|^2-k. \end{aligned} \tag{2.14}$$

ここで $\|X\|^2$ は非心 χ^2 分布 $\chi^2(k, \|\xi\|^2)$ に従うので，$\lambda=\|\xi\|^2/2$ とおけば，$\|X\|^2$ は 確率 $e^{-\lambda}\lambda^l/l!$ ($l=0, 1, \cdots$; ただし $0^0=1$ とする) をもって χ^2 分布 $\chi^2(k+2l)$ に従う確率変数 χ^2_{k+2l} となる．よって (2.14) の第 1 項は

$$E_\xi h^2(\|X\|^2)\|X\|^2=\sum_{l=0}^{\infty}e^{-\lambda}\frac{\lambda^l}{l!}Eh^2(\chi^2_{k+2l})\chi^2_{k+2l}. \tag{2.15}$$

次に (2.14) の第2項を計算するため，$\mathfrak{R}^k$ の適当な直交変換 g を用いて $g\xi=(\|\xi\|,0,\cdots,0)'$ の形にする．このとき gX の分布は $N(g\xi,I_k)$ となるので，

$$\begin{aligned}\xi'E_\xi h(\|X\|^2)X&=(g\xi)'E_\xi h(\|gX\|^2)gX\\&=(g\xi)'E_{g\xi}h(\|X\|^2)X=\|\xi\|E_{g\xi}h(\|X\|^2)X_1.\end{aligned}$$

これを $N(g\xi,I_k)$ の確率密度関数を用いて計算すれば，

$$\begin{aligned}&\xi'E_\xi h(\|X\|^2)X\\&=\|\xi\|\int_{\mathfrak{R}^k}\left(\frac{1}{2\pi}\right)^{k/2}h(\|x\|^2)\,x_1\exp\left(-\frac{1}{2}(x_1-\|\xi\|)^2-\frac{1}{2}\sum_{i=2}^{k}x_i^2\right)dx\\&=\|\xi\|\,e^{-\lambda}\int_{\mathfrak{R}^k}\left(\frac{1}{2\pi}\right)^{k/2}h(\|x\|^2)\,x_1\exp\left(-\frac{1}{2}\|x\|^2+\|\xi\|\,x_1\right)dx\\&=\|\xi\|\,e^{-\lambda}\frac{d}{d\|\xi\|}\int_{\mathfrak{R}^k}\left(\frac{1}{2\pi}\right)^{k/2}h(\|x\|^2)\exp\left(-\frac{1}{2}\|x\|^2+\|\xi\|\,x_1\right)dx.\end{aligned}$$

この最後の積分は $E_{g\xi}h(\|X\|^2)$ に e^λ を掛けたものであるから，$\lambda=\|\xi\|^2/2$ に留意しつつ (2.15) と同様の考え方を用いて計算すると，

$$\begin{aligned}\xi'E_\xi h(\|X\|^2)X&=\|\xi\|\,e^{-\lambda}\frac{d}{d\|\xi\|}\sum_{l=0}^{\infty}\frac{\lambda^l}{l!}Eh(\chi^2_{k+2l})\\&=2\sum_{l=0}^{\infty}e^{-\lambda}\frac{\lambda^l}{l!}lEh(\chi^2_{k+2l}).\end{aligned} \tag{2.16}$$

さらに (2.14) の最後の2つの項の和は

$$\|\xi\|^2-k=\sum_{l=0}^{\infty}e^{-\lambda}\frac{\lambda^l}{l!}(2l-k) \tag{2.17}$$

と書き直せるので，(2.15), (2.16), (2.17) を (2.14) に代入すると，

$$R(\xi,\varphi_1)-k=\sum_{l=0}^{\infty}e^{-\lambda}\frac{\lambda^l}{l!}E[h^2(\chi^2_{k+2l})\chi^2_{k+2l}-4lh(\chi^2_{k+2l})+2l-k]. \tag{2.18}$$

ここで $h(t)=1-r(t)/t$ を用いれば，右辺の平均値は

$$E\left[\frac{r^2(\chi^2_{k+2l})}{\chi^2_{k+2l}}+4l\frac{r(\chi^2_{k+2l})}{\chi^2_{k+2l}}-2r(\chi^2_{k+2l})+\chi^2_{k+2l}-2l-k\right] \tag{2.19}$$

となるので，これが $\leqq 0$ となることを証明しよう．まず (2.19) の [ ] 内の最後の3項の和の平均値は0となる．次に第1項の分子に対しては，$0 \leqq r(t) \leqq 2(k-2)$ から得られる不等式

$$r^2(\chi^2_{k+2l}) \leqq 2(k-2) r(\chi^2_{k+2l}) \tag{2.20}$$

を適用すると，

$$(2.19) \leqq E\left[\frac{2(k+2l-2) r(\chi^2_{k+2l})}{\chi^2_{k+2l}} - 2r(\chi^2_{k+2l})\right] \tag{2.21}$$

となる．さらに $r(t)$ が t の単調増加関数であることを用いると，$r(\chi^2_{k+2l})$ と $1/\chi^2_{k+2l}$ の共分散は正にならない．よって

$$E\left(\frac{r(\chi^2_{k+2l})}{\chi^2_{k+2l}}\right) \leqq Er(\chi^2_{k+2l}) E\frac{1}{\chi^2_{k+2l}} = \frac{Er(\chi^2_{k+2l})}{k+2l-2} \tag{2.22}$$

となるので，これを (2.21) の右辺に用いると $(2.19) \leqq 0$ が得られる．よってその結果を (2.18) に代入すれば $R(\xi, \varphi_1) \leqq k$ となる．

ここで $R(\xi, \varphi_1) = k$ となるのは，(2.20), (2.22) からわかるように，r が定数 $r \equiv 0$ または $r \equiv 2(k-2)$ のときである．これ以外の場合には (2.13) が成立する．これより φ_0 が許容的でないことは明らかである． ∎

James and Stein (1961) は $r(t) \equiv k-2$ のときに (2.13) を証明している．一般に $0 < c < 2(k-2)$ を満たす定数 c を用いて $r_1(t) \equiv c$ から得られる φ_1 をつくると，φ_0 より優れた決定関数が得られるが，φ_1 自身も許容的ではない．なぜなら

$$r_2(t) = \begin{cases} t & 0 \leqq t < c \text{ のとき} \\ c & t \geqq c \text{ のとき} \end{cases}$$

に対応する φ_2 は φ_1 より優れていることが (2.19) の [ ] 内の比較から示されるからである (Baranchik (1970))．

$k \geqq 3$ のとき ξ に対するミニマックスで許容的な推定量は Alam (1973) によって得られている．このほか Strawderman (1971) は $k \geqq 5$ のときにミニマックスな Bayes 解（したがって許容的）を提示し，Strawderman (1972) は $k=3, 4$ のときに $\varphi(x) = h(\|x\|^2)x$ の形でミニマックスな Bayes 解が存在

しないことを証明している．このほかにも多変量正規分布の平均値ベクトルの推定について多数の論文が発表されている．

6.3 指数形分布族の平均値の推定の許容性

本節では定理6.2.1の拡張として1母数の指数形分布族の平均値の推定問題を考える．まず次の条件 (a)〜(d) を仮定する．

(a) μ は $(\mathcal{X},\mathcal{A})=(\mathcal{R}^1,\mathcal{B}^1)$ で定義された σ 有限測度であって，$\mu(\mathcal{R}^1-\{x\})=0$ となる $x\in\mathcal{R}^1$ は存在しない．

(b) $\Omega=(\underline{\theta},\bar{\theta})$ (ただし $-\infty\leqq\underline{\theta}<\bar{\theta}\leqq\infty$) であって，$\underline{\theta},\bar{\theta}$ は

$$\Omega=\left\{\theta\in\mathcal{R}^1:\int_{-\infty}^{\infty}e^{\theta x}\mu(dx)<\infty\right\}^{\circ}$$

によって与えられ，任意の $\theta\in\Omega$ に対して P_θ は

$$P_\theta(dx)/\mu(dx)=c(\theta)\,e^{\theta x}\quad\text{a.e. }(\mathcal{B}^1,\mu)\tag{3.1}$$

を満足する．

(c) $(\mathcal{D},\mathcal{F})=(\mathcal{R}^1,\mathcal{B}^1)$ であって，$g(\theta)=E_\theta X$ とするとき，損失関数は $W(\theta,d)=(d-g(\theta))^2$ によって与えられる．

(d) Δ は非確率的な決定関数の全体の集合である．

この問題を**指数形分布族 (3.1) の平均値 $g(\theta)$ の推定問題**という．ここでただ1つの観測値 $x\in\mathcal{R}^1$ に基づく決定関数について考えること，および非確率的な決定関数に限定したことは前節と同様の理由による．

定理 1.6.4 の (ii) によれば $\theta\in\Omega$ に対して有限の $E_\theta X$, $E_\theta X^2$ が存在して，これらは $c(\theta),c'(\theta),c''(\theta)$ によって表され，しかも仮定 (a) によれば $E_\theta X^2>0$ となる．

定理 6.3.1 (Karlin (1958)) (a)〜(d) で与えられる指数形分布族の平均値の推定問題に対して，

$$m=\inf_{\theta\in\Omega}\frac{(E_\theta X)^2}{E_\theta X^2},\quad M=\sup_{\theta\in\Omega}\frac{(E_\theta X)^2}{E_\theta X^2}\tag{3.2}$$

とおく．このとき定数 γ を $\gamma<m$ または $\gamma>M$ となるように選んで $\varphi_\gamma(x)=$

γx をつくれば，φ_γ は $\varDelta$ の中で許容的でない．

証明 任意の $\gamma\in\mathcal{R}^1$ に対して決定関数 $\varphi_\gamma(x)=\gamma x$ をつくれば，

$$R(\theta,\varphi_\gamma)=E_\theta(\gamma X-g(\theta))^2=\gamma^2E_\theta X^2-2\gamma(E_\theta X)^2+(E_\theta X)^2. \qquad (3.3)$$

$\theta\in\Omega$ を与えると (3.3) は $\gamma=\gamma_\theta=(E_\theta X)^2/E_\theta X^2$ で最小になり，$\gamma<\gamma_\theta$ では強い意味の単調減少，$\gamma>\gamma_\theta$ では強い意味の単調増加となる．

(3.2) によればすべての $\theta\in\Omega$ に対して $m\leqq\gamma_\theta\leqq M$ となる．したがって $\gamma<m$ のときはすべての $\theta\in\Omega$ に対して $R(\theta,\varphi_m)<R(\theta,\varphi_\gamma)$ となり，$\gamma>M$ のときはすべての $\theta\in\Omega$ に対して $R(\theta,\varphi_M)<R(\theta,\varphi_\gamma)$ となる．よってこれらの場合に φ_γ は $\varDelta$ の中で許容的でない． ▮

系 定理と同じ条件のもとで $\gamma>1$ とすれば φ_γ は $\varDelta$ の中で許容的でない．

証明 Schwarz の不等式により $M\leqq1$ となるからである． ▮

例 6.3.1 ガンマ分布 $\Gamma(\alpha,\sigma)$ で $\alpha>0$ を既知とし，$EX=\alpha\sigma$ を推定する問題を考える．自然母数は $\theta=-1/\sigma\in(-\infty,0)=\Omega$ となる．このとき

$$E_\theta X=\alpha\sigma,\quad E_\theta X^2=\alpha(\alpha+1)\sigma^2$$

によりすべての $\theta\in\Omega$ に対して $\gamma_\theta=\alpha/(\alpha+1)$ となる．よって $\varphi(x)=\gamma x$ の形で $\varDelta$ の中で許容的なものがあるとしても，それは $\varphi^*(x)=\alpha x/(\alpha+1)$ だけである．この φ^* が許容的であることは次の定理によって保証される． ▮

定理 6.3.2 (Karlin (1958)) (a)〜(d) で与えられる指数形分布族の平均値の推定問題において，適当に $\theta_0\in\Omega$ および実数 $\lambda\neq-1$ をとると

$$\int_{\underline{\theta}}^{\theta_0}c^{-\lambda}(\theta)\,d\theta=\infty,\quad \int_{\theta_0}^{\bar{\theta}}c^{-\lambda}(\theta)\,d\theta=\infty \qquad (3.4)$$

が成り立つものとする．このとき $\varphi^*(x)=x/(\lambda+1)$ とおけば φ^* は $\varDelta$ の中で許容的である．

証明 φ^* と少なくとも同程度に優れた決定関数 $\varphi\in\varDelta$ をとれば，すべての $\theta\in\Omega$ に対して

$$\int_{-\infty}^{\infty}(\varphi(x)-g(\theta))^2P_\theta(dx)\leqq\int_{-\infty}^{\infty}(\varphi^*(x)-g(\theta))^2P_\theta(dx).$$

ここで

$$\varphi(x)-g(\theta)=(\varphi(x)-\varphi^*(x))+(\varphi^*(x)-g(\theta))$$

を用いて左辺を変形すれば,

$$\int_{-\infty}^{\infty}(\varphi(x)-\varphi^*(x))^2P_\theta(dx)\leqq 2\int_{-\infty}^{\infty}(\varphi^*(x)-\varphi(x))(\varphi^*(x)-g(\theta))P_\theta(dx).$$

次に $\varphi^*(x)$ に $x/(\lambda+1)$ を, $g(\theta)$ に定理 1.6.4 の (ii) から得られる $E_\theta X=-c'(\theta)/c(\theta)$ を, $P_\theta(dx)$ に (3.1) を代入すれば,

$$\int_{-\infty}^{\infty}\left(\varphi(x)-\frac{x}{\lambda+1}\right)^2 c(\theta)e^{\theta x}\mu(dx)$$
$$\leqq 2\int_{-\infty}^{\infty}\left(\frac{x}{\lambda+1}-\varphi(x)\right)\left(\frac{c(\theta)x}{\lambda+1}+c'(\theta)\right)e^{\theta x}\mu(dx). \tag{3.5}$$

この左辺を

$$h(\theta)=\int_{-\infty}^{\infty}\left(\varphi(x)-\frac{x}{\lambda+1}\right)^2 c(\theta)e^{\theta x}\mu(dx) \tag{3.6}$$

とおき, $\underline{\theta}<\alpha<\theta_0<\beta<\bar{\theta}$ として (3.5) の両辺に $c^\lambda(\theta)$ を掛けたものを α から β まで積分すれば, Fubini の定理を用いて

$$\int_\alpha^\beta c^\lambda(\theta)h(\theta)d\theta$$
$$\leqq 2\int_\alpha^\beta c^\lambda(\theta)\left[\int_{-\infty}^{\infty}\left(\frac{x}{\lambda+1}-\varphi(x)\right)\left(\frac{c(\theta)x}{\lambda+1}+c'(\theta)\right)e^{\theta x}\mu(dx)\right]d\theta$$
$$=2\int_{-\infty}^{\infty}\left(\frac{x}{\lambda+1}-\varphi(x)\right)\left[\int_\alpha^\beta\left(\frac{c^{\lambda+1}(\theta)x}{\lambda+1}+c^\lambda(\theta)c'(\theta)\right)e^{\theta x}d\theta\right]\mu(dx)$$
$$=2\int_{-\infty}^{\infty}\left(\frac{x}{\lambda+1}-\varphi(x)\right)\left(\frac{c^{\lambda+1}(\beta)e^{\beta x}}{\lambda+1}-\frac{c^{\lambda+1}(\alpha)e^{\alpha x}}{\lambda+1}\right)\mu(dx). \tag{3.7}$$

この右辺の被積分関数の絶対値は

$$|\quad|\leqq\frac{c^\lambda(\beta)}{\lambda+1}\cdot\left|\frac{x}{\lambda+1}-\varphi(x)\right|\sqrt{c(\beta)e^{\beta x}}\cdot\sqrt{c(\beta)e^{\beta x}}$$
$$+\frac{c^\lambda(\alpha)}{\lambda+1}\cdot\left|\frac{x}{\lambda+1}-\varphi(x)\right|\sqrt{c(\alpha)e^{\alpha x}}\cdot\sqrt{c(\alpha)e^{\alpha x}}$$

となるので, ここで右辺の 2 つの項に対して Schwarz の不等式を適用すると, (3.6) を用いて

$$\int_\alpha^\beta c^\lambda(\theta)\,h(\theta)\,d\theta \leqq \frac{2}{\lambda+1}\,(c^\lambda(\beta)\sqrt{h(\beta)}+c^\lambda(\alpha)\sqrt{h(\alpha)}). \tag{3.8}$$

これより

$$\liminf_{\beta\to\bar{\theta}-0} c^\lambda(\beta)\sqrt{h(\beta)}=0 \tag{3.9}$$

を証明することにしよう．そのため

$$\liminf_{\beta\to\bar{\theta}-0} c^\lambda(\beta)\sqrt{h(\beta)}=\eta>0 \tag{3.10}$$

として矛盾を導くことにする．いま α を固定して (3.8) の左辺を

$$H(\beta)=\int_\alpha^\beta c^\lambda(\theta)\,h(\theta)\,d\theta$$

とおけば，(3.8), (3.10) により，適当な正数 M をとると，$\bar{\theta}$ に十分近い β ($<\bar{\theta}$) に対して

$$H(\beta)\leqq Mc^\lambda(\beta)\sqrt{h(\beta)}=M\sqrt{c^\lambda(\beta)}\sqrt{H'(\beta)}. \tag{3.11}$$

ここで (3.6) と定理 1.6.4 の (iii) により h が連続関数になることを利用した．(3.11) を

$$c^{-\lambda}(\beta)\leqq M^2H'(\beta)/H^2(\beta)$$

と書き直して，$\bar{\theta}$ に十分近い β_1, β_2 (ただし $\beta_1<\beta_2<\bar{\theta}$) をとって，この不等式の両辺を β_1 から β_2 まで積分すれば，

$$\int_{\beta_1}^{\beta_2} c^{-\lambda}(\beta)\,d\beta\leqq M^2\left(\frac{1}{H(\beta_1)}-\frac{1}{H(\beta_2)}\right).$$

$\beta_2\to\bar{\theta}-0$ とすれば，(3.4) の第 2 式によって左辺は $\to\infty$ となり，右辺は有界であるから，矛盾が生ずる．よって (3.9) が証明された．

同様にして

$$\liminf_{\alpha\to\underline{\theta}+0} c^\lambda(\alpha)\sqrt{h(\alpha)}=0 \tag{3.12}$$

も得られる．(3.8) の左辺は非負の連続関数の積分であるから，(3.9), (3.12) より

$$\int_{\underline{\theta}}^{\bar{\theta}} c^\lambda(\theta)\,h(\theta)\,d\theta=0.$$

これより Ω で $h(\theta)\equiv 0$ となる．h の定義 (3.6) からこのことは，

$$\varphi(x)=x/(\lambda+1)=\varphi^*(x) \quad \text{a.e.} \ (\mathcal{B}^1, P_\theta)$$

がすべての $\theta\in\Omega$ に対して成り立つことを意味する．よって φ^* は Δ の中で許容的である．∎

系 (Karlin (1958)) (a)～(d) を満足する指数形分布族の平均値の推定問題において，

(i) $\Omega=\mathcal{R}^1$ のときには $\varphi(x)=x$ が Δ の中で許容的である．

(ii) $\Omega=\mathcal{R}^1$ で $\mu\{(-\infty,0)\}>0$, $\mu\{(0,\infty)\}>0$ のとき，任意の $\gamma\in(0,1]$ に対して $\varphi(x)=\gamma x$ は Δ の中で許容的である．

(iii) $\Omega=\mathcal{R}^1$ で $\mu(\{0\})>0$ であれば，任意の $\gamma\in(0,1]$ に対して $\varphi(x)=\gamma x$ は Δ の中で許容的である．

証明 (i) $\lambda=0$ に対して (3.4) が成り立つことによる．

(ii) $\theta\to\pm\infty$ とすれば

$$\frac{1}{c(\theta)}=\int_{-\infty}^{\infty}e^{\theta x}\mu(dx)\to\infty$$

となるので，任意の $\lambda\geqq 0$ に対して (3.4) が成り立つことによる．

(iii) $1/c(\theta)\geqq\mu(\{0\})>0$ により，任意の $\lambda\geqq 0$ に対して (3.4) が成り立つことによる．∎

例 6.3.2 例 6.3.1 で考察したガンマ分布 $\Gamma(\alpha,\sigma)$ の場合には，自然母数は $\theta=-1/\sigma\in(-\infty,0)$ であって，$c(\theta)=(-\theta)^\alpha/\Gamma(\alpha)$ となる．よって $c^{-\lambda}(\theta)=\Gamma^\lambda(\alpha)(-\theta)^{-\alpha\lambda}$ となるので，$\theta_0=-1$, $\lambda=1/\alpha$ とおけば (3.4) の両式が成り立つ．よって例 6.3.1 の φ^* は Δ の中で許容的である．∎

例 6.3.3 Poisson 分布 $Po(\alpha)$ に対しては，$\alpha=e^\theta$ とおけば θ が自然母数になる．$g(\theta)=e^\theta=\alpha$ であって，この場合は系の (iii) の条件が成り立つので，α の推定問題で任意の $\gamma\in(0,1]$ に対して $\varphi(x)=\gamma x$ が Δ の中で許容的になる．∎

(3.4) が成り立つ条件は Morton and Raghavachari (1966), Joshi (1969) によって吟味されている．また $\underline{\theta}<\theta_0<\bar{\theta}$ を満たす θ_0 をとって，Ω を半開区

間 $(\underline{\theta},\theta_0]$ または $[\theta_0,\bar{\theta})$ にとったときの許容推定量は，Katz (1961) によって求められている．

6.4 正規分布の分散の推定の許容性

ここでは $X_1,\cdots,X_n$ が互いに独立に正規分布 $N(\xi,\sigma^2)$ に従うものとして，σ^2 の推定を考える．決定空間 $(\mathcal{D},\mathcal{F})$ は Borel 型で $\mathcal{D}=\mathcal{R}^1_+$，損失関数は $\theta=(\xi,\sigma^2)$ に対して

$$W(\theta,d)=(d/\sigma^2-1)^2 \tag{4.1}$$

とし，Δ は非確率的な決定関数全体の集合であるとする．本節ではこの問題を**正規分布 $N(\xi,\sigma^2)$ の分散 σ^2 の推定問題**という．許容性だけを問題にするときには，損失関数を (4.1) の代わりに $(d-\sigma^2)^2$ としても結論は同じである．

この問題でもしも $\xi=0$ ということが既知であれば，例 2.3.1 によって $x=(x_1,\cdots,x_n)\in\mathcal{R}^n$ に対して $x\to\sum_i x_i^2$ が十分統計量になる．このとき $\sum_i X_i^2/\sigma^2$ が χ^2 分布 $\chi^2(n)$ に従うことから，例 6.3.2 によって

$$\varphi_0(x)=\sum_i x_i^2/(n+2)$$

が許容的になることがわかる．

ξ も未知であれば $x=(x_1,\cdots,x_n)\in\mathcal{R}^n$ に対して

$$u=\sum_i x_i/n=\bar{x},\quad v=\sum_i (x_i-\bar{x})^2 \tag{4.2}$$

とおけば，$x\to(u,v)$ が十分統計量になる．そこで (u,v) に対する変換を

$$g_{(a,b)}(u,v)=(a+bu,b^2v)$$

で定義して $\mathcal{G}=\{g_{(a,b)}:(a,b)\in\mathcal{R}^1\times\mathcal{R}^1_+\}$ とおくと，例 5.9.1 によれば，$\mathcal{G}$ 共変な決定関数の中で最良のもの

$$\varphi_1(u,v)=\frac{v}{n+1} \tag{4.3}$$

が Δ の中でミニマックスとなる．

定理 6.4.1 (Stein (1964)) 正規分布 $N(\xi,\sigma^2)$ の分散 σ^2 の推定問題で $n\geqq 2$ とし，ξ は未知であるとする．このとき

$$\varphi_2(u,v)=\min\left(\frac{v}{n+1},\ \frac{nu^2+v}{n+2}\right) \tag{4.4}$$

は φ_1 より優れた決定関数である．したがって φ_1 は Δ の中で許容的でない．

証明 (4.2) に対応して確率変数 (U, V) を定義する．$\eta=\xi/\sigma$ とおけば，(4.1), (4.3), (4.4) により

$$R((\xi,\sigma^2),\varphi_i)=R((\eta,1),\varphi_i)=E_{(\eta,1)}(\varphi_i(U,V)-1)^2 \quad (i=1,2)$$

が成り立つので，すべての $\eta\in\mathcal{R}^1$ に対して

$$E_{(\eta,1)}(\varphi_2(U,V)-1)^2<E_{(\eta,1)}(\varphi_1(U,V)-1)^2 \tag{4.5}$$

が成り立つことを証明すればよい．

ここで $\theta=(\eta,1)$ のとき nU^2 は非心 χ^2 分布 $\chi^2(1,n\eta^2)$ に，V は χ^2 分布 $\chi^2(n-1)$ に従って，両者は独立である．

そこで $\lambda=n\eta^2/2$ とおけば，nU^2 は確率 $e^{-\lambda}\lambda^l/l!$ ($l=0,1,\cdots$; ただし $0^0=1$ とする) をもって χ^2 分布 $\chi^2(1+2l)$ に従うものとみることができる．したがって $T=nU^2/V$ とおけば，l を固定したときの (T, V) の確率密度関数は

$$f(t,v|l)=\frac{I(t>0,\ v>0)}{2^{l+n/2}\Gamma(l+1/2)\Gamma((n-1)/2)}t^{l-1/2}v^{l+n/2-1}e^{-(t+1)v/2}.$$

これより $t>0$ と l を固定したときの V の確率密度関数は

$$f^*(v|t,l)=\frac{I(v>0)}{\Gamma(l+n/2)}\left(\frac{t+1}{2}\right)^{l+n/2}v^{l+n/2-1}e^{-(t+1)v/2} \tag{4.6}$$

となる．したがって (4.6) に基づく条件つき平均値

$$E\{(cV-1)^2|t,l\} \tag{4.7}$$

を最小にするように c を定め，これを $\phi_l(t)$ とおけば，

$$\phi_l(t)=\frac{E(V|t,l)}{E(V^2|t,l)}=\frac{t+1}{n+2l+2}.$$

ところで $(t+1)/(n+2)<1/(n+1)$ となる t に対しては

$$\phi_l(t)\leqq\frac{t+1}{n+2}<\frac{1}{n+1} \quad (l=0,1,\cdots)$$

となるので，(4.7) が c の2次関数であることを考慮すると，

$$E\left[\left(\frac{t+1}{n+2}V-1\right)^2\middle|t,l\right]<E\left[\left(\frac{1}{n+1}V-1\right)^2\middle|t,l\right].$$

ここで

$$P\left(\frac{T+1}{n+2}<\frac{1}{n+1}\middle|l\right)>0 \quad (l=0,1,\cdots)$$

が成り立つので,

$$\phi^{(1)}(t)=\frac{1}{n+1},\quad \phi^{(2)}(t)=\min\left(\frac{1}{n+1},\ \frac{t+1}{n+2}\right)$$

とおけば,

$$E[(\phi^{(2)}(T)V-1)^2|l]<E[(\phi^{(1)}(T)V-1)^2|l] \quad (l=0,1,\cdots). \quad (4.8)$$

このとき $\phi^{(i)}(t)v=\varphi_i(u,v)$ $(i=1,2)$ となるので, (4.8) に $e^{-\lambda}\lambda^l/l!$ を掛けて $l=0,1,\cdots$ に対して加えれば (4.5) を得る. よって定理が証明された. ▮

φ_1 は $\mathcal{G}$ 共変な決定関数の中で最良のものであった. $\mathcal{G}$ の部分群

$$\mathcal{H}=\{g_{(0,b)}\in\mathcal{G} : b\in\mathcal{R}^1_+\}$$

を考えると, $\mathcal{H}$ は $\mathcal{R}^n$ の尺度変換群に対応するものであって, (u,v) に基づく $\mathcal{H}$ 共変な決定関数は

$$\varphi(u,v)=\phi(u/\sqrt{v})v$$

の形に書くことができる. ϕ が定数の場合は $\mathcal{G}$ 共変であった. 定理 6.4.1 の非許容性の証明は, φ_1 が $\mathcal{G}$ 共変な決定関数の中で最良のものであっても, $\mathcal{H}$ 共変な決定関数の中では φ_1 より優れた φ_2 を見つけることができる, という考え方に基づいている. 同様の考え方による非許容性の証明方法は James and Stein (1961), Arnold (1970), Zidek (1973), Brewster (1974), Shorrock and Zidek (1976) などでも用いられている.

φ_2 は (4.4) の右辺にある 2 つの値を比較してその小さいほうをとることを意味する. これは u^2 が v と比べて十分小さいかどうかを検定し, その結果によって推定値を決めるという形にもなっている. このような推定値を**検定推定値**という. φ_2 に用いた $\phi^{(2)}$ は滑らかな関数ではないので, Brewster and Zidek (1974) は φ_1 より優れた別の形の滑らかなものを提案し, それが $\mathcal{H}$

共変な決定関数全体の集合の中で許容的であることを証明している.

6.5 広義の Bayes 解と一般 Bayes 解の許容性

A. 広義の Bayes 解の許容性

定理 6.1.2 および定理 6.1.3 では, Bayes 解がある種の条件のもとで許容的になることが示された. しかし定理 6.2.1〜定理 6.2.3 にみられるように, 広義の Bayes 解や一般 Bayes 解は許容的になることもならないこともある. 本節ではこれらが許容的またはほとんど許容的になるための十分条件をあげておく.

定理 6.5.1 (Blyth (1951)) 与えられた統計的決定問題が次の条件 (a)〜(d) を満足するものとする.

(a) 母数空間 Ω に位相が与えられていて, Λ は Ω の開集合をすべて含む完全加法族である.

(b) 任意の決定関数 $\delta\in\varDelta$ に対して, 危険関数 $R(\cdot,\delta)$ は Ω で連続である. そこで (Ω,Λ) 上の任意の事前確率分布 Π に対して

$$r(\Pi,\delta)=\int_{\Omega}R(\theta,\delta)\Pi(d\theta) \tag{5.1}$$

と定義する.

(c) δ_0 は $\varDelta$ に属する1つの決定関数である.

(d) 任意の $\varepsilon>0$ と空でない開集合 $\omega\subset\Omega$ に対して, 次の2つの性質 (d_1), (d_2) をもつ (Ω,Λ) 上の確率分布 Π が存在する.

(d_1) $$\Pi(\omega)>0.$$

(d_2) $$r(\Pi,\delta_0)-\inf_{\delta\in\varDelta}r(\Pi,\delta)<\varepsilon\Pi(\omega). \tag{5.2}$$

このとき δ_0 は $\varDelta$ の中で許容的である.

注意 (d) は δ_0 が広義の Bayes 解であるという条件より強い条件である.

証明 δ_0 が $\varDelta$ の中で許容的でないとすれば,

$$\text{すべての } \theta\in\Omega \text{ に対して} \qquad R(\theta,\delta_1)\leqq R(\theta,\delta_0)$$
$$\text{ある } \theta_1\in\Omega \text{ に対して} \qquad R(\theta_1,\delta_1)<R(\theta_1,\delta_0)$$

となる $\delta_1 \in \Delta$ が存在する．そこで

$$R(\theta_1, \delta_0) - R(\theta_1, \delta_1) > \varepsilon > 0$$

となる ε をとれば，$R(\cdot, \delta_0) - R(\cdot, \delta_1)$ の連続性により，θ_1 を含む適当な開集合 ω をとると，すべての $\theta \in \omega$ に対して

$$R(\theta, \delta_0) - R(\theta, \delta_1) > \varepsilon.$$

この ε と ω に対して条件 $(\mathrm{d}_1), (\mathrm{d}_2)$ を満足する Π をとる．このとき

$$r(\Pi, \delta_0) - r(\Pi, \delta_1) = \int_{\Omega} (R(\theta, \delta_0) - R(\theta, \delta_1)) \Pi(d\theta) = \int_{\omega} + \int_{\Omega - \omega}$$

$$\geqq \int_{\omega} \varepsilon \Pi(d\theta) + \int_{\Omega - \omega} 0 \Pi(d\theta) = \varepsilon \Pi(\omega).$$

他方で (5.2) が成り立つので，この両式より

$$r(\Pi, \delta_1) < \inf_{\delta \in \Delta} r(\Pi, \delta)$$

となって矛盾が生ずる．よって δ_0 は Δ の中で許容的である． ▮

例 6.5.1 例 4.1.1 でとりあげた 2 項分布 $Bi(n, p)$ の p の推定問題における $\varphi_0(x) = x/n$ について考える．事前分布 Π_α としてベータ分布 $Be(\alpha, \alpha)$ をとると Bayes 解は $\varphi_{\alpha,\alpha}(x) = (x+\alpha)/(n+2\alpha)$ となって，(5.2) の左辺は

$$r(\Pi_\alpha, \varphi_0) - r(\Pi_\alpha, \varphi_{\alpha,\alpha}) = \frac{\alpha^2}{n(n+2\alpha)(1+2\alpha)}$$

に等しい．他方で空でない任意の開集合 $\omega \subset \Omega = (0, 1)$ に対して閉区間 $[a, b] \subset \omega$ をとれば，$\alpha \to 0+$ のとき

$$\Pi_\alpha(\omega) \geqq \Pi_\alpha([a, b]) = \int_a^b \frac{\Gamma(2\alpha)}{\Gamma^2(\alpha)} p^{\alpha-1}(1-p)^{\alpha-1} dp$$

$$\sim \frac{\alpha}{2} \int_a^b p^{-1}(1-p)^{-1} dp$$

となるので，任意の $\varepsilon > 0$ に対して $\alpha > 0$ を十分小さくとれば (5.2) が成り立つ．よって φ_0 は許容的である．

φ_0 の許容性は定理 6.3.2 の系の (i) または (iii) からも明らかである． ▮

B. 一般 Bayes 解のほとんどの許容性

ここでは 2 乗誤差の場合の一般 Bayes 推定のほとんどの許容性について考

えることにする．最初に前提となる条件 (e)〜(h) をあげておく．

(e) 標本空間 $(\mathcal{X}, \mathcal{A})$ で定義された確率分布族 $\mathcal{P}=\{P_\theta : \theta\in\Omega\}$ はある σ 有限測度 μ に関して絶対連続で，$p(\cdot,\theta)$ は $dP_\theta/d\mu$ の1つである．

(f) 母数空間 Ω の部分集合から成る完全加法族 Λ が与えられていて，$p(x,\theta)$ は $\mathcal{A}\times\Lambda$ 可測である．

(g) g は Ω で定義されて実数値をとる Λ 可測関数，決定空間は $(\mathcal{D},\mathcal{F})=(\mathcal{R}^1,\mathcal{B}^1)$，損失関数は $W(\theta,d)=(d-g(\theta))^2$ である．

(h) Δ は非確率的な決定関数の全体の集合である．

(Ω,Λ) 上の σ 有限な事前測度 Π が与えられたとき，§4.1 A. と同様に任意の $C\in\mathcal{A}\times\Lambda$ に対して

$$\lambda(C)=\int_C p(x,\theta)(\mu\times\Pi)(d(x,\theta))$$

によって $(\mathcal{X}\times\Omega,\mathcal{A}\times\Lambda)$ 上の σ 有限測度 λ を定義し，さらに任意の $A\in\mathcal{A}$ に対して $Q(A)=\lambda(A\times\Omega)$ とおく．ここで

$$\int_\Omega p(x,\theta)\,\Pi(d\theta)<\infty \quad \text{a.e. } (\mathcal{A},\mu) \tag{5.3}$$

と仮定する．このとき Q も σ 有限測度となって，(5.3) の左辺の積分が $Q(dx)/\mu(dx)$ の1つを与える．さらに a.e. $(\mathcal{A},\mu)$ の x で $g(\theta)p(x,\theta)$ が (Λ,Π) 積分可能であれば，

$$\varphi_\Pi(x)=\int_\Omega g(\theta)\,p(x,\theta)\,\Pi(d\theta)\Big/\int_\Omega p(x,\theta)\,\Pi(d\theta) \quad \text{a.e. } (\mathcal{A},Q) \tag{5.4}$$

を満足する任意の $\mathcal{A}$ 可測関数 φ_Π が Π に関する一般 Bayes 解となる．ここで任意の $\varphi\in\Delta$ に対して (5.1) によって $r(\Pi,\varphi)$ を定義すると，Fubini の定理により

$$r(\Pi,\varphi)=\int_{\mathcal{X}}\left(\int_\Omega(\varphi(x)-g(\theta))^2p(x,\theta)\,\Pi(d\theta)\right)\mu(dx). \tag{5.5}$$

よって (5.4) を満足する φ_Π に対して $r(\Pi,\varphi_\Pi)<\infty$ となれば，φ_Π が Δ の中で $r(\Pi,\varphi)$ の最小値を与えることが (5.5) からわかる．このとき φ_Π を

Π に関する **Bayes** 解という．

また f は Ω で定義されて Λ 可測な非負の実数値関数であるとして，任意の $B \in \Lambda$ に対して

$$\Pi_f(B) = \int_B f(\theta)\,\Pi(d\theta) \tag{5.6}$$

によって Π_f を定義する．ここで $0 < \Pi_f(\Omega) \leqq \infty$ と仮定する．このとき Π_f は (Ω, Λ) で定義された σ 有限測度になるので，Π_f に対して上の議論を適用することができる．とくに

$$\int_\Omega p(x,\theta)\, f(\theta)\,\Pi(d\theta) < \infty \quad \text{a.e. } (\mathcal{A}, \mu) \tag{5.7}$$

$$\varphi_{\Pi_f}(x) = \int_\Omega g(\theta)\, p(x,\theta)\, f(\theta)\,\Pi(d\theta) \Big/ \int_\Omega p(x,\theta)\, f(\theta)\,\Pi(d\theta) \quad \text{a.e. } (\mathcal{A}, Q) \tag{5.8}$$

のとき φ_{Π_f} が Π_f に関する一般 Bayes 解となる．さらに $r(\Pi_f, \varphi_{\Pi_f}) < \infty$ であれば，φ_{Π_f} は Π_f に関する Bayes 解である．

定理 6.5.2 (James and Stein (1961)) 条件 (e)～(h) を満足する統計的決定問題が与えられたものとし，Π は (Ω, Λ) 上の σ 有限測度であり，さらに $\varphi_0 \in \Delta$ と仮定する．$\Lambda_0 \subset \Lambda$ は可算個の集合から成る集合族で

$$\Omega = \bigcup_{\omega \in \Lambda_0} \omega$$

とする．さらに任意の $\varepsilon > 0$ と $\omega \in \Lambda_0$ に対して，次の条件 (j)～(m) を満足する Λ 可測関数 f を Ω で定義することができるものと仮定する．

(j) 任意の $\theta \in \omega$ に対して $0 < f(\theta) < \infty$，任意の $\theta \in \Omega$ に対して $0 \leqq f(\theta) < \infty$ であって，(5.6) によって Π_f を定義すると $0 < \Pi_f(\Omega) \leqq \infty$ となる．

(k) (5.7) が成り立つ．

(l) $r(\Pi_f, \varphi_0) < \infty$ となる．

(m) (5.8) によって与えられる一般 Bayes 解 φ_{Π_f} に対して

$$\int_{\Omega} E_\theta(\varphi_0(X)-\varphi_{\Pi_f}(X))^2 f(\theta)\,\Pi(d\theta)<\varepsilon \inf_{\theta\in\omega} f(\theta). \tag{5.9}$$

このとき φ_0 は Δ の中で (Λ, Π) に関してほとんど許容的である．

証明 仮定 (f), (g) により，任意の $\varphi\in\Delta$ に対して $R(\cdot, \varphi)$ は Λ 可測となる．よって φ_0 が (Λ, Π) に関してほとんど許容的ではないとすれば，

$$\text{すべての } \theta\in\Omega \text{ に対して} \quad R(\theta, \varphi_1)\leqq R(\theta, \varphi_0)$$

$$\Pi\{\theta\in\Omega : R(\theta, \varphi_1)<R(\theta, \varphi_0)\}>0$$

を満足する $\varphi_1\in\Delta$ が存在する．よって適当に $\eta>0$ をとって

$$S=\{\theta\in\Omega : R(\theta, \varphi_0)-R(\theta, \varphi_1)>\eta\}$$

とおけば $\Pi(S)>0$ となる．このとき Λ_0 に関する仮定から，$\omega\in\Lambda_0$ を適当にとれば

$$0<\Pi(S\cap\omega)\leqq\Pi(\omega).$$

この ω と $\varepsilon=\eta\Pi(S\cap\omega)$ に対して，条件 (j)〜(m) を満足する Λ 可測関数 f をとると

$$\begin{aligned} r(\Pi_f, \varphi_0)-r(\Pi_f, \varphi_1) &= \int_{\Omega}(R(\theta, \varphi_0)-R(\theta, \varphi_1))f(\theta)\,\Pi(d\theta) \\ &= \int_{S\cap\omega}+\int_{\Omega-S\cap\omega}>\eta\int_{S\cap\omega} f(\theta)\,\Pi(d\theta) \\ &\geqq \eta\Pi(S\cap\omega)\inf_{\theta\in\omega} f(\theta)=\varepsilon\inf_{\theta\in\omega} f(\theta). \end{aligned} \tag{5.10}$$

他方で (5.5) を Π の代わりに Π_f に対して適用すれば，

$$r(\Pi_f, \varphi_0)=\int_{\mathcal{X}}\left(\int_{\Omega}(\varphi_0(x)-g(\theta))^2 p(x, \theta) f(\theta)\,\Pi(d\theta)\right)\mu(dx). \tag{5.11}$$

ここで仮定 (l) を用いれば

$$r(\Pi_f, \varphi_{\Pi_f})\leqq r(\Pi_f, \varphi_0)<\infty$$

となるので，φ_{Π_f} は Π_f に関する Bayes 解になる．そこで

$$\begin{aligned} (\varphi_0(x)-g(\theta))^2 &= (\varphi_{\Pi_f}(x)-g(\theta))^2+2(\varphi_{\Pi_f}(x)-g(\theta))(\varphi_0(x)-\varphi_{\Pi_f}(x)) \\ &\quad +(\varphi_0(x)-\varphi_{\Pi_f}(x))^2 \end{aligned}$$

を (5.11) に代入すると，右辺の第2項を用いた積分は (5.8) によって 0 と

なるので，その結果，条件（m）により

$$r(\Pi_f, \varphi_0) = r(\Pi_f, \varphi_{\Pi_f}) + \int_\Omega E_\theta(\varphi_0(X) - \varphi_{\Pi_f}(X))^2 f(\theta) \Pi(d\theta)$$
$$< r(\Pi_f, \varphi_{\Pi_f}) + \varepsilon \inf_{\theta \in \omega} f(\theta). \tag{5.12}$$

(5.10) と (5.12) から $r(\Pi_f, \varphi_1) < r(\Pi_f, \varphi_{\Pi_f})$ が得られるので，φ_{Π_f} が Π_f に関する Bayes 解であることと矛盾する．よって φ_0 が (Λ, Π) に関してほとんど許容的であることが証明された． ∎

例 6.5.2 定理 6.2.1 で考察した 1 変量の正規分布 $N(\xi, 1)$ の平均値 ξ の推定問題を考える．$\xi \in \mathcal{R}^1$ に関する事前測度 Π を Lebesgue 測度 μ^1 とし，f を正規分布 $N(0, \sigma^2)$ の Π に関する確率密度関数とすれば，例 4.4.2 により $\varphi_{\Pi_f}(x) = \sigma^2 x / (\sigma^2 + 1)$ が Π_f に関する Bayes 解となる．よって $\varphi_0(x) = x$ とすると (5.9) の左辺は

$$\int_{-\infty}^{\infty} E_\xi \left(X - \frac{\sigma^2 X}{\sigma^2 + 1} \right)^2 f(\xi) \Pi(d\xi)$$
$$= \frac{1}{(\sigma^2+1)^2} \int_{-\infty}^{\infty} (E_\xi X^2) f(\xi) \Pi(d\xi) = \frac{1}{\sigma^2 + 1}. \tag{5.13}$$

他方で定理 6.5.2 の Λ_0 を $\Lambda_0 = \{[-n, n] : n = 1, 2, \cdots\}$ とすれば，任意の $\omega = [-n, n] \in \Lambda_0$ に対して $\sigma \to \infty$ のとき

$$\inf_{\xi \in \omega} f(\xi) = \frac{1}{\sqrt{2\pi}\sigma} e^{-n^2/2\sigma^2} \sim \frac{1}{\sqrt{2\pi}\sigma}. \tag{5.14}$$

したがって任意の $\varepsilon > 0$，$n \in \mathcal{N}$ に対して σ を十分大きくとれば，(5.13) は (5.14) の ε 倍より小さくなる．これが条件（m）を示している．定理 6.5.2 の他の条件が成り立つことは容易にわかるので，これによって φ_0 が μ^1 に関してほとんど許容的のことが示された． ∎

(5.3) が成り立つとき，(5.3) の左辺の積分が正の有限の値であるような任意の $x \in \mathcal{X}$ をとって，任意の $B \in \Lambda$ に対して第 4 章の (1.4) と同様に

$$\Pi(B|x) = \int_B p(x, \theta) \Pi(d\theta) \Big/ \int_\Omega p(x, \theta) \Pi(d\theta)$$

によって事後分布 $\Pi(\cdot|x)$ を定義し，この事後分布に基づく平均値と共分散を

$E_\Pi(\cdot|x)$, $\mathrm{Cov}_\Pi(\cdot,\cdot|x)$ で表す．とくに (5.4) の右辺は $E_\Pi(g(\Theta)|x)$ であるが，記号の簡単化のため $E_\Pi(g|x)$, $\mathrm{Cov}_\Pi(f,g|x)$ などで書き表すことにする．(5.3) の左辺が正の有限値でなければ，これらの値を 0 と規約する．

定理 6.5.3 (Zidek (1970)) 条件 (e)〜(h) を満足する統計的決定問題が与えられたものとする．Π は (Ω, Λ) 上の σ 有限測度であって (5.3) が成り立つものとし，$\varphi_\Pi \in \Delta$ は (5.4) を満足する一般 Bayes 解であるとする．$\varphi_0 = \varphi_\Pi$ とおいて定理 6.5.2 の条件が成り立つものと仮定する．ただし (5.9) は不等式

$$\int_\Omega E_\theta \frac{\mathrm{Cov}_\Pi^2(f,g|X)}{E_\Pi(f|X)} \Pi(d\theta) < \varepsilon \inf_{\theta\in\omega} f(\theta) \tag{5.15}$$

でおきかえ，また $E_\Pi(f|x)=0$ のときには $\mathrm{Cov}_\Pi^2(f,g|x)/E_\Pi(f|x)=0$ と規約する．このとき φ_Π は Δ の中で (Λ, Π) に関してほとんど許容的である．

証明 $\varphi_0=\varphi_\Pi$ のとき，(5.9) の左辺と (5.15) の左辺が一致することを証明すれば十分である．上の規約に留意しつつこの計算を行うと，

$$\begin{aligned}
&\int_\Omega E_\theta \frac{\mathrm{Cov}_\Pi^2(f,g|X)}{E_\Pi(f|X)} \Pi(d\theta) \\
&= \int_\Omega E_\theta \frac{[E_\Pi(fg|X) - E_\Pi(f|X)E_\Pi(g|X)]^2}{E_\Pi(f|X)} \Pi(d\theta) \\
&= \int_\Omega \left[\int_{\mathcal{X}} \left(\frac{E_\Pi(fg|x)}{E_\Pi(f|x)} - E_\Pi(g|x)\right)^2 E_\Pi(f|x) p(x,\theta)\mu(dx)\right] \Pi(d\theta) \\
&= \int_\Omega \left[\int_{\mathcal{X}} (\varphi_{\Pi_f}(x) - \varphi_\Pi(x))^2 \frac{\int_\Omega f(t)p(x,t)\Pi(dt)}{\int_\Omega p(x,t)\Pi(dt)} p(x,\theta)\mu(dx)\right] \Pi(d\theta) \\
&= \int_{\mathcal{X}} (\varphi_{\Pi_f}(x) - \varphi_\Pi(x))^2 \left(\int_\Omega f(t)p(x,t)\Pi(dt)\right)\mu(dx) \\
&= \int_\Omega \left(\int_{\mathcal{X}} (\varphi_{\Pi_f}(x) - \varphi_\Pi(x))^2 p(x,\theta)\mu(dx)\right) f(\theta)\Pi(d\theta) \\
&= \int_\Omega [E_\theta(\varphi_\Pi(X) - \varphi_{\Pi_f}(X))^2] f(\theta)\Pi(d\theta).
\end{aligned}$$

よって定理が証明された． ∎

許容的な推定とほとんど許容的な推定との関係は定理 6.1.4 で述べたとおりである．定理 6.5.3 は定理 6.6.1 で位置母数の Pitman 推定の許容性を証明するのに使われる．

6.6 位置母数の推定の許容性

A. Pitman 推定の許容性

標本空間を $(\mathcal{R}^n, \mathcal{B}^n)$ とし，確率変数 $(X_1, \cdots, X_n)$ は Lebesgue 測度 μ^n に関して確率密度関数

$$f(x_1-\theta, \cdots, x_n-\theta) \tag{6.1}$$

をもつものとする．ここで f は既知の関数，$\theta \in \mathcal{R}^1$ は未知の母数で，損失関数を

$$W(\theta, d)=(d-\theta)^2 \tag{6.2}$$

として θ の推定問題を考える．このとき位置変換群で不変な決定関数の中で最良のものが第5章の (5.10) に与えられた Pitman 推定である．

そこで

$$z=(z_2, \cdots, z_n)=(x_2-x_1, \cdots, x_n-x_1)$$

とおくとき，同章の (5.11) によって与えられる記号 ϕ_0 を用いれば，Pitman 推定は $x_1+\phi_0(z)$ となるので，本節では

$$y=x_1+\phi_0(z)$$

とおく．$(y, z)=(y, z_2, \cdots, z_n)$ に対応して確率変数 $(Y, Z)=(Y, Z_2, \cdots, Z_n)$ を定義すると，(Y, Z) の確率密度関数は

$$f(y-\phi_0(z)-\theta,\ y+z_2-\phi_0(z)-\theta, \cdots, y+z_n-\phi_0(z)-\theta) \tag{6.3}$$

となる．(6.3) を y について $\mathcal{R}^1$ で積分すれば Z の確率密度関数

$$g(z)=\int_{-\infty}^{\infty} f(t, t+z_2, \cdots, t+z_n)dt \tag{6.4}$$

が得られて，これは θ に無関係である．$\mathcal{R}^{n-1}$ における Z の分布を ν で表すことにする．$g(z)>0$ のとき (6.3) を (6.4) で割ると $y-\theta$ と z の関数

$p(y-\theta, z)$ の形となり，これが (Y, Z) の $\mu^1\times\nu$ に関する確率密度関数になる．ここで p のつくり方と ϕ_0 の定義から a.e. $(\mathscr{B}^{n-1}, \nu)$ の z に対して

$$\int_{-\infty}^{\infty} p(y, z)\,dy=1, \quad \int_{-\infty}^{\infty} y\,p(y, z)\,dy=0$$

となることは容易に確かめられる．

定理 6.6.1 (Stein (1959)) 次の条件 (a)～(e) を仮定する．

(a) 標本空間は $(\mathscr{R}^1, \mathscr{B}^1)\times(\mathscr{Z}, \mathscr{C})$ であって，ν は $(\mathscr{Z}, \mathscr{C})$ 上の確率分布である．

(b) 母数空間は $\mathscr{R}^1$ であって，任意の $\theta\in\mathscr{R}^1$ に対して P_θ は $\mu^1\times\nu$ に関する確率密度関数 $p(y-\theta, z)$ をもつ．

(c) 任意の $z\in\mathscr{Z}$ に対して $p(\cdot, z)$ が

$$\int_{-\infty}^{\infty} p(y, z)\,dy=1, \quad \int_{-\infty}^{\infty} y\,p(y, z)\,dy=0, \quad \int_{-\infty}^{\infty} y^2 p(y, z)\,dy<\infty \tag{6.5}$$

を満足するほか，

$$\int_{\mathscr{Z}}\left(\int_{-\infty}^{\infty} y^2 p(y, z)\,dy\right)^{3/2}\nu(dz)<\infty \tag{6.6}$$

が成り立つ．

(d) 決定空間は $(\mathscr{R}^1, \mathscr{B}^1)$ であって，損失関数は (6.2) によって与えられる．

(e) Δ は非確率的な決定関数の全体の集合である．

このとき Pitman 推定 $\varphi_0(x)=\varphi_0(y, z)=y$ は Δ の中で許容的である．

証明 証明を5段に分けて行う．最初の4段で定理 6.5.3 を用いて φ_0 がほとんど許容的であることを証明し，第5段で定理 6.1.4 を用いて許容的であることを証明する．

第1段 定理 6.5.3 の条件を吟味する．

母数空間に対して $\Lambda=\mathscr{B}^1$, $\Pi=\mu^1$ を導入する．このとき §6.5 B. の条件 (e)～(h) は明らかに成り立つ．ここで $\sigma>0$ として

$$g(\theta)=\theta, \quad q(\theta)=\frac{1}{1+\theta^2}, \quad f(\theta)=q\left(\frac{\theta}{\sigma}\right)=\frac{\sigma^2}{\sigma^2+\theta^2} \tag{6.7}$$

とおく．このとき (6.5) によりすべての $x=(y,z)$ に対して

$$\varphi_0(x)=y=\int_{-\infty}^{\infty}\theta p(y-\theta,z)\,d\theta\Big/\int_{-\infty}^{\infty}p(y-\theta,z)\,d\theta \tag{6.8}$$

となるので，φ_0 は Π に関する一般 Bayes 解となる．また $\omega\subset\Omega=\mathcal{R}^1$ をどうとっても，任意の $\sigma>0$ に対して定理 6.5.2 の条件 (j) は自明であるし，(6.5), (6.7) を用いれば (k), (l) が成り立つことも明らかである．

そこで $\Lambda_0=\{[-n,n]:n=1,2,\cdots\}$ とおくとき，任意の $\varepsilon>0$, $\omega\in\Lambda_0$ に対して，適当に $\sigma>0$ をとれば (5.15) が成り立つことを証明すればよい．

第2段　(6.7) に対して (5.15) の左辺を変形する．

(6.7) と (6.8) によれば $E_\Pi(g|x)=y$ であるから，Fubini の定理を用いて

$$\int_{-\infty}^{\infty}E_\theta\frac{\mathrm{Cov}_\Pi^2(f,g|X)}{E_\Pi(f|X)}\Pi(d\theta)$$

$$=\int_{-\infty}^{\infty}E_\theta\frac{E_\Pi^2(f(g-Y)|X)}{E_\Pi(f|X)}d\theta$$

$$=\int_{-\infty}^{\infty}\left[\int_{\mathcal{Z}}\left(\int_{-\infty}^{\infty}\frac{\left(\int_{-\infty}^{\infty}(t-y)\dfrac{\sigma^2}{\sigma^2+t^2}p(y-t,z)\,dt\right)^2}{\int_{-\infty}^{\infty}\dfrac{\sigma^2}{\sigma^2+t^2}p(y-t,z)\,dt}p(y-\theta,z)\,dy\right)\nu(dz)\right]d\theta$$

$$=\int_{\mathcal{Z}}\left[\int_{-\infty}^{\infty}\frac{\left(\int_{-\infty}^{\infty}\eta\,q\left(\dfrac{y-\eta}{\sigma}\right)p(\eta,z)\,d\eta\right)^2}{\int_{-\infty}^{\infty}q\left(\dfrac{y-\eta}{\sigma}\right)p(\eta,z)\,d\eta}dy\right]\nu(dz). \tag{6.9}$$

第3段　$(\mathcal{R}^1,\mathcal{B}^1)$ で定義された確率分布 P に対して

$$\Phi(P,\sigma)=\int_{-\infty}^{\infty}\left[\frac{\left(\int_{-\infty}^{\infty}\eta\,q\left(\dfrac{y-\eta}{\sigma}\right)P(d\eta)\right)^2}{\int_{-\infty}^{\infty}q\left(\dfrac{y-\eta}{\sigma}\right)P(d\eta)}\right]dy \tag{6.10}$$

とおき，任意の $\lambda>0$ に対して

$$\int_{-\infty}^{\infty}\eta P(d\eta)=0,\qquad \int_{-\infty}^{\infty}\eta^2P(d\eta)=\lambda$$

を満足する確率分布 P の全体の集合を $\mathcal{U}_\lambda$ で表して

$$\Psi(\lambda,\sigma)=\sup_{P\in\mathcal{U}_\lambda}\Phi(P,\sigma)$$

と定義する．このとき適当な $c>0$ をとることによって，

$$\Psi(\lambda,\sigma)\leqq\begin{cases} c\lambda^2/\sigma & \lambda\leqq\sigma^2/2 \text{ のとき} \quad (6.11)\\ c\lambda\sigma & \lambda>\sigma^2/2 \text{ のとき} \quad (6.12)\end{cases}$$

が成り立つことを証明する．

y,η をそれぞれ $\sigma y,\sigma\eta$ とおいて (6.10) を書き直せば，

$$\Phi(P,\sigma)=\int_{-\infty}^{\infty}\left[\frac{\left(\int_{-\infty}^{\infty}\sigma\eta\, q(y-\eta)P(\sigma(d\eta))\right)^2}{\int_{-\infty}^{\infty}q(y-\eta)P(\sigma(d\eta))}\right]\sigma\, dy=\sigma^3\Phi(Q,1).$$

ただし Q は任意の $B\in\mathcal{B}^1$ に対して $Q(B)=P(\sigma B)$ によって定義された確率分布であって，$P\in\mathcal{U}_\lambda$ のとき $Q\in\mathcal{U}_{\lambda/\sigma^2}$ となる．したがって

$$\Psi(\lambda,\sigma)=\sigma^3\Psi(\lambda/\sigma^2,1). \tag{6.13}$$

次に $\lambda>0$ として $\Psi(\lambda,1)$ の評価をする．(6.10) において $\sigma=1$ とおき，[ ] 内の分子の積分の被積分関数を

$$\eta\, q(y-\eta)=\eta\sqrt{q(y-\eta)}\cdot\sqrt{q(y-\eta)}$$

と分解して Schwarz の不等式を適用すると，$P\in\mathcal{U}_\lambda$ のとき

$$\begin{aligned}\Phi(P,1)&\leqq\int_{-\infty}^{\infty}\left(\int_{-\infty}^{\infty}\eta^2 q(y-\eta)P(d\eta)\right)dy\\ &=\int_{-\infty}^{\infty}\eta^2\left(\int_{-\infty}^{\infty}q(y-\eta)\,dy\right)P(d\eta)=\pi\lambda.\end{aligned}$$

したがって $\Psi(\lambda,1)\leqq\pi\lambda$ となるので，(6.13) を用いれば $c\geqq\pi$ のときすべての $\lambda>0$ に対して (6.12) が成り立つ．

次に $0<\lambda\leqq1/2$ とすれば Čebyšev の不等式より，

$$\int_{-\infty}^{\infty}q(y-\eta)P(d\eta)\geqq P[-1,1]\inf_{-1\leqq\eta\leqq1}q(y-\eta)\geqq\frac{1}{2}\cdot\frac{3}{8}q(y)=\frac{3}{16(1+y^2)}.$$

他方で Schwarz の不等式を利用して，

$$\left(\int_{-\infty}^{\infty}\eta q(y-\eta)P(d\eta)\right)^2=\left(\int_{-\infty}^{\infty}\eta(q(y-\eta)-q(y))P(d\eta)\right)^2$$
$$\leqq\left(\int_{-\infty}^{\infty}\eta^2P(d\eta)\right)\left(\int_{-\infty}^{\infty}(q(y-\eta)-q(y))^2P(d\eta)\right).$$

よってこれらを (6.10) に代入すれば，$P\in\mathcal{U}_\lambda$ を用いて

$$\Phi(P,1)\leqq\frac{16}{3}\lambda\int_{-\infty}^{\infty}(1+y^2)\left(\int_{-\infty}^{\infty}(q(y-\eta)-q(y))^2P(d\eta)\right)dy$$
$$=\frac{16}{3}\lambda\int_{-\infty}^{\infty}\left[\int_{-\infty}^{\infty}(1+y^2)\left(\frac{1}{1+(y-\eta)^2}-\frac{1}{1+y^2}\right)^2dy\right]P(d\eta). \quad (6.14)$$

ここで［ ］内の積分を計算すると

$$[\ \ ]=\int_{-\infty}^{\infty}\left(\frac{1+y^2}{(1+(y-\eta)^2)^2}-\frac{1}{1+y^2}\right)dy=\int_{-\infty}^{\infty}\left(\frac{1+(y+\eta)^2}{(1+y^2)^2}-\frac{1}{1+y^2}\right)dy$$
$$=\int_{-\infty}^{\infty}\frac{2\eta y+\eta^2}{(1+y^2)^2}dy=\eta^2\int_{-\infty}^{\infty}\frac{dy}{(1+y^2)^2}=\frac{\pi}{2}\eta^2$$

となるので，これを (6.14) に代入して $\Phi(P,1)\leqq(8\pi/3)\lambda^2$ を得る．したがって (6.13) により $c\geqq8\pi/3$ とすれば (6.11) が成り立つことが証明された．

<u>第4段</u>　任意の $\varepsilon>0$, $\omega\in\Lambda_0$ に対して適当に $\sigma>0$ をとれば (5.15) が成り立つことを証明する．

(6.5) の最後の積分を $\lambda(z)$ で表せば，(6.9) の y に関する積分の値は $\Psi(\lambda(z),\sigma)$ を超えない．そこで (6.9) の z に関する積分範囲 $\mathcal{Z}$ を $\lambda(z)\leqq\sigma^2/2$ の範囲と $\lambda(z)>\sigma^2/2$ の範囲とに分割して (6.11), (6.12) を用いれば，

$$\int_{-\infty}^{\infty}E_\theta\frac{\mathrm{Cov}_\Pi^2(f,g|X)}{E_\Pi(f|X)}\Pi(d\theta)$$
$$\leqq\frac{c}{\sigma}\int_{\lambda(z)\leqq\sigma^2/2}\lambda^2(z)\nu(dz)+c\sigma\int_{\lambda(z)>\sigma^2/2}\lambda(z)\nu(dz). \quad (6.15)$$

(6.6) により任意の $\gamma\in(0,1)$ に対して $\tau>0$ を適当に選べば，

$$\int_{\lambda(z)>\gamma\tau^2/2}\lambda^{3/2}(z)\nu(dz)<\gamma.$$

このとき $\sigma\geqq\tau$ に対して (6.15) はさらに

$$\leqq \frac{c}{\sigma}\int_{\lambda(z)\leqq\gamma\sigma^2/2}\lambda^2(z)\nu(dz)+\frac{c}{\sigma}\int_{\gamma\sigma^2/2<\lambda(z)\leqq\sigma^2/2}\lambda^2(z)\nu(dz)$$

$$+c\sigma\int_{\lambda(z)>\sigma^2/2}\lambda(z)\nu(dz)$$

$$\leqq\sqrt{\frac{\gamma}{2}}c\int_{\mathscr{Z}}\lambda^{3/2}(z)\nu(dz)+\frac{1}{\sqrt{2}}c\int_{\lambda(z)>\gamma\sigma^2/2}\lambda^{3/2}(z)\nu(dz)$$

$$+\sqrt{2}c\int_{\lambda(z)>\sigma^2/2}\lambda^{3/2}(z)\nu(dz)$$

$$<\sqrt{\frac{\gamma}{2}}c\int_{\mathscr{Z}}\lambda^{3/2}(z)\nu(dz)+\frac{1}{\sqrt{2}}c\gamma+\sqrt{2}c\gamma$$

となって，(6.6) によりこの値は γ を小さくとればいくらでも小さくなる．

他方で $\omega=[-n,n]$ に対して $\sigma\geqq n$ とすれば $\inf_{\theta\in\omega}f(\theta)\geqq 1/2$ が成り立つので，任意の $\varepsilon>0$ に対して σ を十分大きくとれば (5.15) が成り立つ．

以上によって φ_0 が $(\mathscr{B}^1,\Pi)$ に関してほとんど許容的であることが証明された．

第5段　φ_0 が許容的であることを証明する．

それには定理 6.1.4 の条件 (b) が満たされることを示せば十分である．いまある $\theta_0\in\mathscr{R}^1$，$A_0\in\mathscr{B}^1\times\mathcal{C}$ に対して

$$P_{\theta_0}(A_0)=\int_{A_0}p(y-\theta_0,z)(\mu^1\times\nu)(d(y,z))>0$$

と仮定すれば $(\mu^1\times\nu)(A_0)>0$ となる．そこで Fubini の定理から

$$\int_{-\infty}^{\infty}\left(\int_{A_0}p(y-\theta,z)(\mu^1\times\nu)(d(y,z))\right)d\theta$$

$$=\int_{A_0}\left(\int_{-\infty}^{\infty}p(y-\theta,z)d\theta\right)(\mu^1\times\nu)(d(y,z))$$

$$=\int_{A_0}(\mu^1\times\nu)(d(y,z))=(\mu^1\times\nu)(A_0)>0.$$

よって左辺の内側の積分が >0 となる θ の Lebesgue 測度は正となる．この積分の値が $P_\theta(A_0)$ であるから，これによって定理 6.1.4 の条件 (b) が満たされることが証明された．同定理の他の条件は自明であるから，これで φ_0 が

許容的であることの証明が完結した. ∎

定理 6.6.1 は正規分布に対して証明された定理 6.2.1 を, 位置母数を含む一般の分布に拡張したものとみることができる. 定理6.6.1では損失関数を2乗誤差の形 (6.2) に限定してあるが, 損失関数の形をさらに一般的にした定理は Farrell (1964), Brown (1966) などによって与えられている. Brown の証明方法は後に Joshi (1970), Cohen and Strawderman (1973) によって位置母数の信頼区間の問題に, Fox (1971) によって位置母数を含む分布族の間の多重決定の問題に利用されている. 本書では §6.9 で Brown-Fox の線に沿って多重決定の問題を取り上げることにする.

また $x_i \in \mathcal{R}^k$ $(i=1, \cdots, n)$, $\theta \in \mathcal{R}^k$ として μ^{kn} に関して (6.1) の形の確率密度関数をもつ分布は, k **次元の位置母数** θ をもつという. k 次元の位置母数の推定問題は定理 6.2.2 および定理 6.2.3 の拡張に相当する. ここで問題になるのは, 任意の $c \in \mathcal{R}^k$ に対して変換

$$g_c(x_1, \cdots, x_n) = (x_1+c, \cdots, x_n+c), \quad \bar{g}_c\theta = \theta+c, \quad \tilde{g}_c d = d+c$$

を考え, $\mathcal{G} = \{g_c : c \in \mathcal{R}^k\}$ 共変な決定関数の中で最良な決定関数 φ_0 の許容性である. 適当な条件のもとで James and Stein (1961) は $k=2$, $W(\theta, d) = \|d-\theta\|^2$ のときに φ_0 が許容的であることを示し, Brown (1966) は $k \geqq 3$ で損失関数が一般の場合に φ_0 が許容的でないことを証明し, Brown and Fox (1974) は $k=2$ で損失関数が一般の場合に φ_0 が許容的であることを証明している. このほか Portnoy (1975), Berger (1976 a, b, c) は位置母数の一部の成分の推定の許容性を論じている.

なお, 離散的な分布の位置母数の推定の許容性については Blackwell (1951) の論文がある.

B. モーメントに関する反例

定理 6.6.1 の仮定の中で最も重要な仮定は (6.6) である. もしも位置変換群で共変な決定関数 $\varphi(x) = y + \phi(z)$ であって $E_0|\varphi(X)|^3 < \infty$ となるものがあれば, (6.5) を用いて

$$\int_{\mathcal{Z}}\left(\int_{-\infty}^{\infty} y^2 p(y,z)dy\right)^{3/2}\nu(dz)$$

$$\leqq \int_{\mathcal{Z}}\left(\int_{-\infty}^{\infty}(y+\phi(z))^2 p(y,z)dy\right)^{3/2}\nu(dz)$$

$$\leqq \int_{\mathcal{Z}}\left(\int_{-\infty}^{\infty}|y+\phi(z)|^3 p(y,z)\,dy\right)\nu(dz)=E_0|\varphi(X)|^3<\infty$$

が得られるので (6.6) が成り立つ．また $\mathcal{Z}$ のある有限集合 $C\in\mathcal{C}$ に対して $\nu(C)=1$ となれば，(6.5) の最後の不等式から (6.6) が成り立つことは明らかである．(6.1) において $n=1$ の場合はこれに該当する．しかし一般にこの種のモーメントに関する条件 (6.6) がないと定理 6.6.1 の結論は必ずしも成り立たない．

例 6.6.1 (Brown (1966)) $0<\beta<2/3$ として Z の確率分布 ν を

$$\frac{\nu(dz)}{dz}=\frac{2+\beta}{z^{3+\beta}}I(1\leqq z<\infty)$$

によって定義する．また $n\in\mathcal{N}$ として

$$p_n(y,1)=\begin{cases}\dfrac{n}{4} & 1-\dfrac{1}{n}\leqq|y|\leqq 1+\dfrac{1}{n} \text{ のとき}\\ 0 & \text{その他のとき}\end{cases}$$

$$p_n(y,z)=\frac{1}{z}p_n\left(\frac{y}{z},1\right)$$

とおけば，(6.5) の 3 式が成り立つことは明らかである．しかし

$$\int_1^{\infty}\left(\int_{-\infty}^{\infty}y^2 p_n(y,z)\,dy\right)^{3/2}\frac{2+\beta}{z^{3+\beta}}dz=\int_1^{\infty}\left(\left(1+\frac{1}{3n^2}\right)z^2\right)^{3/2}\frac{2+\beta}{z^{3+\beta}}dz=\infty$$

となって (6.6) は成り立たない．θ の最良の位置共変推定は $\varphi_0(x)=y$ によって与えられ，これに対して

$$R(\theta,\varphi_0)=\left(1+\frac{1}{3n^2}\right)\frac{2+\beta}{\beta}.$$

ここで位置共変でない φ_1 を

$$\varphi_1(x)=\varphi_1(y,z)=\begin{cases}0 & -z\leqq y\leqq z \text{ のとき}\\ y & \text{その他のとき}\end{cases}$$

によって定義すれば，n が十分大きいときに，すべての $\theta\in\mathscr{R}^1$ に対して $R(\theta,\varphi_1)<R(\theta,\varphi_0)$ となることを証明しよう．

そのために $\gamma(y,z)=\varphi_1(y,z)-y$ とおいて次の計算をする．

$$\begin{aligned}
&R(\theta,\varphi_0)-R(\theta,\varphi_1)\\
&=\int_1^\infty\left[\int_{-\infty}^\infty\{(y-\theta)^2-(\varphi_1(y,z)-\theta)^2\}p_n(y-\theta,z)\,dy\right]\frac{2+\beta}{z^{3+\beta}}\,dz\\
&=\int_1^\infty\left[\int_{-\infty}^\infty\{u^2-(\gamma(u+\theta,z)+u)^2\}p_n(u,z)\,du\right]\frac{2+\beta}{z^{3+\beta}}\,dz\\
&=\int_1^\infty z^2\left[\int_{-\infty}^\infty\left\{u^2-\left(\gamma\left(u+\frac{\theta}{z},\ 1\right)+u\right)^2\right\}p_n(u,1)\,du\right]\frac{2+\beta}{z^{3+\beta}}\,dz\\
&=\int_1^\infty\left[\int_{|u+\theta/z|\leqq 1}\left\{u^2-\left(\frac{\theta}{z}\right)^2\right\}p_n(u,1)\,du\right]\frac{2+\beta}{z^{1+\beta}}\,dz
\end{aligned}\tag{6.16}$$

ここで［ ］内の積分を計算するために $\alpha\in\mathscr{R}^1$ の関数 $g_n(\alpha)=g_n(-\alpha)$ を

$$g_n(\alpha)=\int_{|u+\alpha|\leqq 1}(u^2-\alpha^2)\,p_n(u,1)\,du$$

によって定義すると，$\alpha\in[0,\infty)$ に対して

$$g_n(\alpha)\begin{cases}
=\dfrac{1}{6}\left(3-\dfrac{3}{n}+\dfrac{1}{n^2}\right)+\dfrac{1}{2}(n-1)\alpha^2 & 0\leqq\alpha<\dfrac{1}{n}\ \text{のとき}\\[2ex]
=\dfrac{1}{6}\left(3+\dfrac{1}{n^2}\right)-\dfrac{1}{2}\alpha^2 & \dfrac{1}{n}\leqq\alpha<2-\dfrac{1}{n}\ \text{のとき}\\[2ex]
\geqq-\dfrac{1}{4}(3n+2)\left(2+\dfrac{1}{n}-\alpha\right) & 2-\dfrac{1}{n}\leqq\alpha<2+\dfrac{1}{n}\ \text{のとき}\\[2ex]
=0 & 2+\dfrac{1}{n}\leqq\alpha\ \text{のとき．}
\end{cases}$$

これらを (6.16) に代入して計算すると，

$$\frac{1}{2+\beta}(R(\theta,\varphi_0)-R(\theta,\varphi_1))=\int_1^\infty g_n\left(\frac{\theta}{z}\right)\frac{1}{z^{1+\beta}}\,dz$$

$$\begin{cases}
=\dfrac{1}{2\beta}+O\left(\dfrac{1}{n}\right) & 0\leqq\theta<\dfrac{1}{n}\ \text{のとき}\\[2ex]
=\dfrac{1}{2}\left(\dfrac{1}{\beta}-\dfrac{\theta^2}{2+\beta}\right)+O\left(\dfrac{1}{n}\right) & \dfrac{1}{n}\leqq\theta<2-\dfrac{1}{n}\ \text{のとき}
\end{cases}\tag{6.17}$$

$$\begin{cases} \geqq \dfrac{1}{2}\left(\dfrac{1}{\beta}-\dfrac{4}{2+\beta}\right)+O\left(\dfrac{1}{n}\right) & 2-\dfrac{1}{n}\leqq\theta<2+\dfrac{1}{n} \text{ のとき} \\ \geqq \dfrac{2^{\beta-1}}{\theta^\beta}\left(\dfrac{1}{\beta}-\dfrac{4}{2+\beta}+O\left(\dfrac{1}{n}\right)\right) & 2+\dfrac{1}{n}\leqq\theta \text{ のとき}. \end{cases}$$

ここで各場合の $O(1/n)$ はそれぞれの θ の区間で一様である．$0<\beta<2/3$ より $1/\beta-4/(2+\beta)>0$ となるので，n を十分大きくとればすべての $\theta\in[0,\infty)$ に対して (6.17) の右辺は正になる．(6.17) の左辺は θ の偶関数であるから，このときすべての $\theta\in\mathcal{R}^1$ に対して $R(\theta,\varphi_0)-R(\theta,\varphi_1)>0$ が成り立つ．よって φ_0 は許容的でない． ∎

6.7 指数形分布族の検定の許容性

A. UMP 不偏検定の許容性

Lehmann (1959) は指数形分布族について実際に使われている多くの検定が UMP 不偏検定としてほとんど一意的に得られることを示している．UMP 不偏検定の許容性に関して次の定理が成り立つ．

定理 6.7.1 (Lehmann (1959) p. 150) §3.3 A. の条件 (a)～(d) を満足する仮説検定の問題を考える．仮説 $H_0:\theta\in\Omega_0$ を対立仮説 $H_1:\theta\in\Omega_1$ に対して検定する水準 α の UMP 不偏検定 φ_0 が存在し，しかも任意の 2 つの UMP 不偏検定 φ_0,φ_1 が $\varphi_0(x)=\varphi_1(x)$ a. e. $(\mathcal{A},\mathcal{P})$ を満足すれば，φ_0 は許容的である．

証明 φ_0 と少なくとも同程度に優れた検定を φ_1 とすれば，

$$\text{すべての } \theta\in\Omega_0 \text{ に対して} \quad E_\theta\varphi_1(X)\leqq E_\theta\varphi_0(X)\leqq\alpha \tag{7.1}$$

$$\text{すべての } \theta\in\Omega_1 \text{ に対して} \quad E_\theta\varphi_1(X)\geqq E_\theta\varphi_0(X)\geqq\alpha. \tag{7.2}$$

(7.1), (7.2) によって φ_1 も水準 α の不偏検定で，しかも再び (7.2) によれば φ_1 も水準 α の UMP 不偏検定となる．そこで仮定により $\varphi_1(x)=\varphi_0(x)$ a. e. $(\mathcal{A},\mathcal{P})$ となるので，すべての $\theta\in\Omega$ に対して $E_\theta\varphi_1(X)=E_\theta\varphi_0(X)$，したがって $R(\theta,\varphi_1)=R(\theta,\varphi_0)$ が成り立つ．よって φ_0 は許容的である． ∎

例 6.7.1 (Lehmann (1959) p. 141) X, Y は互いに独立な確率変数で，

それぞれ Poisson 分布 $Po(\lambda_1)$, $Po(\lambda_2)$ に従うものとして，仮説 $\lambda_1 \leqq \lambda_2$ を対立仮説 $\lambda_1 > \lambda_2$ に対して検定する水準 α の UMP 不偏検定について考えよう．

検出力関数を $\beta(\lambda_1, \lambda_2)$ とすれば

$$\beta(\lambda_1, \lambda_2) = \sum_{x=0}^{\infty} \sum_{y=0}^{\infty} \varphi(x, y) e^{-\lambda_1} \frac{\lambda_1^x}{x!} e^{-\lambda_2} \frac{\lambda_2^y}{y!}$$

であって，定理 1.6.4 の (iii) によりこれは (λ_1, λ_2) の連続関数になる．よって定理 3.4.1 により水準 α の任意の不偏検定はすべての $\lambda > 0$ に対して

$$\beta(\lambda, \lambda) = \alpha \tag{7.3}$$

を満足する．$\lambda_1 = \lambda_2$ のとき統計量 t を $t(x, y) = x + y$ によって定義すれば，定理 2.6.1，定理 2.6.2 によって t は完備な十分統計量となる．よって (7.3) を満足する任意の検定 φ は $t(x, y) = z$ $(z = 0, 1, \cdots)$ を与えたとき，定理 3.4.2 によって，すべての $\lambda > 0$ に対して

$$E_{(\lambda, \lambda)}(\varphi(X, Y) | z) = \alpha \tag{7.4}$$

を満たす．そこで (7.4) を満足する φ の中で，すべての $z = 0, 1, \cdots$ および $\lambda_1 > \lambda_2 > 0$ を満たすすべての (λ_1, λ_2) に対して

$$E_{(\lambda_1, \lambda_2)}(\varphi(X, Y) | z) \tag{7.5}$$

を最大にするものを求める．

任意の $\lambda_1 > 0$, $\lambda_2 > 0$ に対して $t(X, Y) = X + Y$ の分布は $Po(\lambda_1 + \lambda_2)$ となる．よって

$$P_{(\lambda_1, \lambda_2)}(X = x, Y = z - x | z) = \binom{z}{x} \left(\frac{\lambda_1}{\lambda_1 + \lambda_2} \right)^x \left(\frac{\lambda_2}{\lambda_1 + \lambda_2} \right)^{z-x}$$

$$(x = 0, 1, \cdots, z) \tag{7.6}$$

となるので，

$$E_{(\lambda_1, \lambda_2)}(\varphi(X, Y) | z) = \sum_{x=0}^{z} \varphi(x, z-x) \binom{z}{x} \left(\frac{\lambda_1}{\lambda_1 + \lambda_2} \right)^x \left(\frac{\lambda_2}{\lambda_1 + \lambda_2} \right)^{z-x}.$$

ここで $z = 0$ ならば (7.4) より $\varphi(0, 0) = \alpha$ は明らかである．他方 $z > 0$ のとき，(7.6) によって与えられる X の条件つき分布は 2 項分布 $Bi(z, \lambda_1/(\lambda_1 + \lambda_2))$ である．$\lambda_1 = \lambda_2$ ならば $\lambda_1/(\lambda_1 + \lambda_2) = 1/2$ であって，$\lambda_1 > \lambda_2$ のとき $\lambda_1/(\lambda_1 + \lambda_2) > 1/2$ となる．よって (7.4) のもとで $\lambda_1 > \lambda_2 > 0$ のときに (7.5) を最大

にする φ は，定理 3.3.3 により

$$\varphi_0(x,y)=\begin{cases}1 & x>c(z) \text{ のとき}\\ \gamma(z) & x=c(z) \text{ のとき}\\ 0 & x<c(z) \text{ のとき}\end{cases} \tag{7.7}$$

の形になる．ただし $\gamma(z)\in[0,1]$ および $c(z)\in\{0,1,\cdots,z\}$ は

$$\frac{1}{2^z}\left(\gamma(z)\binom{z}{c(z)}+\sum_{x=c(z)+1}^{z}\binom{z}{x}\right)=\alpha \tag{7.8}$$

によって一意的に定められる．

(7.7), (7.8) から $\lambda_1>\lambda_2$ である限り $E_{(\lambda_1,\lambda_2)}\varphi_0(X,Y)\geqq\alpha$ となり，他方 $\lambda_1\leqq\lambda_2$ である限り $E_{(\lambda_1,\lambda_2)}\varphi_0(X,Y)\leqq\alpha$ となることは明らかである．よって φ_0 は定理 3.4.1 によって水準 α の UMP 不偏検定になる．水準 α の UMP 不偏検定が一意的に求められたので，φ_0 は定理 6.7.1 により許容的である．▌

B. Stein の定理

指数形分布族の検定が UMP 不偏検定でなくても，その検定がある条件のもとで許容的であることを保証する **Stein の定理**をあげておく．

定理 6.7.2 (Stein (1956 b)) 次の条件 (a)～(e) を仮定する．

(a) $(\mathcal{X},\mathcal{A})=(\mathcal{R}^k,\mathcal{B}^k)$ で定義された σ 有限測度 μ に対して

$$\bar{\Omega}=\left\{\tau\in\mathcal{R}^k : \int_{\mathcal{R}^k}e^{\tau'x}\mu(dx)<\infty\right\}$$

とおくと，母数空間 Ω は $\bar{\Omega}$ の部分集合である．

(b) $\mathcal{P}=\{P_\theta:\theta\in\Omega\}$ は μ に関する確率密度関数が

$$P_\theta(dx)/\mu(dx)=c(\theta)e^{\theta'x} \tag{7.9}$$

によって与えられる指数形分布族である．

(c) §3.3 A. の条件 (a)～(d) が成り立つ．

(d) A は $\mathcal{X}$ の閉凸集合であって，検定 φ_0 は $\varphi_0(x)=1-I_A(x)$ と表される．

(e)
$$\mu\{x\in\mathcal{R}^k : a'x>\gamma\}>0 \tag{7.10}$$
$$A\cap\{x\in\mathcal{R}^k : a'x>\gamma\}=\varnothing \tag{7.11}$$

となる任意の $a\in\mathcal{R}^k$, $\gamma\in\mathcal{R}^1$ に対して，$\tau_0\in\bar{\Omega}$ を適当にとれば，任意

の $M>0$ に対して $\lambda>M$, $\tau_0+\lambda a\in\Omega_1$ となる λ が存在する.

このとき φ_0 は上の検定問題においてすべての検定関数の集合の中で許容的である.

証明 φ_0 より優れた検定関数 φ_1 があると矛盾が生ずることを証明する. もしもこのような φ_1 があれば,

$$\text{すべての } \theta\in\Omega_0 \text{ に対して} \qquad E_\theta\varphi_1(X)\leqq E_\theta\varphi_0(X) \tag{7.12}$$

$$\text{すべての } \theta\in\Omega_1 \text{ に対して} \qquad E_\theta\varphi_1(X)\geqq E_\theta\varphi_0(X) \tag{7.13}$$

が成り立って, しかも少なくとも 1 つの $\theta\in\Omega_0$ に対して (7.12) で不等号が成立するか, 少なくとも 1 つの $\theta\in\Omega_1$ に対して (7.13) で不等号が成立する.

ここで $S=\{x\in\mathcal{R}^k: \varphi_1(x)<1\}$ とおけば,

$$\begin{aligned}\{x\in\mathcal{R}^k: \varphi_1(x)<\varphi_0(x)\} &= \{x\in\mathcal{R}^k: 1-I_A(x)-\varphi_1(x)>0\}\\ &=(\mathcal{X}-A)\cap S\end{aligned} \tag{7.14}$$

となって, (7.14) の μ 測度は

$$\mu\{x\in\mathcal{R}^k: \varphi_1(x)<\varphi_0(x)\}=\mu\{(\mathcal{X}-A)\cap S\}>0 \tag{7.15}$$

となることが示される. なぜならもしも (7.15) の左辺の値を 0 と仮定すれば, (7.9) と (7.12) から $\varphi_1(x)=\varphi_0(x)$ a.e. $(\mathcal{B}^k,\mu)$ となって, (7.12), (7.13) はすべての θ に対して等式となってしまうからである. よって (7.15) が証明された.

$\mathcal{X}-A$ は開集合であるから, 可算個の有界閉区間の和集合として表すことができる. したがって (7.15) によれば, 少なくとも 1 つの有界閉区間 $B\subset\mathcal{X}-A$ に対して

$$\mu(B\cap S)>0. \tag{7.16}$$

ここで A, B はともに閉凸集合で B は有界であるから, 定理 1.5.3 の (ii) により, $\mathcal{R}^k$ の超平面 $a'x=\gamma$ を適当にとれば,

$$x\in A \text{ のとき} \qquad a'x<\gamma \tag{7.17}$$

$$x\in B \text{ のとき} \qquad a'x>\gamma. \tag{7.18}$$

(7.17) によれば, この $a\in\mathcal{R}^k$ と $\gamma\in\mathcal{R}^1$ に対して (7.11) が成り立つ. 他方で (7.16), (7.18) により

$$\mu(\{x\in\mathcal{R}^k : a'x>\gamma\}\cap S)>0$$

となるので (7.10) も成り立ち，また $B\cap S$ は (7.14) に含まれるので，

$$\mu\{x\in\mathcal{R}^k : a'x>\gamma,\ \varphi_1(x)<\varphi_0(x)\}\geqq\mu(B\cap S)>0. \tag{7.19}$$

この $a\in\mathcal{R}^k$ と $\gamma\in\mathcal{R}^1$ に対して条件 (e) を満足する $\tau_0\in\bar{\Omega}$ をとり，P_{τ_0} は $\theta=\tau_0$ とおいて (7.9) と同じ形で与えられる確率分布であるとする．このとき $\theta_\lambda=\tau_0+\lambda a$ とおけば，

$$\begin{aligned}
&E_{\theta_\lambda}(\varphi_0(X)-\varphi_1(X))\\
&=c(\theta_\lambda)\int_{\mathcal{R}^k}(\varphi_0(x)-\varphi_1(x))e^{\theta_\lambda' x}\mu(dx)\\
&=\frac{c(\theta_\lambda)}{c(\tau_0)}\int_{\mathcal{R}^k}(\varphi_0(x)-\varphi_1(x))e^{\lambda a'x}P_{\tau_0}(dx)\\
&=\frac{c(\theta_\lambda)}{c(\tau_0)}\,e^{\lambda\gamma}\int_{\mathcal{R}^k}(\varphi_0(x)-\varphi_1(x))e^{\lambda(a'x-\gamma)}P_{\tau_0}(dx)\\
&=\frac{c(\theta_\lambda)}{c(\tau_0)}\,e^{\lambda\gamma}\left(\int_{a'x>\gamma}+\int_{a'x\leqq\gamma}\right)(\varphi_0(x)-\varphi_1(x))e^{\lambda(a'x-\gamma)}P_{\tau_0}(dx).
\end{aligned}$$

ここで (7.19) により最後の行の第1の積分は λ を大きくとればいくらでも大きくなり，他方で第2の積分は有界である．よって十分大きな $\lambda>0$ をとって $\theta_\lambda\in\Omega_1$ とすれば $E_{\theta_\lambda}\varphi_0(X)>E_{\theta_\lambda}\varphi_1(X)$ となって (7.13) と矛盾する．したがって φ_0 は許容的であることが証明された． ∎

例 6.7.2 $n\geqq2$ であって $X_1,\cdots,X_n$ は互いに独立に正規分布 $N(\xi,\sigma^2)$ に従うものとし，仮説 $|\xi/\sigma|\leqq\rho$ を対立仮説 $|\xi/\sigma|>\rho$ に対して検定する問題を考える．ここで ρ は与えられた非負の実数である．

このとき $x=(x_1,\cdots,x_n)$ に対して

$$u=\sum_i x_i,\quad v=\sum_i x_i^2,\quad t(x)=(u,v) \tag{7.20}$$

とおけば t が十分統計量になるので，$\varphi(u,v)$ の形の検定関数を考えればよい．(7.20) に対応して $t(X)=(U,V)$ とおけば，(U,V) の分布は

$$P_{(\xi,\sigma)}(d(u,v))=c(\xi,\sigma)\left(v-\frac{u^2}{n}\right)^{(n-3)/2}\exp\left(\frac{\xi}{\sigma^2}u-\frac{1}{2\sigma^2}v\right)I\left(v>\frac{u^2}{n}\right)dudv \tag{7.21}$$

によって与えられる．ここで自然母数 $\theta=(\theta_1,\theta_2)$ を

$$\theta_1=\xi/\sigma^2,\quad \theta_2=-1/2\sigma^2$$

によって，また σ 有限測度 μ を

$$\mu(d(u,v))=\left(v-\frac{u^2}{n}\right)^{(n-3)/2}I\left(v>\frac{u^2}{n}\right)dudv$$

によって定義すれば，(7.21) は

$$P_\theta^*(d(u,v))=c^*(\theta)e^{\theta_1 u+\theta_2 v}\mu(d(u,v))$$

の形に書くことができる．ここで $\Omega=\bar{\Omega}=\mathcal{R}^1\times(-\infty,0)$ であって，

$$\Omega_0=\left\{(\theta_1,\theta_2)\in\Omega:\left|\frac{\theta_1}{\sqrt{-\theta_2}}\right|\leqq\sqrt{2}\rho\right\}$$

$$\Omega_1=\left\{(\theta_1,\theta_2)\in\Omega:\left|\frac{\theta_1}{\sqrt{-\theta_2}}\right|>\sqrt{2}\rho\right\}.$$

さて，f は $\mathcal{R}^1$ で定義されて $f(0)=0$, $f(u)>u^2/n$ $(u\neq 0)$ を満足する任意の凸関数であるとして，採択域が閉凸集合

$$A=\{(u,v)\in\mathcal{R}^2: v\geqq f(u)\} \tag{7.22}$$

によって与えられる検定 $\varphi(u,v)=1-I_A(u,v)$ を考える．このとき (7.10), (7.11) の2条件

$$\mu\{(u,v)\in\mathcal{R}^2: au+bv>\gamma\}>0$$

$$A\cap\{(u,v)\in\mathcal{R}^2: au+bv>\gamma\}=\emptyset$$

を満足する $a,b,\gamma\in\mathcal{R}^1$ に対して $a\neq 0$, $b<0$ となる．そこで $(0,-1)\in\bar{\Omega}$ をとると，任意の $\lambda>0$ に対して

$$(0,-1)+\lambda(a,b)=(\lambda a,-1+\lambda b)\in\Omega \tag{7.23}$$

となり，さらに λ を十分大きくとれば $|\lambda a/\sqrt{1-\lambda b}|>\sqrt{2}\rho$ となる．よってこのとき (7.23) の点は Ω_1 に属するので，定理 6.7.2 によって φ_0 は許容的である．

とくに $\beta>1$ として $f(u)=\beta u^2/n$ とおけば，(7.22) の不等式 $f(u)\leqq v$ は $\beta u^2/n\leqq v$, あるいは

$$(\beta-1)\frac{u^2}{n}\leqq v-\frac{u^2}{n} \tag{7.24}$$

と表される．(7.20) と $u=n\bar{x}$ とを用いれば (7.24) は

$$\left|\frac{\sqrt{n}\,\bar{x}}{\sqrt{\sum_i (x_i-\bar{x})^2}}\right| \leqq \frac{1}{\sqrt{\beta-1}}$$

となって，これは Student の両側検定の採択域を表す．∎

定理 6.7.2 またはその拡張は Stein (1956 b), Ghosh (1964), Schwartz (1967) などによって，多変量分散分析のいくつかの検定の許容性を証明するのに用いられている．

6.8 分散分析の検定の許容性

本節ではモデル I の分散分析の検定の許容性を証明する．定理 5.6.3 によればその検定はある変換群で不変な検定の中で UMP であった．定理 6.7.1 によれば UMP 不偏検定が一般に許容的になることが示されているが，UMP 不変検定については，変換群がコンパクトでない限り一般にこれに相当する結果は得られない．このことは例 5.9.3 からも明らかである．本節ではモデル I の分散分析の検定が Bayes 検定であることを示してその許容性を証明することにする．一般に Bayes 解の許容性は定理 6.1.2 に与えられているが，ここではまず検定問題に使いやすい形の定理をあげておく．

定理 6.8.1　§4.6 A. の条件 (a)～(d) が成り立つ検定問題を考える．Π_0, Π_1 はそれぞれ $\Pi_0(\Omega_0)=1$, $\Pi_1(\Omega_1)=1$ を満足する (Ω, Λ) 上の確率分布であるとする．ここで任意の $x\in\mathcal{X}$ に対して

$$p(x,\Pi_0)=\int_{\Omega_0} p(x,\theta)\,\Pi_0(d\theta), \quad p(x,\Pi_1)=\int_{\Omega_1} p(x,\theta)\,\Pi_1(d\theta)$$

とおけば，検定 φ_0 は適当な実数 $k\geqq 0$ に対して

$$\varphi_0(x)=\begin{cases} 1 & p(x,\Pi_1)>kp(x,\Pi_0)\ \text{のとき} \\ 0 & p(x,\Pi_1)<kp(x,\Pi_0)\ \text{のとき} \end{cases} \quad \text{a.e.}\ (\mathcal{A},\mu) \qquad (8.1)$$

を満足するものとする．このとき

(i)　任意の $B\in\Lambda$ に対して

$$\Pi(B)=\frac{k}{k+1}\Pi_0(B\cap\Omega_0)+\frac{1}{k+1}\Pi_1(B\cap\Omega_1)$$

によって (Ω, Λ) 上の事前分布 Π を定義すると，φ_0 は Π に関する Bayes 解となる．

（ii） $$p(x, \Pi_1) \neq k p(x, \Pi_0) \quad \text{a.e.} \ (\mathcal{A}, \mu) \tag{8.2}$$

であれば φ_0 は許容的である．

証明 （i） 任意の検定 φ に対して

$$\begin{aligned} r(\Pi, \varphi) &= \frac{k}{k+1} \int_{\Omega_0} \left(\int_{\mathcal{X}} \varphi(x) p(x, \theta) \mu(dx) \right) \Pi_0(d\theta) \\ &\quad + \frac{1}{k+1} \int_{\Omega_1} \left(\int_{\mathcal{X}} (1-\varphi(x)) p(x, \theta) \mu(dx) \right) \Pi_1(d\theta) \\ &= \frac{1}{k+1} \left[1 - \int_{\mathcal{X}} \varphi(x) \left(\int_{\Omega_1} p(x, \theta) \Pi_1(d\theta) \right.\right. \\ &\quad \left.\left. - k \int_{\Omega_0} p(x, \theta) \Pi_0(d\theta) \right) \mu(dx) \right] \\ &= \frac{1}{k+1} \left[1 - \int_{\mathcal{X}} \varphi(x) (p(x, \Pi_1) - k p(x, \Pi_0)) \mu(dx) \right] \end{aligned} \tag{8.3}$$

が成り立つことによる．

（ii） φ_0 と少なくとも同程度に優れた検定 φ_1 をとれば，φ_1 も事前分布 Π に関する Bayes 解となる．よって (8.3) により φ_1 も (8.1) を満足する．しかるに (8.2) が成り立つので

$$\varphi_1(x) = \varphi_0(x) \quad \text{a.e.} \ (\mathcal{A}, \mu)$$

となって，φ_1 と φ_0 は同等である．よって φ_0 が許容的であることが証明された． ∎

定理 6.8.2 (Kiefer and Schwartz (1965)) 定理 5.6.3 で得られたモデル I の分散分析の検定は許容的である．

証明 §5.6 B. の記号を用いることにすると，(X, Y, Z) の μ^n に関する確率密度関数は

$$p((x, y, z), \theta) = \left(\frac{1}{2\pi\sigma^2} \right)^{n/2} \exp\left(-\frac{1}{2\sigma^2} (\|x-\xi\|^2 + \|y-\eta\|^2 + \|z\|^2) \right). \tag{8.4}$$

ここで $\theta = (\xi, \eta, \sigma)$ であった．

Π_0 を定義するのに $(\mathcal{R}^r, \mathcal{B}^r)$ 上の確率分布 ν_0 を

$$\frac{\nu_0(dt)}{dt} \propto \frac{1}{(1+t't)^{(r+n-k)/2}} \tag{8.5}$$

によって定め，$t \in \mathcal{R}^r$ を固定したとき

$$\xi = o, \quad \eta \text{ の分布は } N\left(o, \frac{t't}{1+t't} I_{k-r}\right), \quad \sigma^2 = \frac{1}{1+t't} \tag{8.6}$$

とおく．他方で Π_1 を定義するのに $(\mathcal{R}^r, \mathcal{B}^r)$ 上の確率分布 ν_1 を

$$\frac{\nu_1(dt)}{dt} \propto \frac{1}{(1+t't)^{(r+n-k)/2}} \exp \frac{t't}{2(1+t't)} \tag{8.7}$$

によって定め，$t \in \mathcal{R}^r$ を固定したとき

$$\xi = \frac{1}{1+t't} t, \quad \eta \text{ の分布は } N\left(o, \frac{t't}{1+t't} I_{k-r}\right), \quad \sigma^2 = \frac{1}{1+t't} \tag{8.8}$$

とおく．$n-k \geqq 1$ であれば (8.5), (8.7) の右辺の $\mathcal{R}^r$ での積分が収束するので，以上によって Π_0, Π_1 が定義されることは明らかである．

$p((x, y, z), \Pi_0)$ を求めるために，(8.4) の ξ, σ^2 に (8.6) で与えられている値を代入し，さらに (8.6) にある η の分布の確率密度関数を掛けて，η に関して $\mathcal{R}^{k-r}$ で積分し，次いで $\nu_0(dt)/dt$ を掛けて t に関して $\mathcal{R}^r$ で積分する．その結果，

$$\begin{aligned}
& p((x, y, z), \Pi_0) \\
&= \int_{\mathcal{R}^r} \left[\int_{\mathcal{R}^{k-r}} p((x, y, z), \theta) \right. \\
&\qquad \left. \times \left(\frac{1+t't}{2\pi t't} \right)^{(k-r)/2} \exp\left(-\frac{1+t't}{2t't} \eta'\eta \right) d\eta \right] \frac{\nu_0(dt)}{dt} dt \\
&\propto \int_{\mathcal{R}^r} \left[\int_{\mathcal{R}^{k-r}} \frac{(1+t't)^{k-r}}{(t't)^{(k-r)/2}} \exp \left\{ -\frac{1}{2} \left((1+t't)(x'x+z'z) + y'y \right. \right. \right. \\
&\qquad \left. \left. \left. + \frac{(1+t't)^2}{t't} \left\| \eta - \frac{t't}{1+t't} y \right\|^2 \right) \right\} d\eta \right] dt \\
&\propto \exp\left(-\frac{1}{2} (x'x+y'y+z'z) \right) \int_{\mathcal{R}^r} \exp\left(-\frac{1}{2} t't(x'x+z'z) \right) dt \\
&\propto \left(\frac{1}{x'x+z'z} \right)^{r/2} \exp\left(-\frac{1}{2} (x'x+y'y+z'z) \right).
\end{aligned} \tag{8.9}$$

同様にして (8.4), (8.7), (8.8) を用いて

$$p((x,y,z),\Pi_1)$$

$$=\int_{\mathfrak{R}^r}\left[\int_{\mathfrak{R}^{k-r}}p((x,y,z),\theta)\right.$$

$$\left.\times\left(\frac{1+t't}{2\pi t't}\right)^{(k-r)/2}\exp\left(-\frac{1+t't}{2t't}\eta'\eta\right)d\eta\right]\frac{\nu_1(dt)}{dt}dt$$

$$\propto\int_{\mathfrak{R}^r}\left[\int_{\mathfrak{R}^{k-r}}\frac{(1+t't)^{k-r}}{(t't)^{(k-r)/2}}\exp\left\{-\frac{1}{2}\left((1+t't)(x'x+z'z)+y'y-2x't\right.\right.\right.$$

$$\left.\left.\left.+\frac{(1+t't)^2}{t't}\left\|\eta-\frac{t't}{1+t't}y\right\|^2\right)\right\}d\eta\right]dt$$

$$\propto\exp\left(-\frac{1}{2}\left(x'x+y'y+z'z-\frac{x'x}{x'x+z'z}\right)\right)$$

$$\times\int_{\mathfrak{R}^r}\exp\left(-\frac{1}{2}(x'x+z'z)\left\|t-\frac{x}{x'x+z'z}\right\|^2\right)dt$$

$$\propto\left(\frac{1}{x'x+z'z}\right)^{r/2}\exp\left(-\frac{1}{2}(x'x+y'y+z'z)\right)\exp\frac{x'x}{2(x'x+z'z)}. \tag{8.10}$$

(8.10) と (8.9) の比をとれば $x'x/(x'x+z'z)$ の，したがって $x'x/z'z$ の強い意味の単調増加関数となる．よって定理 5.6.3 で得られた検定

$$\varphi(x,y,z)=I(x'x/z'z\geqq c)$$

は定理 6.8.1 の (8.1) の形の条件を満足する．しかも $\mu^n(x'x/z'z=c)=0$ であるから，同定理の (ii) によって φ は許容的である． ∎

モデル I の分散分析の検定の許容性は，Wald (1942), Hsu (1945) の結果を使って Lehmann (1950) によって最初に証明された．Kiefer and Schwartz (1965) は Lehmann の結果を多変量の分散分析の場合に拡張し，さらに多くの検定について Bayes 検定であることを用いて許容性を証明している．このような場合に用いるべき事前分布のとり方については Schwartz (1969) の研究がある．また Farrell (1969) はモデル II の 2 元配置の分散分析の検定が Bayes 検定であり，したがって許容的であることを証明している．

6.9　位置不変多重決定の許容性

例5.6.1にあげたのは位置母数をもつ2つの分布族の間の検定であって，そこで得られたのは水準 α の不変検定の中で最強力のものである．このような検定がある種の条件のもとで許容的であることは Lehmann and Stein (1953) によって証明されているが，本節で述べるのはその拡張として得られる多重決定の許容性である．モデルとして §6.6 A. で考察した型の m 個の分布族と n 個の点から成る決定空間とを考える．まず前提とする条件をあげておく．

（a）　標本空間は $(\mathcal{X},\mathcal{A})=(\mathcal{R}^1,\mathcal{B}^1)\times(\mathcal{Z},\mathcal{C})$ であって，ν_j $(j=1,\cdots,m)$ は $(\mathcal{Z},\mathcal{C})$ 上の確率分布である．

（b）　母数空間は $\Omega=\{1,\cdots,m\}\times\mathcal{R}^1$ であって，任意の $(j,\theta)\in\Omega$ に対して $P_{j\theta}$ は $\mu^1\times\nu_j$ に関して確率密度関数 $p_j(y-\theta,z)$ をもつ．ここですべての j,z に対して $p_j(\cdot,z)$ は

$$\int_{-\infty}^{\infty}p_j(y,z)\,dy=1$$

を満足する．

（c）　決定空間は $\mathcal{D}=\{1,\cdots,n\}$，損失関数は θ に無関係で

$$W((j,\theta),k)=w_{jk}\quad(j=1,\cdots,m;\ k=1,\cdots,n)$$

によって与えられる．ただし w_{jk} は非負の実数であって，$w_0=\max_{j,k}w_{jk}$ とおけば $w_0>0$ である．

（d）　$\varDelta$ は決定関数の全体の集合，$\varDelta_I$ は位置不変な決定関数の全体の集合である．$\varphi\in\varDelta$ であれば

$$\varphi(x)=\varphi(y,z)=(\varphi_1(y,z),\cdots,\varphi_n(y,z))$$

$$\text{ただし}\quad \varphi_k(y,z)\geqq 0\quad(k=1,\cdots,n),\quad \sum_k\varphi_k(y,z)=1$$

とおき，$\varphi\in\varDelta_I$ であれば

$$\varphi(x)=\phi(z)=(\phi_1(z),\cdots,\phi_n(z))$$

$$\text{ただし}\quad \phi_k(z)\geqq 0\quad(k=1,\cdots,n),\quad \sum_k\phi_k(z)=1$$

とおく．

（e）　$\Pi=\{\pi_1,\cdots,\pi_m\}$ は $\{1,\cdots,m\}$ の上の確率分布であって，$\pi_j>0$

$(j=1,\cdots,m)$, $\sum_j \pi_j=1$ を満足する.

以上の前提のもとで，任意の $\varphi\in\Delta$ に対して危険関数は

$$R((j,\theta),\varphi)=\sum_{k=1}^{n} w_{jk}\int_{\mathcal{Z}}\left(\int_{-\infty}^{\infty}\varphi_k(y,z)\,p_j(y-\theta,z)\,dy\right)\nu_j(dz) \tag{9.1}$$

となる．とくに $\phi\in\Delta_I$ に対しては $R((j,\theta),\phi)$ の代わりに

$$R(j,\phi)=\sum_{k=1}^{n} w_{jk}\int_{\mathcal{Z}}\phi_k(z)\,\nu_j(dz) \tag{9.2}$$

と書く．さらに $\phi\in\Delta_I$ に対して $r(\Pi,\phi)$ が意味をもって，

$$r(\Pi,\phi)=\sum_{j=1}^{m}\pi_j R(j,\phi)=\sum_{j=1}^{m}\pi_j\left(\sum_{k=1}^{n} w_{jk}\int_{\mathcal{Z}}\phi_k(z)\,\nu_j(dz)\right). \tag{9.3}$$

ここで与えられた Π に対して Δ_I の中で $r(\Pi,\phi)$ を最小にする $\phi\in\Delta_I$ を $\phi^{(0)}$ と書き，これは Π に関する Δ_I の中での Bayes 解である．本節での主目的は $\phi^{(0)}$ の Δ の中での許容性を証明することであるが，その前に Bayes 解の存在とその一意性に関連した結果をあげておく．

ν は $\nu=\sum_j \nu_j$ によって定義される $(\mathcal{Z},\mathcal{C})$ 上の有限測度であるとして $\nu_j(dz)/\nu(dz)=g_j(z)$ $(j=1,\cdots,m)$ とおけば，(9.3) は

$$\begin{aligned} r(\Pi,\phi)&=\sum_{k=1}^{n}\int_{\mathcal{Z}}\phi_k(z)\left(\sum_{j=1}^{m}\pi_j w_{jk}\, g_j(z)\right)\nu(dz)\\ &=\int_{\mathcal{Z}}\sum_{k=1}^{n}\phi_k(z)\,h_k(z)\,\nu(dz) \end{aligned} \tag{9.4}$$

と書くことができる．ただし

$$h_k(z)=\sum_{j=1}^{m}\pi_j w_{jk}\, g_j(z) \quad (k=1,\cdots,n).$$

そこで任意の $z\in\mathcal{Z}$ に対して $\min_k h_k(z)$ を与える k の最小値が l のとき，

$$\phi_l(z)=1,\quad \phi_k(z)=0 \quad (k\neq l)$$

が (9.4) を最小にするので，これが Δ_I の中の1つの Bayes 解である．

定理 6.9.1 (Fox (1971)) 条件 (a)〜(e) が成り立つものとする．このとき $\nu=\sum_j \nu_j$ とすると，次の2つの条件 (f), (g) は同等である．

(f) Π に関する Δ_I の中での Bayes 解 $\phi^{(0)}$ が a.e. $(\mathcal{C},\nu)$ で一意的に

定まる.

(g) Π に関する Δ_I の中での Bayes 解を $\phi^{(0)}$ として,

$$\phi^{(i)} \in \Delta_I \quad (i=1,2,\cdots), \quad \lim_{i\to\infty} r(\Pi, \phi^{(i)}) = r(\Pi, \phi^{(0)}) \tag{9.5}$$

が成り立てば, 測度 $\nu=\sum_j \nu_j$ に関して $\phi^{(i)}$ は $\phi^{(0)}$ に測度収束する. すなわち

$$\phi^{(i)}(x) = (\phi_1^{(i)}(z), \cdots, \phi_n^{(i)}(z)) \quad (i=0,1,2,\cdots)$$

とおけば, 任意の $k=1,\cdots,n$ および $\varepsilon>0$ に対して

$$\lim_{i\to\infty} \nu\{z\in\mathcal{Z} : |\phi_k^{(i)}(z)-\phi_k^{(0)}(z)|>\varepsilon\}=0. \tag{9.6}$$

証明 (f)⇒(g) 条件 (f) は $\min_k h_k(z)$ を与える k が a.e. $(\mathcal{C}, \nu)$ で一意的に決まることを意味する. そこで

$$S_l = \{z\in\mathcal{Z} : h_l(z)<h_k(z) \ (k=1,\cdots,l-1,l+1,\cdots,n)\} \tag{9.7}$$

とおけば, $S_1,\cdots,S_n$ は互いに共通点がなくて,

$$\nu(\mathcal{Z}-(S_1\cup\cdots\cup S_n))=0 \tag{9.8}$$

$$z\in S_l \text{ に対して } \phi_l^{(0)}(z)=1, \ \phi_k^{(0)}(z)=0 \ (k\neq l) \quad \text{a.e. } (\mathcal{C},\nu) \tag{9.9}$$

が成り立つ.

さて (9.4) を用いれば, (9.5) が成り立つとき任意の $\varepsilon>0$ に対して

$$\lim_{i\to\infty} \nu\{z\in\mathcal{Z} : \sum_k \phi_k^{(i)}(z)h_k(z)-\sum_k \phi_k^{(0)}(z)h_k(z)>\varepsilon\}=0. \tag{9.10}$$

ここで (9.8),(9.9) が成り立つので, 任意の k,l (ただし $k\neq l$) に対して

$$\lim_{i\to\infty} \nu\{z\in S_l : \phi_k^{(i)}(z)>\varepsilon\}=0 \tag{9.11}$$

を証明すれば, $\phi^{(i)}$ が測度 ν に関して $\phi^{(0)}$ に測度収束することになる. さて, S_l の定義 (9.7) から任意の $\eta>0$ に対して

$$\nu\{z\in S_l : \phi_k^{(i)}(z)>\varepsilon\} \leqq \nu\{z\in S_l : 0<h_k(z)-h_l(z)\leqq\eta\}$$
$$+\nu\{z\in S_l : h_k(z)-h_l(z)>\eta, \ \phi_k^{(i)}(z)>\varepsilon\}.$$

ここで右辺の第1項は η を小さくとればいくらでも 0 に近くなる. また第2項の { } 内の集合の上では

$$\sum_s \phi_s^{(i)}(z)h_s(z)-\sum_s \phi_s^{(0)}(z)h_s(z)>\varepsilon\eta$$

となるので，η を固定して $i\to\infty$ とすれば，(9.10) により第2項も0に収束する．よって (9.11) が証明された．

(g)⇒(f) 条件 (f) が成り立たないと仮定すれば，Π に関する Δ_I の中での2つの Bayes 解 ϕ,ϕ' であって，

$$\nu\{z\in\mathcal{Z}:\phi(z)\neq\phi'(z)\}>0$$

となるものが存在する．このときある k に対して

$$\nu\{z\in\mathcal{Z}:\phi_k(z)\neq\phi_k'(z)\}>0$$

となるので，$\phi^{(1)}=\phi^{(2)}=\cdots=\phi$, $\phi^{(0)}=\phi'$ とおけば (9.5) が成り立ち，他方この k に対しては $\varepsilon>0$ を適当にとると (9.6) が成り立たないことは明らかである．よって定理が証明された． ∎

ここで条件

$$\text{(h)}\qquad \int_{\mathcal{Z}}\left(\int_{-\infty}^{\infty}|y|p_j(y,z)\,dy\right)\nu_j(dz)<\infty\quad(j=1,\cdots,m);$$

を導入し，以上の仮定のもとで次の定理を証明する．

定理 6.9.2 (Fox (1971)) 条件 (a)～(f) (したがって (g)) と (h) が成り立つものと仮定する．このとき Π に関する Δ_I の中での Bayes 解 $\phi^{(0)}$ は Δ の中で許容的である．

証明 第1段 任意の $u>0$ に対して

$$f(u)=\sup_{\phi\in\Delta_I}\left[\sum_{j=1}^{m}\pi_j\int_{\mathcal{Z}}\left(\sum_{k=1}^{n}w_{jk}(\phi_k^{(0)}(z)-\phi_k(z))\right)\left(\int_{-u}^{u}p_j(y,z)\,dy\right)\nu_j(dz)\right] \tag{9.12}$$

とおくとき，

$$f(u)\geqq 0,\quad 0\leqq\int_0^{\infty}f(u)\,du<\infty \tag{9.13}$$

が成り立つことを証明する．

(9.12) の [ ] 内で $\phi=\phi^{(0)}$ とおけば [ ]=0 となるので，$f(u)\geqq 0$ は明らかである．

$\phi^{(0)}$ が Π に関する Δ_I の中での Bayes 解であることから，任意の $\phi\in\Delta_I$ に対して

$$r(\Pi,\phi^{(0)})-r(\Pi,\phi)=\sum_{j=1}^{m}\pi_j\int_{\mathcal{Z}}\sum_{k=1}^{n}w_{jk}(\phi_k^{(0)}(z)-\phi_k(z))\nu_j(dz)\leqq 0. \quad (9.14)$$

ここで (9.14) を書き直して条件 (c) の w_0 を用いると，任意の $u>0$ に対して

$$\sum_{j=1}^{m}\pi_j\int_{\mathcal{Z}}\left(\sum_{k=1}^{n}w_{jk}(\phi_k^{(0)}(z)-\phi_k(z))\right)\left(\int_{-u}^{u}p_j(y,z)\,dy\right)\nu_j(dz)$$
$$\leqq-\sum_{j=1}^{m}\pi_j\int_{\mathcal{Z}}\left(\sum_{k=1}^{n}w_{jk}(\phi_k^{(0)}(z)-\phi_k(z))\right)\left(\int_{|y|\geqq u}p_j(y,z)\,dy\right)\nu_j(dz)$$
$$\leqq w_0\sum_{j=1}^{m}\pi_j\int_{\mathcal{Z}}\left(\int_{|y|\geqq u}p_j(y,z)\,dy\right)\nu_j(dz). \quad (9.15)$$

この右辺は $\phi\in\Delta_I$ に無関係であるから，f の定義 (9.12) によって $f(u)$ は (9.15) の右辺を超えない．f は u の 2 つの単調増加関数の差であるから $\mathcal{B}^1$ 可測である．以上のことから

$$0\leqq\int_0^{\infty}f(u)\,du\leqq w_0\sum_{j=1}^{m}\pi_j\int_0^{\infty}\left[\int_{\mathcal{Z}}\left(\int_{|y|\geqq u}p_j(y,z)\,dy\right)\nu_j(dz)\right]du$$
$$=w_0\sum_{j=1}^{m}\pi_j\int_{\mathcal{Z}}\left(\int_{-\infty}^{\infty}|y|p_j(y,z)\,dy\right)\nu_j(dz).$$

この最後の辺は仮定 (h) によって $<\infty$ となる．

第2段　$\phi^{(0)}$ と少なくとも同程度に優れた決定関数 $\varphi\in\Delta$ については，すべての $(j,\theta)\in\Omega$ に対して

$$R((j,\theta),\varphi)\leqq R(j,\phi^{(0)}) \quad (9.16)$$

となる．そこで (9.16) の両辺の間の差を θ について $-L$ から L まで積分したものをつくり，その積分を分解する．

そのため

$$\omega(j,y,z)=\sum_{k=1}^{n}w_{jk}(\phi_k^{(0)}(z)-\varphi_k(y,z)) \quad (9.17)$$

とおけば，(9.1), (9.2), (9.17) により

$$0\leqq R(j,\phi^{(0)})-R((j,\theta),\varphi)=\int_{\mathcal{Z}}\left(\int_{-\infty}^{\infty}\omega(j,y,z)\,p_j(y-\theta,z)\,dy\right)\nu_j(dz).$$

この右辺を θ に関して $-L$ から L まで積分したものをつくり，$v=y-\theta$ と

おいてこの積分を y, z, v の積分に書き直して次の分解を行い，$[\mathrm{I}_j]$～$[\mathrm{V}_j]$ を定義する．

$$0 \leqq \int_{-L}^{L}\left[\int_{\mathcal{Z}}\left(\int_{-\infty}^{\infty}\omega(j,y,z)p_j(y-\theta,z)\,dy\right)\nu_j(dz)\right]d\theta$$

$$=\int_{\mathcal{Z}}\left[\int_{-\infty}^{\infty}\left(\int_{y-L}^{y+L}\omega(j,y,z)p_j(v,z)\,dv\right)dy\right]\nu_j(dz)$$

$$=\int_{\mathcal{Z}}\left[\left(\int_{-L/2}^{L/2}dy\int_{-L/2}^{L/2}dv+\int_{-3L/2}^{-L/2}dy\int_{-L/2}^{y+L}dv+\int_{L/2}^{3L/2}dy\int_{y-L}^{L/2}dv\right.\right.$$

$$\left.\left.+\int_{-\infty}^{-L/2}dv\int_{v-L}^{v+L}dy+\int_{L/2}^{\infty}dv\int_{v-L}^{v+L}dy\right)\omega(j,y,z)p_j(v,z)\right]\nu_j(dz)$$

$$=[\mathrm{I}_j]+[\mathrm{II}_j]+[\mathrm{III}_j]+[\mathrm{IV}_j]+[\mathrm{V}_j]. \tag{9.18}$$

第3段　$L\to\infty$ のとき $\sum_j \pi_j[\mathrm{I}_j]$ などに対して1次的な評価を行う．

まず $[\mathrm{IV}_j]+[\mathrm{V}_j]$ に対しては，$|\omega(j,y,z)|\leqq w_0$ を利用して

$$|[\mathrm{IV}_j]+[\mathrm{V}_j]|\leqq 2w_0L\int_{\mathcal{Z}}\left[\left(\int_{-\infty}^{-L/2}+\int_{L/2}^{\infty}\right)p_j(v,z)\,dv\right]\nu_j(dz)$$

$$\leqq 4w_0\int_{\mathcal{Z}}\left[\int_{|v|\geqq L/2}|v|p_j(v,z)\,dv\right]\nu_j(dz).$$

条件 (h) により $L\to\infty$ とすれば右辺は0に収束するので，これより

$$\lim_{L\to\infty}\sum_j \pi_j([\mathrm{IV}_j]+[\mathrm{V}_j])=0. \tag{9.19}$$

次に $\sum_j \pi_j[\mathrm{II}_j]$ に対しては，積分変数 y を $y-L$ におきかえて積分範囲を分割し，積分順序の変更を行うと

$$\sum_{j=1}^{m}\pi_j[\mathrm{II}_j]=\sum_{j=1}^{m}\pi_j\int_{\mathcal{Z}}\left[\int_{-L/2}^{L/2}\left(\int_{-L/2}^{y}\omega(j,y-L,z)p_j(v,z)\,dv\right)dy\right]\nu_j(dz)$$

$$=\sum_{j=1}^{m}\pi_j\int_{\mathcal{Z}}\left[\int_{-L/2}^{0}p_j(v,z)\left(\int_{v}^{-v}\omega(j,y-L,z)\,dy\right)dv\right]\nu_j(dz)$$

$$+\int_{0}^{L/2}\left[\sum_{j=1}^{m}\pi_j\int_{\mathcal{Z}}\omega(j,y-L,z)\left(\int_{-y}^{y}p_j(v,z)\,dv\right)\nu_j(dz)\right]dy.$$

ここで右辺の第1の積分に対しては $\omega(j,y-L,z)\leqq w_0$ を利用する．また第2の積分を考えるとき，$y\in\mathcal{R}^1$ を固定して

$$\varphi(y,\cdot)=\phi^y(\cdot) \tag{9.20}$$

とおけば，$\phi^y \in \varDelta_I$ となることを利用する．その結果 (9.12), (9.17) より第2の積分の［ ］内は $\leqq f(y)$ となる．これより

$$\sum_{j=1}^{m} \pi_j [\mathrm{II}_j] \leqq 2 w_0 \sum_{j=1}^{m} \pi_j \int_{\mathcal{Z}} \left(\int_{-L/2}^{0} |v| p_j(v, z)\, dv \right) \nu_j(dz) + \int_0^{L/2} f(y)\, dy \leqq c_1. \tag{9.21}$$

ただし c_1 は仮定 (h) と (9.13) から定まる適当な正数である．

$\sum_j \pi_j [\mathrm{III}_j]$ に対しても同じ定数 c_1 を用いて (9.21) と同様な結果が得られる．そこで $c_2 > 2c_1$ となる正数 c_2 をとれば，不等式 (9.18) と以上で得られた結果から，十分大きな L に対して

$$\sum_{j=1}^{m} \pi_j [\mathrm{I}_j] = \int_{-L/2}^{L/2} \left[\sum_{j=1}^{m} \pi_j \int_{\mathcal{Z}} \omega(j, y, z) \left(\int_{-L/2}^{L/2} p_j(v, z)\, dv \right) \nu_j(dz) \right] dy \geqq -c_2. \tag{9.22}$$

第4段　(9.20) によって定義された ϕ^y に対して

$$-c_2 \leqq \liminf_{L \to \infty} \sum_{j=1}^{m} \pi_j [\mathrm{I}_j] \leqq \int_{-\infty}^{\infty} (r(\Pi, \phi^{(0)}) - r(\Pi, \phi^y))\, dy \leqq 0 \tag{9.23}$$

が成り立つことを証明する．

(9.13) により $\lambda_i \to \infty$ となる単調増加数列 $\{\lambda_i\}$ を適当にとれば $f(\lambda_i) = o(\lambda_i^{-1})$ となる．このときまず (9.22) から

$$\begin{aligned} -c_2 &\leqq \liminf_{L \to \infty} \sum_{j=1}^{m} \pi_j [\mathrm{I}_j] \\ &\leqq \liminf_{i \to \infty} \int_{-\lambda_i}^{\lambda_i} \left[\sum_{j=1}^{m} \pi_j \int_{\mathcal{Z}} \omega(j, y, z) \left(\int_{-\lambda_i}^{\lambda_i} p_j(v, z)\, dv \right) \nu_j(dz) \right] dy. \end{aligned} \tag{9.24}$$

ここで $l \in \mathfrak{N}$ を固定して $i > l$ のとき，y に関する積分範囲を $[-\lambda_l, \lambda_l]$ と $[-\lambda_i, \lambda_i] - [-\lambda_l, \lambda_l]$ という2つの部分に分割する．第2の部分については，(9.12) により (9.24) の［ ］内が $f(\lambda_i)$ を超えないことを用いて，

$$\begin{aligned} (9.24) &\leqq \liminf_{i \to \infty} \left\{ \int_{-\lambda_l}^{\lambda_l} \left[\sum_{j=1}^{m} \pi_j \int_{\mathcal{Z}} \omega(j, y, z) \left(\int_{-\lambda_i}^{\lambda_i} p_j(v, z)\, dv \right) \nu_j(dz) \right] dy \right. \\ &\qquad \left. + 2(\lambda_i - \lambda_l) f(\lambda_i) \right\} \\ &= \int_{-\lambda_l}^{\lambda_l} \left[\sum_{j=1}^{m} \pi_j \int_{\mathcal{Z}} \omega(j, y, z) \nu_j(dz) \right] dy. \end{aligned} \tag{9.25}$$

ここでの等号は Lebesgue の有界収束定理と $f(\lambda_i)=o(\lambda_i^{-1})$ とによる．(9.25) の［ ］内が $r(\Pi,\phi^{(0)})-r(\Pi,\phi^y)$ であって，$\phi^{(0)}$ が Π に関する Δ_I の中での Bayes 解であったから，

$$r(\Pi,\phi^{(0)})-r(\Pi,\phi^y)\leqq 0. \tag{9.26}$$

そこで (9.25) において $l\to\infty$ として，(9.23) が成り立つことが証明された．

第5段　任意の $\alpha\in(0,1)$，$A>0$ に対して

$$S(L)=\{(y,z)\in\mathcal{R}^1\times\mathcal{Z}: -L-A<y<-L+A,$$
$$\max_k|\phi_k^{(0)}(z)-\varphi_k(y,z)|>\alpha\}$$

とおけば，

$$\lim_{L\to\infty}(\mu^1\times\nu)(S(L))=0 \tag{9.27}$$

が成り立つことを証明する．ただし $\nu=\sum_j\nu_j$ である．

まず任意の $y\in\mathcal{R}^1$ に対して

$$S_y(L)=\{z\in\mathcal{Z}:(y,z)\in S(L)\}$$

と定義し，任意の $\beta_1>0$ を用いて

$$T(L)=\{y\in\mathcal{R}^1:\nu(S_y(L))>\beta_1/4A\}$$
$$T=\bigcup_{L>0}T(L)$$

とおく．このときある $L>0$ に対して $(\mu^1\times\nu)(S(L))>\beta_1$ とすれば，

$$\beta_1<\int_{S(L)}(\mu^1\times\nu)(d(y,z))\leqq\int_{y\in T(L)}m\,dy+\int_{-L-A}^{-L+A}\frac{\beta_1}{4A}dy$$
$$\leqq m\,\mu^1(T(L))+\frac{\beta_1}{2},$$

したがって $\mu^1(T(L))>\beta_1/2m$ となる．

T の定義によれば，T に属する点列 $\{y_i\}$ をとって ν 測度に関して ϕ^{y_i} を $\phi^{(0)}$ に測度収束させることはできない．したがって条件 (g) によれば，$\beta_2>0$ を適当にとるとすべての $y\in T$ に対して

$$r(\Pi,\phi^{(0)})-r(\Pi,\phi^y)<-\beta_2$$

となる．よって (9.23), (9.26) から

$$-c_2 \leqq \int_{-\infty}^{\infty} (r(\Pi, \phi^{(0)}) - r(\Pi, \phi^{y}))\,dy \leqq -\beta_2 \mu^1(T).$$

したがって $\mu^1(T) \leqq c_2/\beta_2$ となるので，$L^*>0$ を適当にとればすべての $L>L^*$ に対して $\mu^1(T(L)) < \beta_1/2m$ となる．よって $L>L^*$ のとき $(\mu^1\times\nu)(S(L)) \leqq \beta_1$ が得られる．β_1 は任意の正数であったから，これは (9.27) を意味する．

<u>第6段</u>

$$\limsup_{L\to\infty} \sum_j \pi_j [\mathrm{II}_j] \leqq 0 \tag{9.28}$$

が成り立つことを証明する．

そのため $L>2A$ として $[\mathrm{II}_j]$ をさらに分解して $[\mathrm{VI}_j]\sim[\mathrm{IX}_j]$ を定義する．

$$\begin{aligned}
[\mathrm{II}_j] &= \int_{\mathcal{Z}} \left[\int_{-3L/2}^{-L/2} \left(\int_{-L/2}^{y+L} \omega(j, y, z) p_j(v, z)\,dv \right) dy \right] \nu_j(dz) \\
&= \int_{\mathcal{Z}} \left[\left(\int_{-L-A}^{-L+A} dy \int_{-L/2}^{y+L} dv + \int_{-3L/2}^{-L-A} dy \int_{-L/2}^{y+L} dv + \int_{-L+A}^{-L/2} dy \int_{-L/2}^{-y-L} dv \right.\right. \\
&\qquad \left.\left. + \int_{-L+A}^{-L/2} dy \int_{-y-L}^{y+L} dv \right) \omega(j, y, z) p_j(v, z) \right] \nu_j(dz) \\
&= \int_{\mathcal{Z}} \left[\int_{-L-A}^{-L+A} \omega(j, y, z) \left(\int_{-L/2}^{y+L} p_j(v, z)\,dv \right) dy \right] \nu_j(dz) \\
&\qquad + \int_{\mathcal{Z}} \left[\left(\int_{-L/2}^{-A} dy \int_{-L/2}^{y} dv + \int_{A}^{L/2} dy \int_{-L/2}^{-y} dv + \int_{A}^{L/2} dy \int_{-y}^{y} dv \right) \right. \\
&\qquad \left. \times \omega(j, y-L, z) p_j(v, z) \right] \nu_j(dz) \\
&= [\mathrm{VI}_j] + [\mathrm{VII}_j] + [\mathrm{VIII}_j] + [\mathrm{IX}_j].
\end{aligned}$$

$[\mathrm{VI}_j]$ については (y, z) の積分範囲を $S(L)$ とそれ以外とに分割する．$S(L)$ の定義から，

$$(y, z) \in [-L-A, -L+A] \times \mathcal{Z} - S(L)$$

に対しては $|\omega(j, y, z)| \leqq n\alpha w_0$ となるので，

$$\begin{aligned}
[\mathrm{VI}_j] &\leqq w_0 \int_{S(L)} (\mu^1 \times \nu_j)(d(y, z)) + n\alpha w_0 \int_{\mathcal{Z}} 2A\nu_j(dz) \\
&\leqq w_0 (\mu^1 \times \nu)(S(L)) + 2n\alpha w_0 A.
\end{aligned} \tag{9.29}$$

次に $[\mathrm{VII}_j]+[\mathrm{VIII}_j]$ に対しては

$$[\mathrm{VII}_j]+[\mathrm{VIII}_j]\leqq w_0\int_{\mathcal{Z}}\left[\int_{-L/2}^{-A}\left(\int_{v}^{-A}dy+\int_{A}^{-v}dy\right)p_j(v,z)\,dv\right]\nu_j(dz)$$

$$\leqq 2w_0\int_{\mathcal{Z}}\left(\int_{-L/2}^{-A}|v|p_j(v,z)\,dv\right)\nu_j(dz). \tag{9.30}$$

最後に $\phi^{y-L}\in\Delta_I$ を利用すると，f の定義から

$$\sum_{j=1}^{m}\pi_j[\mathrm{IX}_j]\leqq\int_{A}^{L/2}f(y)\,dy. \tag{9.31}$$

さて，仮定 (h) と (9.13) を用いれば，任意の $\varepsilon>0$ に対して A を十分大きくとると，(9.31) および $j=1,\cdots,m$ に対する (9.30) がすべての $L>2A$ に対して一様に $\varepsilon/4$ より小さくなる．次に $2n\alpha w_0A<\varepsilon/4$ となるように $\alpha>0$ をとって，この α と A に対して $S(L)$ を定義すれば，(9.27) によって，L を十分大きくとれば $w_0(\mu^1\times\nu)(S(L))<\varepsilon/4$ となる．よってこのとき (9.29) は $j=1,\cdots,m$ に対して $<\varepsilon/2$ となる．したがって十分大きな L に対して $\sum_j\pi_j[\mathrm{II}_j]<\varepsilon$ が成り立つので (9.28) が証明された．

<u>第7段</u>　φ が $\phi^{(0)}$ と同等であることを証明する．

(9.28) と同様にして

$$\limsup_{L\to\infty}\sum_j\pi_j[\mathrm{III}_j]\leqq 0 \tag{9.32}$$

が証明されることをまず注意する．すると (9.18) の不等式と (9.19), (9.28), (9.32) とから

$$\liminf_{L\to\infty}\sum_j\pi_j[\mathrm{I}_j]\geqq 0.$$

したがってこの不等式と (9.23) から

$$\int_0^{\infty}(r(\Pi,\phi^{(0)})-r(\Pi,\phi^{y}))\,dy=0.$$

他方で (9.26) が成り立つので，

$$r(\Pi,\phi^{(0)})=r(\Pi,\phi^{y})\quad \text{a.e. }(\mathcal{B}^1,\mu^1). \tag{9.33}$$

仮定（f）により (9.33) の等号が成り立つ $y\in\mathcal{R}^1$ に対しては

$$\phi^{(0)}(z)=\phi^{y}(z)\quad \text{a.e. }(\mathcal{C},\nu).$$

$\phi^y(z)=\varphi(y, z)$ であって，φ は $\mathcal{B}^1\times\mathcal{C}$ 可測であるから，

$$\phi^{(0)}(z)=\varphi(y, z) \quad \text{a. e.} \ (\mathcal{B}^1\times\mathcal{C}, \mu^1\times\nu)$$

となって φ と $\phi^{(0)}$ が同等であることが証明された．以上で定理の証明は完結した． ∎

定理 6.9.2 の証明の中で最も重要な条件は（f）（または（g））と（h）である．$m=n=2$ の場合は仮説検定の問題になるが，このとき Perng (1970) は（f）が成り立たないときにその検定が許容的でなくなる例を示し，Fox and Perng (1969) は（h）が成り立たないときに検定が許容的でなくなる例を与えている．

さらに 2 次元の位置母数をもつ分布族の間の多重決定については，Brown and Fox (1974) が定理 6.9.2 と同じ意味での許容性を証明し，3 次元以上の位置母数をもつ場合には，最良な不変検定が一般的に許容的でないことを示唆する例が Portnoy and Stein (1971) によって与えられている．

参 考 文 献

Alam, K. (1973). A family of admissible minimax estimators of the mean of a multivariate normal distribution. *Ann. Statist.* **1**, 517-525.

Arnold, B. C. (1970). Inadmissibility of the usual scale estimate for a shifted exponential distribution. *J. Amer. Statist. Assoc.* **65**, 1260-1264.

Arsenin, W. J. und Ljapunow, A. A. (1955). Die Theorie der *A*-Mengen. *Arbeiten zur deskriptiven Mengenlehre.* Deutscher Verlag der Wissenschaften.

Bahadur, R. R. (1954). Sufficiency and statistical decision functions. *Ann. Math. Statist.* **25**, 423-462.

Bahadur, R. R. (1955 a). A characterization of sufficiency. *Ann. Math. Statist.* **26**, 286-293.

Bahadur, R. R. (1955 b). Statistics and subfields. *Ann. Math. Statist.* **26**, 490 -497.

Bahadur, R. R. (1957). On unbiased estimates of uniformly minimum variance. *Sankhyā* **18**, 211-224.

Bahadur, R. R. and Goodman, L. A. (1952). Impartial decision rules and sufficient statistics. *Ann. Math. Statist.* **23**, 553-562.

Bahadur, R. R. and Lehmann, E. L. (1955). Two comments on "Sufficiency and statistical decision functions." *Ann. Math. Statist.* **26**, 139-142.

Baranchik, A. J. (1970). A family of minimax estimators of the mean of a multivariate normal distribution. *Ann. Math. Statist.* **41**, 642-645.

Barankin, E. W. (1949). Locally best unbiased estimates. *Ann. Math. Statist.* **20**, 477-501.

Barankin, E. W. and Katz, M. Jr. (1959). Sufficient statistics of minimal dimension. *Sankhyā* **21**, 217-246.

Barankin, E. W. and Maitra, A. P. (1963). Generalization of the Fisher-Darmois-Koopman-Pitman theorem on sufficient statistics. *Sankhyā* A. **25**, 217-244.

Basu, D. (1955). On statistics independent of a complete sufficient statistics. *Sankhyā* **15**, 377-380.

Basu, D. (1958). On statistics independent of sufficient statistics. *Sankhyā* **20**, 223-226.

Berger, J. O. (1976 a). Inadmissibility results for generalized Bayes estimators of coordinates of a location vector. *Ann. Statist.* **4**, 302-333.

Berger, J. O. (1976 b). Admissibility results for generalized Bayes estimators of coordinates of a location vector. *Ann. Statist.* **4**, 334-356.

Berger, J. O. (1976 c). Inadmissibility results for the best invariant estimator of two coordinates of a location vector. *Ann. Statist.* **4**, 1065-1076.

Berk, R. H. (1967). A special group structure and equivariant estimation. *Ann. Math. Statist.* **38**, 1436-1445.

Berk, R. H. (1970). A remark on almost invariance. *Ann. Math. Statist.* **41**, 733-735.

Berk, R. H. (1972). A note on sufficiency and invariance. *Ann. Math. Statist.* **43**, 647-650.

Berk, R. H. and Bickel, P. J. (1968). On invariance and almost invariance. *Ann. Math. Statist.* **39**, 1573-1576.

Bhattacharyya, A. (1946-48). On some analogues of the amount of information and their use in statistical estimation. *Sankhyā* **8**, 1-14, 201-218, 315-328.

Bickel, P. J. and Blackwell, D. (1967). A note on Bayes estimates. *Ann. Math. Statist.* **38**, 1907-1911.

Billingsley, P. (1968). *Convergence of Probability Measures.* John Wiley & Sons, Inc.

Blackwell, D. (1947). Conditional expectation and unbiased sequential estimation. *Ann. Math. Statist.* **18**, 105-110.

Blackwell, D. (1951). On the translation parameter problem for discrete variables. *Ann. Math. Statist.* **22**, 393-399.

Blackwell, D. and Girshick, M. A. (1954). *Theory of Games and Statistical Decisions.* John Wiley & Sons, Inc.

Blyth, C. R. (1951). On minimax statistical decision procedures and their admissibility. *Ann. Math. Statist.* **22**, 22-42.

Blyth, C. R. (1974). Necessary and sufficient conditions for inequalities of Cramér-Rao type. *Ann. Statist.* **2**, 464-473.

Blyth, C. R. and Roberts, D. M. (1972). On inequalities of Cramér-Rao type and admissibility proofs. *Proc. Sixth Berkeley Symp. Math. Statist. Prob.* **1**, 17-30.

Breiman, L. (1968). *Probability.* Addison-Wesley Publishing Company.

Brewster, J. F. (1974). Alternative estimators for the scale parameter of the exponential distribution with unknown location. *Ann. Statist.* **2**, 553-557.

Brewster, J. F. and Zidek, J. V. (1974). Improving on equivariant estimators.

Ann. Statist. **2**, 21-38.

Brown, L. (1964). Sufficient statistics in the case of independent random variables. *Ann. Math. Statist.* **35**, 1456-1474.

Brown, L. D. (1966). On the admissibility of invariant estimators of one or more location parameters. *Ann. Math. Statist.* **37**, 1087-1136.

Brown, L. D. and Fox, M. (1974). Admissibility of procedures in two-dimensional location parameter problems. *Ann. Statist.* **2**, 248-266.

Burkholder, D. L. (1961). Sufficiency in the undominated case. *Ann. Math. Statist.* **32**, 1191-1200.

Chapman, D. G. and Robbins, H. (1951). Minimum variance estimation without regularity assumptions. *Ann. Math. Statist.* **22**, 581-586.

Cohen, A. and Strawderman, W. E. (1973). Admissible confidence interval and point estimation for translation or scale parameters. *Ann. Statist.* **1**, 545-550.

Cramér, H. (1946). A contribution to the theory of statistical estimation. *Skandinavisk Aktuarietidskrift* **29**, 85-94.

Darmois, G. (1935). Sur les lois de probabilités à estimation exhaustive. *C. R. Acad. Sci. Paris.* **200**, 1265-1266.

DeGroot, M. H. and Rao, M. M. (1963). Bayes estimation with convex loss. *Ann. Math. Statist.* **34**, 839-846.

Denny, J. L. (1967). Sufficient conditions for a family of probabilities to be exponential. *Proc. Nat. Acad. Sci.* **57**, 1184-1187.

Denny, J. L. (1969). Note on a theorem of Dynkin on the dimension of sufficient statistics. *Ann. Math. Statist.* **40**, 1474-1476.

Denny, J. L. (1972). Sufficient statistics and discrete exponential families. *Ann. Math. Statist.* **43**, 1320-1322.

Donoghue, W. F. (1969). *Distributions and Fourier Transforms*. Academic Press.

Dynkin, E. B. (1961). Necessary and sufficient statistics for a family of probability distributions. *Selected Translations in Mathematical Statistics and Probability* **1**, 17-40.

Eaton, M. L. (1967). Some optimum properties of ranking procedures. *Ann. Math. Statist.* **38**, 124-137.

Farrell, R. H. (1964). Estimators of a location parameter in the absolutely continuous case. *Ann. Math. Statist.* **35**, 949-998.

Farrell, R. H. (1969). On the Bayes character of a standard model II analysis of variance test. *Ann. Math. Statist.* **40**, 1094-1097

Ferguson, T. S. (1967). *Mathematical Statistics : A Decision Theoretic Approach.* Academic Press.

Fox, M. (1971). Admissibility of certain location invariant multiple decision procedures. *Ann. Math. Statist.* **42**, 1553-1561.

Fox, M. and Perng, S. K. (1969). Inadmissibility of the best invariant test when the moment is infinite under one of the hypotheses. *Ann. Math. Statist.* **40**, 1483-1485.

Fraser, D. A. S. (1957). *Nonparametric Methods in Statistics.* John Wiley & Sons, Inc.

Fraser, D. A. S. (1963). On sufficiency and exponential family. *J. R. Statist. Soc.* B. **25**, 115-123.

Fraser, D. A. S. (1966). Sufficiency for regular models. *Sankhyā* A. **28**, 137-144.

Ghosh, M. N. (1964). On the admissibility of some tests of MANOVA. *Ann. Math. Statist.* **35**, 789-794.

Girshick, M. A. and Savage, L. J. (1951). Bayes and minimax estimates for quadratic loss functions. *Proc. Second Berkeley Symp. Math. Statist. Prob.* 53-73.

Goodman, L. A. (1953). A simple method for improving some estimators. *Ann. Math. Statist.* **24**, 114-117.

Hall, W. J., Wijsman, R. A. and Ghosh, J. K. (1965). The relationship between sufficiency and invariance with applications in sequential analysis. *Ann. Math. Statist.* **36**, 575-614.

Halmos, P. R. (1950). *Measure Theory.* D. Van Nostrand Company, Inc.

Halmos, P. R. and Savage, L. J. (1949). Application of the Radon-Nikodym theorem to the theory of sufficient statistics. *Ann. Math. Statist.* **20**, 225-241.

Hipp, C. (1974). Sufficient statistics and exponential families. *Ann. Statist.* **2**, 1283-1292.

Hipp, C. (1975). Note on the paper "Transformation groups and sufficient statistics" by Pfanzagl. *Ann. Statist.* **3**, 478-482.

Hodges, J. L. Jr. and Lehmann, E. L. (1950). Some problems in minimax point estimation. *Ann. Math. Statist.* **21**, 182-197.

Hodges, J. L. Jr. and Lehmann, E. L. (1951). Some applications of the Cramér-Rao inequality. *Proc. Second Berkeley Symp. Math. Statist. Prob.* 13-22.

Hsu, P. L. (1945). On the power functions of the E^2-test and the T^2-test.

Ann. Math. Statist. **16**, 278-286.

伊藤清三 (1963). ルベーグ積分入門. 裳華房.

James, W. and Stein, C. (1961). Estimation with quadratic loss. *Proc. Fourth Berkeley Symp. Math. Statist. Prob.* **1**, 361-379.

Joshi, V. M. (1969). On a theorem of Karlin regarding admissible estimates for exponential populations. *Ann. Math. Statist.* **40**, 216-223.

Joshi, V. M. (1970). Admissibility of invariant confidence procedures for estimating a location parameter. *Ann. Math. Statist.* **41**, 1568-1581.

Joshi, V. M. (1976). On the attainment of the Cramér-Rao lower bound. *Ann. Statist.* **4**, 998-1002.

Karlin, S. (1958). Admissibility for estimation with quadratic loss. *Ann. Math. Statist.* **29**, 406-436.

Katz, M. W. (1961). Admissible and minimax estimates of parameters in truncated spaces. *Ann. Math. Statist.* **32**, 136-142.

河田敬義 (1959). 積分論. 共立出版.

Kiefer, J. (1952). On minimum variance estimators. *Ann. Math. Statist.* **23**, 627-629.

Kiefer, J. (1953). On Wald's complete class theorems. *Ann. Math. Statist.* **24**, 70-75.

Kiefer, J. (1957). Invariance, minimax sequential estimation, and continuous time processes. *Ann. Math. Statist.* **28**, 573-601.

Kiefer, J. and Schwartz, R. (1965). Admissible Bayes character of T^2-, R^2-, and other fully invariant tests for classical multivariate normal problems. *Ann. Math. Statist.* **36**, 747-770.

Koehn, U. and Thomas, D. L. (1975). On statistics independent of a sufficient statistic : Basu's lemma. *The American Statistician* **29**, 40-42.

Kolmogoroff, A. (1933). *Grundbegriffe der Wahrscheinlichkeitsrechnung*. Springer-Verlag.

Koopman, B. O. (1936). On distributions admitting a sufficient statistic. *Trans. Amer. Math. Soc.* **39**, 399-409.

Kudo, H. (1955). On minimax invariant estimates of the transformation parameter. *Natural Science Report of the Ochanomizu University* **6**, 31-73.

工藤弘吉 (1957). 統計量の充足性と完備性について. 数学 **8**, 129-138.

工藤弘吉 (1968). 数理統計学. 共立出版.

Landers, D. and Rogge, L. (1972). Minimal sufficient σ-fields and minimal sufficient statistics. Two counterexamples. *Ann. Math. Statist.* **43**, 2045-2049.

Landers, D. and Rogge, L. (1973). On sufficiency and invariance. *Ann. Statist.* **1**, 543-544.

LeCam, L. (1955). An extension of Wald's theory of statistical decision functions. *Ann. Math. Statist.* **26**, 69-81.

Lehmann, E. L. (1950). Some principles of the theory of testing hypotheses. *Ann. Math. Statist.* **21**, 1-26.

Lehmann, E. L. (1951). A general concept of unbiasedness. *Ann. Math. Statist.* **22**, 587-592.

Lehmann, E. L. (1952). On the existence of least favorable distributions. *Ann. Math. Statist.* **23**, 408-416.

Lehmann, E. L. (1959). *Testing Statistical Hypotheses.* John Wiley & Sons, Inc.

Lehmann, E. L. (1966). On a theorem of Bahadur and Goodman. *Ann. Math. Statist.* **37**, 1-6.

Lehmann, E. L. (1967). *Lecture Notes.* University of California, Berkeley.

Lehmann, E. L. and Scheffé, H. (1950, 1955). Completeness, similar regions, and unbiased estimation. *Sankhyā* **10**, 305-340; **15**, 219-236.

Lehmann, E. L. and Stein, C. (1948). Most powerful tests of composite hypotheses. I. Normal distributions. *Ann. Math. Statist.* **19**, 495-516.

Lehmann, E. L. and Stein, C. M. (1953). The admissibility of certain invariant statistical tests involving a translation parameter. *Ann. Math. Statist.* **24**, 473-479.

壬生雅道 (1976). 位相群論概説. 岩波書店.

Morton, R. and Raghavachari, M. (1966). On a theorem of Karlin regarding admissibility of linear estimates in exponential populations. *Ann. Math. Statist.* **37**, 1809-1813.

Nachbin, L. (1965). *The Haar Integral.* D. Van Nostrand Company, Inc.

中山伊知郎 (1962). 現代統計学大辞典. 東洋経済.

日本数学会 (1968). 岩波数学辞典. 岩波書店.

Novikoff, P. (1931). Sur les fonctions implicites mesurables *B. Fund. Math.* **17**, 8-25.

Peisakoff, M. P. (1951). Transformation parameters. *Ann. Math. Statist.* **22**, 136-137.

Perng, S. K. (1970) Inadmissibility of various "good" statistical procedures which are translation invariant. *Ann. Math. Statist.* **41**, 1311-1321.

Pfanzagl, J. (1972). Transformation groups and sufficient statistics. *Ann. Math. Statist.* **43**, 553-568.

Pitcher, T. S. (1957). Sets of measures not admitting necessary and sufficient statistics or subfields. *Ann. Math. Statist.* **28**, 267-268.

Pitman, E. J. G. (1938). The estimation of the location and scale parameters of a continuous population of any given form. *Biometrika* **30**, 391-421.

Portnoy, S. L. (1975). Admissibility of the best invariant estimator of one coordinate of a location vector. *Ann. Statist.* **3**, 448-450.

Portnoy, S. and Stein, C. (1971). Inadmissibility of the best invariant test in three or more dimensions. *Ann. Math. Statist.* **42**, 799-801.

Pratt, J. W. (1960). On interchanging limits and integrals. *Ann. Math. Statist.* **31**, 74-77.

Rao, C. R. (1945). Information and the accuracy attainable in the estimation of statistical parameters. *Bull. Calcutta Math. Soc.* **37**, 81-91.

Rao, C. R. (1947). Minimum variance and the estimation of several parameters. *Proc. Cambridge Philos. Soc.* **43**, 280-283.

Rao, C. R. (1949). Sufficient statistics and minimum variance estimates. *Proc. Cambridge Philos. Soc.* **45**, 213-218.

Rao, C. R. (1952). Some theorems on minimum variance estimation. *Sankhyā* **12**, 27-42.

Reinhardt, H. E. (1961). The use of least favorable distributions in testing composite hypotheses. *Ann. Math. Statist.* **32**, 1034-1041.

Sacks, J. (1963). Generalized Bayes solutions in estimation problems. *Ann. Math. Statist.* **34**, 751-768.

Scheffé, H. (1947). A useful convergence theorem for probability distributions. *Ann. Math. Statist.* **18**, 434-438.

Schmetterer, L. (1974). *Introduction to Mathematical Statistics.* Springer-Verlag.

Schwartz, R. (1967). Admissible tests in multivariate analysis of variance. *Ann. Math. Statist.* **38**, 698-710.

Schwartz, R. (1969). Invariant proper Bayes tests for exponential families. *Ann. Math. Statist.* **40**, 270-283.

Shorrock, R. W. and Zidek, J. V. (1976). An improved estimator of the generalized variance. *Ann. Statist.* **4**, 629-638.

Stein, C. (1956 a). Inadmissibility of the usual estimator for the mean of a multivariate normal distribution. *Proc. Third Berkeley Symp. Math. Statist. Prob.* **1**, 197-206.

Stein, C. (1956 b). The admissibility of Hotelling's T^2-test. *Ann. Math.*

Statist. **27**, 616-623.

Stein, C. (1959). The admissibility of Pitman's estimator of a single location parameter. *Ann. Math. Statist.* **30**, 970-979.

Stein, C. (1964). Inadmissibility of the usual estimator for the variance of a normal distribution with unknown mean. *Ann. Inst. Stat. Math.* **16**, 155-160.

Strasser, H. (1973). On Bayes estimates. *J. Multivariate Anal.* **3**, 293-310.

Strawderman, W. E. (1971). Proper Bayes minimax estimators of the multivariate normal mean. *Ann. Math. Statist.* **42**, 385-388.

Strawderman, W. E. (1972). On the existence of proper Bayes minimax estimators of the mean of a multivariate normal distribution. *Proc. Sixth Berkeley Symp. Math. Statist. Prob.* **1**, 51-55.

竹内 啓 (1963, 1965). 統計的推定論. 数学 **14**, 193-209; **16**, 139-149.

Tucker, H. G. (1967). *A Graduate Course in Probability.* Academic Press.

Valand, R. S. (1968). Invariant interval estimation of a location parameter. *Ann. Math. Statist.* **39**, 193-199.

Wald, A. (1939). Contributions to the theory of statistical estimation and testing hypotheses. *Ann. Math. Statist.* **10**, 299-326.

Wald, A. (1942). On the power function of the analysis of variance test. *Ann. Math. Statist.* **13**, 434-439.

Wald, A. (1950). *Statistical Decision Functions.* John Wiley & Sons, Inc.

Wesler, O. (1959). Invariance theory and a modified minimax principle. *Ann. Math. Statist.* **30**, 1-20.

Widder, D. V. (1946). *The Laplace Transform.* Princeton University Press.

Wijsman, R. A. (1958). Incomplete sufficient statistics and similar tests. *Ann Math. Statist.* **29**, 1028-1045.

Wijsman, R. A. (1973). On the attainment of the Cramér-Rao lower bound. *Ann. Statist.* **1**, 538-542.

Witting, H. (1966). *Mathematische Statistik.* B. G. Teubner.

Wolfowitz, J. (1947). The efficiency of sequential estimates and Wald's equation for sequential processes. *Ann. Math. Statist.* **18**, 215-230.

Zacks, S. (1971). *The Theory of Statistical Inference.* John Wiley & Sons, Inc.

Zehnwirth, B. (1975). Minimax interval estimators of location parameters. *Ann. Statist.* **3**, 451-456.

Zidek, J. V. (1969). A representation of Bayes invariant procedures in terms of Haar measure. *Ann. Inst. Stat. Math.* **21**, 291-308.

Zidek, J. V. (1970). Sufficient conditions for the admissibility under squared errors loss of formal Bayes estimators. *Ann. Math. Statist.* **41**, 446-456.

Zidek, J. V. (1973). Estimating the scale parameter of the exponential distribution with unknown location. *Ann. Statist.* **1**, 264-278.

索　　引

ク

ケ

コ

サ

シ

ス

セ

ソ

タ

チ

テ

ト

ニ

ネ

ノ

ハ

ヒ

──著者略歴──

なべ　や　せい　じ
鍋　谷　清　治

1947 年　東京帝国大学理学部数学科卒業
　　　　　一橋大学名誉教授 経済学博士（一橋大学）
専　攻　数理統計学

検 印 廃 止

復刊　数理統計学

1978 年 2 月 5 日　初版 1 刷発行
1989 年 10 月 15 日　初版 3 刷発行
2024 年 10 月 10 日　復刊 1 刷発行

著　者　鍋　谷　清　治

発行者　南　條　光　章
東京都文京区小日向 4 丁目 6 番 19 号

NDC 417

発行所　東京都文京区小日向 4 丁目 6 番 19 号
電話　東京（03）3947-2511 番（代表）
郵便番号 112-0006
振替口座 00110-2-57035 番
URL　www.kyoritsu-pub.co.jp

共立出版株式会社

印刷・藤原印刷／製本・ブロケード

Printed in Japan

一般社団法人
自然科学書協会
会員

ISBN 978-4-320-11570-5